高等院校计算机专业应用技术系列教材

离散数学

（第2版）

耿素云　屈婉玲　编著

内 容 简 介

本书共分五大部分：数理逻辑部分包括命题逻辑的基本概念、等值演算、范式与推理理论，一阶逻辑的基本概念、前束范式；集合论部分包括集合的基本概念与运算，二元关系的性质与运算、等价关系与偏序关系，函数及其性质，复合函数与反函数等；代数结构部分包括二元运算及代数系统，半群、独异点、群、环与域、格与布尔代数等；图论部分包括图的基本概念和矩阵表示，树的概念、性质及应用，二部图、欧拉图、哈密顿图，平面图及图的着色等；组合数学部分包括组合计数，递推方程与生成函数等。

本书体系严谨，选材精练，深浅适度，并配有大量的例题，习题及解答。本书可以作为普通高校计算机及相关专业离散数学的入门教材或参考书。

图书在版编目(CIP)数据

离散数学/耿素云，屈婉玲编著. —2版. —北京：北京大学出版社，2019.9
高等院校计算机专业应用技术系列教材

ISBN 978-7-301-30732-8

Ⅰ.①离… Ⅱ.①耿… ②屈… Ⅲ.①离散数学—高等学校—教材 Ⅳ.①O158

中国版本图书馆CIP数据核字（2019）第190883号

书　　名　离散数学（第2版）
　　　　　LISAN SHUXUE （DI-ER BAN）
著作责任者　耿素云　屈婉玲　编著
责 任 编 辑　王　华
标 准 书 号　ISBN 978-7-301-30732-8
出 版 发 行　北京大学出版社
地　　址　北京市海淀区成府路205号　100871
网　　址　http://www.pup.cn　新浪微博：@北京大学出版社
电 子 信 箱　zyjy@pup.cn
电　　话　邮购部 010-62752015　发行部 010-62750672　编辑部 010-62765014
印 刷 者　大厂回族自治县彩虹印刷有限公司
经 销 者　新华书店
　　　　　787毫米×1092毫米　16开本　16.5印张　400千字
　　　　　2002年9月第1版
　　　　　2019年9月第2版　2021年8月第3次印刷
定　　价　35.00元

第 2 版前言

离散数学研究离散结构及其性质，是计算机科学与技术、计算机应用、人工智能等相关专业的一门重要基础课，对培养计算思维起着重要的作用，在实际应用中是建模的有力工具.

本教材原来是北京市高等教育自学考试计算机及应用专业本科段离散数学课程的指定教材，但它也同样适合用作一般高等院校相关专业离散数学的教材. 事实上，作为自学考试用书已退出历史多年，但本教材每年都在重印，不少院校一直在使用本书作为教材. 为了回馈读者的厚爱，决定对本教材进行修订出第 2 版.

第 2 版保持了原教材的知识体系、章节结构和叙述风格，除删除原书附录中针对自学考试要求所提供的离散数学课程考试大纲、模拟试题及其解答并对文字上的错误和疏漏之处进行了修改和补充外，主要是重写了一阶逻辑的部分内容、适当精简了代数结构的内容、增加了第五部分(第十一章和第十二章)组合数学，并且对习题进行了部分更新和调整.

本书内容包含数理逻辑、集合论、代数结构、图轮、组合数学五个部分，约需 60 学时完成教学，教师可根据教学需要进行取舍. 本书后附有习题的提示或解答以供参考.

本书第一、二、七、八、九、十章由张立昂修订，第三、四、五、六、十一、十二章由屈婉玲修订. 对广大读者所提出的建议和意见，我们表示衷心的感谢!

作者

2019 年 8 月 2 日

前　言

离散数学是现代数学的一个重要分支，是计算机专业的一门重要的专业基础课程，已经列为 ACM 2001 计算机专业教学计划的核心课程．许多专业课，如数据结构、操作系统、程序设计、软件工程、数据库、计算机网络、人工智能、算法设计与分析、理论计算机科学基础等，均以离散数学为前导课程．同时，通过离散数学课程的学习能够提高学生分析问题、解决问题及抽象思维的能力．

本书是北京市高等教育自学考试计算机及应用专业本科段离散数学课程的指定教材．全书分为四个部分：数理逻辑、集合论、代数结构、图论．它以原来专科自考教材“离散数学基础”（耿素云、屈婉玲编著，北京大学出版社出版）为蓝本，保持原来的风格，修改补充而成．主要的改变是：

1．按离散数学考试大纲充实了代数结构和图论的部分内容以及相关的例题和练习．

2．针对自学考生不熟悉解题方法和书写规范的困难，对全部习题给出了提示或解答，并针对某些难点和要点做出分析．

3．附录给出了高等教育自学考试离散数学课程的考试大纲，按章系统地列出了必须掌握的知识点及相应的考核要求，为自学考生提供了一个知识框架和复习提纲．

4．为了使自学考生进一步了解题型、题量、考试难度、解题要求等，附录给出了一套模拟试题及答案．

考虑到自学考生的学习特点和困难，在保持知识体系完整的基础上，本书尽量做到选材精炼，重点突出，讲解详实，内容由浅入深，循序渐进，并列举了大量的例题和练习．因此，它不仅适合自学考生使用，也可以作为普通高校学生和科技人员学习离散数学的一本入门教材．

书中第一、二、七、八、九、十章由耿素云完成，第三、四、五、六章由屈婉玲完成．

由于水平所限，书中难免有错误和疏漏之处，恳请读者批评指正．

作者

2002.6 于北京大学

目　　录

第一部分　数理逻辑

第一章　命题逻辑…………………………………………………………………… (1)
　1.1　命题与联结词 ……………………………………………………………… (1)
　1.2　命题公式与赋值 …………………………………………………………… (5)
　1.3　等值演算 …………………………………………………………………… (8)
　1.4　析取范式与合取范式……………………………………………………… (12)
　1.5　联结词完备集……………………………………………………………… (20)
　1.6　命题逻辑的推理理论……………………………………………………… (22)
　1.7　例题分析…………………………………………………………………… (27)
　习题一 ……………………………………………………………………………… (34)
第二章　一阶逻辑 ………………………………………………………………… (37)
　2.1　一阶逻辑的基本概念……………………………………………………… (37)
　2.2　一阶逻辑公式及解释……………………………………………………… (41)
　2.3　一阶逻辑等值式与前束范式……………………………………………… (46)
　2.4　例题分析…………………………………………………………………… (50)
　习题二 ……………………………………………………………………………… (53)

第二部分　集　合　论

第三章　集合的基本概念和运算 ………………………………………………… (55)
　3.1　集合的基本概念…………………………………………………………… (55)
　3.2　集合的基本运算…………………………………………………………… (57)
　3.3　集合恒等式………………………………………………………………… (59)
　3.4　有穷集合的计数…………………………………………………………… (61)
　3.5　例题分析…………………………………………………………………… (62)
　习题三 ……………………………………………………………………………… (68)
第四章　二元关系和函数 ………………………………………………………… (70)
　4.1　集合的笛卡儿积和二元关系……………………………………………… (70)
　4.2　关系的运算………………………………………………………………… (73)
　4.3　关系的性质………………………………………………………………… (77)
　4.4　关系的闭包………………………………………………………………… (80)
　4.5　等价关系和偏序关系……………………………………………………… (81)
　4.6　函数的定义和性质………………………………………………………… (85)
　4.7　函数的复合和反函数……………………………………………………… (88)
　4.8　例题分析…………………………………………………………………… (90)

习题四 …………………………………………………………………………… (97)

第三部分 代数结构

第五章 代数系统的一般概念……………………………………………… (101)
5.1 二元运算及其性质 ……………………………………………… (101)
5.2 代数系统及其子代数和积代数 ………………………………… (108)
5.3 代数系统的同态与同构 ………………………………………… (110)
5.4 例题分析 …………………………………………………………… (115)
习题五…………………………………………………………………… (118)
第六章 几个典型的代数系统……………………………………………… (121)
6.1 群、环与域………………………………………………………… (121)
6.2 格与布尔代数 ……………………………………………………… (130)
6.7 例题分析 …………………………………………………………… (137)
习题六…………………………………………………………………… (142)

第四部分 图 论

第七章 图的基本概念……………………………………………………… (144)
7.1 无向图和有向图 …………………………………………………… (144)
7.2 通路、回路、图的连通性 ………………………………………… (150)
7.3 图的矩阵表示 ……………………………………………………… (154)
7.4 例题分析 …………………………………………………………… (157)
习题七…………………………………………………………………… (162)
第八章 树…………………………………………………………………… (164)
8.1 无向树 ……………………………………………………………… (164)
8.2 根树及其应用 ……………………………………………………… (168)
8.3 例题分析 …………………………………………………………… (170)
习题八…………………………………………………………………… (172)
第九章 二部图、欧拉图、哈密顿图………………………………………… (174)
9.1 二部图 ……………………………………………………………… (174)
9.2 欧拉图 ……………………………………………………………… (177)
9.3 哈密顿图 …………………………………………………………… (179)
9.4 例题分析 …………………………………………………………… (181)
习题九…………………………………………………………………… (183)
第十章 平面图及图的着色………………………………………………… (184)
10.1 平面图……………………………………………………………… (184)
10.2 图的着色…………………………………………………………… (189)
10.3 例题分析…………………………………………………………… (191)

习题十……………………………………………………………………………………（192）

第五部分　组合数学

第十一章　组合计数………………………………………………………………………（194）
11.1　排列与组合………………………………………………………………………（194）
11.2　二项式定理与多项式定理………………………………………………………（198）
11.3　例题分析…………………………………………………………………………（201）
习题十一…………………………………………………………………………………（204）
第十二章　递推方程与生成函数…………………………………………………………（206）
12.1　递推方程…………………………………………………………………………（206）
12.2　生成函数与指数生成函数………………………………………………………（212）
12.3　例题分析…………………………………………………………………………（217）
习题十二…………………………………………………………………………………（222）
习题的提示或解答…………………………………………………………………………（225）
参考文献……………………………………………………………………………………（253）

第一部分　数理逻辑

第一章　命题逻辑

1.1　命题与联结词

数理逻辑研究的中心问题是推理，而推理的前提和结论都是表达判断的陈述句，因而表达判断的陈述句就成了推理的基本要素. 在数理逻辑中，称能判断真假但不能既真又假的陈述句为**命题**. 就是说，作为命题的陈述句所表达的判断只有两种结果：正确的或错误的，称这种判断结果为命题的**真值**. 真值只能取两个值：真或假. 真对应判断正确，假对应判断错误. 任何命题的真值都是唯一的，称真值为真的命题为**真命题**，真值为假的命题为**假命题**. 判断给定的句子是否为命题，应首先判断它是否为陈述句，再判断它是否有唯一的真值. 若它是具有唯一真值的陈述句，它就是命题.

【例 1.1】 判断下列句子中哪些是命题.

(1) $\sqrt{3}$是有理数.

(2) 2 是素数.

(3) $x+y>10$.

(4) 太阳从西方升起.

(5) 乌鸦是黑色的.

(6) 这个小男孩多勇敢呀！

(7) 明年中秋节的晚上是晴天.

(8) 您贵姓？

(9) 请把门开开！

(10) 地球外的星球上也有生物.

解 在以上 10 个句子中，(6)是感叹句，(8)是疑问句，(9)是祈使句，它们都不是陈述句，因而都不是命题. 其余 7 个句子都是陈述句，但也不都是命题. 其中的(3)就不是命题，由于 x 与 y 的不确定性，使得该陈述句的真值不唯一. 当 $x=5$，$y=8$ 时，$5+8>10$ 正确，而当 $x=5$，$y=4$ 时，$5+4>10$ 不正确，因而(3)不是命题. 其余的 6 个陈述句都是命题，其中，(2)，(5)是真命题，(1)，(4)是假命题.(7)的真值虽然现在还不知道，但到明年中秋节就知道了，因而(7)也是具有唯一真值的陈述句，所以是命题.(10)的真值也是唯一的，只是现在还不知道而已. 随着科学技术的发展，它的真值也会知道的，因而它也是命题.

从以上的分析可以看出，命题一定是陈述句，但陈述句不一定是命题. 另外还可以看出，真值是否唯一与我们是否知道它是两回事.

为了能用数学方法来研究命题之间的逻辑关系和推理,需要将命题符号化,本书中用 p,q,r,…,p_i,q_i,r_i,…表示命题.例如,在例1.1中,

p:$\sqrt{3}$是有理数.

q:2是素数.……

在数理逻辑中,将命题的真值也符号化,本书中,用1表示“真”,用0表示“假”.在例1.1中,命题(2),(5)的真值为1,(1),(4)的真值为0.

以上讨论的命题都是简单的陈述句,它们都不能分成更简单的陈述句,这样的命题称为**简单命题**或**原子命题**.

【例1.2】

(1) 10不是素数.

(2) 2和3都是素数.

(3) 2或4是素数.

(4) 5不是素数.

(5) 2和4都是素数.

(6) 6或8是素数.

上述6个命题都不是简单命题，它们可以表述成用联结词联结更简单的陈述句. 如(1)可表示成“不是”10是素数，或“非”10是素数. (2)可表示成2是素数“并且”3是素数. (3)可表示成2是素数“或”4是素数. 这里非、并且、或是联结词. (4)～(6)与此类似.

称由简单命题用联结词联结而成的命题为**复合命题**.例1.2中给出的6个命题都是复合命题.下面给出5个常用联结词的精确定义,并将它们符号化.

定义1.1 设 p 为任一命题.复合命题“非 p”(或“p 的否定”)称为 p 的**否定式**,记作 $\neg p$. $\neg$ 称为**否定联结词**.

$\neg p$ 的逻辑关系为 p 不成立,于是 $\neg p$ 为真当且仅当 p 为假.

在例1.2中,设 p:10是素数,则 $\neg p$:10不是素数.这里,p 的真值为0,所以 $\neg p$ 的真值为1.在(4)中,设 q:5是素数.则 $\neg q$:5不是素数.q 的真值为1,所以 $\neg q$ 的真值为0.

定义1.2 设 p,q 为二命题.复合命题“p 并且 q”(或“p 与 q”)称为 p 与 q 的**合取式**,记作 $p\wedge q$. $\wedge$ 称为**合取联结词**.

$p\wedge q$ 的逻辑关系为 p 与 q 同时成立,因而 $p\wedge q$ 为真当且仅当 p 与 q 同时为真.

在例1.2中,设 p:2是素数,q:3是素数,则 $p\wedge q$ 表示2和3都是素数.由于 p,q 的真值均为1,所以 $p\wedge q$ 的真值为1.在(5)中,设 p:2是素数,r:4是素数,则 $p\wedge r$ 表示2与4都是素数,由于 r 的真值为0,所以 $p\wedge r$ 的真值为0.

联结词 $\wedge$ 在用法上很灵活.自然语言中的“既……又……”“不但……而且……”“虽然……但是……”等都可以符号化为 $\wedge$.请看下例.

【例1.3】 将下列命题符号化.

(1) 张路既聪明又用功.

(2) 张路不仅聪明,而且用功.

(3) 张路虽然不聪明,但他用功.

(4) 张路不是不聪明,而是不用功.

(5) 肖颖和李莉都是北大的学生.

(6) 张芳与陈敏是好朋友.

(7) 姜文和姜武是兄弟.

解　设 p: 张路聪明,q: 张路用功.(1)到(4)分别符号化为 $p \wedge q, p \wedge q, \neg p \wedge q, \neg(\neg p) \wedge \neg q$. 在这 4 个复合命题中都使用了联结词 $\wedge$. 至于说它们的真值,均应由 p,q 的真值而定. 在(5)中设 p: 肖颖是北大学生,q: 李莉是北大学生. 复合命题(5)符号化为 $p \wedge q$.(6)中的"与"联结 2 个名词共同组成主语,整个句子不能再拆成更简单的句子,因而是一个简单命题. 同样地,(7)也是简单命题. 可将它们分别符号化为 p 和 q. 由此可见不是一见到"与""和"就一定是合取式.

定义 1.3　设 p,q 为任意二命题. 复合命题"p 或 q"称作 p 与 q 的**析取式**,记作 $p \vee q$, $\vee$ 称为**析取联结词**.

$p \vee q$ 的逻辑关系为 p 与 q 中至少一个成立,因而 $p \vee q$ 为真当且仅当 p 与 q 中至少一个为真.

在例 1.2(3)中, 设 p:2 是素数,q:4 是素数,则 $p \vee q$ 表示 2 或 4 是素数. 由于 p 的真值为 1,所以 $p \vee q$ 的真值为 1. 而在(6)中,设 r:6 是素数,s:8 是素数. 由于 r,s 的真值均为 0,所以 $r \vee s$ 的真值为 0.

析取联结词 $\vee$ 的逻辑关系是明确的,但自然语言中的"或"具有二义性,用"或"联结的命题,有时具有相容性,有时又具有排斥性,在形式化时要注意区分. 请看下例.

【例 1.4】　将下面命题符号化.

(1) 谢丹生于 1972 年或 1973 年.

(2) 吕小洲学过德语或法语.

(3) 派老王或老李中的一人去上海开会.

解　先看(2)和(3).(2)令 p: 吕小洲学过德语,q: 吕小洲学过法语. 只要 p 和 q 有一个为真,即 p 真,q 假; p 假,q 真; p 真,q 真时,(2)的真值为 1. 它可以形式化为 $p \vee q$. 这里允许 p 和 q 同时为真,p 和 q 是相容的.

(3)令 r: 老王去上海,s: 老李去上海. 只有当 r 真,s 假,或者 r 假,s 真时,(3)的真值为 1. 当 r,s 都为真时,(3)的真值为 0. r 和 s 是相互排斥的.(3)不能形式化为 $r \vee s$,而应形式化为 $(r \wedge \neg s) \vee (\neg r \wedge s)$.

对于(1),令 t: 谢丹生于 1972 年,u: 谢丹生于 1973 年. 谢丹不能既生于 1972 年,又生于 1973 年,这里的"或"也有排斥性,因此应符号化为 $(t \wedge \neg u) \vee (\neg t \wedge u)$. 与(3)不同的是,事实上 t 和 u 不可能同时为真,$(t \wedge \neg u) \vee (\neg t \wedge u)$ 与 $t \vee u$ 的真值相同. 因此(1)也可以形式化为 $t \vee u$.

定义 1.4　设 p,q 为二命题. 复合命题"如果 p,则 q"称作 p 与 q 的**蕴涵式**,记作 $p \rightarrow q$. 称 p 是蕴涵式的**前件**,q 是蕴涵式的**后件**. $\rightarrow$ 称作**蕴涵联结词**.

$p \rightarrow q$ 的逻辑关系是,q 是 p 的必要条件,p 是 q 的充分条件. $p \rightarrow q$ 为假当且仅当 p 为真且 q 为假. 特别地,当 p 为假时(q 为真或为假) $p \rightarrow q$ 为真. 在使用蕴涵联结词 $\rightarrow$ 时,应注意以下几点.

(1) 在自然语言里,特别是在数学中,q 是 p 的必要条件有不同的叙述方式,如"只要 p 就

q”“p 仅当 q”“只有 q 才 p”等都可以符号化为 $p \to q$ 的形式.

(2) 在自然语言里,“如果 p,则 q”中的 p 与 q 往往有某种内在联系,而在数理逻辑里,p 与 q 不一定有什么内在联系.

(3) 在数学和其他自然科学中,“如果 p,则 q”往往表示的是前件为真,后件为真的推理关系.但在数理逻辑中,$p \to q$ 没有这样的含义.

在下例中,这 3 点注意事项都有所体现,请注意区分.

【例 1.5】 将下列命题符号化,其中 a 是给定的整数.

(1) 若 $3+3=6$,则地球是运动的.

(2) 若 $3+3\neq6$,则地球是运动的.

(3) 若 $3+3=6$,则地球是静止不动的.

(4) 若 $3+3\neq6$,则地球是静止不动的.

(5) 只要 a 是 4 的倍数,a 就是 2 的倍数.

(6) a 是 4 的倍数,仅当 a 是 2 的倍数.

(7) 除非 a 是 2 的倍数,a 才能是 4 的倍数.

(8) 除非 a 是 2 的倍数,否则 a 不是 4 的倍数.

(9) 只有 a 是 2 的倍数,a 才能是 4 的倍数.

(10) 只有 a 是 4 的倍数,a 才能是 2 的倍数.

解 在(1)～(4)中,令 p:$3+3=6$,q:地球是运动的,在这里,p 与 q 显然没有什么内在联系,但仍可以组成蕴涵式.蕴涵式分别为 $p \to q$, $\neg p \to q$ $p \to \neg q$, $\neg p \to \neg q$.真值分别为 1,1,0,1.在(5)～(10)中,令 r:a 是 4 的倍数,s:a 是 2 的倍数.(5)～(9)均叙述的是 a 是 2 的倍数是 a 是 4 的倍数的必要条件,因而都符号化为 $r \to s$. r,s 的真值由 a 的值决定.但是当 r 的真值为 1 时 s 的真值必定为 1,因而蕴涵式 $r \to s$ 不会出现前件真后件假的情况.于是,$r \to s$ 的真值为 1.而在(10)中,将 a 是 4 的倍数看成了 a 是 2 的倍数的必要条件,因而应符号化为 $s \to r$.当 a 是 2 的倍数、但不是 4 的倍数时,s 真,r 假,$s \to r$ 的真值为 0,其他情况(a 是 4 的倍数,或 a 是奇数),$s \to r$ 的真值为 1.

定义 1.5 设 p,q 为二命题.复合命题“p 当且仅当 q”称作 p 与 q 的**等价式**,记作 $p \leftrightarrow q$. $\leftrightarrow$ 称作**等价联结词**.

$p \leftrightarrow q$ 的逻辑关系是 p 与 q 互为充分必要条件. $p \leftrightarrow q$ 为真当且仅当 p 与 q 的真值相同.

【例 1.6】 将下列命题符号化,并求其真值.

(1) $2+3=5$ 当且仅当$\sqrt{2}$是无理数.

(2) $2+3=5$ 当且仅当$\sqrt{2}$不是无理数.

(3) $2+3\neq5$ 当且仅当$\sqrt{2}$是无理数.

(4) $2+3\neq5$ 当且仅当$\sqrt{2}$不是无理数.

(5) O_1,O_2 两圆的面积相等当且仅当它们的半径相等.

(6) A,B 两角相等当且仅当它们是同位角.

(7) 杜明是四川人当且仅当沈荣生于 1970 年.

解 在(1)～(4)中,设 p:$2+3=5$,q: $\sqrt{2}$是无理数.(1)～(4)分别符号化为 $p \leftrightarrow q$, $p \leftrightarrow \neg q$, $\neg p \leftrightarrow q$, $\neg p \leftrightarrow \neg q$.由于 p,q 的真值都是 1,因而 $p \leftrightarrow q$ 与 $\neg p \leftrightarrow \neg q$两边的命题真值相同,所以它们的

真值均为 1. 而 $p \leftrightarrow \neg q$ 与 $\neg p \leftrightarrow q$ 两边命题的真值均相异，因而它们的真值均为 0.

在(5)中，设 p：O_1，O_2 两圆面积相等，q：O_1，O_2 两圆半径相等. 命题符号化为 $p \leftrightarrow q$，p 与 q 的真值要由 O_1，O_2 的具体情况而定，但 p，q 的真值相同(同真或同假)，因而 $p \leftrightarrow q$ 的真值为 1. 而在(6)中，若设 p：A，B 两角相等，q：A，B 是同位角，命题也符号化为 $p \leftrightarrow q$. 但是 p，q 的真值可以不同，因而 $p \leftrightarrow q$ 的真值要由 A，B 的具体情况而定. 类似地，(7)的真值也要根据具体情况而定.

以上定义了 5 种联结词，组成一个联结词集 $\{\neg, \wedge, \vee, \rightarrow, \leftrightarrow\}$，其中 $\neg$ 是一元联结词符，其余的都是二元联结词符. 有时也称它们是逻辑运算符. 可以规定这些运算符的优先级，本书中规定它们优先级的顺序为 $\neg$，$\wedge$，$\vee$，$\rightarrow$，$\leftrightarrow$. 如果出现的联结词符同级，又无括号时，按从左到右顺序进行运算；若遇有括号时，先进行括号中的运算. 例如，$p \rightarrow q \wedge r \rightarrow s$ 与 $(p \rightarrow (q \wedge r)) \rightarrow s$ 表达相同的逻辑关系，而 $p \rightarrow q \wedge r \rightarrow s$，$(p \rightarrow q) \wedge r \rightarrow s$，$(p \rightarrow q) \wedge (r \rightarrow s)$ 表达的是互不相同的逻辑关系.

【例 1.7】 将下列命题符号化并求真值.

(1) 如果 3 是合数，则 4 是素数，并且如果 4 是素数，则它不能被 2 整除.

(2) 如果 $2+3>5$ 当且仅当 5 是合数，则 $\sqrt{2}$ 和 $\sqrt{3}$ 都是有理数.

解 (1) 设 p：3 是合数，q：4 是素数，r：4 能被 2 整除，则 p，q，r 的真值分别为 0，0，1. 命题符号化为 $(p \rightarrow q) \wedge (q \rightarrow \neg r)$，容易计算出它的真值为 1.

(2) 设 p：$2+3>5$，q：5 是合数，r：$\sqrt{2}$ 是有理数，s：$\sqrt{3}$ 是有理数. 它们的真值分别为 0，0，0，0. 命题符号化为 $(p \leftrightarrow q) \rightarrow (r \wedge s)$，它的前件真值为 1，后件真值为 0，所以它的真值为 0.

1.2 命题公式与赋值

简单命题又称作**命题常项**或**命题常元**. 称取值 1(真)或 0(假)的变元为**命题变项**或**命题变元**. 命题变项不是命题，它的真值不确定，可以表示各种不同的命题. 命题变项和命题常项的关系如同初等数学中变量和常数的关系. 通常也用 $p, q, r, \ldots$(可带下标)表示命题变项. 使用中 $p, q, r, \ldots$ 表示的是命题常项还是命题变项可以从上下文看出.

将命题常项和命题变项用联结词和圆括号按一定逻辑关系联结起来的符号串称为**合式公式**，当使用联结词集 $\{\neg, \wedge, \vee, \rightarrow, \leftrightarrow\}$ 时，合式公式定义如下.

定义 1.6

(1) 单个的命题变项(或常项)是合式公式；

(2) 若 A 是合式公式，则 $(\neg A)$ 也是合式公式；

(3) 若 A，B 是合式公式，则 $(A \wedge B)$，$(A \vee B)$，$(A \rightarrow B)$，$(A \leftrightarrow B)$ 也是合式公式；

(4) 只有有限次地应用(1)～(3)形成的符号串才是合式公式.

合式公式也称为**命题公式**，简称**公式**.

在合式公式的定义中，引进了 A，B 等符号，它们代表任意的公式. 在本书中以后出现的 A，B 等符号也均代表任意的公式，不再说明. 另外，为方便起见，$(\neg A)$，$(A \wedge B)$ 等的外层括号均可以省去.

根据定义,$((p\wedge q)\vee r)\to s$, $p\to(q\to r)$, $(p\vee q)\wedge r$ 等都是合式公式,而 $p\wedge qr\to s$, $p\wedge q\wedge r)\to s$ 等均不是合式公式.

下面给出公式**层次**的定义.

定义 1.7

(1) 若 A 是单个的命题变项或常项,则称 A 为 0 层公式;

(2) 称 A 是 $n+1(n\geqslant 0)$ 层公式是指下列情况之一:

① $A=\neg B$, B 是 n 层公式;

② $A=B\wedge C$,其中 B,C 分别为 i 层和 j 层公式,且 $n=\max(i,j)$;

③ $A=B\vee C$,其中 B,C 的层次同②;

④ $A=B\to C$,其中 B,C 的层次同②;

⑤ $A=B\leftrightarrow C$,其中 B,C 的层次同②;

易知,$((\neg p\to q)\wedge r)\vee s$ 与 $((p\wedge\neg q\wedge r)\vee s)\to(p\vee q\vee r)$ 分别为 4 层和 5 层公式.

在合式公式中,由于有命题变项出现,因而公式的真值是不确定的. 当将公式中出现的全部变项都解释成具体的命题之后,公式就成了真值确定的复合命题了.

【例 1.8】 给出下面公式两种不同的解释,一种解释使它为真,一种解释使它为假. 公式为:

$$(p\vee q)\to r.$$

解 (1) 将 p 解释成 2 是偶数,q 解释成 3 是偶数,r 解释成 2+3 是偶数. 显然,p,q,r 的真值分别为 1,0,0,故 $(p\vee q)\to r$ 的真值为 0.

(2) p,q 的解释同(1),将 r 解释成 2+3 为奇数,则 $(p\vee q)\to r$ 的真值为 1.

给命题变项 p 一个解释,其实就是给定 p 的真值.

定义 1.8 设 $p_1,p_2,\cdots,p_n$ 是出现在公式 A 中的全部命题变项,给 $p_1,p_2,\cdots,p_n$ 各指定一个真值,称为对 A 的一个**赋值**或**解释**. 若指定的一组值使 A 的值为 1,则称这组值为 A 的**成真赋值**. 若使 A 的值为 0,则称这组值为 A 的**成假赋值**.

本书中,含 n 个命题变项的命题公式的赋值形式做如下规定:

(1) 设 A 中含的命题变项为 $p_1,p_2,\cdots,p_n$,赋值 $\alpha_1\alpha_2\cdots\alpha_n$($\alpha_i$ 为 0 或 1)是指 $p_1=\alpha_1$, $p_2=\alpha_2$, $\cdots$, $p_n=\alpha_n$.

(2) 若出现在 A 中的命题变项为 $p,q,r\cdots$,赋值 $\alpha_1\alpha_2\cdots$ 是指 $p=\alpha_1$, $q=\alpha_2$, $\cdots$,即按字典顺序赋值.

例如,在公式 $(\neg p_1\wedge p_2\wedge p_3)\vee(p_1\wedge\neg p_2\wedge p_3)$ 中,011($p_1=0$, $p_2=1$, $p_3=1$),101($p_1=1$, $p_2=0$, $p_3=1$)都是成真赋值,其余的赋值都是成假赋值. 在公式 $(p\wedge\neg q)\to r$ 中,011($p=0$, $q=1$, $r=1$)为成真赋值,100($p=1$, $q=0$, $r=0$)为成假赋值.

对给定的公式赋值,按照从低到高的层次逐步计算,就能得到公式的真值. 含 $n(n\geqslant 1)$ 个命题变项的公式 A 共有 2^n 个赋值. 将公式 A 在所有赋值之下取值情况列成表,称为 A 的**真值表**. 构造真值表的具体步骤如下:

(1) 找出公式中所含的全部命题变项 $p_1,p_2,\cdots,p_n$(若无下角标就按字典顺序给出),列出所有可能的赋值(2^n 个);

(2) 按从低到高的顺序写出各层次;

(3) 对应各赋值,计算公式各层次的值,直到最后计算出公式的值.

【例 1.9】 求下列命题公式的真值表.

(1) $(p \wedge \neg q) \rightarrow r$;

(2) $(p \rightarrow (q \vee p)) \vee r$;

(3) $\neg(p \rightarrow q) \wedge q \wedge r$.

解

表 1.1　$(p \wedge \neg q) \rightarrow r$ 的真值表

p q r	$\neg q$	$p \wedge \neg q$	$(p \wedge \neg q) \rightarrow r$
0 0 0	1	0	1
0 0 1	1	0	1
0 1 0	0	0	1
0 1 1	0	0	1
1 0 0	1	1	0
1 0 1	1	1	1
1 1 0	0	0	1
1 1 1	0	0	1

表 1.2　$(p \rightarrow (q \vee p)) \vee r$ 的真值表

p q r	$q \vee p$	$p \rightarrow (q \vee p)$	$(p \rightarrow (q \vee p)) \vee r$
0 0 0	0	1	1
0 0 1	0	1	1
0 1 0	1	1	1
0 1 1	1	1	1
1 0 0	1	1	1
1 0 1	1	1	1
1 1 0	1	1	1
1 1 1	1	1	1

表 1.3　$\neg(p \rightarrow q) \wedge q \wedge r$ 的真值表

p q r	$p \rightarrow q$	$\neg(p \rightarrow q)$	$\neg(p \rightarrow q) \wedge q$	$\neg(p \rightarrow q) \wedge q \wedge r$
0 0 0	1	0	0	0
0 0 1	1	0	0	0
0 1 0	1	0	0	0
0 1 1	1	0	0	0
1 0 0	0	1	0	0
1 0 1	0	1	0	0
1 1 0	1	0	0	0
1 1 1	1	0	0	0

表 1.1～1.3 都是按构造真值表的步骤一步一步地写出的,这样构造真值表不容易出错.如果比较熟练,有些层次可不列出.由真值表可以看出,命题公式(1)的 8 个赋值中,除了 100 是成假赋值外,其余的都是成真赋值.而命题公式(2)无成假赋值,命题公式(3)无成真赋值.根据公式在各种赋值下的取值情况,可将命题公式分为 3 类,定义如下.

定义 1.9 设 A 为一命题公式.

(1) 若 A 在它的所有赋值下取值均为真,则称 A 为**重言式**或**永真式**;

(2) 若 A 在它的所有赋值下取值均为假,则称 A 为**矛盾式**或**永假式**;

(3) 若 A 不是矛盾式,则称 A 是**可满足式**.

由定义可以看出,重言式是可满足式,但反之不真.用真值表可以判断公式的类型:若真值表的最后一列全为 1,则公式为重言式;若最后一列全为 0,则公式为矛盾式;若最后一列既有 1 又有 0,则公式为非重言式的可满足式.在例 1.9 中,(1)为可满足式,但不是重言式,(2)为重言式,当然也是可满足式,(3)是矛盾式.用真值表判断公式的类型方法简单易行,但当命题变项较多时,计算量大.在下两节中还要介绍其他方法.

1.3 等值演算

给定 n 个命题变项,按合式公式的形成规则可以形成无穷无尽多的命题公式.n 个命题变项共有 2^n 个不同的赋值.对每一个赋值,公式有 2 个可能的取值(0 或 1),因此 n 个命题变项共可生成 2^{2^n} 个真值不同的公式,从而有无穷多个公式具有相同的真值.

定义 1.10 设 A,B 为二命题公式,若等价式 $A\leftrightarrow B$ 为重言式,则称 A 与 B 是**等值的**,记作 $A\Leftrightarrow B$.

A 与 B 等值当且仅当 A 与 B 在它们的所有赋值下均有相同的真值.在定义中,要注意符号“$\Leftrightarrow$”不是联结词符,它是 A 与 B 等值的一种记法.千万不能将$\Leftrightarrow$与$\leftrightarrow$或$\Leftrightarrow$与$=$混为一谈.

【例 1.10】 用真值表法判断下面公式是否等值.

$\neg(q\rightarrow p)$与$\neg p\wedge q$.

解 用真值表法判断 $\neg(q\rightarrow p)\leftrightarrow(\neg p\wedge q)$是否为重言式,见表 1.4.

表 1.4 $\neg(q\rightarrow p)\leftrightarrow(\neg p\wedge q)$的真值表

p q	$\neg p$	$q\rightarrow p$	$\neg(q\rightarrow p)$	$\neg p\wedge q$	$\neg(q\rightarrow p)\leftrightarrow(\neg p\wedge q)$
0 0	1	1	0	0	1
0 1	1	0	1	1	1
1 0	0	1	0	0	1
1 1	0	1	0	0	1

由于真值表的最后一列全为 1,所以$\neg(q\rightarrow p)\leftrightarrow(\neg p\wedge q)$是重言式,即 $\neg(q\rightarrow p)\Leftrightarrow(\neg p\wedge q)$.从表 1.4 不难看出,$\neg(q\rightarrow p)\leftrightarrow(\neg p\wedge q)$为重言式,当且仅当在各个赋值下 $\neg(q\rightarrow p)$与$(\neg p\wedge q)$的真值均相同.于是真值表最后一列可省去.

【例 1.11】 判断下列各组公式是否等值.

(1) $p\rightarrow(q\rightarrow r)$与$(p\wedge q)\rightarrow r$;

(2) $(p\to q)\to r$ 与 $(p\wedge q)\to r$.

解　(1) 由表 1.5 可以看出，$p\to(q\to r)$ 与 $(p\wedge q)\to r$ 的真值表相同，因而它们是等值的，即

$$p\to(q\to r)\Leftrightarrow(p\wedge q)\to r.$$

表　1.5

$p\ q\ r$	$q\to r$	$p\wedge q$	$p\to(q\to r)$	$(p\wedge q)\to r$
0 0 0	1	0	1	1
0 0 1	1	0	1	1
0 1 0	0	0	1	1
0 1 1	1	0	1	1
1 0 0	1	0	1	1
1 0 1	1	0	1	1
1 1 0	0	1	0	0
1 1 1	1	1	1	1

(2) 从表 1.6 可以看出，000 与 010 使得 $(p\to q)\to r$ 与 $(p\wedge q)\to r$ 的真值不同，因而 $(p\to q)\to r\not\Leftrightarrow(p\wedge q)\to r$，此处 $A\not\Leftrightarrow B$ 表示 A 与 B 不等值.

表　1.6

$p\ q\ r$	$p\to q$	$(p\to q)\to r$	$p\wedge q$	$(p\wedge q)\to r$
0 0 0	1	0	0	1
0 0 1	1	1	0	1
0 1 0	1	0	0	1
0 1 1	1	1	0	1
1 0 0	0	1	0	1
1 0 1	0	1	0	1
1 1 0	1	0	1	0
1 1 1	1	1	1	1

下面给出 24 个重要等值式，希望读者牢牢记住它们. 在下面的公式中，A,B,C 仍代表任意的命题公式.

1. 双重否定律

$A\Leftrightarrow\neg\neg A$.

2. 等幂律

$A\Leftrightarrow A\vee A$，$A\Leftrightarrow A\wedge A$.

3. 交换律

$A\vee B\Leftrightarrow B\vee A$，$A\wedge B\Leftrightarrow B\wedge A$.

4. 结合律

$(A\vee B)\vee C\Leftrightarrow A\vee(B\vee C)$，

$(A\wedge B)\wedge C\Leftrightarrow A\wedge(B\wedge C)$.

5. 分配律

$A \vee (B \wedge C) \Leftrightarrow (A \vee B) \wedge (A \vee C)$,

$A \wedge (B \vee C) \Leftrightarrow (A \wedge B) \vee (A \wedge C)$.

6. 德·摩根律

$\neg(A \vee B) \Leftrightarrow \neg A \wedge \neg B$, $\neg(A \wedge B) \Leftrightarrow \neg A \vee \neg B$.

7. 吸收律

$A \vee (A \wedge B) \Leftrightarrow A$, $A \wedge (A \vee B) \Leftrightarrow A$.

8. 零律

$A \vee 1 \Leftrightarrow 1$, $A \wedge 0 \Leftrightarrow 0$.

9. 同一律

$A \vee 0 \Leftrightarrow A$, $A \wedge 1 \Leftrightarrow A$.

10. 排中律

$A \vee \neg A \Leftrightarrow 1$.

11. 矛盾律

$A \wedge \neg A \Leftrightarrow 0$.

12. 蕴涵等值式

$A \rightarrow B \Leftrightarrow \neg A \vee B$.

13. 等价等值式

$A \leftrightarrow B \Leftrightarrow (A \rightarrow B) \wedge (B \rightarrow A)$.

14. 假言易位

$A \rightarrow B \Leftrightarrow \neg B \rightarrow \neg A$.

15. 等价否定等值式

$A \leftrightarrow B \Leftrightarrow \neg A \leftrightarrow \neg B$.

16. 归谬论

$(A \rightarrow B) \wedge (A \rightarrow \neg B) \Leftrightarrow \neg A$.

以上给出的24个等值式是最重要、最基本的等值式.由于在公式中出现的A,B,C代表任意的命题公式,因而每个公式都是一个模式,它们中的每一个都可以对应无数个同类型的等值式.例如在11式中,A用p代替,得等值式$p \wedge \neg p \Leftrightarrow 0$. A用$p \rightarrow q$代替得等值式$(p \rightarrow q) \wedge \neg (p \rightarrow q) \Leftrightarrow 0$.由这24个等值式可以推演出更多的等值式来.称由已知的等值式推演出另外一些等值式的过程为**等值演算**.

等值演算的根据是置换规则,叙述如下:

置换规则:设$\Phi(A)$是含公式A的命题公式,$B \Leftrightarrow A$,若用B置换$\Phi(A)$中的A,得$\Phi(B)$,则$\Phi(B) \Leftrightarrow \Phi(A)$.

例如,对于$p \rightarrow (q \rightarrow r)$,可用$\neg q \vee r$置换$q \rightarrow r$,得到$p \rightarrow (\neg q \vee r)$,它与$p \rightarrow (q \rightarrow r)$等值.

下面通过例题说明等值演算的步骤及等值演算的用途.

【例1.12】 验证下列等值式.

(1) $(p \rightarrow q) \rightarrow r \Leftrightarrow (\neg q \wedge p) \vee r$;

(2) $(p \vee q) \rightarrow r \Leftrightarrow (p \rightarrow r) \wedge (q \rightarrow r)$.

解　(1)　$(p\to q)\to r$

$\Leftrightarrow(\neg p\vee q)\to r$　　（蕴涵等值式）

$\Leftrightarrow\neg(\neg p\vee q)\vee r$　　（蕴涵等值式）

$\Leftrightarrow(p\wedge\neg q)\vee r$　　（德・摩根律）

$\Leftrightarrow(\neg q\wedge p)\vee r.$　　（交换律）

所以，$(p\to q)\to r\Leftrightarrow(\neg q\wedge p)\vee r.$

(2)　$(p\vee q)\to r$

$\Leftrightarrow\neg(p\vee q)\vee r$　　（蕴涵等值式）

$\Leftrightarrow(\neg p\wedge\neg q)\vee r$　　（德・摩根律）

$\Leftrightarrow(\neg p\vee r)\wedge(\neg q\vee r)$　　（分配律）

$\Leftrightarrow(p\to r)\wedge(q\to r).$　　（蕴涵等值式）

所以，$(p\vee q)\to r\Leftrightarrow(p\to r)\wedge(q\to r).$

在演算的每一步中，都使用了置换规则. 在以上的演算中，都是从左边公式开始演算的. 当然也可以从右边公式进行演算，还可以对两边的公式分别演算，推出相同的结果.

通过等值演算能将命题公式化简，使得能较容易地观察出它的成真赋值和成假赋值. 特别是，若通过等值演算，某公式 A 和 1 等值，则它一定是重言式；若 A 和 0 等值，则它一定是矛盾式. 于是，通过等值演算可以判断公式的类型.

【例 1.13】　用等值演算法判断公式的类型.

(1) $(p\to q)\wedge\neg q\to\neg p$；

(2) $\neg((p\to q)\wedge p\to q)\wedge r$；

(3) $p\wedge(((p\vee q)\wedge\neg p)\to q)$.

解

(1)　$(p\to q)\wedge\neg q\to\neg p$

$\Leftrightarrow(\neg p\vee q)\wedge\neg q\to\neg p$　　（蕴涵等值式）

$\Leftrightarrow\neg((\neg p\vee q)\wedge\neg q)\vee\neg p$　　（蕴涵等值式）

$\Leftrightarrow\neg(\neg p\vee q)\vee\neg\neg q\vee\neg p$　　（德・摩根律）

$\Leftrightarrow(p\wedge\neg q)\vee q\vee\neg p$　　（德・摩根律、双重否定律）

$\Leftrightarrow(p\vee q)\wedge(\neg q\vee q)\vee\neg p$　　（分配律）

$\Leftrightarrow(p\vee q)\wedge 1\vee\neg p$　　（排中律）

$\Leftrightarrow(p\vee q)\vee\neg p$　　（同一律）

$\Leftrightarrow(p\vee\neg p)\vee q$　　（交换律、结合律）

$\Leftrightarrow 1\vee q$　　（排中律）

$\Leftrightarrow 1.$　　（零律）

这说明(1)中公式为重言式.

在以下的推演中，省去每步中括号内的根据，请读者自己加上去.

(2)　$\neg((p\to q)\wedge p\to q)\wedge r$

$\Leftrightarrow\neg((\neg p\vee q)\wedge p\to q)\wedge r$

$\Leftrightarrow \neg(\neg((\neg p \vee q) \wedge p) \vee q) \wedge r$

$\Leftrightarrow (\neg p \vee q) \wedge p \wedge \neg q \wedge r$

$\Leftrightarrow (\neg p \wedge p \wedge \neg q \wedge r) \vee (q \wedge p \wedge \neg q \wedge r)$

$\Leftrightarrow 0 \vee 0$

$\Leftrightarrow 0.$

这说明(2)中公式为矛盾式.

(3) $p \wedge (((p \vee q) \wedge \neg p) \rightarrow q)$

$\Leftrightarrow p \wedge (\neg((p \vee q) \wedge \neg p) \vee q)$

$\Leftrightarrow p \wedge (\neg(p \vee q) \vee p \vee q)$

$\Leftrightarrow p \wedge ((\neg p \wedge \neg q) \vee p \vee q)$

$\Leftrightarrow p.$

由最后一步可以看出,(3)中公式不是重言式,也不是矛盾式,而是非重言式的可满足式.易知10,11是它的成真赋值,00,01是成假赋值.

1.4 析取范式与合取范式

每一个命题公式都有无数个公式与它是等值的,它们实际上是同一个命题的不同表示形式.这种眼花缭乱的众多形式给使用带来很大的不便,因而有必要给出各公式的规范或标准的表示,这就是主析取范式和主合取范式.

定义 1.11 命题变项及其否定统称作**文字**.由有限个文字构成的析取式称作**简单析取式**.仅由有限个文字构成的合取式称作**简单合取式**.

$p, \neg q$等为1个文字构成的简单析取式,$p \vee \neg p$, $\neg p \vee q$ 等为2个文字构成的简单析取式,$\neg p \vee \neg q \vee r$, $\neg p \vee q \vee r$ 等为3个文字构成的简单析取式.$p, \neg q$等为1个文字构成的简单合取式,$p \wedge \neg p$, $\neg p \wedge q$ 等为2个文字构成的简单合取式,$p \wedge q \wedge \neg r$, $\neg p \wedge \neg q \wedge q$ 等为3个文字构成的简单合取式.应注意,1个文字既是简单析取式,又是简单合取式.

为方便起见,有时用 $A_1, A_2, \cdots, A_s$ 表示 s 个简单析取式或 s 个简单合取式.

从定义不难看出以下两点:

(1) 一个简单析取式是重言式当且仅当它同时含一个命题变项及它的否定式.

例如,$\neg p \vee q \vee \neg q \vee r$ 是重言式,而 $p \vee q \vee r$ 不是重言式.

(2) 一个简单合取式是矛盾式当且仅当它同时含一个命题变项及它的否定式.

例如,$\neg p \wedge p \wedge q \wedge r$ 是矛盾式,而 $\neg p \wedge q \wedge r$ 不是矛盾式.

定义 1.12 由有限个简单合取式构成的析取式称为**析取范式**.由有限个简单析取式构成的合取式称为**合取范式**,析取范式与合取范式统称为**范式**.

例如,$(p \wedge q) \vee (\neg p \wedge \neg q)$,$(p \wedge q \wedge \neg r) \vee (p \wedge q) \vee (q \wedge \neg r) \vee r$ 等都是析取范式.$(\neg p \vee q) \wedge (p \vee q)$, $(p \vee q \vee r) \wedge (\neg p \vee r) \wedge p$ 等都是合取范式.请注意,$A = p \wedge \neg q \wedge r$ 既是析取范式,又是合取范式.当将 $p \wedge \neg q \wedge r$ 看成一个简单合取式时,A 为含一个简单合取式的析取范式.当将 $p, \neg q, r$ 都看成简单析取式时,A 为含3个简单析取式的合取范式.类似地,$p \vee \neg q \vee r$ 也既是析取范式,又是合取范式.

从定义不难看出,析取范式与合取范式有下面性质:

(1) 一个析取范式是矛盾式当且仅当它的每个简单合取式都是矛盾式.

(2) 一个合取范式是重言式当且仅当它的每个简单析取式都是重言式.

例如,析取范式 $A=(p\wedge\neg p)\vee(p\wedge q\wedge\neg q)$是矛盾式,而 $B=(p\wedge\neg p)\vee(p\wedge q)$就不可能是矛盾式,因为它含的简单合取式 $p\wedge q$ 不是矛盾式.类似地,合取范式$(p\vee\neg p)\wedge(p\vee q\vee\neg q)$是重言式,而$(p\vee\neg p)\wedge(p\vee q)$就不是重言式,因为它含的简单析取式 $p\vee q$ 不是重言式.

我们不仅要了解析取范式与合取范式的概念,而更重要的是能将给定的公式化成与之等值的析取范式或合取范式.为此首先要消去→和↔,

$$A\to B\Leftrightarrow\neg A\vee B;$$

$$A\leftrightarrow B\Leftrightarrow(\neg A\vee B)\wedge(A\vee\neg B).$$

另外,在范式里不存在如下形式的公式:

$$\neg\neg A,\neg(A\wedge B),\neg(A\vee B).$$

利用双重否定律和德·摩根律,容易将它们化为范式里所需要的形式:

$$\neg\neg A\Leftrightarrow A;$$

$$\neg(A\wedge B)\Leftrightarrow\neg A\vee\neg B;$$

$$\neg(A\vee B)\Leftrightarrow\neg A\wedge\neg B.$$

最后应注意的是,在求范式过程中常用到分配律.求析取范式时,常利用“$\wedge$”对“$\vee$”的分配律;求合取范式时,常利用“$\vee$”对“$\wedge$”的分配律.例如求公式$(p\vee q)\wedge r$ 的析取范式时,用“$\wedge$”对“$\vee$”的分配律:

$$(p\vee q)\wedge r$$
$$\Leftrightarrow(p\wedge r)\vee(q\wedge r).$$

于是公式成了含两个简单合取式的析取范式.又如求公式$(p\wedge\neg q\wedge r)\vee p$ 的合取范式时,用“$\vee$”对“$\wedge$”的分配律:

$$(p\wedge\neg q\wedge r)\vee p$$
$$\Leftrightarrow(p\vee p)\wedge(\neg q\vee p)\wedge(r\vee p).$$

于是公式成了含 3 个简单析取式的合取范式.

通过以上的分析给出下面定理.

定理 1.1(范式存在定理) 任一命题公式都存在与之等值的析取范式与合取范式.

以上的分析已给出了本定理的证明.现在总结出如下 3 个步骤:

(1) 消去对$\{\neg,\wedge,\vee\}$来说冗余的联结词;

(2) 内移或消去否定号 $\neg(p\vee q)\Leftrightarrow\neg p\wedge\neg q$, $\neg(p\vee q)\Leftrightarrow\neg p\wedge\neg q$, $\neg\neg p\Leftrightarrow p$;

(3) 利用分配律,求析取范式利用“$\wedge$”对“$\vee$”的分配律,求合取范式利用“$\vee$”对“$\wedge$”的分配律.

应用以上 3 个步骤,一定能求出公式的析取范式或合取范式,但形式可能是多样的,就是说,公式的析取范式与合取范式是不唯一的.

【例 1.14】 (1) 求$(\neg p\to q)\wedge(p\to r)$的析取范式;

(2) 求$(p\to q)\vee(p\wedge r)$的合取范式.

解 (1) $(\neg p\to q)\wedge(p\to r)$

$\Leftrightarrow(\neg\neg p\vee q)\wedge(\neg p\vee r)$ (消去→)

$$\Leftrightarrow (p \vee q) \wedge (\neg p \vee r) \qquad \text{(双重否定律)}$$

$$\Leftrightarrow (p \wedge \neg p) \vee (q \wedge \neg p) \vee (p \wedge r) \vee (q \wedge r). \qquad \text{(}\wedge\text{对}\vee\text{分配)}$$

至此，已将(1)中公式化成了含 4 个简单合取式的析取范式，显然 $p \wedge \neg p \Leftrightarrow 0$，于是，

$$(\neg p \to q) \wedge (p \to r)$$

$$\Leftrightarrow (\neg p \wedge q) \vee (p \wedge r) \vee (q \wedge r),$$

(1) 中公式又化成了含 3 个简单合取式的析取范式，这正说明了公式的析取范式的不唯一性.

(2) $(p \to q) \vee (p \wedge r)$

$$\Leftrightarrow (\neg p \vee q) \vee (p \wedge r) \qquad \text{(消去}\to\text{)}$$

$$\Leftrightarrow (\neg p \vee q \vee p) \wedge (\neg p \vee q \vee r). \qquad \text{(}\vee\text{对}\wedge\text{分配)}$$

经过两步，就求出了(2)中公式含两个简单析取式的合取范式. 由于 $\neg p \vee q \vee p \Leftrightarrow 1$，根据同一律可知，$(p \to q) \vee (p \wedge r) \Leftrightarrow (\neg p \vee q \vee r)$，就是说将公式化成了含一个简单析取式的合取范式，这也说明公式合取范式的不唯一性.

我们的最终目的是寻找相互等值的命题公式的标准形式. 由于范式的不唯一性，因而公式的析取范式和合取范式还没有达到这一目的. 为此，需要进一步标准化.

定义 1.13 设有 n 个命题变项，若在简单合取式中每个命题变项(以它的原形或否定形式)恰好出现一次，则称这样的简单合取式为**极小项**. 在极小项中要求命题变项按字母或下标顺序排列.

n 个命题变项共可产生 2^n 个极小项. 若在极小项中，将命题变项的原形对应 1，否定形式对应 0，则得到一个二进制数 α，它正好是该极小项唯一的成真赋值. 今后将这个极小项记作 m_i，其中 i 是 α 对应的十进制数.

两个命题变项 p,q 生成的 4 个极小项：

$\neg p \wedge \neg q$——00——0，记作 m_0；

$\neg p \wedge q$——01——1，记作 m_1；

$p \wedge \neg q$——10——2，记作 m_2；

$p \wedge q$——11——3，记作 m_3.

三个命题变项 p,q,r 生成 8 个极小项：

$\neg p \wedge \neg q \wedge \neg r$——000——0，记作 m_0；

$\neg p \wedge \neg q \wedge r$——001——1，记作 m_1；

$\neg p \wedge q \wedge \neg r$——010——2，记作 m_2；

$\neg p \wedge q \wedge r$——011——3，记作 m_3；

$p \wedge \neg q \wedge \neg r$——100——4，记作 m_4；

$p \wedge \neg q \wedge r$——101——5，记作 m_5；

$p \wedge q \wedge \neg r$——110——6，记作 m_6；

$p \wedge q \wedge r$——111——7，记作 m_7.

一般情况下，n 个命题变项共产生 2^n 个极小项，分别记作 $m_0, m_1, \cdots, m_{2^n-1}$. $m_i(0 \leqslant i \leqslant 2^n - 1)$的角标 i 的二进制表示为 m_i 的成真赋值，于是，n 个命题变项的 2^n 个真值赋值与 2^n 个极小项之间有一一对应关系.

定义 1.14　若 A 的析取范式中的简单合取式全是极小项，则称该析取范式为 A 的**主析取范式**.

定理 1.2(主析取范式存在唯一定理)　任何命题公式的主析取范式都是存在的，并且是唯一的.

证　本定理的证明分两部分.

证明存在性. 设 A 为任一命题公式. 由定理 1.1 可知，存在与 A 等值的析取范式 A'.

若 A' 的某个简单合取式 A_i 中既不含命题变项 p_j，也不含 $\neg p_j$，则将 A_i 展成如下形式：

$$A_i \Leftrightarrow A_i \wedge 1 \Leftrightarrow A_i \wedge (p_j \vee \neg p_j) \Leftrightarrow (A_i \wedge p_j) \vee (A_j \wedge \neg p_j).$$

重复这个过程，直到每个简单合取式都是极小项为止. 最后合并重复出现的极小项，这样就得到与 A 等值的主析取范式.

证明唯一性.

假设某一命题公式 A 存在两个不同的主析取范式 B 和 C，则 $B \Leftrightarrow A$ 且 $C \Leftrightarrow A$. 于是，$B \Leftrightarrow C$. 由于 B 和 C 是 A 的不同的主析取范式，必存在某一极小项 m_i 只出现在 B 中或只出现在 C 中. 不妨设它只出现在 C 中，而不出现在 B 中. 于是，i 的二进制表示为 C 的成真赋值，B 的成假赋值，这与 $B \Leftrightarrow C$ 矛盾. 因而 B 与 C 必相同，即它们含相同的极小项.

在证明定理 1.2 过程中，已经给出了求公式的主析取范式的步骤. 通常要求在主析取范式中，将极小项按下标由小到大的顺序排列，例如 $m_0 \vee m_7 \vee m_1 \vee m_2$ 应写成 $m_0 \vee m_1 \vee {}_2 \vee m_7$.

【例 1.15】　求 $(\neg p \rightarrow q) \wedge (p \rightarrow r)$ 的主析取范式.

解　由例 1.14 可知，$(\neg p \wedge q) \vee (p \wedge r) \vee (q \wedge r)$ 为该公式的一个析取范式，它含 3 个简单合取式，每个简单合取式都不是极小项，因而都应化成极小项. 在 $\neg p \wedge q$ 中既无 r 也无 $\neg r$，因而应做如下等值演算：

$$\begin{aligned} \neg p \wedge q &\Leftrightarrow \neg p \wedge q \wedge 1 \Leftrightarrow \neg p \wedge q \wedge (\neg r \vee r) \\ &\Leftrightarrow (\neg p \wedge q \wedge \neg r) \vee (\neg p \wedge q \wedge r). \end{aligned}$$

类似地，

$$\begin{aligned} p \wedge r &\Leftrightarrow p \wedge 1 \wedge r \Leftrightarrow p \wedge (\neg q \vee q) \wedge r \\ &\Leftrightarrow (p \wedge \neg q \wedge r) \vee (p \wedge q \wedge r). \\ q \wedge r &\Leftrightarrow 1 \wedge q \wedge r \Leftrightarrow (\neg p \vee p) \wedge q \wedge r \\ &\Leftrightarrow (\neg p \wedge q \wedge r) \vee (p \wedge q \wedge r). \end{aligned}$$

将以上结果代入析取范式中就可得到主析取范式：

$$\begin{aligned} &(\neg p \rightarrow q) \wedge (p \rightarrow r) \\ \Leftrightarrow &(\neg p \wedge q) \vee (p \wedge r) \vee (q \wedge r) \\ \Leftrightarrow &(\neg p \wedge q \wedge \neg r) \vee (\neg p \wedge q \wedge r) \vee (p \wedge \neg q \wedge r) \\ &\vee (p \wedge q \wedge r) \vee (\neg p \wedge q \wedge r) \vee (p \wedge q \wedge r) \\ \Leftrightarrow &m_2 \vee m_3 \vee m_5 \vee m_7 \vee m_3 \vee m_7 \\ \Leftrightarrow &m_2 \vee m_3 \vee m_5 \vee m_7. \end{aligned}$$

【例 1.16】　求公式 $((p \vee q) \rightarrow r) \rightarrow p$ 的主析取范式.

解　$((p \vee q) \rightarrow r) \rightarrow p$

$\Leftrightarrow (\neg (p \vee q) \vee r) \rightarrow p$

$\Leftrightarrow \neg(\neg(p \vee q) \vee r)) \vee p$

$\Leftrightarrow((p \vee q) \wedge \neg r) \vee p$

$\Leftrightarrow(p \wedge \neg r) \vee (q \wedge \neg r) \vee p$ (析取范式)

$\Leftrightarrow p \vee (q \wedge \neg r)$ (利用吸收律,仍为析取范式)

$\Leftrightarrow(p \wedge 1 \wedge 1) \vee (1 \wedge q \wedge \neg r)$

$\Leftrightarrow p \wedge (\neg q \vee q) \wedge (\neg r \vee r) \vee (\neg p \vee p) \wedge q \wedge \neg r$

$\Leftrightarrow(p \wedge \neg q \wedge \neg r) \vee (p \wedge \neg q \wedge r) \vee (p \wedge q \wedge \neg r)$

$\vee (p \wedge q \wedge r) \vee (\neg p \wedge q \wedge \neg r) \vee (p \wedge q \wedge \neg r)$

$\Leftrightarrow m_4 \vee m_5 \vee m_6 \vee m_7 \vee m_2 \vee m_6$

$\Leftrightarrow m_2 \vee m_4 \vee m_5 \vee m_6 \vee m_7$

在以上演算中,注意联结词$\wedge$优先于$\vee$. 不熟练时可加括号区分.

公式的主析取范式与真值表是一一对应的. 首先,求出了公式 A 的主析取范式,就能立即写出 A 的真值表. 在例 1.16 中,公式的主析取范式含极小项 m_2,m_4,m_5,m_6,m_7. 于是 2,4,5,6,7 的二进制表示 010,100,101,110,111 为 A 的成真赋值,A 中未出现的极小项 m_0,m_1,m_3 的角标 0,1,3 的二进制表示 000,001,011 是 A 的成假赋值. 于是 A 的真值表自然能写出. 反之,若知道了 A 的真值表,由真值表求出全部成真赋值,以这些成真赋值对应的十进制数为角标的极小项即为 A 的主析取范式中含有的全部极小项,从而可立即写出 A 的主析取范式.

【例 1.17】 由$(p \vee q) \wedge r$ 的真值表求它的主析取范式.

解 首先求$(p \vee q) \wedge r$ 的真值表,见表 1.7.

表 1.7

p q r	$p \vee q$	$(p \vee q) \wedge r$
0 0 0	0	0
0 0 1	0	0
0 1 0	1	0
0 1 1	1	1
1 0 0	1	0
1 0 1	1	1
1 1 0	1	0
1 1 1	1	1

由真值表可知,011,101,111 为$(p \vee q) \wedge r$ 的成真赋值,它们的十进制表示分别为 3,5,7,于是,立即可写出该公式的主析取范式,

$$(p \vee q) \wedge r \Leftrightarrow m_3 \vee m_5 \vee m_7$$

命题公式的主析取范式有许多用途,叙述如下.

1. 求公式的成真和成假赋值,从而给出公式的真值表

若公式 A 中含 $n(n \geqslant 1)$ 个命题变项,A 的主析取范式中含 $s(0 \leqslant s \leqslant 2^n)$ 个极小项,则 A 有 s 个成真赋值,它们是所含极小项的角标的二进制表示. 其余 2^n-s 个真值赋值都是成假赋值. 例如,A 是含 2 个命题变项的公式,其主析取范式为 $m_0 \vee m_3$,则 00,11 是 A 的成真赋值,01,10 是成假赋值. 若 B 中含有 3 个命题变项,其主析取范式为 $m_0 \vee m_1 \vee m_2$,则 000,001,010 为成真赋值,而 011,100,101,110,111 为成假赋值.

2. 判断两个命题公式是否等值

设 A,B 为二公式,则 $A \Leftrightarrow B$ 当且仅当 A 与 B 有相同的主析取范式.于是,若 A,B 有相同的主析取范式,则 A 等值于 B;若 A,B 的主析取范式不同,则 A 不等值于 B.

【例 1.18】 判断下列两组公式是否等值.

(1) $(p \to q) \to r$;

$(p \wedge q) \to r$.

(2) $p \to (q \to r)$;

$(p \wedge q) \to r$.

解 求各式的主析取范式

$$
\begin{aligned}
(p \to q) \to r &\Leftrightarrow \neg(\neg p \vee q) \vee r \\
&\Leftrightarrow (p \wedge \neg q) \vee r \\
&\Leftrightarrow (p \wedge \neg q \wedge \neg r) \vee (p \wedge \neg q \wedge r) \vee (\neg p \wedge \neg q \wedge r) \\
&\quad \vee (\neg p \wedge q \wedge r) \vee (p \wedge \neg q \wedge r) \vee (p \wedge q \wedge r) \\
&\Leftrightarrow m_4 \vee m_5 \vee m_1 \vee m_3 \vee m_5 \vee m_7 \\
&\Leftrightarrow m_1 \vee m_3 \vee m_4 \vee m_5 \vee m_7
\end{aligned}
$$

$$
\begin{aligned}
(p \wedge q) \to r &\Leftrightarrow \neg(p \wedge q) \vee r \\
&\Leftrightarrow \neg p \vee \neg q \vee r \\
&\Leftrightarrow (\neg p \wedge \neg q \wedge \neg r) \vee (\neg p \wedge \neg q \wedge r) \vee (\neg p \wedge q \wedge \neg r) \vee (\neg p \wedge q \wedge r) \\
&\quad \vee (\neg p \wedge \neg q \wedge \neg r) \vee (\neg p \wedge \neg q \wedge r) \vee (p \wedge \neg q \wedge \neg r) \vee (p \wedge \neg q \wedge r) \\
&\quad \vee (\neg p \wedge \neg q \wedge r) \vee (\neg p \wedge q \wedge r) \vee (p \wedge \neg q \wedge r) \vee (p \wedge q \wedge r) \\
&\Leftrightarrow m_0 \vee m_1 \vee m_2 \vee m_3 \vee m_0 \vee m_1 \vee m_4 \vee m_5 \vee m_1 \vee m_3 \vee m_5 \vee m_7 \\
&\Leftrightarrow m_0 \vee m_1 \vee m_2 \vee m_3 \vee m_4 \vee m_5 \vee m_7
\end{aligned}
$$

$$
\begin{aligned}
p \to (q \to r) &\Leftrightarrow \neg p \vee \neg q \vee r \\
&\Leftrightarrow m_0 \vee m_1 \vee m_2 \vee m_3 \vee m_4 \vee m_5 \vee m_7
\end{aligned}
$$

得知

$(p \to q) \to r$ 与 $(p \wedge q) \to r$ 不等值, 而 $p \to (q \to r)$ 与 $(p \wedge q) \to r$ 等值.

3. 判断公式的类型

设 A 是含 n 个命题变项的公式,容易看出,A 为重言式当且仅当 A 的主析取范式中应含全部 2^n 个极小项;A 为矛盾式当且仅当 A 的主析取范式中不含任何极小项,此时记 A 主析取范式为 0.A 为可满足式当且仅当 A 的主析取范式中至少含一个极小项.

【例 1.19】 求下列各命题公式的主析取范式,并判断它们的类型.

(1) $\neg(q \to p) \wedge p \wedge r$;

(2) $(p \wedge q) \to q$

(3) $(p \to q) \wedge q \to p$.

解 (1)

$$
\begin{aligned}
&\neg(q \to p) \wedge p \wedge r \\
\Leftrightarrow\ &\neg(\neg q \vee p) \wedge p \wedge r \\
\Leftrightarrow\ &q \wedge \neg p \wedge p \wedge r \\
\Leftrightarrow\ &0.
\end{aligned}
$$

因为公式的主析取范式为 0,所以它为矛盾式.

(2) $(p\wedge q)\rightarrow q$

$\Leftrightarrow \neg(p\wedge q)\vee q$

$\Leftrightarrow \neg p\vee \neg q\vee q$

$\Leftrightarrow(\neg p\wedge \neg q)\vee(\neg p\wedge q)\vee(\neg p\wedge \neg q)\vee(p\wedge \neg q)\vee(\neg p\wedge q)\vee(p\wedge q)$

$\Leftrightarrow m_0\vee m_1\vee m_0\vee m_2\vee m_1\vee m_3$

$\Leftrightarrow m_0\vee m_1\vee m_2\vee m_3$

因为此公式的主析取范式中含全部 $2^2=4$ 个极小项,所以为重言式.

(3) $(p\rightarrow q)\wedge q\rightarrow p$

$\Leftrightarrow(\neg p\vee q)\wedge q\rightarrow p$

$\Leftrightarrow \neg((\neg p\vee q)\wedge q)\vee p$

$\Leftrightarrow \neg(\neg p\vee q)\vee \neg q\vee p$

$\Leftrightarrow(p\wedge \neg q)\vee \neg q\vee p$

$\Leftrightarrow(p\wedge \neg q)\vee(\neg p\wedge \neg q)\vee(p\wedge \neg q)\vee(p\wedge \neg q)\vee(p\wedge q)$

$\Leftrightarrow m_2\vee m_0\vee m_2\vee m_2\vee m_3$

$\Leftrightarrow m_0\vee m_2\vee m_3.$

可见此公式为可满足式,但不是重言式.

4. 应用主析取范式分析和解决一些实际问题

【例 1.20】 某科研所有 3 名青年高级工程师 A,B,C. 所里要选派他们中的 1 到 2 人出国进修,由于所里工作的需要选派时必须满足以下条件:

(1) 若 A 去,则 C 也去;

(2) 若 B 去,则 C 不能去;

(3) 若 C 不去,则 A 或 B 去.

问所里应如何选派他们?

解 令 p: 派 A 去,q: 派 B 去,r: 派 C 去. 根据所要满足的条件,下述命题公式为真,

$$(p\rightarrow r)\wedge(q\rightarrow \neg r)\wedge(\neg r\rightarrow(p\vee q)).$$

求此公式的主析取范式.

$$(p\rightarrow r)\wedge(q\rightarrow \neg r)\wedge(\neg r\rightarrow(p\vee q))$$

$$\Leftrightarrow(\neg p\vee r)\wedge(\neg q\vee \neg r)\wedge(r\vee p\vee q)$$

$$\Leftrightarrow m_1\vee m_2\vee m_5. \qquad \text{(过程略)}$$

它有 3 个成真赋值:001,010,101,对应 3 个选派方案:C 去,而 A,B 都不去;B 去,A,C 都不去;A,C 都去,而 B 不去.

相互等值的命题公式,除了具有相同的主析取范式这一规范的形式外,还有另一种规范的形式,这就是主合取范式. 为了定义公式的主合取范式,首先应定义特殊的简单析取式,即极大项.

定义 1.15 设有 n 个命题变项,若在简单析取式中每个命题变项(以它的原形或否定形式)恰好出现一次,则称这样的简单析取式为**极大项**. 在极大项中也要求命题变项按字母或下标顺序排列.

同极小项的情况类似,将极大项中命题变项的原形对应 0,否定形式对应 1,得到一个二进

制数 α，它是这个极大项的唯一成假赋值. 将这个极大项记作 M_i，其中 i 是 α 对应的十进制数. n 个命题变项共生成 2^n 个极大项，每个极大项有且仅有一个成假赋值.

两个命题变项 p,q 共生成 4 个极大项，它们对应的二进制数(成假赋值)，十进制数(角标)以及名称如下：

$$p \vee q——00——0, M_0;$$
$$p \vee \neg q——01——1, M_1;$$
$$\neg p \vee q——10——2, M_2;$$
$$\neg p \vee \neg q——11——3, M_3.$$

定义 1.16　若 A 的合取范式中的所有简单析取式都是极大项，则称该合取范式为 A 的**主合取范式**.

同主析取范式一样，任何命题公式的主合取范式都是存在的，并且是唯一的.

可以用 3 种方法求给定命题公式的主合取范式.

1. 等值演算式

用等值演算式求给定公式 A 的主合取范式的步骤如下：

(1) 求 A 的合取范式 A'；

(2) 若 A' 中的某简单析取式 B 中不含命题变项 p_i 及其否定式 $\neg p_i$，则对 B 做如下等值演算，

$$B \Leftrightarrow B \vee 0 \Leftrightarrow B \vee (p_i \wedge \neg p_i) \Leftrightarrow (B \vee p_i) \wedge (B \vee \neg p_i).$$

重复(2)，直至每个简单析取式都是极大项为止. 最后消去重复出现的极大项，并将极大项按角标由小到大排列.

【例 1.21】　求 $\neg(p \wedge q) \to r$ 的主合取范式.

解　$\neg(p \wedge q) \to r$

$\Leftrightarrow (p \wedge q) \vee r$

$\Leftrightarrow (p \vee r) \wedge (q \vee r)$——合取范式.

在上面合取范式中，含两个简单析取式，它们均不是极大项，因而应化成极大项.

$$\begin{aligned} p \vee r &\Leftrightarrow p \vee 0 \vee r \\ &\Leftrightarrow p \vee (q \wedge \neg q) \vee r \\ &\Leftrightarrow (p \vee q \vee r) \wedge (p \vee \neg q \vee r). \end{aligned}$$

$$\begin{aligned} q \vee r &\Leftrightarrow 0 \vee (q \vee r) \\ &\Leftrightarrow (p \wedge \neg p) \vee (q \vee r) \\ &\Leftrightarrow (p \vee q \vee r) \wedge (\neg p \vee q \vee r). \end{aligned}$$

于是，

$$\begin{aligned} &\neg(p \wedge q) \to r \\ \Leftrightarrow &(p \vee q \vee r) \wedge (p \vee \neg q \vee r) \wedge (p \vee q \vee r) \wedge (\neg p \vee q \vee r) \\ \Leftrightarrow &M_0 \wedge M_2 \wedge M_0 \wedge M_4 \\ \Leftrightarrow &M_0 \wedge M_2 \wedge M_4. \end{aligned}$$

2. 利用公式的主析取范式求公式的主合取范式

设公式 A 的主析取范式中含 s 个极小项，则 A 有 s 个成真赋值，有 2^n-s 个成假赋值(n 为

A 中含有命题变项的个数),写出各成假赋值对应的极大项,将它们合取起来就为 A 的主合取范式.实际上,以主析取范式中所有没有出现的极小项的下标,为下标的极大项恰好构成它的主合取范式.

例如,已知 A 中含 3 个命题变项 p,q,r,且它的主析取范式为

$$A \Leftrightarrow m_0 \vee m_3 \vee m_6 \vee m_7,$$

则 A 的成真赋值为 000,011,110 和 111,易知成假赋值为 001,010,100,101,它们对应的极大项分别为 $p \vee q \vee \neg r, p \vee \neg q \vee r, \neg p \vee q \vee r$ 和 $\neg p \vee q \vee \neg r$,即 M_1, M_2, M_4 和 M_5.于是,A 的主合取范式为 $M_1 \wedge M_2 \wedge M_4 \wedge M_5$.

在这里,A 的主析取范式中极小项的下标是 0,3,6,7,没有出现的下标是 1,2,4,5,恰好是主合取范式中所有极大项的下标.

反之,由公式的主合取范式,也同样能求出公式的主析取范式.请读者自己做些练习.

3. 用真值表求公式的主合取范式

设公式 A 的真值表已经知道,于是成假赋值就知道了.求出各成假赋值对应的极大项,然后将全部极大项合取起来,就得到了 A 的主合取范式.请读者自己做些练习.

实际上,主析取范式和主合取范式以及真值表本质上是一个东西,只是不同的表现形式而已.主合取范式的应用与主析取范式相同,这里略去,不再赘述.

1.5 联结词完备集

含 n 个命题变项的命题公式给出一个 $\{0,1\}^n$ 到 $\{0,1\}$ 的函数,称作 n 元真值函数.

定义 1.17 称 $F: \{0,1\}^n \to \{0,1\}$ 为 n **元真值函数**,其中 n 为正整数.

每一个命题公式给出一个真值函数,但是一个真值函数可以对应无数个命题公式,所有相互等值的命题公式对应同一个真值函数. n 个命题变项共可构成 2^{2^n} 个不同的真值函数.1 元真值函数共有 4 个,如表 1.8 所示;2 元真值函数共有 16 个,如表 1.9 所示.

表 1.8

p	$F_0^{(1)}$	$F_1^{(1)}$	$F_2^{(1)}$	$F_3^{(1)}$
0	0	0	1	1
1	0	1	0	1

表 1.9

p	q	$F_0^{(2)}$	$F_1^{(2)}$	$F_2^{(2)}$	$F_3^{(2)}$	$F_4^{(2)}$	$F_5^{(2)}$	$F_6^{(2)}$	$F_7^{(2)}$
0	0	0	0	0	0	0	0	0	0
0	1	0	0	0	0	1	1	1	1
1	0	0	0	1	1	0	0	1	1
1	1	0	1	0	1	0	1	0	1
p	q	$F_8^{(2)}$	$F_9^{(2)}$	$F_{10}^{(2)}$	$F_{11}^{(2)}$	$F_{12}^{(2)}$	$F_{13}^{(2)}$	$F_{14}^{(2)}$	$F_{15}^{(2)}$
0	0	1	1	1	1	1	1	1	1
0	1	0	0	0	0	1	1	1	1
1	0	0	0	1	1	0	0	1	1
1	1	0	1	0	1	0	1	0	1

根据真值函数的成真取值不难构造出它对应的公式的主析取范式. 例如 $F_0^{(2)} \Leftrightarrow 0$(矛盾式),$F_1^{(2)} \Leftrightarrow (p \wedge q) \Leftrightarrow m_3$,$F_2^{(2)} \Leftrightarrow (p \wedge \neg q) \Leftrightarrow m_2$,$F_3^{(2)} \Leftrightarrow (p \wedge \neg q) \vee (p \wedge q) \Leftrightarrow m_2 \vee m_3$,… . 每个真值函数都可以用唯一的一个主析取范式(主合取范式)表示.

除前面给出的 5 个联结词外,还可以构造出各种各样的联结词. 在不同的场合可能使用不同的联结词集合. 但是,有一个基本的要求是用这些联结词能够构成所有的真值函数.

定义 1.18　设 S 是一个联结词集合,如果任何真值函数都可以由仅含 S 中的联结词构成的公式表示,则称 S 是**联结词完备集**.

定理 1.3　$\{\neg, \wedge, \vee\}$是联结词完备集.

证　因为每一个真值函数都可以用一个主析取范式表示,而在主析取范式中仅含联结词 $\neg, \wedge, \vee$,所以 $S=\{\neg, \wedge, \vee\}$是联结词完备集.

推论　以下联结词集合都是联结词完备集:

(1) $S_1=\{\neg, \wedge, \vee, \rightarrow\}$

(2) $S_2=\{\neg, \wedge, \vee, \rightarrow, \leftrightarrow\}$

(3) $S_3=\{\neg, \wedge\}$

(4) $S_4=\{\neg, \vee\}$

(5) $S_5=\{\neg, \rightarrow\}$

证　(1),(2)是显然的.

(3) 由于 $S=\{\neg, \wedge, \vee\}$是联结词完备集,只需证 $\vee$ 可用 $\neg$ 和 $\wedge$ 表示. 事实上,$p \vee q \Leftrightarrow \neg\neg(p \vee q) \Leftrightarrow \neg(\neg p \wedge \neg q)$,所以 S_3 是联结词完备集.

由 $p \wedge q \Leftrightarrow \neg(\neg p \vee \neg q)$,得证(4).

由(4)和 $p \vee q \Leftrightarrow \neg p \rightarrow q$,得证(5).

在计算机硬件设计中,用与非门或者用或非门设计逻辑线路. 这也是两个联结词,并且它们各自能构成联结词完备集.

定义 1.19　设 p,q 是两个命题,复合命题"p 与 q 的否定式"称作 p,q 的**与非式**,记作 $p \uparrow q$,即 $p \uparrow q \Leftrightarrow \neg(p \wedge q)$. 符号$\uparrow$称作**与非联结词**.

复合命题"p 或 q 的否定式"称作 p,q 的**或非式**,记作 $p \downarrow q$,即 $p \downarrow q \Leftrightarrow \neg(p \vee q)$. 符号$\downarrow$称作**或非联结词**.

由定义不难看出,$p \uparrow q$ 为真当且仅当 p 与 q 不同时为真,$p \downarrow q$ 为真当且仅当 p 与 q 同时为假.

定理 1.4　$\{\uparrow\}$,$\{\downarrow\}$都是联结词完备集.

证　已知$\{\neg, \wedge\}$为联结词完备集,因而只需证明 $\neg$ 和 $\wedge$ 都可以由$\uparrow$表示. 事实上

$$
\begin{aligned}
&\neg p \\
&\Leftrightarrow \neg(p \wedge p) \\
&\Leftrightarrow p \uparrow p \\
&p \wedge q \\
&\Leftrightarrow \neg\neg(p \wedge q) \\
&\Leftrightarrow \neg(p \uparrow q)
\end{aligned}
$$

$\Leftrightarrow(p\uparrow q)\uparrow(p\uparrow q)$

得证$\{\uparrow\}$是联结词完备集.此外

$$p\vee q\Leftrightarrow(p\uparrow p)\uparrow(q\uparrow q)$$

类似可证$\{\downarrow\}$是联结词完备集,

$$\neg p\Leftrightarrow p\downarrow p$$

$$p\vee q\Leftrightarrow(p\downarrow q)\downarrow(p\downarrow q)$$

$$p\wedge q\Leftrightarrow(p\downarrow p)\downarrow(q\downarrow q)$$

【例1.22】 将公式$p\vee q\rightarrow p\wedge q$化成只含下述联结词集合中联结词的公式,

(1) $\{\neg,\wedge\}$,

(2) $\{\neg,\rightarrow\}$,

(3) $\{\uparrow\}$.

解 本题的结果不唯一,下面对每一个小题给出一个结果.

(1) $p\vee q\rightarrow p\wedge q$

$\Leftrightarrow\neg(p\vee q)\vee(p\wedge q)$

$\Leftrightarrow(\neg p\wedge\neg q)\vee(p\wedge q)$

$\Leftrightarrow\neg(\neg(\neg p\wedge\neg q)\wedge\neg(p\wedge q))$

(2) $p\vee q\rightarrow p\wedge q$

$\Leftrightarrow(\neg p\rightarrow q)\rightarrow\neg(\neg p\vee\neg q)$

$\Leftrightarrow(\neg p\rightarrow q)\rightarrow\neg(p\rightarrow\neg q)$

(3) $p\vee q\rightarrow p\wedge q$

$\Leftrightarrow\neg(p\vee q)\vee(p\wedge q)$

$\Leftrightarrow\neg((p\vee q)\wedge\neg(p\wedge q))$

$\Leftrightarrow\neg(((p\uparrow p)\uparrow(q\uparrow q))\wedge(p\uparrow q))$

$\Leftrightarrow((p\uparrow p)\uparrow(q\uparrow q))\uparrow(p\uparrow q)$

1.6 命题逻辑的推理理论

推理是从前提得出结论,前提和结论都是命题公式.当然要求当所有的前提都为真时,结论也为真,只有这样的推理才是正确的.如果在前提中有假命题,那么对结论的真假就没有要求了,结论可真可假.这是符合人们的直觉的.

定义1.20 设命题公式$A_1,A_2,\cdots,A_k$和B,称$A_1,A_2,\cdots,A_k$为推理的**前提**,B为推理的**结论**,蕴涵式$A_1\wedge A_2\wedge\cdots\wedge A_k\rightarrow B$为**推理的形式结构**.若$A_1\wedge A_2\wedge\cdots\wedge A_k\rightarrow B$是重言式,则称从$A_1,A_2,\cdots,A_k$推出$B$的**推理是正确的**或**有效的**,$B$是$A_1,A_2,\cdots,A_k$的**逻辑结论**或**有效结论**.否则称**推理是不正确的**.

同用"$A\Leftrightarrow B$"表示"$A\leftrightarrow B$"是重言式类似,用"$A\Rightarrow B$"表示"$A\rightarrow B$"是重言式.因而,若从前提$A_1,A_2,\cdots,A_k$推结论B的推理正确,也记作

$$(A_1\wedge A_2\wedge\cdots\wedge A_k)\Rightarrow B.$$

注意,这里"$\Rightarrow$"同"$\Leftrightarrow$"一样也不是联结词符,只是用来表示重言蕴涵式的一种方法.

由定义可知,判断推理是否正确就是判断一个蕴涵式是否是重言式,可采用下述方法:

(1) 真值表法;

(2) 等值演算法;

(3) 主析取范式法等.

【例 1.23】 判断下面各推理是否正确?

(1) 若 a 能被 4 整除,则 a 能被 2 整除. a 能被 4 整除. 所以 a 能被 2 整除.

(2) 若 a 能被 4 整除,则 a 能被 2 整除. a 能被 2 整除. 所以 a 能被 4 整除.

(3) 若下午气温超过 30℃,则王小燕必去游泳. 若她去游泳,则她就不去看电影了. 所以,若下午气温超过 30℃,王小燕就不去看电影了.

(4) 若下午气温超过 30℃,则王小燕必去游泳. 若她去游泳,则她就不去看电影了. 所以,若王小燕没去看电影,下午气温必超过 30℃.

解 解上述类型的推理问题,首先应将简单命题符号化,然后分别写出推理的前提、结论、推理的形式结构,然后进行判断.

(1) 设 p: a 能被 4 整除, q: a 能被 2 整除.

前提: $p \to q, p$.

结论: q.

推理的形式结构:

$$(p \to q) \land p \to q. \tag{*}$$

判断此推理是否正确,就是判(*)是否为重言式. 用真值表法判断. 表 1.10 为(*)的真值表.

表 1.10

p q	$p \to q$	$(p \to q) \land p$	$(p \to q) \land p \to q$
0 0	1	0	1
0 1	1	0	1
1 0	0	0	1
1 1	1	1	1

由表 1.10 的最后一列可知,(*)为重言式,因而推理正确.

(2) 设 p, q 的含义同(1).

前提: $p \to q, q$.

结论: p.

推理的形式结构:

$$(p \to q) \land q \to p. \tag{**}$$

用等值演算法判断(**)是否为重言式:

$$\begin{aligned}
& (p \to q) \land q \to p \\
\Leftrightarrow & (\neg p \lor q) \land q \to p \\
\Leftrightarrow & \neg((\neg p \lor q) \land q) \lor p \\
\Leftrightarrow & \neg(\neg p \lor q) \lor \neg q \lor p \\
\Leftrightarrow & (p \land \neg q) \lor \neg q \lor p \\
\Leftrightarrow & \neg q \lor p. \qquad \text{(利用吸收律)}
\end{aligned}$$

可知,(* *)不是重言式. 01 是它的成假赋值,即当 a 不能被 4 整除,而 a 能被 2 整除时 $(p \to q) \wedge q \to p$ 是假命题. 所以,(2)中推理不正确.

(3) 设 p:下午气温超过 30℃,q:王小燕去游泳,r:王小燕去看电影.

前提:$p \to q, q \to \neg r$.

结论:$p \to \neg r$.

推理的形式结构:

$$(p \to q) \wedge (q \to \neg r) \to (p \to \neg r). \qquad (\triangle)$$

现在,用主析取范式法判($\triangle$)是否为重言式.

$$\begin{aligned}
& (p \to q) \wedge (q \to \neg r) \to (p \to \neg r) \\
\Leftrightarrow & (\neg p \vee q) \wedge (\neg q \vee \neg r) \to (\neg p \vee \neg r) \\
\Leftrightarrow & \neg((\neg p \vee q) \wedge (\neg q \vee \neg r)) \vee \neg p \vee \neg r \\
\Leftrightarrow & (p \wedge \neg q) \vee (q \wedge r) \vee \neg p \vee \neg r.
\end{aligned}$$

至此,已求出了($\triangle$)的析取范式,它含 4 个简单合取式. $p \wedge \neg q, q \wedge r, \neg p, \neg r$ 分别生成 2 个,2 个,4 个,4 个极小项(请读者自己完成),经过等幂、交换律等等值演算发现($\triangle$)中含 8 个极小项,即

$$\begin{aligned}
& (p \to q) \wedge (q \to \neg r) \to (p \to \neg r) \\
\Leftrightarrow & m_0 \vee m_1 \vee m_2 \vee m_3 \vee m_4 \vee m_5 \vee m_6 \vee m_7.
\end{aligned}$$

可见($\triangle$)为重言式,即此推理正确.

(4) 设 p, q, r 的含义同(3).

前提:$p \to q, q \to \neg r$.

结论:$\neg r \to p$.

推理的形式结构为:

$$(p \to q) \wedge (q \to \neg r) \to (\neg r \to p). \qquad (\triangle\triangle)$$

用等值演算法进行判断:

$$\begin{aligned}
& (p \to q) \wedge (q \to \neg r) \to (\neg r \to p) \\
\Leftrightarrow & (\neg p \vee q) \wedge (\neg q \vee \neg r) \to (r \vee p) \\
\Leftrightarrow & (p \wedge \neg q) \vee (q \wedge r) \vee r \vee p \\
\Leftrightarrow & p \vee r. \qquad \text{(利用吸收律)}
\end{aligned}$$

易知 000,010 是($\triangle\triangle$)的成假赋值,因而此推理不正确.

下面介绍推理的证明. 首先给出 8 条**推理定律**,所谓推理定律就是重言蕴涵式.

1. $A \Rightarrow (A \vee B)$ 附加
2. $(A \wedge B) \Rightarrow A$ 化简
3. $(A \to B) \wedge A \Rightarrow B$ 假言推理
4. $(A \to B) \wedge \neg B \Rightarrow \neg A$ 拒取式
5. $(A \vee B) \wedge \neg B \Rightarrow A$ 析取三段论
6. $(A \to B) \wedge (B \to C) \Rightarrow (A \to C)$ 假言三段论
7. $(A \leftrightarrow B) \wedge (B \leftrightarrow C) \Rightarrow (A \leftrightarrow C)$ 等价三段论
8. $(A \to B) \wedge (C \to D) \wedge (A \vee C) \Rightarrow (B \vee D)$ 构造性二难

由前提 $A_1, A_2, \cdots, A_k$ 推出结论 B 的**证明**是一个命题序列，序列中的每一个公式或者是某个前提，或者是由前面出现过的公式使用推理规则得到的结果，并且序列以 B 结束.

证明中使用的推理规则如下：

1. 前提引入规则

在证明的任一步，都可以引入前提.

2. 结论引入规则

在证明的任一步，所得到的结论都可以作为后续证明的前提加以引用.

3. 置换规则

在证明的任一步，都可以引入由前面的某个公式等值置换得到的公式.

由 8 条推理定律和结论引入规则，可以导出以下推理规则：

4. 假言推理规则

若序列中已出现 $A \to B$ 和 A，则可引入 B.

5. 附加规则

若序列中已出现 A，则可引入 $A \vee B$.

6. 化简规则

若序列中已出现 $A \wedge B$，可引入 A 或 B.

7. 拒取式规则

若序列中已出现 $A \to B$ 和 $\neg B$，则可引入 $\neg A$.

8. 假言三段论规则

若序列中已出现 $A \to B$ 和 $B \to C$，则可引入 $A \to C$.

9. 析取三段论规则

若序列中已出现 $A \vee B$ 和 $\neg B$，则可引入 A.

10. 构造性二难规则

若序列中已出现 $A \to B, C \to D, A \vee C$，则可引入 $B \vee D$.

另外，还有一条合取引入规则.

11. 合取引入规则

若序列中已出现 A 和 B，则可引入 $A \wedge B$.

不难看出，使用上述推理规则构造出来的公式序列中的每一个公式都是有效的结论，因此如果构造出由前提 $A_1, A_2, \cdots, A_k$ 推出结论 B 的证明，则说明这个推理是正确的.

【例 1.24】 构造下面推理的证明.

前提：$p \to (\neg q \vee s), r \to p, q$.

结论：$r \to s$.

证明

① $p \to (\neg q \vee s)$　　前提引入

② $p \to (q \to s)$　　①置换

③ $r \to p$　　前提引入

④ $r \to (q \to s)$　　③②假言三段论

⑤ $\neg r \vee (\neg q \vee s)$　　④置换

⑥ $\neg q \vee (\neg r \vee s)$ ⑤置换

⑦ $q \to (r \to s)$ ⑥置换

⑧ q 前提引入

⑨ $r \to s$ ⑦⑧假言推理

【例 1.25】 若数 a 是实数,则它不是有理数就是无理数.若 a 不能表示成分数,则它不是有理数.a 是实数且它不能表示成分数.所以 a 是无理数.

解 首先将简单命题符号化:

p:a 是实数,q:a 是有理数,r:a 是无理数,s:a 能表示成分数.

前提:$p \to (q \vee r)$,$\neg s \to \neg q$,$p \wedge \neg s$.

结论:r.

证明:

① $p \wedge \neg s$ 前提引入

② p ①化简

③ $\neg s$ ①化简

④ $p \to (q \vee r)$ 前提引入

⑤ $q \vee r$ ②④假言推理

⑥ $\neg s \to \neg q$ 前提引入

⑦ $\neg q$ ③⑥假言推理

⑧ r ⑤⑦析取三段论

下面介绍两种证明方法——附加前提证明法和归谬法.

1. 附加前提证明法

有时要证明的结论是蕴含式,即推理的形式结构为

$$(A_1 \wedge A_2 \wedge \cdots \wedge A_k) \to (A \to B). \quad (*)$$

对(*)进行等值演算

$$\begin{aligned}(*) &\Leftrightarrow \neg (A_1 \wedge A_2 \wedge \cdots \wedge A_k) \vee (\neg A \vee B) \\ &\Leftrightarrow \neg (A_1 \wedge A_2 \wedge \cdots \wedge A_k \wedge A) \vee B \\ &\Leftrightarrow (A_1 \wedge A_2 \wedge \cdots \wedge A_k \wedge A) \to B. \quad (**)\end{aligned}$$

因此,要证明推理(*)正确,只要证明推理(**)正确.在推理(**)中,原来的结论中的前件 A 变成推理的前提,后件 B 是推理的结论.A 称作附加前提,通过使用附加前提证明(**)正确来证明(*)正确的证明方法称作**附加前提证明法**.

【例 1.26】 用附加前提证明法证明下述推理正确.

前提:$p \to (q \to r)$,$\neg s \vee p$,q.

结论:$s \to r$.

证明:

① $\neg s \vee p$ 前提引入

② s 附加前提引入

③ p ①②析取三段论

④ $p \to (q \to r)$ 前提引入

⑤ $q \to r$　　③④假言推理

⑥ q　　前提引入

⑦ r　　⑤⑥假言推理

请读者想一想,若不用附加前提证明法,应如何进行证明?

2. 归谬法

由于

$$
\begin{aligned}
& A_1 \wedge A_2 \wedge \cdots \wedge A_k \to B \\
\Leftrightarrow & \neg (A_1 \wedge A_2 \wedge \cdots \wedge A_k \wedge \neg B) \\
\Leftrightarrow & A_1 \wedge A_2 \wedge \cdots \wedge A_k \wedge \neg B \to 0 \ (C \wedge \neg C)
\end{aligned}
$$

所以,如果从 $A_1, A_2, \cdots, A_k$ 和 $\neg B$ 推出矛盾式,就证明从 $A_1, A_2, \cdots, A_k$ 推出 B 的推理正确. 这种通过把推理的结论的否定引入前提推出矛盾来证明原推理正确的方法称作**归谬法**. 数学中常用的反证法就是归谬法.

【例 1.27】 用归谬法构造下面推理的证明.

前提:$(p \wedge \neg (r \wedge s)) \to \neg q, p, \neg s$.

结论:$\neg q$.

证明:

① $(p \wedge \neg (r \wedge s)) \to \neg q$　　前提引入

② q　　否定结论引入

③ $\neg (p \wedge \neg (r \wedge s))$　　①②拒取式

④ $\neg p \vee (r \wedge s)$　　③置换

⑤ p　　前提引入

⑥ $r \wedge s$　　④⑤析取三段论

⑦ s　　⑥化简

⑧ $\neg s$　　前提引入

⑨ $s \wedge \neg s$　　⑦⑧合取

⑨ 为矛盾式,于是证明了推理的正确性.

1.7　例题分析

【例 1.28】 给定以下 15 个语句:

(1) 大熊猫是中国的国宝.

(2) 美国不位于南美洲.

(3) 15 是 2 的倍数,3 是素数.

(4) $5x+7>6$,其中 x 是变量.

(5) 你下午有会吗? 若无会,请到办公室来一下!

(6) 2 和 3 都是素数.

(7) 2 和 4 中有且仅有一个是素数.

(8) 王琦与李斌是同学.

(9) 这朵花真美丽!

(10) 圆的面积等于半径的平方乘以 π.

(11) 数 a 是偶数当且仅当它能被 2 整除,其中 a 是给定的整数.

(12) 只有 4 是偶数,3 才能被 2 整除.

(13) 除非 6 能被 4 整除,6 才能被 2 整除.

(14) 明年 10 月 1 号是晴天.

(15) 若 4 是素数,则 3 是偶数. 4 是素数. 所以 3 是偶数.

以上 15 个语句中:

① 哪些是命题?

② 哪些是简单命题? 哪些是复合命题?

③ 哪些是真命题? 哪些是假命题? 哪些命题的真值是待定的(真值客观存在,只是现在不知道)?

解 ① $5x+7>6$ 是陈述句,但因含变量 x,所以真值不确定,因而(4)不是命题.(5)由疑问句和祈使句构成,因而不是命题.(9)是感叹句,因而也不是命题. 除(4),(5),(9)外全是命题. ②在是命题的语句中,(1),(8),(10)和(14)均为简单命题. 在命题符号化中,只需要一个字母就可以将它们符号化,不用任何联结词. 而(2),(3),(6),(7),(11),(12),(13),(15)都是复合命题. 在符号化时,都要使用联结词,它们的符号化形式分别为:

(2) $\neg p$,其中,p: 美国位于南美洲.

(3) $p \wedge q$,其中,p: 15 是 2 的倍数,q: 3 是素数.

(6) $p \wedge q$,其中,p: 2 是素数,p: 3 是素数.

(7) $(p \wedge \neg q) \vee (\neg p \wedge q)$,其中,$p$: 2 是素数,$q$: 4 是素数.

(11) $p \leftrightarrow q$,其中,p: a 是偶数,q: a 能被 2 整除.

(12) $q \rightarrow p$,其中,p: 4 是偶数,q: 3 能被 2 整除.

(13) $q \rightarrow p$,其中,p: 6 能被 4 整除,q: 6 能被 2 整除.

(15) $((p \rightarrow q) \wedge p) \rightarrow q$,其中,$p$: 4 是素数,$q$: 3 是偶数.

③ (1),(2),(6),(7),(10),(11),(12),(15)均为真命题. 在(11)中,由于 p,q 同为真命题,或同为假命题,所以 $p \leftrightarrow q$ 的真值为 1,它是真命题. 在(12)中,q 是假命题,因而 $q \rightarrow p$ 为真命题. 在(15)中,p 为假命题,q 也是假命题,所以 $p \rightarrow q$ 为真命题,$(p \rightarrow q) \wedge p$ 为假命题,$((p \rightarrow q) \wedge p) \rightarrow q$ 为真命题.

(3)与(13)为假命题. 在(13)中,q 是真命题,p 是假命题,故 $q \rightarrow p$ 为假命题.

(8)的真值要由王琦和李斌是否为同学的具体情况而定.(14)的真值到明年 10 月 1 日才能知道.

【例 1.29】 给定下面 8 个命题公式:

(1) $(p \wedge q) \rightarrow (p \vee q)$;

(2) $(\neg p \vee \neg q) \rightarrow (\neg p \wedge \neg q)$;

(3) $(\neg (q \rightarrow p) \wedge p) \vee (p \wedge q \wedge r)$;

(4) $p \wedge q \wedge r$;

(5) $(p \rightarrow q) \rightarrow r$;

(6) $(\neg p \vee q) \wedge r \wedge (p \wedge q \rightarrow q)$;

(7) $q \to (p \to r)$;

(8) $(p \to q) \to r$.

① 用真值表法证明(1)与(2)不等值;

② 用等值演算法证明(3)与(4)等值;

③ 用主析取范式法证明(5)与(6)等值;

④ 用主析取范式法证明(7)与(8)不等值.

解 ① 表 1.11 给出了(1)与(2)的真值表.

表 1.11

p q	$(p \wedge q) \to (p \vee q)$	$(\neg p \vee \neg q) \to (\neg p \wedge \neg q)$
0 0	1	1
0 1	1	0
1 0	1	0
1 1	1	1

从表 1.11 可知,(1)为重言式,而(2)不是,它有两个成假赋值 01,10,因而(1)与(2)不等值.

② 从(3)开始演算:

$$
\begin{aligned}
& (\neg (q \to p) \wedge p) \vee (p \wedge q \wedge r) \\
\Leftrightarrow & (\neg (\neg q \vee p) \wedge p) \vee (p \wedge q \wedge r) \\
\Leftrightarrow & (q \wedge \neg p) \wedge p \vee (p \wedge q \wedge r) \\
\Leftrightarrow & 0 \vee (p \wedge q \wedge r) \\
\Leftrightarrow & p \wedge q \wedge r,
\end{aligned}
$$

所以,(3)$\Leftrightarrow$(4).

③ 先求(5)的主析取范式:

$$
\begin{aligned}
& (p \to q) \wedge r \\
\Leftrightarrow & (\neg p \vee q) \wedge r \\
\Leftrightarrow & (\neg p \wedge r) \vee (q \wedge r) \\
\Leftrightarrow & (\neg p \wedge \neg q \wedge r) \vee (\neg p \wedge q \wedge r) \vee (\neg p \wedge q \wedge r) \vee (p \wedge q \wedge r) \\
\Leftrightarrow & m_1 \vee m_3 \vee m_7.
\end{aligned}
$$

再求(6)的主析取范式:

$$
\begin{aligned}
& (\neg p \vee q) \wedge r \wedge (p \wedge q \to q) \\
\Leftrightarrow & ((\neg p \wedge r) \vee (q \wedge r)) \wedge (\neg p \vee \neg q \vee q) \\
\Leftrightarrow & ((\neg p \wedge r) \vee (q \wedge r)) \wedge 1 \\
\Leftrightarrow & (\neg p \wedge r) \vee (q \wedge r) \\
\Leftrightarrow & m_1 \vee m_3 \vee m_7
\end{aligned}
$$

(5),(6)有相同的主析取范式,故(5)$\Leftrightarrow$(6).

④ 读者可用等值演算和真值表两种方法求出(7)与(8)的主析取范式,结果为:

$$q \to (p \to r) \Leftrightarrow m_0 \vee m_1 \vee m_2 \vee m_3 \vee m_4 \vee m_5 \vee m_7$$

而

$$(p\rightarrow q)\rightarrow r\Leftrightarrow m_1\vee m_3\vee m_4\vee m_5\vee m_7$$

由于(7)与(8)有不同的主析取范式,所以它们不等值.

【例 1.30】 给定下面 3 个简单命题:

p: 北京比天津人口多;

q: 2 大于 1;

r: 15 是素数.

求下列各复合命题的真值:

(1) $(q\vee r)\rightarrow(p\rightarrow\neg r)$;

(2) $((p\wedge\neg q)\vee(\neg p\wedge q))\rightarrow r$;

(3) $(\neg q\vee r)\leftrightarrow(p\wedge\neg r)$;

(4) $(q\leftrightarrow\neg p)\leftrightarrow(p\leftrightarrow r)$;

(5) $(q\rightarrow p)\rightarrow((p\rightarrow\neg r)\rightarrow(\neg r\rightarrow\neg q))$.

解 显然 p 与 q 为真命题,即它们的真值为 1,而 r 为假命题,即它的真值为 0. 题目中给出的 5 个公式都是复合命题,代入 p,q,r 的真值不难算出它们的真值依次为 1,1,0,1,0.

【例 1.31】 判断下面 4 个推理是否正确.

(1) 前提: $\neg p\vee q,\neg(q\wedge\neg r),\neg r$

结论: $\neg p$.

(2) 前提: $\neg p, p\vee q$.

结论: $p\wedge q$.

(3) 若今天是星期日,则明天是星期一. 今天是星期日. 所以明天不是星期一.

(4) 若今天是星期二,则明天是星期四. 今天是星期二. 所以明天是星期四.

解 通过判断推理的形式结构是否是永真式可以知道该推理是否正确,还可以用构造推理的证明来证明推理正确. 但是不能用构造证明的方法说明推理不正确.

(1) 方法一 推理的形式结构为

$$\begin{aligned}
&(\neg p\vee q)\wedge\neg(q\wedge\neg r)\wedge\neg r\rightarrow\neg p\\
\Leftrightarrow&\neg((p\wedge\neg q)\vee(q\wedge\neg r)\vee r)\rightarrow\neg p\\
\Leftrightarrow&(p\wedge\neg q)\vee(q\wedge\neg r)\vee r\vee\neg p\\
\Leftrightarrow&((p\wedge\neg q)\vee\neg p)\vee((q\wedge\neg r)\vee r)\\
\Leftrightarrow&((p\vee\neg p)\wedge(\neg q\vee\neg p))\vee((q\vee r)\wedge(\neg r\vee r))\\
\Leftrightarrow&(\neg q\vee\neg p)\vee(q\vee r)\\
\Leftrightarrow&\neg p\vee(\neg q\vee q)\vee r\\
\Leftrightarrow&1
\end{aligned}$$

故推理正确.

方法二 构造推理的证明如下

证明:

① $\neg(q\wedge\neg r)$	前提引入
② $\neg q\vee r$	①置换
③ $\neg r$	前提引入

④ $\neg q$　　②③析取三段论

⑤ $\neg p \vee q$　　前提引入

⑥ $\neg p$　　④⑤析取三段论

(2) 推理的形式结构为

$$\neg p \wedge (p \vee q) \rightarrow (p \wedge q)$$

求它的主析取范式:

$$\begin{aligned} & \neg p \wedge (p \vee q) \rightarrow p \wedge q \\ \Leftrightarrow & p \vee (\neg p \wedge \neg q) \vee (p \wedge q) \\ \Leftrightarrow & (p \wedge \neg q) \vee (p \wedge q) \vee (\neg p \wedge \neg q) \\ \Leftrightarrow & m_0 \vee m_2 \vee m_3. \end{aligned}$$

由于主析取范式中缺少极小项 m_1,说明它不是永真式,故推理不正确.

(3) 设 p: 今天是星期日,q: 明天是星期一.

前提: $p \rightarrow q, p$.

结论: $\neg q$.

推理的形式结构为

$$(p \rightarrow q) \wedge p \rightarrow \neg q.$$

容易看出 11 是它的成假赋值,因而不是重言式,所以推理不正确.

(4) 令 p: 今天是星期二,q: 明天是星期四.

前提: $p \rightarrow q, p$.

结论: q.

推理的形式结构为

$$(p \rightarrow q) \wedge p \rightarrow q.$$

这是假言推理,当然是重言式,因而推理正确.

【例 1.32】 将公式$(\neg p \vee q) \leftrightarrow r$ 化成下列各联结词完备集中的公式:

(1) $\{\neg, \rightarrow\}$;

(2) $\{\neg, \wedge, \vee\}$;

(3) $\{\neg, \wedge\}$;

(4) $\{\neg, \vee\}$;

(5) $\{\downarrow\}$.

解 (1)

$$\begin{aligned} & (\neg p \vee q) \leftrightarrow r \\ \Leftrightarrow & ((\neg p \vee q) \rightarrow r) \wedge (r \rightarrow (\neg p \vee q)) \\ \Leftrightarrow & \neg(\neg((\neg p \vee q) \rightarrow r) \vee \neg(r \rightarrow (\neg p \vee q))) \\ \Leftrightarrow & \neg(((\neg p \vee q) \rightarrow r) \rightarrow \neg(r \rightarrow (\neg p \vee q))) \\ \Leftrightarrow & \neg(((p \rightarrow q) \rightarrow r) \rightarrow \neg(r \rightarrow (p \rightarrow q))). \end{aligned}$$

(2)

$$\begin{aligned} & (\neg p \vee q) \leftrightarrow r \\ \Leftrightarrow & ((\neg p \vee q) \rightarrow r) \wedge (r \rightarrow (\neg p \vee q)) \\ \Leftrightarrow & (\neg(\neg p \vee q) \vee r) \wedge (\neg r \vee (\neg p \vee q)). \end{aligned}$$

(3) $(\neg p \vee q) \leftrightarrow r$

$\Leftrightarrow (\neg(\neg p \vee q) \vee r) \wedge (\neg r \vee (\neg p \vee q))$

$\Leftrightarrow ((p \wedge \neg q) \vee r) \wedge (\neg r \vee \neg(p \wedge \neg q))$

$\Leftrightarrow \neg(\neg(p \wedge \neg q) \wedge \neg r) \wedge \neg(r \wedge (p \wedge \neg q))$.

(4) $(\neg p \vee q) \leftrightarrow r$

$\Leftrightarrow (\neg(\neg p \vee q) \vee r) \wedge (\neg r \vee (\neg p \vee q))$

$\Leftrightarrow \neg(\neg(\neg(\neg p \vee q) \vee r) \vee \neg(\neg r \vee (\neg p \vee q)))$.

(5) $(\neg p \vee q) \leftrightarrow r$

$\Leftrightarrow \neg(\neg(\neg(\neg p \vee q) \vee r) \vee \neg(\neg r \vee (\neg p \vee q)))$

$\Leftrightarrow \neg(\neg((\neg p \downarrow q) \vee r) \vee (\neg r \downarrow (\neg p \vee q)))$

$\Leftrightarrow \neg(((\neg p \downarrow q) \downarrow r) \vee (\neg r \downarrow (\neg p \vee q)))$

$\Leftrightarrow (((\neg p \downarrow q) \downarrow r) \downarrow (\neg r \downarrow (\neg p \vee q)))$

$\Leftrightarrow ((((p \downarrow p) \downarrow q) \downarrow r) \downarrow ((r \downarrow r) \downarrow ((\neg p \downarrow q) \downarrow (\neg p \downarrow q))))$

$\Leftrightarrow ((((p \downarrow p) \downarrow q) \downarrow r) \downarrow ((r \downarrow r) \downarrow (((p \downarrow p) \downarrow q) \downarrow ((p \downarrow p) \downarrow q))))$

【例 1.33】 构造下面推理的证明.

前提：$p \vee q, p \rightarrow r, q \rightarrow s$.

结论：$\neg s \rightarrow r$.

解 方法一用附加前提证明法.

证明：

① $q \rightarrow s$ 前提引入

② $\neg s$ 附加前提引入

③ $\neg q$ ①②拒取式

④ $p \vee q$ 前提引入

⑤ p ③④析取三段论

⑥ $p \rightarrow r$ 前提引入

⑦ r ⑤⑥假言推理

方法二直接构造证明.

① $q \rightarrow s$ 前提引入

② $\neg s \rightarrow \neg q$ ①置换

③ $p \vee q$ 前提引入

④ $\neg q \rightarrow p$ ③置换

⑤ $\neg s \rightarrow p$ ②④假言三段论

⑥ $p \rightarrow r$ 前提引入

⑦ $\neg s \rightarrow r$ ⑤⑥假言三段论

一般说来，若结论为蕴涵式，用附加前提证明法要简便些.

【例 1.34】 构造下面推理的证明.

如果小张守第一垒并且小李向 B 队投球，则 A 队取胜. 或者 A 队未取胜，或者 A 队成为联赛的第一名.小张守第一垒.A 队没有成为联赛的第一名.因此小李没有向 B 队投球.

解　先将简单命题符号化:

p: 小张守第一垒,q: 小李向 B 队投球,

r: A 队取胜,s: A 队成为联赛的第一名.

前提: $(p \wedge q) \to r$, $\neg r \vee s$, p, $\neg s$.

结论: $\neg q$.

证明:

① $\neg r \vee s$　　前提引入

② $\neg s$　　前提引入

③ $\neg r$　　①②析取三段论

④ $(p \wedge q) \to r$　　前提引入

⑤ $\neg(p \wedge q)$　　③④拒取式

⑥ $\neg p \vee \neg q$　　⑤置换

⑦ p　　前提引入

⑧ $\neg q$　　⑥⑦析取三段论

【例 1.35】　一个公安人员审查一件盗窃案,已知下列事实:

(1) 甲或乙盗窃了录像机;

(2) 若甲盗窃了录像机,则作案时间不能发生在午夜前;

(3) 若乙的证词正确,则午夜时屋里灯光未灭;

(4) 若乙的证词不正确,则作案时间发生在午夜前;

(5) 午夜时屋里灯光灭了.

试问:盗窃录像机的是甲还是乙?

解　首先将已知事实符号化:

p: 甲盗窃了录像机,q: 乙盗窃了录像机,

r: 作案时间为午夜前,s: 乙的证词正确,

t: 午夜时灯光灭了.

前提: $p \vee q$, $p \to \neg r$, $s \to \neg t$, $\neg s \to r$, t.

本题中,结论没有确定.已知只有两种可能的结果,不是 p 就是 q.下面试图由已知前提进行推演得出结论.

① $s \to \neg t$　　前提引入

② t　　前提引入

③ $\neg s$　　①②拒取式

④ $\neg s \to r$　　前提引入

⑤ r　　③④假言推理

⑥ $p \to \neg r$　　前提引入

⑦ $\neg p$　　⑤⑥拒取式

⑧ $p \vee q$　　前提引入

⑨ q　　⑦⑧析取三段论

结论是乙盗窃了录像机.

习 题 一

1. 判断下列各语句是否为命题,若是命题请指出是简单命题还是复合命题:

(1) $\sqrt{3}$是无理数.

(2) 7能被2整除.

(3) 什么时候开会呀?

(4) $2x+3<4$.

(5) 这朵白云多美呀!

(6) 3是素数当且仅当四边形内角和为2π.

(7) 4是素数当且仅当三角形有三条边.

(8) 3005年7月1日天气晴好.

(9) 太阳系以外的星球上有生物.

(10) 李小红在教室里.

(11) 请关上门!

(12) 4是2的倍数或是3的倍数.

(13) 4是3的倍数或4是素数.

(14) 4是偶素数.

(15) 2是偶素数.

(16) 蓝色和黄色可以调配成绿色.

(17) 王大明与王小明是兄弟.

(18) 4不是素数.

2. 将上题中的命题符号化,并讨论它们的真值.

3. 求下列各命题的真值:

(1) 若$2+2=4$,则$3+3=6$.

(2) 若$2+2=4$,则$3+3\neq6$.

(3) 若$2+2=5$,则$3+3\neq6$.

(4) 若$2+2\neq5$,则$3+3\neq6$.

(5) $2+2=4$当且仅当$3+3=6$.

(6) $2+2=4$当且仅当$3+3\neq6$.

(7) $2+2\neq4$当且仅当$3+3=6$.

(8) $2+2\neq4$当且仅当$3+3\neq6$.

4. 将下列命题符号化,并讨论其真值:

(1) 若今天是1号,则明天是2号.

(2) 若今天是1号,则明天是3号.

5. 将下列命题符号化:

(1) 王威是100米冠军,又是200米冠军.

(2) 小王不但聪明而且用功.

(3) 虽然天气很冷,老王还是来了.

(4) 他一边吃饭,一边看电视.

(5) 如果天下大雨,他就乘公共汽车上班.

(6) 只有天下大雨,他才乘公共汽车上班.

(7) 除非天下大雨,否则他不乘公共汽车上班.

(8) 不经一事,不长一智.

6. 设p,q的真值为0,r,s的真值为1,求下列各公式的真值:

(1) $p\vee(q\wedge r)$.

(2) $(p\leftrightarrow r)\wedge(\neg q\vee s)$.

(3) $(p\wedge(q\vee r))\rightarrow((p\vee q)\wedge(r\wedge s))$.

(4) $\neg(p\vee(q\rightarrow(\neg p\wedge r)))\rightarrow(r\vee\neg s)$.

(5) $(\neg p\wedge\neg q)\rightarrow(r\wedge s)$.

7. 在什么情况下,下面命题是真的?

(1) 说电影院是拥挤的或者戏院是人们常去的是不对的,而说商店顾客稀少或者戏院是令人讨厌的也是不对的.

(2) 若那房子有三室一厅,并且居住面积在100米^{2}以上,老王就要那套房子.

8. 判断下列命题公式的类型,方法不限:

(1) $p\rightarrow(p\vee q\vee r)$.

(2) $(p\rightarrow\neg p)\rightarrow\neg p$.

(3) $\neg(p\rightarrow q)\wedge q$.

(4) $(p\rightarrow q)\rightarrow(\neg q\rightarrow\neg p)$.

(5) $(\neg p\rightarrow q)\rightarrow(q\rightarrow\neg p)$.

(6) $(p\wedge\neg p)\leftrightarrow q$.

(7) $(p\vee\neg p)\rightarrow((q\wedge\neg q)\wedge\neg r)$.

(8) $(p\leftrightarrow q)\rightarrow\neg(p\vee q)$.

(9) $((p\rightarrow q)\wedge(q\rightarrow r))\rightarrow(p\rightarrow r)$.

(10) $((p\vee q)\rightarrow r)\leftrightarrow s$.

9. 用等值演算法和真值表法判断下面公式的类型:

(1) $\neg((p\wedge q)\to p)$.　　(2) $((p\to q)\wedge(q\to p))\leftrightarrow(p\leftrightarrow q)$.

(3) $(\neg p\to q)\to(q\to\neg p)$.

10. 用真值表法和等值演算法证明下面等值式：

(1) $(p\wedge q)\vee(p\wedge\neg q)\Leftrightarrow p$.　　(2) $((p\to q)\wedge(p\to r))\Leftrightarrow(p\to(q\wedge r))$.

(3) $\neg(p\leftrightarrow q)\Leftrightarrow((p\vee q)\wedge\neg(p\wedge q))$.

11. 设 A,B,C 为任意的命题公式.

(1) 已知 $A\vee C\Leftrightarrow B\vee C$,问 $A\Leftrightarrow B$ 成立吗?　　(2) 已知 $A\wedge C\Leftrightarrow B\wedge C$,问 $A\Leftrightarrow B$ 成立吗?

(3) 已知 $\neg A\Leftrightarrow\neg B$,问 $A\Leftrightarrow B$ 成立吗?

12. 将下面公式化成与之等值并且仅含$\{\neg,\wedge,\vee\}$中的联结词的公式：

(1) $\neg(p\leftrightarrow(q\to(p\vee r)))$.　　(2) $((p\vee q)\wedge r)\to(p\vee r)$.

(3) $(p\wedge q)\vee r$.　　(4) $p\to(q\to r)$.

13. 将下面公式化成与之等值并且仅含$\{\neg,\wedge\}$中联结词的公式：

(1) $(p\wedge q)\wedge\neg r$.　　(2) $(p\to(q\wedge\neg p))\wedge\neg r\wedge q$.　　(3) $\neg p\wedge\neg(q\vee r)\wedge(r\to p)$.

14. 将下面公式化成与之等值并且仅含$\{\neg,\vee\}$中联结词的公式：

(1) $p\wedge q\wedge\neg r$.　　(2) $(p\leftrightarrow q)\wedge r$.　　(3) $p\wedge(q\vee r)$.

15. 将下面公式化成与之等值并且仅含$\{\neg,\to\}$中联结词的公式：

(1) $p\wedge q\wedge r$.　　(2) $(p\leftrightarrow q)\wedge\neg r$.　　(3) $(p\leftrightarrow r)\vee(s\wedge p)$.

16. 将下面公式化成与之等值并且仅含$\{\uparrow\}$和$\{\downarrow\}$中联结词的公式：

(1) $(p\wedge q)\vee r$.　　(2) $p\leftrightarrow q$.

17. 用等值演算求下列各公式的主析取范式与成真赋值：

(1) $(\neg p\to q)\to(\neg q\vee p)$.　　(2) $\neg(p\to q)\wedge q\vee r$.

(3) $(p\vee(q\wedge r))\to(p\vee q\vee r)$.　　(4) $\neg(q\to\neg p)\wedge\neg p$.

18. (1) 用真值表法求下列各式的主析取范式：

(a) $(p\wedge q)\vee(\neg q\wedge r)$.　　(b) $(p\to q)\to(p\leftrightarrow\neg q)$.　　(c) $(p\to q)\to r$.

(2) 用主析取范式求(1)中各式的主合取范式.

19. 用主析取范式判断下列各组公式是否等值：

(1) $p\to(q\to r)$与$q\to(p\to r)$.　　(2) $\neg(p\wedge q)$与$\neg(p\vee q)$.

20. 某电路中有一个灯泡和三个开关 A,B,C. 已知在且仅在下述四种情况下灯亮：

① C 的扳键向上,A,B 的扳键向下. ② A 的扳键向上,B,C 的扳键向下.

③ B,C 的扳键向上,A 的扳键向下. ④ A,B 的扳键向上,C 的扳键向下.

设 F 表示灯亮,p,q,r 分别表示 A,B,C 的扳键向上.

(1) 求 F 的主合取范式.

(2) 在联结词完备集$\{\neg,\wedge,\vee,\to,\leftrightarrow\}$中化简公式,使 F 中含尽可能少的联结词.

21. 一个排队线路,输入为 A,B,C,其输出分别为 F_A,F_B,F_C. 在同一时间内只能有一个信号通过. 若同时有两个或两个以上信号通过时,则按 A,B,C 的顺序输出. 例如 A,B,C 同时输入时,只能有 F_A 输出,写出 F_A,F_B,F_C 的逻辑表达式,并化成联结词完备集$\{\neg,\vee\}$中的表达式.

22. 某勘探队有 3 名队员,有一天取得一块矿样,3 人的判断如下：

甲说：这不是铁,也不是铜.

乙说：这不是铁,是锡.

丙说：这不是锡,是铁.

经实验室鉴定发现,其中一个人的两个判断都正确,一个人判对一半,另一个人全没判对,试根据以上情况,判断矿样的种类.

23. 某工厂有赵、钱、孙、李、周五位高级工程师.现在要派一些人出国考察,但由于工作及其他条件的限制,这次选派必须满足以下的一些条件:

(1) 若赵去,钱也去. (2) 李,周两人中必有人去.

(3) 钱,孙两人中去且仅去一人. (4) 孙、李两人同去或都不去.

(5) 若周去,则赵,钱也同去.

试分析厂领导应如何选派他们?

24. 判断下列推理是否正确.

(1) 若今天是 1 号,则明天是 5 号.今天是 1 号.所以明天是 5 号.

(2) 若今天是 1 号,则明天是 5 号.明天是 5 号.所以今天是 1 号.

(3) 若今天是 1 号,则明天是 5 号.明天不是 5 号.所以今天不是 1 号.

(4) 若今天是 1 号,则明天是 5 号.今天不是 1 号.所以明天不是 5 号.

25. 构造下面推理的证明:

(1) 前提:$\neg(p\wedge\neg q)$,$\neg q\vee r$,$\neg r$.

结论:$\neg p$.

(2) 前提:$p\rightarrow(q\rightarrow s)$,$q$,$p\vee\neg r$.

结论:$r\rightarrow s$.

(3) 前提:$p\rightarrow q$.

结论:$p\rightarrow(p\wedge q)$.

(4) 前提:$q\rightarrow p$,$q\leftrightarrow s$,$s\leftrightarrow t$,$t\wedge r$.

结论:$p\wedge q\wedge r\wedge s$.

26. 用归谬法证明 25 题中的(1),用附加前提证明法证明 25 的(2)与(3).

27. 如果他是理科学生,他必学好数学.如果他不是文科学生,他必是理科学生.他没有学好数学,所以他是文科学生.

证明上述推理是否正确.

28. 给定下列 3 组前提,试分别为它们寻找一个有效结论:

(1) $\neg(p\wedge\neg q)$,$\neg q\vee r$,$\neg r$. (2) $(p\wedge q)\rightarrow r$,$\neg r\vee s$,$\neg s$. (3) $\neg p\vee q$,$\neg q\vee r$,$r\rightarrow s$.

29. 设计一个符合如下要求的室内照明控制线路:在房间的门外、门内及床头分别装有控制同一个电灯 F 的三个开关 A,B,C.当且仅当一个开关的扳键向上或三个开关的扳键同时向上时灯亮.设 p,q,r 分别表示 A,B,C 扳键向上.下面给出的公式中,哪些与 F 等值?

(1) $p\vee q\vee r$. (2) $p\vee q\vee r\vee(p\wedge q\wedge r)$.

(3) $\neg(p\leftrightarrow\neg(q\leftrightarrow r))$. (4) $\neg p\leftrightarrow\neg(q\leftrightarrow r)$.

(5) $p\leftrightarrow(q\leftrightarrow r)$. (6) $(\neg p\wedge\neg q\wedge r)\vee(\neg p\wedge q\wedge\neg r)\vee(p\wedge\neg q\wedge\neg r)\vee(p\wedge q\wedge r)$.

30. 若公司拒绝增加工资,则罢工不会停止,除非罢工超过 3 个月且公司经理辞职.公司拒绝增加工资.罢工又刚刚开始.罢工是否能停止?

第二章　一 阶 逻 辑

在命题逻辑中简单命题是最基本的单元，不考虑简单命题的内部结构，这就极大地限制了命题公式的表现能力. 例如，著名的苏格拉底三段论称

所有的人都是要死的.

苏格拉底是人.

所以苏格拉底是要死的.

直觉上这个推理是正确的，但是在命题逻辑中不能证明其正确性. 在命题逻辑中只能将这 3 句话形式化为 3 个简单命题 p,q,r，推理的形式结构是

$$p \wedge q \to r$$

不是重言式. 这充分地反映了命题逻辑的局限性.

问题出在把这 3 个句子都看作简单命题，而忽略了它们的内部结构. 实际上，每个句子都是由几个成分构成的. 这些成分又给出了句子之间的联系. 例如，这里"人""苏格拉底"是考虑的对象，"是要死的""是人"描述了对象的性质，"所有的"描述了对象的数量. 所有这些在命题逻辑中都不能得到考虑. 为了弥补这类不足，在**谓词逻辑**中引入个体词，谓词和量词的概念，从而极大地丰富了公式的表现力. 谓词逻辑又称**一阶逻辑**，或**一阶谓词逻辑**.

2.1　一阶逻辑的基本概念

在一阶逻辑中，简单命题被分解成个体词和谓词两部分. 所谓**个体词**是指可以独立存在的客体. 它可以是一个具体的事物，也可以是一个抽象的概念. 例如，中国，小王，碗，实数，思想等等都可以充当个体词. 而**谓词**是用来刻画个体词的性质及个体词之间关系的词. 在下面 3 个简单命题：

(1) 2 是素数.

(2) 郭宏是大学生.

(3) 刘淳比刘月高 3 厘米.

中，2、郭宏、刘淳、刘月都是个体词，而"…是素数""…是大学生""…比…高 3 厘米"都是谓词. 前两个谓词表示事物的性质，而后一个谓词表示事物之间的关系.

个体词和谓词又有常项和变项之分. 表示具体或特定的个体的个体词称为**个体常项**，一般用小写英文字母 $a,b,c,\cdots$ 表示. 表示抽象的或泛指的个体词称为**个体变项**，常用 $x,y,z,\cdots$ 表示. 称个体变项的取值范围为**个体域**(或称**论域**). 个体域可以是有穷集合，如$\{2,3,4,5\}$，$\{a,b,c,\cdots,x,y,z\}$，{计算机，计算器，算盘}等，也可以是无穷集合，如自然数集合 $\mathbf{N}$，实数集合 $\mathbf{R}$，整数集合 $\mathbf{Z}$ 等. 特别是，将宇宙间一切事物组成的个体域称为**全总个体域**. 本书中，除特殊声明外，个体域均指全总个体域.

类似地，称表示具体性质或关系的词为**谓词常项**，常用大写英文字母 $F,G,H,\cdots$ 表示. 而表示抽象的或泛指的谓词称为**谓词变项**，也用 $F,G,H,\cdots$ 表示. 至于 $F,G,H,\cdots$ 表示的是谓词

常项还是变项,要根据上下文的具体情况而定.个体常项 a 或变项 x 具有性质 F,记作 $F(a)$或 $F(x)$.而个体常项 a 与 b 或个体变项 x 与 y 具有关系 L,记作 $L(a,b)$或 $L(x,y)$.例如,我们用 $F(a)$表示 2 是素数,其中 a 表示 2,F 表示"…是素数",而 $F(x)$表示 x 是素数.在这里 a 是个体常项,x 是个体变项,F 是谓词常项.$F(a)$是命题,其真值为 1.$F(x)$不是命题,而是命题变项.又如,用 a 表示刘淳,b 表示刘月,L 表示"…比…高 3 厘米",$L(a,b)$为命题,而 $L(x,y)$为命题变项.一般情况下,将谓词中所包含的个体变项的个数称为谓词的元数.含 $n(n\geqslant 1)$个个体词的谓词称为 **n 元谓词**.1 元谓词是描述事物性质的,$n(n\geqslant 2)$元谓词是刻画事物之间关系的.$n(n\geqslant 1)$元谓词 $P(x_1,x_2,\cdots,x_n)$是以 D^n 为定义域,$\{0,1\}$为值域的 n 元函数,其中 D 是个体域.它不是命题.要想使 $P(x_1,x_2,\cdots,x_n)$成为命题,必须用谓词常项取代 P,用 n 个个体常项 $a_1,a_2,\cdots,a_n$ 分别取代 $x_1,x_2,\cdots,x_n$.例如,$L(x,y)$是 2 元谓词变项.若令 L 为"…小于…",取 a 为 2,b 为 3 时,$L(a,b)$为命题,真值为 1.

不带个体变项的谓词称为 **0 元谓词**.例如,$L(a,b)$为 0 元谓词.当 L 为变项时,它为命题变项.当 L 是谓词常项时,它是命题常项.命题逻辑中的命题常项与变项均可用 0 元谓词表示,因而命题逻辑是谓词逻辑的特殊情况.

【例 2.1】 将下列命题在一阶逻辑中用 0 元谓词符号化,并确定它们的真值:

(1) 4 是偶素数.

(2) 如果 3 大于 2,则 3 大于 4.

(3) 若 4 大于 3 且 3 大于 2,则 4 大于 2.

解 (1) $F(x)$:x 是偶数,$G(x)$:x 是素数,a:4.命题符号化为:

$$F(a)\wedge G(a).$$

因为 $G(a)$为假,所以命题的真值为 0.

(2) $F(x,y)$:$x>y$, a:3, b:2, c:4.

命题符号化为

$$F(a,b)\rightarrow F(a,c).$$

其中,$F(a,b)$为真,$F(a,c)$为假,所以命题真值为 0.

(3) $F(x,y)$的涵义同(2),可将 2,3,4 直接代入:

$$F(4,3)\wedge F(3,2)\rightarrow F(4,2).$$

显然,此命题为真.

现在考虑如下形式的命题在一阶逻辑中符号化的问题:

(1) 所有的人都呼吸.

(2) 有的人爱唱歌.

在以上两个命题中,除了有个体词和谓词外,还有表示数量的词(所有的,有的).称表示数量的词为**量词**.有两个量词:

(1) **全称量词**.全称量词对应常用语言中的"一切""所有的""任意的""每一个"等.用符号"$\forall$"表示全称量词.用 $\forall x$ 表示个体域里的所有个体.用 $\forall xF(x)$表示个体域里所有个体都有性质 F.

(2) **存在量词**.对应常用语言中的"存在着""有一个""至少有一个""有的"等.用符号"$\exists$"表示存在量词.用 $\exists x$ 表示个体域里存在个体,用 $\exists xF(x)$表示个体域里存在个体具有性质 F.

有了量词的概念之后，可以考虑以上提出的两个命题的符号化问题了．使用量词将命题符号化与所用个体域有关．

1．个体域为人类集合 D

(1) 符号化为：

$$\forall xF(x)，\text{其中 } F(x)：x \text{ 要呼吸}.$$

这个命题是真的（当然这里考虑的人是活着的人）．

(2) 符号化为：

$$\exists xG(x)，\text{其中 } G(x)：x \text{ 爱唱歌}.$$

这个命题也是真的．

在这个个体域中，只有人而无其他事物，以上两个命题均讨论人的性质，所以命题符号化形式很简单．再看下面情况．

2．取个体域为全总个体域 D'

在 D' 的情况下，命题(1)与(2)的符号化形式都有变化．D' 中除有人外，还有其他许多事物．若还将(1)符号化为 $\forall xF(x)$ 的形式，它的涵义就变了，变成了“宇宙间的一切事物都要呼吸”，这与原命题不是一回事．同样，若将(2)符号化为 $\exists xG(x)$，也没有表达有的人爱唱歌，只是表示在宇宙间有的东西爱唱歌．在 D' 中要想将(1)，(2)正确符号化，必须将人从中分离出来，因而需要引入一个新的谓词，称这样的谓词为特性谓词．在这里，令 $M(x)$：x 是人．于是可以考虑(1)与(2)的符号化形式．在考虑个体域 D' 的情况下，(1)与(2)可作如下叙述：

(1) 对宇宙间的一切事物来说，如果它是人，则它要呼吸．

(2) 在宇宙间存在爱唱歌的人．

于是，(1) 应符号化为

$$\forall x(M(x) \rightarrow F(x)).$$

(2) 应符号化为

$$\exists x(M(x) \wedge G(x)).$$

其中，$F(x)$ 与 $G(x)$ 的涵义同 1．

当然，$\forall x(M(x) \rightarrow F(x))$ 仍为真命题，对 D' 中的任一个体 x，括号内的蕴涵式，或前、后件同真（x 为人时），或前件假（x 非人时）．因蕴涵式总是真的，故 $\forall x(M(x) \rightarrow F(x))$ 为真．类似讨论可知，此时，$\exists x(M(x) \wedge G(x))$ 也为真．

在全总个体域 D' 条件下，将下面命题符号化，并判断其真假：

(1) 所有的人都是黄种人．

(2) 有的人居住在月球上．

(1)的符号化形式为

$$\forall x(M(x) \rightarrow F(x)).$$

其中，$M(x)$：x 是人，$F(x)$：x 是黄种人．括号内的蕴涵式会出现前件真、后件假的情况，所以(1)为假命题．

(2) 符号化为

$$\exists x(M(x) \wedge G(x)).$$

这里，$M(x)$：x 是人，$G(x)$：x 居住在月球上．显然，到目前为止，$M(x)$ 与 $G(x)$ 不能同时为真，因而(2)也是假命题．

在一阶逻辑中，使用量词应注意以下几点：

(1) 在不同个体域中,命题符号化的形式可能不同,命题的真值也可能会改变.

(2) 在考虑命题符号化时,如果对个体域未做声明,一律使用全总个体域.

(3) 多个量词同时出现时,不能随意颠倒它们的顺序,改变量词顺序可能改变公式的涵义.

考虑下面命题的符号化:

“对于任意的 x,都存在 y,使得 $x+y=5$.”取个体域为实数集合.符号化为

$$\forall x \exists y H(x,y).$$

其中,$H(x,y)$: $x+y=5$. 这是一个真命题,但若颠倒了量词的次序,得

$$\exists y \forall x H(x,y),$$

此时公式的涵义为:存在 y,使得对所有的 x,都有 $x+y=5$. 这显然是个假命题,因而不能随便颠倒量词的次序,以免犯错误.

在下面的例题中,请注意以上几点说明.

【例 2.2】 在一阶逻辑中将下面命题符号化:

(1) 自然数皆为整数.

(2) 有的自然数是负数.

要求:① 个体域为自然数集合 **N**.

② 个体域为实数集合 **R**.

③ 个体域为全总个体域.

解 ① 不用引入特性谓词.

(1) $\forall x F(x)$,其中 $F(x)$: x 为整数.

(2) $\exists x G(x)$,其中 $G(x)$: x 为负数.

② 引入特性谓词 $N(x)$: x 为自然数.

(1) $\forall x(N(x)\rightarrow F(x))$,$F(x)$的涵义同①.

(2) $\exists x(N(x)\wedge G(x))$,$G(x)$的涵义同①.

③ 与②中形式相同.

在这 3 个个体域中,(1)均为真命题,(2)均为假命题.

【例 2.3】 将下面命题符号化:

(1) 对于任意的 x,均有 $x^2-1=(x+1)(x-1)$.

(2) 存在 x,使得 $x+10=8$.

要求:① 个体域为自然数集合 **N**.

② 个体域为实数集合 **R**.

解 ① 不用引入特性谓词.

(1) $\forall x F(x)$,其中 $F(x)$: $x^2-1=(x+1)(x-1)$.

(2) $\exists x G(x)$, 其中 $G(x)$: $x+10=8$.

这里,(1)为真命题,而(2)为假命题.

② 也不引入特性谓词.(1),(2)符号化的形式同①,但此时(1),(2)均为真命题.

【例 2.4】 在一阶逻辑中将下列命题符号化:

(1) 凡正数都大于 0;

(2) 存在小于 3 的素数;

(3) 没有不能表示成分数的有理数;

(4) 参加考试的人未必都能取得好成绩.

解 在本题中,没有指定个体域,因而应该使用全总个体域.

(1) $\forall x(F(x)\to G(x))$,其中 $F(x)$:x 是正数,$G(x)$:x 大于 0.

(2) $\exists x(F(x)\wedge G(x))$,其中 $F(x)$:x 小于 3,$G(x)$:x 是素数.

(3) $\neg\exists x(F(x)\wedge\neg G(x))$,其中 $F(x)$:x 为有理数,$G(x)$:x 能表示成分数.

"没有不能表示成分数的有理数"与"所有的有理数都能表示成分数"是同一个命题的不同的叙述方法,因而本命题也可以符号化为

$$\forall x(F(x)\to G(x)).$$

后面将会看到这两个公式是等值的.

(4) $\neg\forall x(F(x)\to G(x))$,其中 $F(x)$:x 是参加考试的人,$G(x)$:x 取得好成绩.

类似于(3),本命题也可以符号化为

$$\exists x(F(x)\wedge\neg G(x)).$$

这两个公式也是等值的.

【例 2.5】 在一阶逻辑中将下列命题符号化:

(1) 所有的兔子比所有的乌龟跑得快.

(2) 有的兔子比所有的乌龟跑得快.

(3) 并不是所有的兔子比所有的乌龟跑得快.

(4) 不存在同样高的两个人.

解 在题中没有指明个体域,因而采用全总个体域.(1)~(3)都与兔子、乌龟有关.设 $F(x)$:x 是兔子,$G(y)$:y 是乌龟,$H(x,y)$:x 比 y 跑得快.

(1) $\forall x\forall y(F(x)\wedge G(y)\to H(x,y))$.

(2) $\exists x(F(x)\wedge\forall y(G(y)\to H(x,y)))$.

(3) $\neg\forall x\forall y(F(x)\wedge G(y)\to H(x,y))$或者$\exists x\exists y(F(x)\wedge G(y)\wedge\neg H(x,y))$.

(4) 设 $F(x)$:x 是人,$G(x,y)$:$x\neq y$, $H(x,y)$:x 与 y 一样高.符号化形式为:

$$\neg\exists x\exists y(F(x)\wedge F(y)\wedge G(x,y)\wedge H(x,y)),$$

或者

$$\forall x\forall y(F(x)\wedge F(y)\wedge G(x,y)\to\neg H(x,y)).$$

2.2 一阶逻辑公式及解释

首先给出一阶逻辑中合式公式的定义.

定义 2.1 个体常项,个体变项和它们的函数及复合函数称作**项**.

设 $R(x_1,x_2,\cdots,x_n)$是 n 元谓词,$t_1,t_2,\cdots,t_n$ 是 n 个项,则称 $R(t_1,t_2,\cdots,t_n)$是**原子公式**.

一阶逻辑中的**合式公式**定义如下:

(1) 原子公式是合式公式,

(2) 若 A,B 是合式公式,则$(\neg A)$,$(A\vee B)$,$(A\wedge B)$,$(A\to B)$,$(A\leftrightarrow B)$,$\forall xA$,$\exists xA$ 也是合式公式,

(3) 只有有限次地应用(1)、(2)形成的符号串是合式公式.

合式公式又称作**逻辑公式**,简称**公式**.

逻辑公式中最外层的括号可以略去.个体常项常用 $a,b,c,\cdots$ 表示,个体变项常用 $x,y,z,\cdots$ 表示,函数常用 $f,g,h,\cdots$ 表示,谓词常用 $F,G,H,\cdots$ 表示,上述字母均可以带下标.

例 2.1～例 2.5 中给出的符号化都是逻辑公式.又如,$\forall xF(x)\to\exists yG(y)$,$\forall x\forall yH(f(x),g(y),z)$ 也都是逻辑公式.

定义 2.2 在 $\forall xA$ 和 $\exists xA$ 中,称 x 为**指导变项**,A 为相应量词的**辖域**,指导变项 x 在其辖域内的出现称作**约束出现**,变项的非约束出现称作**自由出现**.

例如,在 $\forall xF(x,y)$ 中,x 是指导变项,$\forall x$ 的辖域是 $F(x,y)$,$F(x,y)$ 中 x 是约束出现,y 是自由出现.

【例 2.6】 指出下列公式中量词的辖域以及个体变项的约束出现和自由出现:

(1) $\forall x(F(x,y,z)\to\exists yG(x,y,z))$;

(2) $\exists xF(x,y)\wedge\exists yG(x,y)$;

(3) $\forall x\forall y(F(x)\wedge G(y)\to H(x,y))$.

解 (1) $\forall x$ 的辖域是 $(F(x,y,z)\to\exists yG(x,y,z))$,$\exists y$ 的辖域是 $G(x,y,z)$.F 中的 x 是约束出现,y 和 z 是自由出现.G 中的 x 和 y 是约束出现,z 是自由出现.

(2) $\exists x$ 的辖域是 $F(x,y)$,$\exists y$ 的辖域是 $G(x,y)$.F 中的 x 是约束出现,y 是自由出现.G 中的 x 是自由出现,y 是约束出现.

(3) $\forall x$ 的辖域是 $\forall y(F(x)\wedge G(y)\to H(x,y))$,$\forall y$ 的辖域是 $(F(x)\wedge G(y)\to H(x,y))$.$x$ 和 y 的所有出现都是约束出现.

在这个例子中看到,同一个个体变项可能既约束出现、又自由出现.如(1)中的 y.其实在这里 F 中的 y 与 $\exists y$ 及 G 中的 y 是两个不同的个体变项,只是用了相同的名字,如同两个人都叫张三一样.后面将会介绍,可以通过换名将两者区分开来.

如果公式中没有个体变项自由出现,则称该式为**闭式**.例 2.6 中(3)是闭式,(1)和(2)不是闭式.

当公式 A 中含有自由出现的个体变项 x 时,通常记作 $A(x)$.如

$$A(x)=\forall yF(x,y)$$

一般地,$A(x_1,x_2,\cdots,x_n)$ 表示含有 n 个自由出现的个体变项 $x_1,x_2,\cdots,x_n$ 的公式.在它的前面可以加若干个量词,如 $\forall x_1A(x_1,x_2,\cdots,x_n)$.这时 A 中的 x_1 变成约束出现,公式变成含有 $n-1$ 个自由出现的个体变项 $x_2,\cdots,x_n$ 的公式

$$A_1(x_2,\cdots,x_n)=\forall x_1A(x_1,x_2,\cdots,x_n)$$

类似地,有

$$\begin{aligned}A_2(x_3,\cdots,x_n)&=\exists x_2A_1(x_2,\cdots,x_n)\\&=\exists x_2\forall x_1A(x_1,x_2,\cdots,x_n)\\&\cdots\end{aligned}$$

在含有 n 个自由出现的个体变项的公式前面加 n 个量词

$$Q_1x_1Q_2x_2\cdots Q_nx_nA(x_1,x_2,\cdots,x_n)$$

可以使它成为闭式,这里每个 $Q_i(i=1,2,\cdots,n)$ 是 $\forall$ 或 $\exists$.

一般情况下,命题公式的真值是不确定的,只有给它赋值后,它才有确定的真值.同样地,一般情况下,逻辑公式也没有确定的涵义,只有指定个体域以及个体常项、函数符号和谓词符

号的涵义后，它才有明确的涵义．例如，公式$\forall xF(f(x),a)$并没有什么涵义．给定个体域为实数集，$a=0$，$f(x)=x^2$，$F(x,y)$：$x\geqslant y$．此时公式的涵义是：对所有的实数x，有$x^2\geqslant 0$．这是真命题．这就是谓词公式的解释．同一个谓词公式可以有各种不同的解释，其结果也可能不同．如对上面的解释做一点改动，取$F(x,y)$：$x<y$，公式的涵义变成：对所有的实数x，有$x^2<0$．这是假命题．

定义 2.3　一个**解释**I包括下述内容：

(a) 给定个体域D_I，

(b) 对涉及的每一个个体常项赋给D_I中的一个元素，

(c) 给涉及的每一个函数符号指定D_I上的一个具体的函数，

(d) 给涉及的每一个谓词符号指定D_I上的一个具体的谓词．

设把公式A中所有个体常项、函数符号和谓词符号替换成I中规定的对象后得到A'，称A'为A在解释I下的**结果**，或称在解释I下A**被解释成**A'．

【例 2.7】　给定解释I如下：

(a) 个体域为自然数集，

(b) $a=0$，

(c) $f(x,y)=x+y$，$g(x,y)=x\cdot y$，

(d) $E(x,y)$：$x=y$．

写出下列公式在解释I下的结果：

(1) $\forall xE(f(x,a),g(x,a))$；

(2) $\forall x\forall yE(f(x,y),f(y,x))$；

(3) $\exists xE(f(x,y),g(x,y))$．

解　(1) $\forall x(x+0=x\cdot 0)$，这是假命题．

(2) $\forall x\forall y(x+y=y+x)$，这是真命题，描述的是加法交换律．

(3) $\exists x(x+y=x\cdot y)$，y在式中自由出现，这不是命题，真值与y的取值有关．例如，当$y=0$时，结果为$\exists x(x=0)$，真值为真．当$y=1$时，结果为$\exists x(x+1=x)$，真值为假．

从上例可以看出，在给定的解释下闭式都是命题．但是，当公式中含有自由出现的个体变项时，给定解释它不一定能成为命题，其结果的真值可能与自由出现的个体变项的取值有关．如果进一步给定所有自由出现的个体变项的值，则其结果一定是命题．如例 2.7(3)解中所示的那样．

给定解释I，对公式中每一个自由出现的个体变项x指定D_I中的一个值$\sigma(x)$，称作在解释I下的**赋值**σ．在对公式做解释时要同时代入赋值σ，即把所有自由出现的个体变项x替换成$\sigma(x)$．

例如，在例 2.7 中添加给定赋值$\sigma(y)=0$．在I和σ下，(3)被解释为$\exists x(x+0=x\cdot 0)$，即$\exists x(x=0)$，这是真命题．

任何谓词公式在解释和赋值下的结果都是命题．特别地，闭式因为没有自由出现的个体变项，所以与赋值无关，只需要考虑解释．

根据$\forall$和$\exists$的定义，在有限个体域$D=\{a_1,a_2,\cdots,a_n\}$中，可以消去量词，把$\forall xA(x)$展开成

$$A(a_1)\wedge A(a_2)\wedge\cdots\wedge A(a_n)$$

把 $\exists xA(x)$ 展开成

$$A(a_1) \vee A(a_2) \vee \cdots \vee A(a_n)$$

【例 2.8】 给定解释 I 及 I 下的赋值 σ 如下:

(a) 个体域 $D_I=\{2,3\}$,

(b) $a=2$,

(c) f: $f(2)=3, f(3)=2$,

(d) F: $F(2)=0, F(3)=1$,

G: $G(2,2)=G(2,3)=G(3,2)=1, G(3,3)=0$,

(e) σ: $\sigma(x)=2, \sigma(y)=3$.

求下述公式在 I 和 σ 下的真值:

(1) $\neg F(x) \vee G(x,y)$

(2) $\forall x(F(x) \wedge G(x,a))$

(3) $\exists x(F(f(x)) \wedge G(x, f(x)))$

(4) $\forall x \exists y(F(x) \rightarrow G(f(x), f(y)))$

(5) $\exists y(F(x) \vee \forall xG(x,y))$.

解

(1) $\quad \neg F(\sigma(x)) \vee G(\sigma(x), \sigma(y))$

$\Leftrightarrow \neg F(2) \vee G(2,3)$

$\Leftrightarrow \neg 0 \vee 1$

$\Leftrightarrow 1$

(2) $\quad (F(2) \wedge G(2,2)) \wedge (F(3) \wedge G(3,2))$

$\Leftrightarrow (0 \wedge 1) \wedge (1 \wedge 1)$

$\Leftrightarrow 0$

(3) $\quad (F(f(2)) \wedge G(2, f(2))) \vee (F(f(3)) \wedge G(3, f(3)))$

$\Leftrightarrow (1 \wedge 1) \vee (0 \wedge 1)$

$\Leftrightarrow 1$

(4) 先展开 $\exists y$,

$$\forall x((F(x) \rightarrow G(f(x), f(2)) \vee (F(x) \rightarrow G(f(x), f(3)))$$

再展开 $\forall x$,

$$((F(2) \rightarrow G(f(2), f(2)) \vee (F(2) \rightarrow G(f(2), f(3)))$$
$$\wedge ((F(3) \rightarrow G(f(3), f(2)) \vee (F(3) \rightarrow G(f(3), f(3)))$$
$$\Leftrightarrow ((0 \rightarrow 0) \vee (0 \rightarrow 1)) \wedge ((1 \rightarrow 1) \vee (1 \rightarrow 1))$$
$$\Leftrightarrow 1$$

(5) 先展开 $\forall x$,

$$\exists y(F(\sigma(x)) \vee (G(2,y) \wedge G(3,y)))$$

再展开 $\exists y$,

$$(F(2) \vee (G(2,2) \wedge G(3,2))) \vee (F(2) \vee (G(2,3) \wedge G(3,3)))$$
$$\Leftrightarrow (0 \vee (1 \wedge 1)) \vee (0 \vee (1 \wedge 0))$$
$$\Leftrightarrow 1$$

(2)～(4)是闭式，(1)，(5)不是闭式.(5)中，x 在 $F(x)$ 中是自由出现，$G(x,y)$ 中的 x 和 y 都是约束出现.

定义 2.4　如果一个逻辑公式在任何解释及赋值下都为真，则称该式为**永真式**.如果一个逻辑公式在任何解释及赋值下都为假，则称该式为**矛盾式**(或**永假式**).如果一个逻辑公式存在一个解释及赋值使其为真，则称该式为**可满足式**.

在命题逻辑中有多种方法判断公式的类型.但是，在一阶逻辑中，由于解释的多样性，判断公式的类型变得极其复杂.已经证明逻辑公式的类型是不可判定的，即不存在一个算法能在有限步内判断任给的公式是否是永真式(矛盾式，或可满足式).下面仅介绍一些特殊类型或简单的公式的类型判断.

定义 2.5　设 A_0 是含命题变项 $p_1,p_2,\cdots,p_n$ 的命题公式，$A_1,A_2,\cdots,A_n$ 是 n 个谓词公式，用 $A_i(1\leqslant i\leqslant n)$ 处处代替 A_0 中的 p_i，所得公式 A 称为 A_0 的**代换实例**.

例如，$F(x)\rightarrow G(x)$，$\forall xF(x)\rightarrow\exists yG(y)$ 等都是 $p\rightarrow q$ 的代换实例.$F(x,y)\wedge\forall xG(x)$，$\forall xF(x)\wedge\exists yG(y)$ 等都可以作为 $p\wedge q$ 的代换实例.

可以证明，重言式的代换实例均为永真式，矛盾式的代换实例均为矛盾式.

例如，$\neg(\forall xF(x)\wedge\exists yG(y))\leftrightarrow\neg\forall xF(x)\vee\neg\exists yG(y)$ 是 $\neg(p\wedge q)\leftrightarrow\neg p\vee\neg q$ 的代换实例.由于后者是重言式，所以前者是永真式.又如，$\forall xF(x)\wedge\neg\forall xF(x)$ 是 $p\wedge\neg p$ 的代换实例.由于 $p\wedge\neg p$ 是矛盾式，所以 $\forall xF(x)\wedge\neg\forall xF(x)$ 是矛盾式.

【例 2.9】　判断下列公式中，哪些是永真式？哪些是矛盾式？

(1) $\forall xF(x)\rightarrow(\forall x\exists yG(x,y)\rightarrow\forall xF(x))$.

(2) $((\exists xF(x)\vee\exists yG(y))\wedge\neg\exists yG(y))\rightarrow\exists xF(x)$.

(3) $\neg(F(x,y)\rightarrow G(x,y))\wedge G(x,y)$.

(4) $(\forall xF(x)\vee\neg\forall xF(x))\rightarrow(\exists yG(y)\vee\neg\exists yG(y))$.

解　(1) 此公式是 $p\rightarrow(q\rightarrow p)$ 的代换实例.而 $p\rightarrow(q\rightarrow p)\Leftrightarrow\neg p\vee(\neg q\vee p)\Leftrightarrow 1$，所以 $p\rightarrow(q\rightarrow p)$ 是重言式，故(1)中公式为永真式.

(2) 此公式是 $(p\vee q)\wedge\neg q\rightarrow p$ 的代换实例.由析取三段论可知，$(p\vee q)\wedge\neg q\rightarrow p$ 是重言式，所以它是永真式.

(3) 此公式是 $\neg(p\rightarrow q)\wedge q$ 的代换实例.而 $\neg(p\rightarrow q)\wedge q$ 是矛盾式，所以它是矛盾式.

(4) 此公式是永真式，请读者说明理由.

对于不是重言式和矛盾式的代换实例，判断它们是否为永真式或矛盾式，确实不是易事.一般情况下，只能通过观察，根据定义来论证公式的类型.要证明 A 是永真式，就要证明在任意的解释和赋值下 A 都为真.要证明 A 是矛盾式，就要证明在任意的解释和赋值下 A 都为假.而要证明 A 是非永真式的可满足式，则要给出一个使其为真的解释和赋值，还要给出一个使其为假的解释和赋值.显然这只能对非常简单的情况才可行.当然，当 A 为闭式时论证只需要考虑解释，而不必讨论赋值.

【例 2.10】　讨论下面公式的类型：

(1) $\forall xF(x)\rightarrow\exists xF(x)$.　　(2) $\forall x\exists yF(x,y)\rightarrow\exists x\forall yF(x,y)$.

(3) $\exists x(F(x)\wedge G(x))\rightarrow\forall yF(y)$.

解　设(1)，(2)，(3)中的公式分别为 A,B,C.这 3 个公式都是闭式，下面只需考虑解释.

(1) 设 I 为任意一个解释,其个体域为 D. 若 $\forall xF(x)$ 为假,则 A 为真. 若 $\forall xF(x)$ 为真,因为 D 非空,任取 $x_0 \in D$, $F(x_0)$ 为真,所以 $\exists xF(x)$ 为真,从而 A 也为真. 故在解释 I 下 A 为真. 由于 I 的任意性,所以 A 是永真式.

(2) 取解释 I 如下:个体域为自然数集合 $\mathbf{N}$, $F(x,y)$: $x \leqslant y$. 在 I 下,B 的前、后件均为真,所以 B 为真,这说明 B 不会是矛盾式.

再取解释 I': 个体域仍为 $\mathbf{N}$, $F(x,y)$: $x=y$. 在 I' 下,B 的前件为真,后件为假,故 B 为假,这又说明 B 不是永真式.

综上所述,B 是非永真式的可满足式.

(3) C 也是非永真式的可满足式,请读者给出一个使其成真的解释和一个使其成假的解释.

2.3 一阶逻辑等值式与前束范式

定义 2.6 设 A, B 是一阶逻辑中任意二公式,若 $A \leftrightarrow B$ 是永真式,则称 A 与 B 是**等值的**. 记作 $A \Leftrightarrow B$,称 $A \Leftrightarrow B$ 为**等值式**.

由于重言式的代换实例都是永真式,因而由第一章第三节给出的 24 个等值式的代换实例都是一阶逻辑中的等值式. 例如

$$\exists xF(x) \Leftrightarrow \exists xF(x) \lor \exists xF(x);$$

$$\forall xF(x) \lor \neg \forall xF(x) \Leftrightarrow 1;$$

$$\exists xF(x) \land \neg \exists xF(x) \Leftrightarrow 0.$$

公式 $\forall xA(x)$ 和 $\exists xA(x)$ 中用什么作为指导变项实际上是无所谓的. 这与代数中求和式 $\sum_{i=1}^{n} a_i$ 有些类似,可以把 i 换成 j,写成 $\sum_{j=1}^{n} a_j$,两者相等. 同样地,可以把 $\forall xA(x)$ 中的 x 换成 t,写成 $\forall tA(t)$. 两者的意思都是"个体域中所有的元素都有性质 A."因此 $\forall xA(x) \Leftrightarrow \forall tA(t)$. 这就是换名规则.

下面给出换名规则和常用的基本等值式.

1. 换名规则

将公式中某个量词的指导变项及其在辖域内的所有约束出现都换成该辖域内未曾出现过的某个个体变项,其余部分不变,则所得公式与原公式等值.

例如,$\forall xF(x) \Leftrightarrow \forall tF(t)$

$\exists yG(x,y) \Leftrightarrow \exists wG(x,w)$

注意,在第二个式子中不能把 y 换成 x,写成 $\exists xG(x,x)$,因为 x 在辖域 $G(x,y)$ 内自由出现. $\exists xG(x,x)$ 显然与 $\exists yG(x,y)$ 不等值.

当公式中含有既约束出现又自由出现的个体变项时,可能会带来麻烦. 通常要用换名规则消去这样的情况. 如,$F(x) \to \forall xF(x) \Leftrightarrow F(x) \to \forall tF(t)$.

2. 量词否定等值式

$\neg \forall xA(x) \Leftrightarrow \exists x \neg A(x)$;

$\neg \exists xA(x) \Leftrightarrow \forall x \neg A(x)$.

3. 量词辖域收缩与扩张等值式

$\forall x(A(x) \lor B) \Leftrightarrow \forall xA(x) \lor B$;

$\forall x(A(x) \wedge B) \Leftrightarrow \forall xA(x) \wedge B$;

$\forall x(A(x) \to B) \Leftrightarrow \exists xA(x) \to B$;

$\forall x(B \to A(x)) \Leftrightarrow B \to \forall xA(x)$;

$\exists x(A(x) \vee B) \Leftrightarrow \exists xA(x) \vee B$;

$\exists x(A(x) \wedge B) \Leftrightarrow \exists xA(x) \wedge B$;

$\exists x(A(x) \to B) \Leftrightarrow \forall xA(x) \to B$;

$\exists x(B \to A(x)) \Leftrightarrow B \to \exists xA(x)$.

注意,要求 B 中不含 x 的自由出现.

4. 量词分配等值式

$\forall x(A(x) \wedge B(x)) \Leftrightarrow \forall xA(x) \wedge \forall xB(x)$;

$\exists x(A(x) \vee B(x)) \Leftrightarrow \exists xA(x) \vee \exists xB(x)$.

【例 2.11】 将下列公式化成与其等值且不含既约束出现又自由出现的个体变项的公式:

(1) $\forall x(F(x,y) \wedge \exists yG(x,y))$,

(2) $\forall xF(x,y) \vee \forall yG(x,y)$.

解 (1) 式中 y 既约束出现、又自由出现,需要换元.

$$\forall x(F(x,y) \wedge \exists yG(x,y))$$
$$\Leftrightarrow \forall x(F(x,y) \wedge \exists wG(x,w))$$

(2) 式中 x 和 y 都既约束出现、又自由出现,需要换元.

$$\forall xF(x,y) \vee \forall yG(x,y)$$
$$\Leftrightarrow \forall tF(t,y) \vee \forall sG(x,s)$$

注意,公式中个体变项的自由出现应保持不变. 如(1)F 中的 y,(2)F 中的 y 和 G 中的 x 都保持不变.

【例 2.12】 用基本的等值式证明例2.4(3)中的两种符号化形式,例 2.5(4)中的两种符号化形式分别是等值的.

解 例 2.4(3)中的两种符号化形式分别为 $\neg \exists x(F(x) \wedge \neg G(x))$ 和 $\forall x(F(x) \to G(x))$.

$$\neg \exists x(F(x) \wedge \neg G(x))$$
$$\Leftrightarrow \forall x \neg (F(x) \wedge \neg G(x)) \qquad \text{(量词否定等值式 4)}$$
$$\Leftrightarrow \forall x(\neg F(x) \vee G(x))$$
$$\Leftrightarrow \forall x(F(x) \to G(x)).$$

例 2.5(4)中的两种符号化形式分别为 $\neg \exists x \exists y(F(x) \wedge F(y) \wedge G(x,y) \wedge H(x,y))$ 与 $\forall x \forall y(F(x) \wedge F(y) \wedge G(x,y) \to \neg H(x,y))$.

$$\neg \exists x \exists y(F(x) \wedge F(y) \wedge G(x,y) \wedge H(x,y))$$
$$\Leftrightarrow \forall x \forall y \neg ((F(x) \wedge F(y) \wedge G(x,y) \wedge H(x,y)))$$
$$\Leftrightarrow \forall x \forall y(\neg (F(x) \wedge F(y) \wedge G(x,y)) \vee \neg H(x,y))$$
$$\Leftrightarrow \forall x \forall y(F(x) \wedge F(y) \wedge G(x,y) \to \neg H(x,y)).$$

【例 2.13】 用其他的基本等值式证明量词辖域收缩与扩张等值式中的第 3 式和第 4 式.

证

$$\forall x(A(x) \to B)$$
$$\Leftrightarrow \forall x(\neg A(x) \vee B)$$

$\Leftrightarrow \forall x \neg A(x) \vee B$ （量词辖域收缩与扩张第 1 式）

$\Leftrightarrow \neg \exists x A(x) \vee B$ 量词否定等值式

$\Leftrightarrow \exists x A(x) \to B.$

$\forall x(B \to A(x))$

$\Leftrightarrow \forall x(\neg B \vee A(x))$

$\Leftrightarrow \neg B \vee \forall x A(x)$ （量词辖域收缩与扩张第 1 式）

$\Leftrightarrow B \to \forall x A(x).$

量词分配等值式表明，$\forall$ 对 $\wedge$，$\exists$ 对 $\vee$ 有分配律. 下面来证明 $\forall$ 对 $\vee$，$\exists$ 对 $\wedge$ 无分配律，即

(1) $\forall x(A(x) \vee B(x)) \not\Leftrightarrow \forall x A(x) \vee \forall x B(x)$；

(2) $\exists x(A(x) \wedge B(x)) \not\Leftrightarrow \exists x A(x) \wedge \exists x B(x)$.

证 (1) 即证 $\forall x(A(x) \vee B(x)) \leftrightarrow \forall x A(x) \vee \forall x B(x)$ 不是永真式.

取解释 I_1 的个体域为自然数集合 $\mathbf{N}$，$A(x)$：x 是奇数，$B(x)$：x 是偶数. 显然在这个解释下，$\forall x(A(x) \vee B(x))$ 的涵义为：任意的自然数不是奇数就是偶数，这是真命题. 而 $\forall x A(x) \vee \forall x B(x)$ 的涵义为：所有的自然数都是奇数或所有自然数都是偶数，这是假命题. 因而

$$\forall x(A(x) \vee B(x)) \leftrightarrow \forall x A(x) \vee \forall x B(x)$$

不是永真式.

(2) 请读者自行证明.

下面介绍一阶逻辑中公式的规范形式——前束范式.

定义 2.7 设 A 为一谓词公式，若 A 具有如下形式

$$Q_1 x_1 Q_2 x_2 \cdots Q_k x_k B,$$

则称 A 为**前束范式**. 其中 $Q_i(1 \leqslant i \leqslant k)$ 为 $\forall$ 或 $\exists$，B 为不含量词的公式.

$\forall x(F(x) \to \exists y(G(y) \wedge H(x,y)))$，$\exists x(F(x) \to \forall y(G(y) \to H(x,y,z)))$ 等都不是前束范式. 而 $\forall x \exists y(F(x) \to (G(y) \wedge H(x,y)))$，$\forall x \forall y \exists z(F(x) \wedge F(y) \to G(x,y,z))$ 等都是前束范式.

在一阶逻辑中任何公式的前束范式都是存在的，但形式可能不是唯一的. 可以利用基本等值式和换名规则进行等值演算，求公式的前束范式.

【例 2.14】 求下列各式的前束范式.

(1) $\forall x F(x) \wedge \neg \exists x G(x)$.

(2) $\forall x F(x) \vee \neg \exists x G(x)$.

(3) $\forall x F(x) \wedge \exists x G(x)$.

(4) $\forall x F(x) \to \exists x G(x)$.

(5) $\exists x F(x) \to \forall x G(x)$.

(6) $\forall x F(x) \to \exists y G(y)$.

(7) $(\forall x F(x,y) \to \exists y G(y)) \to \forall x H(x,y)$.

(8) $(\forall x F(x,y) \vee \forall y G(x,y)) \wedge \exists z H(x,y,z)$.

解 (1) $\forall x F(x) \wedge \neg \exists x G(x)$

$\Leftrightarrow \forall x F(x) \wedge \forall x \neg G(x)$ （量词否定等值式）

$\Leftrightarrow \forall x(F(x) \wedge \neg G(x))$.　　（量词分配等值式）

这里使用了量词分配等值式，前束范式中只含一个量词. 也可以不用量词分配等值式，而使用换名规则：

$\forall xF(x) \wedge \neg \exists xG(x)$

$\Leftrightarrow \forall xF(x) \wedge \forall x \neg G(x)$

$\Leftrightarrow \forall xF(x) \wedge \forall y \neg G(y)$　　（换名规则）

$\Leftrightarrow \forall x \forall y(F(x) \wedge \neg G(y))$.　　（量词辖域收缩与扩张等值式）

这两个结果是等值的，可见公式的前束范式可能不唯一.

(2)　$\forall xF(x) \vee \neg \exists xG(x)$

$\Leftrightarrow \forall xF(x) \vee \forall x \neg G(x)$

$\Leftrightarrow \forall xF(x) \vee \forall y \neg G(y)$　　（换名规则）

$\Leftrightarrow \forall x(F(x) \vee \forall y \neg G(y))$　　（量词辖域收缩与扩张等值式）

$\Leftrightarrow \forall x \forall y(F(x) \vee \neg G(y))$　　（量词辖域收缩与扩张等值式）

$\Leftrightarrow \forall x \forall y(G(y) \rightarrow F(x))$.

这里不能使用量词分配等值式，而必须使用换名规则.

(3)　$\forall xF(x) \wedge \exists xG(x)$

$\Leftrightarrow \forall xF(x) \wedge \exists yG(y)$

$\Leftrightarrow \forall x \exists y(F(x) \wedge G(y))$.

(4)　$\forall xF(x) \rightarrow \exists xG(x)$

$\Leftrightarrow \forall xF(x) \rightarrow \exists yG(y)$

$\Leftrightarrow \exists x(F(x) \rightarrow \exists yG(y))$

$\Leftrightarrow \exists x \exists y(F(x) \rightarrow G(y))$.

(5)　$\exists xF(x) \rightarrow \forall xG(x)$

$\Leftrightarrow \exists yF(y) \rightarrow \forall xG(x)$

$\Leftrightarrow \forall y(F(y) \rightarrow \forall xG(x))$

$\Leftrightarrow \forall y \forall x(F(y) \rightarrow G(x))$.

(6)　$\forall xF(x) \rightarrow \exists yG(y)$

$\Leftrightarrow \exists x(F(x) \rightarrow \exists yG(y))$

$\Leftrightarrow \exists x \exists y(F(x) \rightarrow G(y))$.

(7) 公式中有两个 $\forall x$，需要用换名规则将它们区分开.

$(\forall xF(x,y) \rightarrow \exists yG(y)) \rightarrow \forall xH(x,y)$

$\Leftrightarrow (\forall xF(x,y) \rightarrow \exists tG(t)) \rightarrow \forall wH(w,y)$

$\Leftrightarrow \exists x \exists t(F(x,y) \rightarrow G(t)) \rightarrow \forall wH(w,y)$

$\Leftrightarrow \forall x \forall t \forall w((F(x,y) \rightarrow G(t)) \rightarrow H(w,y))$.

(8)　$(\forall xF(x,y) \vee \forall yG(x,y)) \wedge \exists zH(x,y,z)$

$\Leftrightarrow (\forall tF(t,y) \vee \forall wG(x,w)) \wedge \exists zH(x,y,z)$

$\Leftrightarrow \forall t \forall w \exists z((F(t,y) \vee G(x,w)) \wedge H(x,y,z))$.

最后回到本章开始时说的苏格拉底三段论. 令 $F(x)$：x 是人，$G(x)$：x 是要死的，a：苏格

拉底,推理可表示成

$$\forall x(F(x)\to G(x))\land F(a)\to G(a)$$

这个蕴涵式是永真式.证明如下:在任意的解释下,如果前件 $\forall x(F(x)\to G(x))\land F(a)$ 为真,则 $\forall x(F(x)\to G(x))$ 和 $F(a)$ 都为真.因为 $\forall x(F(x)\to G(x))$ 为真,所以 $F(a)\to G(a)$ 为真.由 $F(a)\to G(a)$ 和 $F(a)$ 为真,根据假言推理规则,得到后件 $G(a)$ 为真,从而蕴涵式为真.由解释的任意性,得证蕴涵式是永真式.

一阶逻辑的推理理论远比命题逻辑的推理理论复杂,本书不再介绍.有兴趣的读者可以去阅读参考文献1.

2.4 例题分析

【例 2.15】 给定解释 I 和 I 下的赋值 σ 如下:

(a) 个体域为整数集合 $\mathbf{Z}$;

(b) $\mathbf{Z}$ 中的特定元素 $a_0=0, a_1=1$;

(c) $\mathbf{Z}$ 上的特定函数 $f(x,y)=x-y, g(x,y)=x+y$;

(d) $\mathbf{Z}$ 上特定的谓词 $F(x,y)$: $x<y$;

(e) $\sigma(x)=5, \sigma(y)=-1$.

在 I 和 σ 下讨论下列各公式的真值情况:

(1) $F(f(x,a_1),g(x,a_1))$.

(2) $\forall x\forall yF(f(x,y),g(x,y))$.

(3) $\forall x\exists yF(f(x,y),g(x,y))$.

(4) $\forall y(F(y,a_0)\to\forall x(\neg F(f(x,y),g(x,y))))$.

(5) $\forall y\forall x(F(x,y)\to F(f(x,y),x))$.

(6) $F(f(x,y),g(x,y))$.

(7) $\forall x(F(x,a_0)\to F(f(x,y),g(x,y)))$.

解 在 I 和 σ 下,上面7个公式分别被解释为:

(1) $(5-1)<(5+1)$,真.

(2) $\forall x\forall y(x-y<x+y)$,假.

(3) $\forall x\exists y(x-y<x+y)$,真.

(4) $\forall y((y<0\to\forall x(x-y\geqslant x+y))$,真.

(5) $\forall y\forall x((x<y)\to(x-y<x))$,假.

(6) $5-(-1)<5+(-1)$,假.

(7) $\forall x((x<0)\to(x-(-1)<x+(-1)))$,假.

【例 2.16】 设个体域为 $D=\{a,b,c\}$,将下列各公式中的量词消去:

(1) $\forall x\forall y(F(x)\lor G(y))$.

(2) $\exists x\exists y(F(x)\land G(y))$.

(3) $\exists x\forall y(F(x)\to G(y))$.

(4) $\forall x\exists y(F(x,y)\to G(x,y))$.

解 (1) 先消去 y,得

$$\forall x((F(x)\lor G(a))\land(F(x)\lor G(b))\land(F(x)\lor G(c)))$$

再消去 x,得

$$(F(a)\lor G(a))\land(F(a)\lor G(b))\land(F(a)\lor G(c))$$

$$\wedge(F(b)\vee G(a))\wedge(F(b)\vee G(b))\wedge(F(b)\vee G(c))$$

$$\wedge(F(c)\vee G(a))\wedge(F(c)\vee G(b))\wedge(F(c)\vee G(c))$$

本题还可利用量词辖域收缩与扩张等值式，将量词的辖域先收缩，再消去量词，结果要简单得多. 当然两式是等值的. 步骤如下：先收缩量词的辖域

$$\forall x\forall y(F(x)\vee G(y))$$

$$\Leftrightarrow\forall xF(x)\vee\forall yG(y)$$

再消去量词，得 $(F(a)\wedge F(b)\wedge F(c))\vee(G(a)\wedge G(b)\wedge G(c))$.

(2) $\exists x\exists y(F(x)\wedge G(y))$

$$\Leftrightarrow\exists xF(x)\wedge\exists yG(y)$$

再消去量词，得 $(F(a)\vee F(b)\vee F(c))\wedge(G(a)\vee G(b)\vee G(c))$.

(3) $\exists x\forall y(F(x)\to G(y))$

$$\Leftrightarrow\exists x(F(x)\to\forall yG(y))$$

$$\Leftrightarrow\forall xF(x)\to\forall yG(y)$$

消去量词，得 $(F(a)\wedge F(b)\wedge F(c))\to(G(a)\wedge G(b)\wedge G(c))$.

(4) 本题不能使用量词辖域收缩与扩张等值式，只能直接展开. 先消去 $\exists y$，得

$$\forall x((F(x,a)\to G(x,a))\vee(F(x,b)\to G(x,b))\vee(F(x,c)\to G(x,c)))$$

再消去 $\forall x$，得

$$((F(a,a)\to G(a,a))\vee(F(a,b)\to G(a,b))\vee(F(a,c)\to G(a,c)))$$

$$\wedge((F(b,a)\to G(b,a))\vee(F(b,b)\to G(b,b))\vee(F(b,c)\to G(b,c)))$$

$$\wedge((F(c,a)\to G(c,a))\vee(F(c,b)\to G(c,b))\vee(F(c,c)\to G(c,c)))$$

【例 2.17】 证明下列公式是永真式：

(1) $\forall x(F(x)\to(F(x)\vee G(x)))$.

(2) $(\forall xF(x)\to\exists yG(y))\wedge\forall tF(t)\to\exists sG(s)$.

证 这两个公式都是闭式，只需要考虑解释.

(1) 在任意的解释 I 下，对任意给定的 x，$F(x)\to(F(x)\vee G(x))$ 为真，从而 $\forall x(F(x)\to(F(x)\vee G(x)))$ 为真. 由 I 的任意性，得证该式为永真式.

(2) 由换名规则

$$(\forall xF(x)\to\exists yG(y))\wedge\forall tF(t)\to\exists sG(s)$$

$$\Leftrightarrow(\forall xF(x)\to\exists yG(y))\wedge\forall xF(x)\to\exists yG(y)$$

该式是假言推理 $(p\to q)\wedge p\Rightarrow q$ 的代换实例，故为永真式.

【例 2.18】 证明下列公式是矛盾式：

(1) $\neg(\forall xF(x)\to\forall yG(y))\wedge\forall yG(y)$,

(2) $\neg\exists xF(x)\wedge\forall xF(x)$.

证 (1) 该式是 $\neg(p\to q)\wedge q$ 的代换实例，而

$$\neg(p\to q)\wedge q$$

$$\Leftrightarrow\neg(\neg p\vee q)\wedge q$$

$$\Leftrightarrow(p\wedge\neg q)\wedge q$$

$$\Leftrightarrow 0$$

是矛盾式,故该式是矛盾式.

(2) 方法一 $\neg\exists xF(x)\wedge\forall xF(x)$

$\Leftrightarrow\forall x(\neg F(x))\wedge\forall xF(x)$

$\Leftrightarrow\forall x(\neg F(x)\wedge F(x))$

在任何解释 I 下,对任意的 x,$\neg F(x)\wedge F(x)$ 为假,故 $\forall x(\neg F(x)\wedge F(x))$ 为假. 由 I 的任意性,得证该式为矛盾式.

方法二 在任何解释 I 下,如果 $\forall xF(x)$ 为假,则 $\neg\exists xF(x)\wedge\forall xF(x)$ 为假. 如果 $\forall xF(x)$ 为真,例2.10(1)已经证明 $\forall xF(x)\to\exists xF(x)$ 是永真式,可推出 $\exists xF(x)$ 为真,从而 $\neg\exists xF(x)$ 为假,$\neg\exists xF(x)\wedge\forall xF(x)$ 也为假. 即,在 I 下,$\neg\exists xF(x)\wedge\forall xF(x)$ 为假. 得证 $\neg\exists xF(x)\wedge\forall xF(x)$ 是矛盾式.

【例2.19】 证明下列公式是非永真式的可满足式:

(1) $\forall x(F(x)\to G(x))$.

(2) $\exists xF(x,y)$.

证 (1) 取解释 I:个体域为全总个体域,$F(x)$:x 是有理数,$G(x)$:x 可以表示成分数. 在 I 下该式被解释为"有理数都可以表示成分数."这是真命题,故该式是可满足式.

又取解释 I':将 I 中的 G 改为 $G(x)$:$x>0$,其余不变. 在 I' 下,该式被解释为"有理数都大于0."这是假命题,故该式不是永真式. 得证该式是非永真式的可满足式.

(2) 取解释 I 和赋值 σ:个体域为自然数集,$F(x,y)$:$x<y$,$\sigma(y)=0$. 在 I 和 σ 下,公式被解释为"存在自然数小于0."这是假命题,故该式不是永真式.

把赋值改为 σ':$\sigma'(y)=5$. 在 I 和 σ' 下公式被解释为"存在自然数小于5."这是真命题,故该式是可满足式. 得证该式是非永真式的可满足式.

【例2.20】 求下列各公式的前束范式:

(1) $\forall x(F(x)\to\exists yG(x,y))$.

(2) $\forall xF(x)\to\exists yG(x,y)$.

(3) $\exists x(\neg\exists yF(x,y)\to(\exists zG(z)\to H(x)))$.

解

(1) $\forall x(F(x)\to\exists yG(x,y))$

$\Leftrightarrow\forall x\exists y(F(x)\to G(x,y))$.

(2) $\forall xF(x)\to\exists yG(x,y)$

$\Leftrightarrow\forall wF(w)\to\exists yG(x,y)$

$\Leftrightarrow\exists w(F(w)\to\exists yG(x,y))$

$\Leftrightarrow\exists w\exists y(F(w)\to G(x,y))$.

x 在 F 中约束出现,在 G 中自由出现,要用换名将两者区分开来. 自由出现的 x 始终(包括在前束范式中)保持不变.

(3) $\exists x(\neg\exists yF(x,y)\to(\exists zG(z)\to H(x)))$

$\Leftrightarrow\exists x(\forall y\neg F(x,y)\to\forall z(G(z)\to H(x)))$

$\Leftrightarrow\exists x\exists y\forall z(\neg F(x,y)\to(G(z)\to H(x)))$.

习题二

1. 在一阶逻辑中将下面命题符号化：

(1) 有的整数是自然数.

(2) 没有小于零的自然数.

(3) 实数未必是有理数.

(4) 每列火车都比某些汽车快.

(5) 某些汽车比所有火车慢.

(6) 每位父亲都喜爱自己的孩子.

(7) 对于任意给定的正实数，都存在比它大的实数.

2. 取个体域为整数集，给定下列各公式：

(1) $\forall x\exists y(x\cdot y=0)$.

(2) $\forall x\exists y(x\cdot y=1)$.

(3) $\exists x\exists y(x\cdot y=2)$.

(4) $\forall x\forall y\exists z(x-y=z)$.

(5) $x-y=-y+x$.

(6) $\forall x\forall y(x\cdot y=y)$.

(7) $\forall x(x\cdot y=x)$.

(8) $\exists x\forall y(x+y=2y)$.

给出各公式的涵义，并讨论它们的真值.

3. 在下列各式中，哪些是指导变项？x,y,z 的哪些出现是自由的？哪些出现是约束的？

(1) $\forall y(F(x,y)\rightarrow G(y,a))$.

(2) $\forall xF(x)\rightarrow\forall zG(x,y,z)$.

(3) $F(z)\rightarrow(\neg\forall x\forall yG(x,y,z))$.

4. 给定解释 I 如下：

个体域 $D=\{a,b\}$，$F(a,a)=1$，$F(a,b)=0$，$F(b,a)=0$，$F(b,b)=1$.

求下列各式在 I 下的真值：

(1) $\forall x\exists yF(x,y)$.

(2) $\forall x\forall yF(x,y)$.

(3) $\exists x\forall yF(x,y)$.

(4) $\exists y\neg F(a,y)$.

(5) $\forall x\forall y(F(x,y)\rightarrow F(y,x))$.

5. 给定公式 $A=\exists xF(x)\rightarrow\forall xF(x)$，

(1) 在解释 I_1 中，个体域 $D_1=\{a\}$，证明公式 A 在 I_1 下的真值为 1.

(2) 在解释 I_2 中，个体域 $D_2=\{a,b\}$，公式 A 还一定取值为 1 吗？

6. 设解释 I 如下：

$$D=\{2,3\},\ f(2)=3,\ f(3)=2,\ F(2,2)=0,$$
$$F(2,3)=0,\ F(3,2)=1,\ F(3,3)=1.$$

试求出下列公式在 I 下的真值：

(1) $F(2,f(2))\land F(3,f(3))$.

(2) $\forall x\exists yF(y,x)$.

(3) $\forall x\forall y(F(x,y)\rightarrow F(f(x),f(y)))$.

7. 设解释 I：个体域 D 为自然数集，$a=0$，$f(x,y)=x+y$，$g(x,y)=x\cdot y$，$F(x,y)$ 为 $x=y$.

在 I 下，下列哪些公式为真？

(1) $\forall xF(g(x,a),x)$.

(2) $\forall x\forall y(F(f(x,a),y)\rightarrow F(f(y,a),x))$.

(3) $\forall x\forall y\exists zF(f(x,y),z)$.

(4) $\exists xF(f(x,x),g(x,x))$.

8. 设解释 I：个体域 D 为实数集合，$a=0$，$f(x,y)=x-y$，$F(x,y)$ 为 $x<y$.

在 I 下，下面哪些公式为真？

(1) $\forall xF(f(a,x),a)$.

(2) $\forall x\forall y(\neg F(f(x,y),x))$.

(3) $\forall x \forall y \forall z(F(x,y) \rightarrow F(f(x,z),f(y,z)))$.

(4) $\forall x \exists y F(x,f(x,y))$.

9. 设个体域 $D=\{a,b,c\}$,消去下列各式中的量词:

(1) $\forall x F(x) \rightarrow \forall y F(y)$.

(2) $\forall x(F(x) \land \exists y G(y))$.

(3) $\forall x \exists y(F(x) \land G(y))$.

(4) $\exists x \exists y(F(x) \rightarrow G(y))$.

10. 给出下列公式的类型:

(1) $\forall x(F(x) \land G(x) \rightarrow F(x) \lor G(x))$.

(2) $\forall x(F(x) \lor G(x))$.

(3) $(\forall x F(x) \rightarrow \exists x G(x)) \land \forall x F(x) \land \forall x(\neg G(x))$.

(4) $\neg F(x) \rightarrow (F(x) \rightarrow \forall y G(x,y))$.

(5) $\forall x \forall y F(x,y) \leftrightarrow \forall y \forall x F(x,y)$.

11. 证明下列逻辑蕴涵式:

(1) $\forall x A(x) \lor \forall x B(x) \Rightarrow \forall x(A(x) \lor B(x))$.

(2) $\exists x(A(x) \land B(x)) \Rightarrow \exists x A(x) \land \exists x B(x)$.

(3) $\exists x \forall y A(x,y) \Rightarrow \forall y \exists x A(x,y)$.

(4) $\forall x A(x) \Rightarrow A(x)$.

(5) $A(x) \Rightarrow \exists x A(x)$.

12. 证明下列公式不是永真式:

(1) $\forall x \exists y F(x,y) \rightarrow \exists y \forall x F(x,y)$.

(2) $\forall x(F(x) \lor G(x)) \rightarrow \forall x F(x) \lor \forall x G(x)$.

(3) $F(x) \rightarrow \forall x F(x)$.

(4) $\exists x F(x) \rightarrow F(x)$.

13. 求下列各式的前束范式:

(1) $(\neg \exists x F(x) \lor \forall y G(y)) \land \forall z H(z)$.

(2) $\exists x F(x) \lor \forall x G(x) \rightarrow \forall x \exists y H(x,y)$.

(3) $\forall x(F(x,y) \rightarrow \forall y G(x,y))$.

第二部分　集　合　论

第三章　集合的基本概念和运算

3.1　集合的基本概念

集合是不能精确定义的基本概念. 直观地说,把一些事物汇集到一起组成一个整体就叫作集合,而这些事物就是这个集合的**元素**或**成员**. 例如:

26 个英文字母的集合;

全体中国人的集合;

坐标平面上所有点的集合;

……

集合通常用大写的英文字母来标记,而它的元素常用小写的英文字母来标记. 例如**自然数集合 N**(在离散数学中认为 0 也是自然数),**整数集合 Z**,**有理数集合 Q**,**实数集合 R**,**复数集合 C** 等. 集合的元素与集合之间的关系是**属于**或者**不属于**,两者必成立其一且仅成立其一. 属于记作$\in$,不属于记作$\notin$. 例如 $0\in\mathbf{N}$,$0\in\mathbf{Z}$,$-1\in\mathbf{Z}$,但$-1\notin\mathbf{N}$ 等.

表示一个集合的方法有两种:列元素法和谓词表示法. 前一种方法是列出集合的所有元素,元素之间用逗号隔开,并把它们用花括号括起来. 例如 26 个英文字母的集合

$$A=\{a,b,c,d,\cdots,z\}.$$

谓词表示法是用谓词来概括集合中元素的属性,例如集合

$$B=\{x\mid x\in\mathbf{R}\wedge x^2-1=0\}$$

表示方程 $x^2-1=0$ 的实数解集. 许多集合可以用两种方法来表示. 如 B 也可以写作$\{-1,1\}$. 但有些集合就只能用一种方法表示,如实数集合就不能用列元素法表示,因为实数是不可列的.

集合的元素是彼此不同的,如果同一个元素在集合中多次出现应该认为是一个元素. 如

$$\{1,1,2,2,3\}=\{1,2,3\}.$$

集合的元素是无序的,如

$$\{1,2,3\}=\{3,1,2\}.$$

集合的元素可以是任何类型的事物,也可以是集合. 例如

$$A=\{a,\{b,c\},d,\{\{d\}\}\},$$

这里 $a\in A$,$\{b,c\}\in A$. $d\in A$,$\{\{d\}\}\in A$. 但 $b\notin A$,$\{d\}\notin A$. 它们不是 A 的元素,而是 A 的元素的元素. 可以用一种树形图来表示集合与元素之间的隶属关系. 该图分层构成,每一层上的结点都表示一个集合,它的儿子就是它的元素. 上述集合 A 的树形图如图 3.1 所示.

下面考虑在同一层上的两个集合之间的关系.

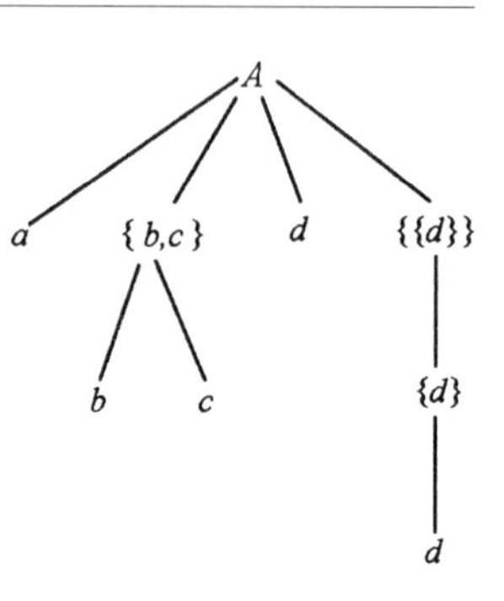

图 3.1

定义 3.1 设 A,B 为集合,如果 B 中的每个元素都是 A 中的元素,则称 B 是 A 的**子集合**,简称**子集**.这时也称 ***B* 被 *A* 包含**,或 ***A* 包含 *B***,记作 $B\subseteq A$.

如果 B 不被 A 包含,则记作 $B\nsubseteq A$.

包含的符号化表示为

$$B\subseteq A\Leftrightarrow \forall x(x\in B\rightarrow x\in A).$$

例如:$\mathbf{N}\subseteq\mathbf{Z}\subseteq\mathbf{Q}\subseteq\mathbf{R}\subseteq\mathbf{C}$,但 $\mathbf{Z}\nsubseteq\mathbf{N}$.

显然对任何集合 S 都有 $S\subseteq S$.

定义 3.2 设 A,B 为集合,如果 $A\subseteq B$ 且 $B\subseteq A$,则称 A 与 B **相等**,记作 $A=B$.

如果 A 与 B 不相等,则记作 $A\neq B$.

相等的符号化表示为

$$A=B\Leftrightarrow A\subseteq B\land B\subseteq A.$$

定义 3.3 设 A,B 为集合,如果 $B\subseteq A$ 且 $B\neq A$,则称 B 是 A 的**真子集**,记作 $B\subset A$.

如果 B 不是 A 的真子集,则记作 $B\not\subset A$.

真子集的符号化表示为

$$B\subset A\Leftrightarrow B\subseteq A\land B\neq A.$$

例如:$\mathbf{N}\subset\mathbf{Z}\subset\mathbf{Q}\subset\mathbf{R}\subset\mathbf{C}$,但 $\mathbf{N}\not\subset\mathbf{N}$.

定义 3.4 不含任何元素的集合叫作**空集**,记作$\varnothing$.

空集可以符号化表示为

$$\varnothing=\{x\mid x\neq x\}.$$

例如$\{x\mid x\in\mathbf{R}\land x^2+1=0\}$是方程 $x^2+1=0$ 的实数解集,因为该方程无实数解,所以是空集.

定理 3.1 空集是一切集合的子集.

证明 任给集合 A,由子集定义有

$$\varnothing\subseteq A\Leftrightarrow \forall x(x\in\varnothing\rightarrow x\in A).$$

右边的蕴含式因前件假而为真命题,所以$\varnothing\subseteq A$ 也为真.

推论 空集是唯一的.

证明 假设存在空集$\varnothing_1$ 和$\varnothing_2$,由定理 3.1 有

$$\varnothing_1\subseteq\varnothing_2 \text{ 和 } \varnothing_2\subseteq\varnothing_1.$$

根据集合相等的定义,有$\varnothing_1\subseteq\varnothing_2$.

含有 n 个元素的集合简称 ***n* 元集**,它的含有 $m(m\leqslant n)$个元素的子集叫作它的 ***m* 元子集**.任给一个 n 元素,怎样求出它的全部子集呢?举例说明如下.

【例 3.1】 $A=\{0,1,2\}$,将 A 的子集分类:

0 元子集,也就是空集,只有一个:$\varnothing$;

1 元子集,即**单元集**:$\{0\},\{1\},\{2\}$;

2 元子集:$\{0,1\},\{0,2\},\{1,2\}$;

3 元子集:$\{0,1,2\}$.

一般地说,对于 n 元集 A,它的 0 元子集有 C_n^0 个,1 元子集有 C_n^1 个,……,m 元子集有 C_n^m

个，……. n 元子集有 C_n^n 个. 子集总数为

$$C_n^0+C_n^1+\cdots+C_n^n=2^n$$

个.

定义 3.5　设 A 为集合，把 A 的全体子集构成的集合叫作 A 的**幂集**，记作 $P(A)$（或 $\mathscr{P}A, 2^A$）. 符号化表示为

$$P(A)=\{x \mid x\subseteq A\}.$$

对于例 3.1 中的集合 A 有

$$P(A)=\{\varnothing,\{0\},\{1\},\{2\},\{0,1\},\{0,2\},\{1,2\},A\}.$$

不难看出，若 A 是 n 元集，则 $P(A)$ 有 2^n 个元素，可简记为

$$|P(A)|=2^n.$$

定义 3.6　在一个具体问题中，如果所涉及的集合都是某个集合的子集，则称这个集合为**全集**，记作 E.

全集是有相对性的，不同的问题有不同的全集，即使是同一个问题也可以有不同的全集. 例如在研究平面上直线的相互关系时，可以把整个平面（平面上所有点的集合）取作全集，也可以把整个空间（空间上所有点的集合）取作全集. 一般地说，全集取得小一些，问题的描述和处理会简单些.

3.2　集合的基本运算

两个集合 A 和 B 之间可以进行并（$\cup$），交（$\cap$）、相对补（$-$）和对称差（$\oplus$）等运算. 通过这些运算来得到新的集合.

定义 3.7　设 A、B 为集合，A 与 B 的**并集** $A\cup B$，**交集** $A\cap B$，B 对 A 的**相对补集** $A-B$ 分别定义如下：

$$A\cup B=\{x \mid x\in A \vee x\in B\},$$

$$A\cap B=\{x \mid x\in A \wedge x\in B\},$$

$$A-B=\{x \mid x\in A \wedge x\notin B\}.$$

由定义可以看出 $A\cup B$ 由 A 或 B 中的元素构成，$A\cap B$ 由 A 和 B 中的公共元素构成，$A-B$ 由属于 A 但不属于 B 的元素构成.

例如：

$$A=\{a,b,c\}, B=\{a\}, C=\{b,d\},$$

则有

$$A\cup B=\{a,b,c\}, A\cap B=\{a\}, A-B=\{b,c\},$$

$$B-A=\varnothing, B\cap C=\varnothing.$$

如果两个集合的交集为 $\varnothing$，则称这两个集合是**不交**的. 例如：B 和 C 是不交的.

两个集合的并和交运算可以推广成 n 个集合的并和交：

$$A_1\cup A_2\cup\cdots\cup A_n=\{x \mid x\in A_1 \vee x\in A_2 \vee\cdots\vee x\in A_n\},$$

$$A_1\cap A_2\cap\cdots\cap A_n=\{x \mid x\in A_1 \wedge x\in A_2 \wedge\cdots\wedge x\in A_n\}.$$

上述的并和交可以简记为 $\bigcup_{i=1}^{n} A_i$ 和 $\bigcap_{i=1}^{n} A_i$. 即

$$\bigcup_{i=1}^{n} A_i = A_1 \cup A_2 \cup \cdots \cup A_n,$$

$$\bigcap_{i=1}^{n} A_i = A_1 \cap A_2 \cap \cdots \cap A_n.$$

并和交运算还可以推广到无穷多个集合的情况：

$$\bigcup_{i=1}^{\infty} A_i = A_1 \cup A_2 \cup \cdots,$$

$$\bigcap_{i=1}^{\infty} A_i = A_1 \cap A_2 \cap \cdots.$$

定义 3.8 设 A,B 为集合,A 与 B 的**对称差集** $A\oplus B$ 定义为：

$$A \oplus B = (A - B) \cup (B - A).$$

例如：$A=\{a,b,c\}$,$B=\{b,d\}$,则 $A\oplus B=\{a,c,d\}$.

对称差运算的另一种定义是

$$A \oplus B = (A \cup B) - (A \cap B),$$

可以证明这两种定义是等价的.

在给定全集 E 以后,任何集合 A 都可以进行绝对补运算($\sim$).

定义 3.9 设 E 为全集,$A\subseteq E$,A 的**绝对补集** $\sim A$ 定义如下：

$$\sim A=E-A=\{x \mid x\in E \wedge x\notin A\}.$$

因为 E 是全集,$x\in E$ 是真命题,所以 $\sim A$ 可以定义为

$$\sim A=\{x \mid x\notin A\}.$$

例如：$E=\{a,b,c,d\}$, $A=\{a,b,c\}$,则 $\sim A=\{d\}$.

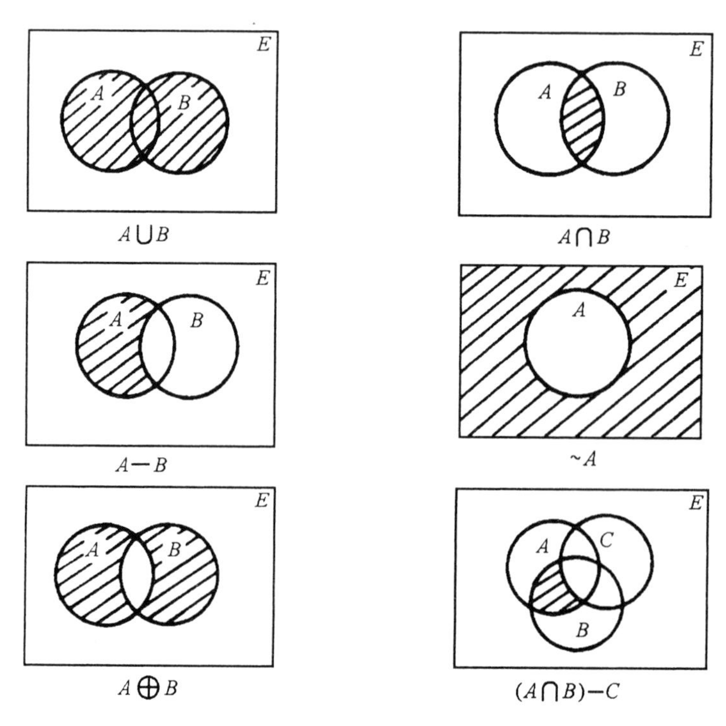

图 3.2

几个集合之间的关系和运算可以用**文氏图**(John Venn)给予形象的描述. 文氏图的构造方法如下：

首先画一个大矩形表示全集 E(有时为简单起见可将全集省略)，其次在矩形内画一些圆(或任何其他的适当的闭曲线)，用圆的内部表示集合. 不同的圆代表不同的集合. 如果没有关于集合不交的说明，任何两个圆应彼此相交. 图中阴影的区域表示新组成的集合. 图 3.2 就是一些文氏图的实例.

最后需要说明的是，集合运算中$\sim$优先于$\cup$，$\cap$，$-$和$\oplus$，后几种运算由括号决定先后次序.

3.3　集合恒等式

大多数代数运算都遵从某些算律，如数的加法遵从交换律、结合律，数的乘法对加法遵从分配律等. 集合的运算也有自己的算律. 下面以恒等式的形式给出集合运算的主要算律，其中的 A,B,C 代表任意的集合.

幂等律　$A\cup A=A$　(3.1)

$A\cap A=A$　(3.2)

结合律　$(A\cup B)\cup C=A\cup(B\cup C)$　(3.3)

$(A\cap B)\cap C=A\cap(B\cap C)$　(3.4)

交换律　$A\cup B=B\cup A$　(3.5)

$A\cap B=B\cap A$　(3.6)

分配律　$A\cup(B\cap C)=(A\cup B)\cap(A\cup C)$　(3.7)

$A\cap(B\cup C)=(A\cap B)\cup(A\cap C)$　(3.8)

同一律　$A\cup\varnothing=A$　(3.9)

$A\cap E=A$　(3.10)

零　律　$A\cup E=E$　(3.11)

$A\cap\varnothing=\varnothing$　(3.12)

排中律　$A\cup\sim A=E$　(3.13)

矛盾律　$A\cap\sim A=\varnothing$　(3.14)

吸收律　$A\cup(A\cap B)=A$　(3.15)

$A\cap(A\cup B)=A$　(3.16)

德・摩根律　$A-(B\cup C)=(A-B)\cap(A-C)$　(3.17)

$A-(B\cap C)=(A-B)\cup(A-C)$　(3.18)

$\sim(B\cup C)=\sim B\cap\sim C$　(3.19)

$\sim(B\cap C)=\sim B\cup\sim C$　(3.20)

$\sim\varnothing=E$　(3.21)

否定律　$\sim E=\varnothing$　(3.22)

双重否定律　$\sim(\sim A)=A$　(3.23)

我们选证其中的一部分，其他留给读者完成. 在证明中大量用到命题演算的等值式，在叙述中采用半形式化的方法.

【例 3.2】　证明式 3.17，即 $A-(B\cup C)=(A-B)\cap(A-C)$.

证明 对任意的 x,

$$
\begin{aligned}
& x \in A-(B \cup C) \\
\Leftrightarrow & x \in A \wedge x \notin B \cup C \\
\Leftrightarrow & x \in A \wedge \neg(x \in B \cup C) \\
\Leftrightarrow & x \in A \wedge \neg(x \in B \vee x \in C) \\
\Leftrightarrow & x \in A \wedge(\neg x \in B \wedge \neg x \in C) \\
\Leftrightarrow & x \in A \wedge x \notin B \wedge x \notin C \\
\Leftrightarrow & (x \in A \wedge x \notin B) \wedge(x \in A \wedge x \notin C) \\
\Leftrightarrow & x \in A-B \wedge x \in A-C \\
\Leftrightarrow & x \in(A-B) \cap(A-C),
\end{aligned}
$$

所以

$$A-(B \cup C)=(A-B) \cap(A-C).$$

【例 3.3】 证明式 3.10,即 $A \cap E=A$.

证明 对任意的 x,

$$x \in A \cap E \Leftrightarrow x \in A \wedge x \in E \Leftrightarrow x \in A \text{ (因为 } x \in E \text{ 是恒真命题)},$$

所以

$$A \cap E=A.$$

以上证明的基本思想是:欲证 $P=Q$,即证

$$P \subseteq Q \wedge Q \subseteq P,$$

也就是要证,对于任意的 x,有

$$x \in P \Rightarrow x \in Q \quad \text{和} \quad x \in Q \Rightarrow x \in P$$

成立.对于某些恒等式可以将这两个方向的推理合到一起,就是

$$x \in P \Leftrightarrow x \in Q.$$

不难看出,集合运算的规律和命题演算的某些规律是一致的,所以命题演算的方法是证明集合恒等式的基本方法,等式 3.1~3.23 都可以利用这个方法得到.

证明集合恒等式的另一种方法是利用已知的恒等式来代入.举例如下:

【例 3.4】 假设已知等式 3.1~3.14,试证等式 3.15,即 $A \cup(A \cap B)=A$.

证明

$$
\begin{aligned}
A \cup(A \cap B) & =(A \cap E) \cup(A \cap B) && \text{(由等式 3.10)} \\
& =A \cap(E \cup B) && \text{(由等式 3.8)} \\
& =A \cap(B \cup E) && \text{(由等式 3.5)} \\
& =A \cap E && \text{(由等式 3.11)} \\
& =A && \text{(由等式 3.10)}
\end{aligned}
$$

除了以上算律以外,还有一些关于集合运算性质的重要结果.限于篇幅,有关的证明略去,仅把结论列在下面.读者可在有关集合包含或相等的证明中直接引入这些结论.

$$A \cap B \subseteq A,\ A \cap B \subseteq B \tag{3.24}$$

$$A \subseteq A \cup B,\ B \subseteq A \cup B \tag{3.25}$$

$$A-B \subseteq A \tag{3.26}$$

$$A-B=A \cap \sim B \tag{3.27}$$

$$A \cup B=B \Leftrightarrow A \subseteq B \Leftrightarrow A \cap B=A \Leftrightarrow A-B=\varnothing \tag{3.28}$$

$$A \oplus B=B \oplus A \tag{3.29}$$

$$(A\oplus B)\oplus C=A\oplus(B\oplus C) \tag{3.30}$$

$$A\oplus\varnothing=A \tag{3.31}$$

$$A\oplus A=\varnothing \tag{3.32}$$

$$A\oplus B=A\oplus C\Rightarrow B=C \tag{3.33}$$

式 3.27 把相对补运算转换成交运算，这在证明有关相对补的恒等式中是很有用的. 请看下例.

【例 3.5】 证明：$(A-B)\cup B=A\cup B$.

证明 $(A-B)\cup B=(A\cap\sim B)\cup B=(A\cup B)\cap(\sim B\cup B)=(A\cup B)\cap E=A\cup B$.

式 3.28 给出了 $A\subseteq B$ 的另外三种等价的定义. 这不仅为证明两个集合之间包含关系提供了新方法，同时也可以用于集合公式的化简.

【例 3.6】 化简

$$((A\cup B\cup C)\cap(A\cup B))-((A\cup(B-C))\cap A).$$

解 因为 $A\cup B\subseteq A\cup B\cup C$，$A\subseteq A\cup(B-C)$，由式 3.28 有

$$((A\cup B\cup C)\cap(A\cup B))-((A\cup(B-C))\cap A)=(A\cup B)-A=B-A.$$

式 3.29～3.33 是关于对称差运算的算律，前 4 条可通过对称差的定义加以证明，最后一条叫作消去律，它的证明在下例给出.

【例 3.7】 已知 $A\oplus B=A\oplus C$，证明 $B=C$.

证明

$$A\oplus B=A\oplus C \quad \text{(已知)}$$

所以

$$A\oplus(A\oplus B)=A\oplus(A\oplus C)$$

$$(A\oplus A)\oplus B=(A\oplus A)\oplus C \quad \text{(式 3.30)}$$

$$\varnothing\oplus B=\varnothing\oplus C \quad \text{(式 3.32)}$$

$$B\oplus\varnothing=C\oplus\varnothing \quad \text{(式 3.29)}$$

$$B=C \quad \text{(式 3.31)}$$

3.4　有穷集合的计数

含有有限个元素的集合称作**有穷集合**. 设 A 为有穷集合，A 中的元素数通常记为 $|A|$.

使用文氏图可以很方便地解决有穷集的计数问题. 首先根据已知条件把对应的文氏图画出来. 一般地说，每一条性质决定一个集合. 有多少条性质，就有多少个集合. 如果没有特殊的说明，任何两个集合都画成相交的，然后将已知集合的元素数填入表示该集合的区域内. 通常从几个集合的交集填起，根据计算的结果将数字逐步填入所有的空白区域. 如果交集的数字是未知的，可以设为 x. 根据题目中的条件，列出一次方程或方程组，就可以求得所需要的结果.

【例 3.8】 对24名会外语的科技人员进行外语掌握情况的调查. 其统计结果如下：会英、日、德和法语的人分别为 13，5，10 和 9 人. 其中同时会英语和日语的有 2 人，会英、德和法语中任两种语言的都是 4 人. 已知会日语的人既不懂法语也不懂德语，分别求只会一种语言（英、德、法、日）的人数，和会三种语言的人数.

解 令 A,B,C,D 分别表示会英、法、德、日语的人集合. 根据题意画出文氏图如图 3.3 所示. 设同时会三种语言的有 x 人，只会英、法或德语一种语言的分别为 y_1，y_2 和 y_3 人. 将 x 和 y_1，y_2，y_3 填入图中相应的区域，然后依次填入其他区域的人数. 根据题中的已知条件列出方

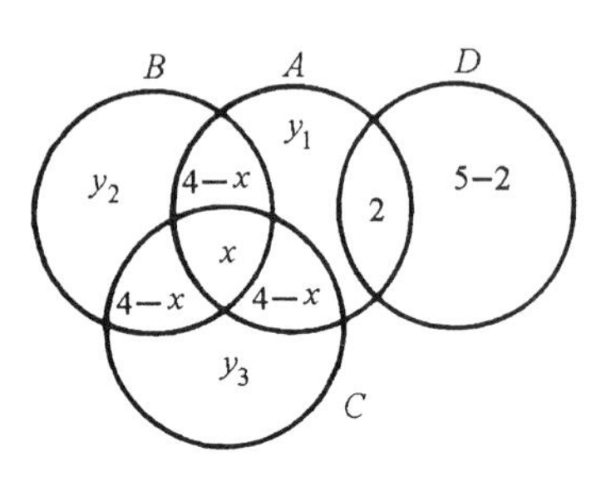

图 3.3

程组如下：

$$\begin{cases} y_1+2(4-x)+x+2=13, \\ y_2+2(4-x)+x=9, \\ y_3+2(4-x)+x=10, \\ y_1+y_2+y_3+3(4-x)+x=19. \end{cases}$$

解得 $x=1, y_1=4, y_2=2, y_3=3$.

下面介绍一个关于有穷集的计数定理——包含排斥原理.

定理 3.1(包含排斥原理) 设 S 为有穷集，$P_1, P_2, \cdots, P_n$ 是 n 种性质，且 A_i 是 S 中具有性质 P_i 的元素构成的子集，$i=1,2,\cdots,n$. 则 S 中不具有任何性质的元素数是

$$\begin{aligned} &|\overline{A_1} \cap \overline{A_2} \cdots \cap \overline{A_n}| \\ =&|S|-\sum_{i=1}^{n}|A_i|+\sum_{1 \leqslant i<j \leqslant n}|A_i \cap A_j| \\ &-\sum_{1 \leqslant i<j<k \leqslant n}|A_i \cap A_j \cap A_k|+\cdots+(-1)^n|A_1 \cap A_2 \cdots \cap A_n| \end{aligned}$$

推论 S 中至少具有一条性质的元素数为

$$\begin{aligned} &|A_1 \cup A_2 \cup \cdots \cup A_n| \\ =&\sum_{i=1}^{n}|A_i|-\sum_{1 \leqslant i<j \leqslant n}|A_i \cap A_j| \\ &+\sum_{1 \leqslant i<j<k \leqslant n}|A_i \cap A_j \cap A_k|-\cdots+(-1)^{n-1}|A_1 \cap A_2 \cdots \cap A_n| \end{aligned}$$

【例 3.9】 求在 1 和 1000 之间(包括 1 和 1000 在内)不被 5,6 和 8 整除的数的个数.

解 设$S=\{x \mid x \in \mathbf{Z} \wedge 1 \leqslant x \leqslant 1000\}$，

$$A=\{x \mid x \in S \wedge 5 \mid x\}, \quad B=\{x \mid x \in S \wedge 6 \mid x\}, \quad C=\{x \mid x \in S \wedge 8 \mid x\}$$

令$\lfloor x \rfloor$表示小于等于 x 的最大整数，$[x, y]$及$[x, y, z]$分别表示 x, y 或 x, y, z 的最小公倍数，则

$$|A|=\lfloor 1000/5 \rfloor=200, |B|=\lfloor 1000/6 \rfloor=166, |C|=\lfloor 1000/8 \rfloor=125,$$
$$|A \cap B|=\lfloor 1000/[5,6] \rfloor=33, |A \cap C|=\lfloor 1000/[5,8] \rfloor=25, |B \cap C|=\lfloor 1000/[6,8] \rfloor=41,$$
$$|A \cap B \cap C|=\lfloor 1000/[5,6,8] \rfloor=8,$$

根据包含排斥原理得

$$N=1000-(200+166+125)+(33+25+41)-8=600.$$

3.5 例题分析

本章的习题大致可以分成三类：概念题、计算题和证明题. 下面通过一些例题说明这三类题的解题思路、方法和应该注意的问题.

一、概念题

【例 3.10】 设 F 表示一年级大学生的集合，S 表示二年级大学生的集合，R 表示计算机科学系学生的集合，M 表示数学系学生的集合，T 表示选修离散数学的学生的集合，L 表示爱

好文学的学生的集合，P 表示爱好体育运动的学生的集合. 则下列各句子所对应的集合表达式分别是什么？

(1) 所有计算机科学系二年级的学生都选修离散数学.

(2) 数学系的学生或者爱好文学或者爱好体育运动.

(3) 数学系一年级的学生都没有选修离散数学.

(4) 只有一、二年级的学生才爱好体育运动.

(5) 除去数学系和计算机科学系二年级的学生外都不选修离散数学.

解　(1) $R\cap S\subseteq T$.

(2) $M\subseteq L\cup P$.

(3) $(M\cap F)\cap T=\varnothing$.

(4) $P\subseteq F\cup S$.

(5) $T\subseteq(M\cup R)\cap S$.

"只有 p 才 q"，这种句型的逻辑含义是"如果 q 则 p". 所以句(4)应理解为爱好体育运动的一定是一、二年级的学生. "除去 p 都不 q"，这种句型的逻辑含义可解释为"如果 q 则 p". 所以句(5)应理解为选修离散数学的都是数学系和计算机科学系二年级的学生.

【例 3.11】 判断以下命题的真假：

(1) $a\in\{\{a\}\}$.

(2) $\{a\}\in\{\{a\}\}$.

(3) $x\in\{x\}-\{\{x\}\}$.

(4) $\{x\}\subseteq\{x\}-\{\{x\}\}$.

(5) $A-B=A\Leftrightarrow B=\varnothing$.

(6) $A-B=\varnothing\Leftrightarrow A=B$.

(7) $A\oplus A=A$.

(8) $A-(B\cup C)=(A-B)\cap(A-C)$.

(9) 如果 $A\cap B=B$，则 $A=E$.

(10) $A=\{x\}\cup x$，则 $x\in A$ 且 $x\subseteq A$.

解　(1) 假. (2) 真. (3) 真. (4) 真. (5) 假. (6) 假. (7) 假. (8) 真. (9) 假. (10) 真.

本题主要考查 $\in$，$\subseteq$ 的定义以及集合的基本运算性质. 命题(3)中的集合 $\{x\}-\{\{x\}\}$ 实际上就等于 $\{x\}$，所以命题为真. 根据集合的包含关系不难看出：如果 $x\in A$，则有 $\{x\}\subseteq A$，反之也对. 所以(4)与(3)是等价的命题，也为真. 命题(5)不是真命题，因为当 $B=\varnothing$ 时，有 $A-B=A$. 但只要 A 与 B 不交，就有 $A-B=A$，不一定有 $B=\varnothing$. 正确的命题应是：

$$A-B=A\Leftrightarrow A\cap B=\varnothing.$$

命题(6)同命题(5)类似，正确的命题应该是：

$$A-B=\varnothing\Leftrightarrow A\subseteq B \qquad \text{(公式 3.28)}$$

命题(7)应改为

$$A\oplus A=\varnothing \qquad \text{(公式 3.32)}$$

命题(9)应改为

$$\text{如果 } A\cap B=B\text{，则 } B\subseteq A \qquad \text{(公式 3.28)}$$

命题(10)说明 x 既是 A 的元素(因为 $x\in\{x\}\subseteq A$)，又是 A 的子集(因为 $x\subseteq x\cup\{x\}=A$). 前

者将x看成A的元素,考虑隶属关系;后者是将x看成集合,与A放在同一层次上考虑包含关系.这两个关系同时成立.

【例3.12】 设$S_1=\{1,2,3,\cdots,8,9\}$,$S_2=\{2,4,6,8\}$,$S_3=\{1,3,5,7,9\}$,$S_4=\{3,4,5\}$,$S_5=\{3,5\}$.确定在以下条件下X可能与$S_1,\cdots,S_5$中哪个集合相等?

(1) 若$X\cap S_5=\varnothing$.

(2) 若$X\subseteq S_4$但$X\cap S_2=\varnothing$.

(3) 若$X\subseteq S_1$且$X\nsubseteq S_3$.

(4) 若$X-S_3=\varnothing$.

(5) 若$X\subseteq S_3$且$X\nsubseteq S_1$.

解 (1) S_2.(2) S_5.(3) S_1,S_2,S_4.(4) S_3, S_5.(5) X与$S_1,\cdots,S_5$中任何一个都不相等.

分析:(1) 与S_5不相交的集合不含有3和5,只有S_2满足要求.

(2) S_4,S_5都是S_4的子集,但$S_4\cap S_2\neq\varnothing$,所以是$S_5$.

(3) $S_1,\cdots,S_5$都是S_1的子集,不包含在S_3中的集合必含偶数.所以,S_1,S_2和S_4满足要求.

(4) 由$X-S_3=\varnothing$,知X为S_3的子集.只能是S_3和S_5.

(5) 因为$S_3\subseteq S_1$,所以$X\subseteq S_3\subseteq S_1$,而$S_1,\cdots,S_5$都是$S_1$的子集.所以$X$与其中任何一个都不等.

本题主要考察集合相等、包含、不交、不包含等概念.在解决这类问题时可以使用排除法.从一部分集合中把不符合条件的排除.

二、计算题

【例3.13】 $A=\{\{\varnothing\},\{\varnothing,1\},\{1,1,\varnothing\}\}$,$B=\{\{\varnothing,1\},\{1\}\}$.计算

$$A\cup B,A\cap B,A-B,A\oplus B,P(A).$$

解 $A\cup B=\{\{\varnothing\},\{\varnothing,1\},\{1\}\}$,

$A\cap B=\{\{\varnothing,1\}\}$,

$A-B=\{\{\varnothing\}\}$,

$A\oplus B=\{\{\varnothing\},\{1\}\}$,

$P(A)=\{\varnothing,\{\{\varnothing\}\},\{\{\varnothing,1\}\},\{\{\varnothing\},\{\varnothing,1\}\}\}$.

A中的元素$\{\varnothing,1\}$和$\{1,1,\varnothing\}$是相等的集合.应先将A化简为$\{\{\varnothing\},\{\varnothing,1\}\}$,然后再作计算.

【例3.14】 化简$((A\cup(B-C))\cap A)\cup(B-(B-A))$.

解 $((A\cup(B-C))\cap A)\cup(B-(B-A))$

$=A\cup(B-(B-A))$

$=A\cup(A\cap B)$

$=A$.

观察$\cup$或$\cap$符号两边的集合之间是否存在包含关系,如果存在,则可利用公式3.28简化计算.$A\subseteq A\cup(B-C)$,所以$(A\cup(B-C))\cap A=A$.$B=(A\cap B)\cup(B-A)$,且$A\cap B$与$B-A$不交,所以$B-(B-A)=A\cap B$.$A\cap B\subseteq A$,所以$A\cup(A\cap B)=A$.

【例3.15】 某班有25个学生,其中14人会打篮球,12人会打排球,6人会打篮球和排

球,5 人会打篮球和网球,还有 2 人会打这 3 种球. 而 6 个会打网球的人都会打篮球或排球. 求不会打球的人数.

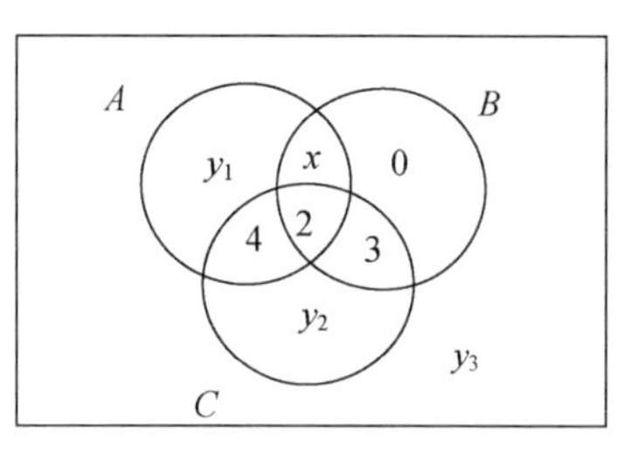

图 3.4

解 设会打排球、网球、篮球的学生集合分别为 A、B 和 C,根据题意画出文氏图如图 3.4 所示.

设 x 是会打排球和网球,但不会打篮球的人数,y_1,y_2 分别表示只会打排球和只会打篮球的人数,y_3 表示不会打球的人数,则有 $x+2+3+0=6$,解得 $x=1$. 又有

$$y_1+x+2+4=12 \quad 和 \quad y_2+4+2+3=14,$$

解得 $y_1=5$,$y_2=5$. 最后由

$$y_1+y_2+y_3+x+2+3+4+0=25$$

解得 $y_3=5$,所以不会打球的有 5 人.

三、证明题

本章的证明题主要是证明集合之间的包含或相等. 令 P,Q 表示两个集合(或者是集合公式),下面分别说明证明 $P\subseteq Q$ 和 $P=Q$ 的常用的方法.

1. 证 $P\subseteq Q$

方法 I 利用定义 3.1. 证明的书写格式是:

任取 x,

$$x \in P\Rightarrow\cdots\Rightarrow x \in Q,$$

所以

$$P\subseteq Q.$$

其中 $x\in P$ 是推理的前提,由此出发,利用题目的已知条件和命题演算的公式,经过若干步推理(即…所省略的部分),最终应推出 $x\in Q$. 则由定义可知 $P\subseteq Q$.

【例 3.16】 已知 $A\subseteq B$,证明 $\sim B\subseteq \sim A$.

证明 任取 x,

$$x\in \sim B\Rightarrow x\notin B\Rightarrow x\notin A\Rightarrow x\in \sim A,$$

所以

$$\sim B\subseteq \sim A.$$

因为 $A\subseteq B$,$\forall x$,有 $x\in A\Rightarrow x\in B$. 根据命题演算公式 $p\rightarrow q$ 则 $\neg q\rightarrow \neg p$. 所以有

$$x\notin B\Rightarrow x\notin A.$$

【例 3.17】 证明:$A\subseteq B\Leftrightarrow P(A)\subseteq P(B)$.

证明 "$\Rightarrow$"(即由 $A\subseteq B$ 证 $P(A)\subseteq P(B)$):任取 x,

$$x\in P(A)\Rightarrow x\subseteq A\Rightarrow x\subseteq B\Rightarrow x\in P(B),$$

所以

$$P(A)\subseteq P(B).$$

"$\Leftarrow$"(即由 $P(A)\subseteq P(B)$ 证 $A\subseteq B$):任取 x,

$$x\in A\Rightarrow \{x\}\subseteq A\Rightarrow \{x\}\in P(A)\Rightarrow \{x\}\in P(B)\Rightarrow \{x\}\subseteq B\Rightarrow x\in B,$$

所以

$$A\subseteq B.$$

题目中的"$\Leftrightarrow$"表示当且仅当,即要证明 $A\subseteq B\Rightarrow P(A)\subseteq P(B)$ 且 $A\subseteq B\Leftarrow P(A)\subseteq P(B)$. 在证明中主要用到了以下知识:

幂集定义:$x\in P(A)\Leftrightarrow x\subseteq A$;

包含关系的传递性:$x\subseteq A$ 且 $A\subseteq B\Rightarrow x\subseteq B$;

等价条件：$x\in A\Leftrightarrow\{x\}\subseteq A$；等等.
这些都是很有用的概念.

方法 II 设法找到一个集合 T，满足 $P\subseteq T$ 且 $T\subseteq Q$. 由包含关系的传递性，有 $P\subseteq Q$.

【例 3.18】 证明：$A-C\subseteq A\cup B$.

证明 因为 $A-C\subseteq A$，$A\subseteq A\cup B$，所以 $A-C\subseteq A\cup B$.

这里的 A 就是方法 II 中的 T 集合.

方法 III 利用 $P\subseteq Q$ 的等价定义，即 $P\cup Q=Q$，$P\cap Q=P$ 或 $P-Q=\varnothing$ 来证.

【例 3.19】 证明：$A\subseteq C\wedge B\subseteq C\Leftrightarrow A\cup B\subseteq C$.

证明 "⇒"
$$(A\cup B)\cup C=A\cup B\cup C\cup C$$
$$=(A\cup C)\cup(B\cup C)=C\cup C=C, \quad (因为 A\subseteq C, B\subseteq C)$$
所以
$$A\cup B\subseteq C.$$
"⇐"
$$A\cup C\subseteq(A\cup C)\cup B=(A\cup B)\cup C=C, \quad (因为 A\cup B\subseteq C)$$
所以
$$A\subseteq C.$$

同理可证 $B\subseteq C$.

欲证 $A\cup B\subseteq C$，只须证明 $(A\cup B)\cup C=C$. 反之，欲证 $A\subseteq C$ 或 $B\subseteq C$，只须证明 $A\cup C=C$ 或 $B\cup C=C$. 这些都可以通过集合运算得到.

方法 IV 利用已知包含式的并、交等运算得到新的包含式.

【例 3.20】 证明：$A\cap C\subseteq B\cap C\wedge A-C\subseteq B-C\Rightarrow A\subseteq B$.

证明 已知 $A\cap C\subseteq B\cap C$，$A-C\subseteq B-C$，
得
$$(A\cap C)\cup(A-C)\subseteq(B\cap C)\cup(B-C),$$
$$(A\cap C)\cup(A\cap\sim C)\subseteq(B\cap C)\cup(B\cap\sim C),$$
$$A\cap(C\cup\sim C)\subseteq B\cap(C\cup\sim C),$$
$$A\cap E\subseteq B\cap E.$$
所以
$$A\subseteq B.$$

由两个已知的包含式进行并和交运算可得到新的包含式，即
$$P_1\subseteq Q_1\wedge P_2\subseteq Q_2\Rightarrow P_1\cup P_2\subseteq Q_1\cup Q_2,$$
$$P_1\subseteq Q_1\wedge P_2\subseteq Q_2\Rightarrow P_1\cap P_2\subseteq Q_1\cap Q_2.$$
但是相对补运算没有这种性质，即
$$P_1\subseteq Q_1\wedge P_2\subseteq Q_2\nRightarrow P_1-P_2\subseteq Q_1-Q_2,$$
其中$\nRightarrow$表示"不一定能推出"的意思.

方法 V 反证法. 以例 3.20 来说明.

证明 假设 $A\nsubseteq B$，则 $\exists x(x\in A\wedge x\notin B)$，分以下两种情况讨论：

若 $x\in C$，则 $x\in A\cap C$ 但 $x\notin B\cap C$. 与 $A\cap C\subseteq B\cap C$ 矛盾.

若 $x\notin C$，则 $x\in A-C$ 但 $x\notin B-C$. 与 $A-C\subseteq B-C$ 矛盾.

证明包含关系的五种方法中常用的是前三种，而用得最多的是第一种. 方法 IV 只能在有两个已知包含式的情况下使用.

2. 证 $P=Q$

方法 I 根据相等的定义，分别证 $P\subseteq Q$ 和 $Q\subseteq P$. 证明的书写格式是：

任取 x，

$$x \in P \Rightarrow \cdots \Rightarrow x \in Q\text{（也可用其他方法证 }P \subseteq Q\text{）},$$

$$x \in Q \Rightarrow \cdots \Rightarrow x \in P\text{（也可用其他方法证 }Q \subseteq P\text{）},$$

所以
$$P=Q.$$

其中…和⇒的含义同前.

【例 3.21】 已知 $A \subseteq B$,证明：$B \cup \sim A=E$.

证明 因为 E 是全集,故 $B \cup \sim A \subseteq E$.

任取 x,

$$x \in E \Rightarrow x \in B \cup \sim B \Rightarrow x \in B \vee x \in \sim B \Rightarrow x \in B \vee x \notin B$$
$$\Rightarrow x \in B \vee x \notin A \Rightarrow x \in B \vee x \in \sim A \Rightarrow x \in B \cup \sim A.$$

所以 $E \subseteq B \cup \sim A$. 得证 $B \cup \sim A=E$.

上述证明中的 $x \in B \vee x \notin B \Rightarrow x \in B \vee x \notin A$ 是由于 $A \subseteq B$,所以 $x \in A \Rightarrow x \in B$,即
$$x \notin B \Rightarrow x \notin A.$$

如果在证明过程中的所有“推出”都可以用“当且仅当”来代替,即⇒可以用⇔代替,换句话说,任何一步的推理同时有“左边推右边”和“右边推左边”,则可将证明过程简化为：

任取 x,

$$x \in P \Leftrightarrow \cdots \Leftrightarrow x \in Q,$$

所以
$$P=Q.$$

【例 3.22】 证明：$(A \cup B)-C=(A-C) \cup (B-C)$.

证明 任取 x,

$$x \in (A \cup B)-C \Leftrightarrow x \in A \cup B \wedge x \notin C$$
$$\Leftrightarrow (x \in A \vee x \in B) \wedge x \notin C \Leftrightarrow (x \in A \wedge x \notin C) \vee (x \in B \wedge x \notin C)$$
$$\Leftrightarrow x \in A-C \vee x \in B-C \Leftrightarrow x \in (A-C) \cup (B-C),$$

所以
$$(A \cup B)-C=(A-C) \cup (B-C).$$

上述证明中每一步推理都是以定义或命题逻辑中的等值式为根据,所以都是充分必要的.

方法 II 反证法.

【例 3.23】 证明：$A \cup B=A \cup C \wedge A \cap B=A \cap C \Rightarrow B=C$.

证明 假设 $B \neq C$,则 $\exists x(x \in B \wedge x \notin C)$ 或 $\exists x(x \in C \wedge x \notin B)$. 若 $\exists x(x \in B \wedge x \notin C)$,分以下两种情况考虑：

若 $x \in A$,则 $x \in A \cap B$ 但 $x \notin A \cap C$. 与 $A \cap B=A \cap C$ 矛盾.

若 $x \notin A$,则 $x \in A \cup B$ 但 $x \notin A \cup C$. 与 $A \cup B=A \cup C$ 矛盾.

对于 $\exists x(x \in C \wedge x \notin B)$ 的情况同理可证.

方法 III 集合恒等式代入法. 以例 3.22 和例 3.23 为例.

(1) 求证：$(A \cup B)-C=(A-C) \cup (B-C)$.

证明 $(A \cup B)-C=(A \cup B) \cap \sim C=(A \cap \sim C) \cup (B \cap \sim C)=(A-C) \cup (B-C)$.

(2) 求证：$A \cup B=A \cup C \wedge A \cap B=A \cap C \Rightarrow B=C$.

证明 由 $A \cup B=A \cup C$ 和 $A \cap B=A \cap C$,

有
$$(A \cup B)-(A \cap B)=(A \cup C)-(A \cap C),$$
$$A \oplus B=A \oplus C,$$

所以
$$B=C.$$
(1) 中首先用恒等式将相对补运算转换成交运算，然后使用$\cap$运算对$\cup$运算的分配律.

(2) 的证明中首先利用两个已知的等式相减(即相对补运算)得到$\oplus$运算的等价定义形式，然后根据这一定义等量代入得到$A\oplus B=A\oplus C$，再由$\oplus$运算的消去律得$B=C$.

这种证明方法用得也比较多.设$P=Q,S=T,P,Q,S,T$都是集合表达式，则有
$$P\cup S=Q\cup T,P\cap S=Q\cap T,P-S=Q-T.$$
但反之不对，即
$$P\cup S=P\cup T\nRightarrow S=T,$$
$$P\cap S=P\cap T\nRightarrow S=T,$$
$$P-S=P-T\text{ 或 }S-P=T-P\nRightarrow S=T.$$

习 题 三

1. 选择适当的谓词表示下列集合：

(1) 小于5的非负整数集合. (2) 奇整数集合. (3) 10的整倍数的集合.

2. 用列元素法表示下列集合：

(1) $S_1=\{x\mid x\text{ 是十进制的数字}\}$. (2) $S_2=\{x\mid x=2\vee x=5\}$.

(3) $S_3=\{x\mid x\in\mathbf{Z}\wedge 3<x<12\}$. (4) $S_4=\{x\mid x\in\mathbf{R}\wedge x^2-1=0\wedge x>3\}$.

(5) $S_5=\{\langle x,y\rangle\mid x,y\in\mathbf{Z}\wedge 0\leqslant x\leqslant 2\wedge -1\leqslant y\leqslant 0\}$.

3. 确定下列命题是否为真：

(1) $\varnothing\subseteq\varnothing$. (2) $\varnothing\in\varnothing$.

(3) $\varnothing\subseteq\{\varnothing\}$. (4) $\varnothing\in\{\varnothing\}$.

(5) $\{a,b\}\subseteq\{a,b,c,\{a,b,c\}\}$. (6) $\{a,b\}\in\{a,b,c,\{a,b\}\}$.

(7) $\{a,b\}\subseteq\{a,b,\{\{a,b\}\}\}$. (8) $\{a,b\}\in\{a,b,\{\{a,b\}\}\}$.

4. 求下列集合的幂集：

(1) $\{1,2,3\}$. (2) $\{1,\{2,3\}\}$. (3) $\{\varnothing\}$.

(4) $\{\varnothing,\{\varnothing\}\}$. (5) $\{\{1,2\},\{2,1,1\},\{2,1,1,2\}\}$. (6) $\{\{\varnothing,2\},\{2\}\}$.

5. 设$E=\{1,2,3,4,5,6\}$，$A=\{1,4\}$，$B=\{1,2,5\}$，$C=\{2,4\}$. 求下列集合：

(1) $A\cap\sim B$. (2) $(A\cap B)\cup\sim C$. (3) $\sim(A\cap B)$.

(4) $P(A)\cap P(B)$. (5) $P(A)-P(B)$.

6. 设A,B,C,D是$\mathbf{Z}$的子集，其中
$$A=\{1,2,7,8\},$$
$$B=\{x^2\mid x^2<50\wedge x\in\mathbf{Z}\},$$
$$C=\{x\mid x\in\mathbf{Z}\wedge 0\leqslant x\leqslant 30\wedge x\text{ 可以被 3 整除}\},$$
$$D=\{x\mid x=2^k\wedge k\in\mathbf{Z}\wedge 0\leqslant k\leqslant 6\}.$$
用列元素法表示下列集合：

(1) $A\cup B\cup C\cup D$. (2) $A\cap B\cap C\cap D$. (3) $B-(A\cup C)$. (4) $(\sim A\cap B)\cup D$.

7. 化简下列集合表达式：

(1) $((A\cup B)\cap B)-(A\cup B)$. (2) $((A\cup B\cup C)-(B\cup C))\cup A$.

(3) $(B-(A\cap C))\cup(A\cap B\cap C)$. (4) $(A\cap B)-(C-(A\cup B))$.

8. 画出下列集合的文氏图：

(1) $\sim A\cap\sim B$. (2) $(A-(B\cup C))\cup((B\cup C)-A)$. (3) $A\cap(\sim B\cup C)$.

9. 用公式表示图 3.5 中阴影部分的集合.

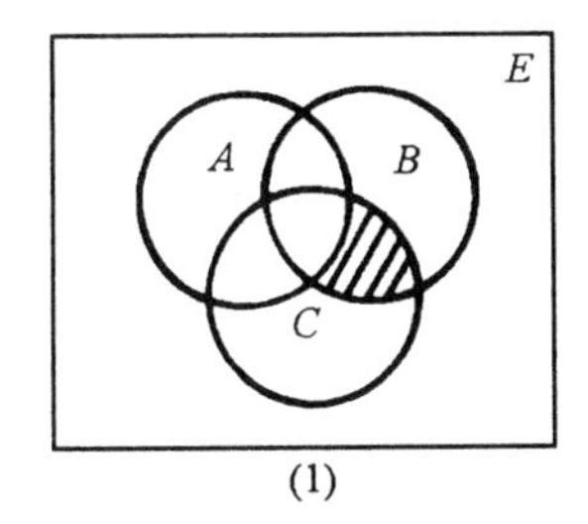

(1)

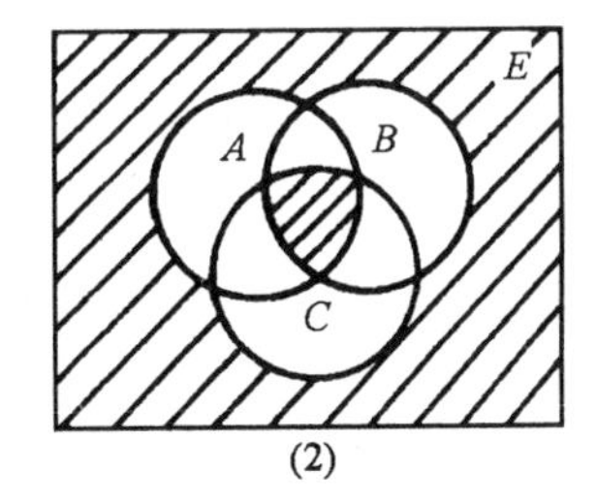

(2)

图　3.5

10. 对 60 个人的调查表明有 25 人阅读《每周新闻》杂志，26 人阅读《时代》杂志，26 人阅读《幸运》杂志，9 人阅读《每周新闻》和《幸运》杂志，11 人阅读《每周新闻》和《时代》杂志，8 人阅读《时代》和《幸运》杂志，还有 8 人什么杂志也不读. 求：

(1) 阅读全部三种杂志的人数.

(2) 分别求只阅读《每周新闻》《时代》和《幸运》杂志的人数.

11. 在 1 到 300 的整数中(1 和 300 包含在内)分别求满足以下条件的数的个数：

(1) 同时能被 3,5 和 7 整除.

(2) 不能被 3 和 5，也不能被 7 整除.

(3) 可以被 3 整除，但不能被 5 和 7 整除.

(4) 可以被 3 或 5 整除，但不能被 7 整除.

(5) 只被 3,5 和 7 之中的一个数整除.

12. 设 A,B,C 是集合，证明：

(1) $(A-B)-C=A-(B\cup C)$.

(2) $(A-B)-C=(A-C)-(B-C)$.

(3) $(A-B)-C=(A-C)-B$.

13. 设 A,B,C 是集合，证明：

$$C\subseteq A\wedge C\subseteq B\Leftrightarrow C\subseteq A\cap B.$$

14. 设 P,Q 为集合，证明：

$$P\subseteq Q\Leftrightarrow P-Q\subseteq\sim P.$$

15. 证明：如果对一切集合 X，有 $X\cup Y=X$，则 $Y=\varnothing$.

16. 设 A,B,C,D 为集合，判断下列命题是否为真. 如果为真请给出证明，否则请举一个反例.

(1) $A\subseteq B\wedge C\subseteq D\Rightarrow A\cup C\subseteq B\cup D$.

(2) $A\subset B\wedge C\subset D\Rightarrow A\cup C\subset B\cup D$.

(3) $A\subset B\wedge B\subseteq C\Rightarrow A\subset C$.

(4) $A\in B\wedge B\not\subseteq C\Rightarrow A\notin C$.

(5) $(A-B)\cup(B-C)=A-C$.

(6) $(A-B)\cup B=A$.

(7) $(A\cup B)-B=A$.

(8) $(A\cap B)-A=\varnothing$.

17. 设 S 表示某人拥有的所有书的集合，A,B,C,D 是 S 的子集，其中 A 是珍贵的书的集合，B 是英文书的集合，C 是去年买的书的集合，D 是放在书柜中的书的集合. 下面是三个前提条件和两个结论.

前提条件：

(1) 所有珍贵的书都是去年买的.

(2) 所有的英文书都在书柜里.

(3) 书柜里没有去年买的书.

结论：

(1) 所有的英文书都是去年买的.

(2) 没有一本珍贵的书是英文书.

问：三个前提和两个结论的集合表达式分别是什么？结论中哪些是正确的？对于正确的结论给出证明，对于不一定正确的结论给出反例.

18. 设 A,B 为集合，证明：

(1) $P(A)\cap P(B)=P(A\cap B)$.

(2) $P(A)\cup P(B)\subseteq P(A\cup B)$.

(3) 针对(2)，举一反例说明 $P(A)\cup P(B)=P(A\cup B)$ 对某些集合 A 和 B 是不成立的.

第四章　二元关系和函数

4.1　集合的笛卡儿积和二元关系

定义 4.1　由两个元素 x 和 y（允许 $x=y$）按一定顺序排列成的二元组叫作一个**有序对**，记作 $\langle x,y\rangle$，其中 x 是它的**第一元素**，y 是它的**第二元素**.

直角坐标系中点的坐标就是有序对. 一般说来，有序对 $\langle x,y\rangle$ 具有以下性质：

(1) 当 $x\neq y$ 时，$\langle x,y\rangle\neq\langle y,x\rangle$.

(2) $\langle x,y\rangle=\langle u,v\rangle$ 的充分必要条件是 $x=u$ 且 $y=v$.

这些性质是二元集 $\{x,y\}$ 所不具备的. 例如，当 $x\neq y$ 时有 $\{x,y\}=\{y,x\}$. 原因在于有序对中的元素是有序的，而集合中的元素是无序的.

定义 4.2　设 A,B 为集合，用 A 中元素为第一元素，B 中元素为第二元素构成有序对，所有这样的有序对组成的集合叫作 A 和 B 的**笛卡儿积**，记作 $A\times B$.

符号化表示为

$$A\times B=\{\langle x,y\rangle \mid x\in A\wedge y\in B\}.$$

例如，设 $A=\{a,b\}$，$B=\{0,1,2\}$，则

$$A\times B=\{\langle a,0\rangle,\langle a,1\rangle,\langle a,2\rangle,\langle b,0\rangle,\langle b,1\rangle,\langle b,2\rangle\},$$

$$B\times A=\{\langle 0,a\rangle,\langle 0,b\rangle,\langle 1,a\rangle,\langle 1,b\rangle,\langle 2,a\rangle,\langle 2,b\rangle\}.$$

由排列组合的基本常识不难证明，如果 A 中有 m 个元素，B 中有 n 个元素，则 $A\times B$ 中有 mn 个元素.

笛卡儿积运算具有以下性质：

(1) 对任意集合 A，根据定义有

$$A\times\varnothing=\varnothing,\varnothing\times A=\varnothing.$$

(2) 一般地说，笛卡儿积运算不满足交换律，即

$$A\times B\neq B\times A\quad(\text{当 } A\neq\varnothing\wedge B\neq\varnothing\wedge A\neq B \text{ 时}).$$

(3) 笛卡儿积运算不满足结合律，即

$$(A\times B)\times C\neq A\times(B\times C)\quad(\text{当 } A\neq\varnothing\wedge B\neq\varnothing\wedge C\neq\varnothing \text{ 时}).$$

(4) 笛卡儿积运算对并和交运算满足分配律，即

$$A\times(B\cup C)=(A\times B)\cup(A\times C),$$

$$(B\cup C)\times A=(B\times A)\cup(C\times A),$$

$$A\times(B\cap C)=(A\times B)\cap(A\times C),$$

$$(B\cap C)\times A=(B\times A)\cap(C\times A).$$

(5) 设 A,B,C,D 是集合，则有

$$A\subseteq C\wedge B\subseteq D\Rightarrow A\times B\subseteq C\times D.$$

注意，性质 5 的逆命题不为真. 换句话说，当 $A\times B\subseteq C\times D$ 时不一定有 $A\subseteq C\wedge B\subseteq D$. 例如

$$A=\varnothing,\ B=\{1\},\ C=\{3\},\ D=\{4\},$$

这时有

$$A\times B=\varnothing,\ C\times D=\{\langle 3,4\rangle\},\ A\times B\subseteq C\times D,$$

但 $B\not\subseteq D$.

【例 4.1】 已知 $\langle x+2,4\rangle=\langle 5,2x+y\rangle$，求 x 和 y.

解 由有序对相等的充要条件有

$$\begin{cases}x+2=5,\\4=2x+y.\end{cases}$$

解得 $x=3,y=-2$.

【例 4.2】 设 $A=\{1,2\}$，求 $P(A)\times A$.

解 $P(A)\times A$

$=\{\varnothing,\{1\},\{2\},\{1,2\}\}\times\{1,2\}$

$=\{\langle\varnothing,1\rangle,\langle\varnothing,2\rangle,\langle\{1\},1\rangle,\langle\{1\},2\rangle,\langle\{2\},1\rangle,\langle\{2\},2\rangle,\langle\{1,2\},1\rangle,\langle\{1,2\},2\rangle\}$.

【例 4.3】 设 A,B,C,D 为任意集合，判断以下命题是否为真，并说明理由：

(1) $A\times B=A\times C\Rightarrow B=C$.

(2) $A-(B\times C)=(A-B)\times(A-C)$.

(3) $A=B\wedge C=D\Rightarrow A\times C=B\times D$.

(4) 存在集合 A，使得 $A\subseteq A\times A$.

解 (1) 不一定为真. 当 $A=\varnothing,B=\{1\},C=\{2\}$ 时有 $A\times B=\varnothing=A\times C$，但 $B\neq C$.

(2) 不一定为真. 当 $A=B=\{1\},C=\{2\}$ 时有

$$A-(B\times C)=\{1\}-\{\langle 1,2\rangle\}=\{1\},$$

$$(A-B)\times(A-C)=\varnothing\times\{1\}=\varnothing.$$

(3) 为真. 由等量代入的原理可证.

(4) 为真. 当 $A=\varnothing$ 时有 $A\subseteq A\times A$ 成立.

定义 4.3 如果一个集合满足以下条件之一：

(1) 集合非空，且它的元素都是有序对，

(2) 集合是空集.

则称该集合为一个**二元关系**，记作 R. 二元关系也可简称为**关系**. 对于二元关系 R，如果 $\langle x,y\rangle\in R$，可记作 xRy；如果 $\langle x,y\rangle\notin R$，则记作 $x\not R y$.

例如，设 $R_1=\{\langle 1,2\rangle,\langle a,b\rangle\}$，$R_2=\{\langle 1,2\rangle,a\}$，则 R_1 是二元关系，R_2 不是二元关系，只是一个集合. 根据定义可以写 $1R_1 2$，$aR_1 b$，$a\not R_1 c$ 等.

定义 4.4 设 A,B 为集合，$A\times B$ 的任何子集所定义的二元关系叫作**从 A 到 B 的二元关系**，特别当 $A=B$ 时则叫作 **A 上的二元关系.**

例如 $A=\{0,1\}$，$B=\{1,2,3\}$，那么

$$R_1=\{\langle 0,2\rangle\},\ R_2=A\times B,\ R_3=\varnothing,\ R_4=\{\langle 0,1\rangle\}$$

等都是从 A 到 B 的二元关系，而 R_3 和 R_4 同时也是 A 上的二元关系.

集合 A 上的二元关系的数目依赖于 A 中的元素数. 如果 $|A|=n$，那么 $|A\times A|=n^2$，

$A\times A$ 的子集就有 2^{n^2} 个.每一个子集代表一个 A 上的二元关系,所以 A 上有 2^{n^2} 个不同的二元关系.例如 $|A|=3$,则 A 上有 $2^{3^2}=512$ 个不同的二元关系.

对于任何集合 A,都有三个特殊的二元关系.其中之一就是空集 $\varnothing$,它是 $A\times A$ 的子集,也是 A 上的关系,叫作**空关系**.另外两个就是**全域关系** E_A 和**恒等关系** I_A.

定义 4.5 对任意集合 A,定义

$$E_A=\{\langle x,y\rangle \mid x\in A\wedge y\in A\}=A\times A,$$
$$I_A=\{\langle x,x\rangle \mid x\in A\}.$$

例如,$A=\{a,b\}$,则

$$E_A=\{\langle a,a\rangle,\langle a,b\rangle,\langle b,a\rangle,\langle b,b\rangle\},$$
$$I_A=\{\langle a,a\rangle,\langle b,b\rangle\}.$$

除了以上三种特殊的关系以外,还有一些常用的关系,分别说明如下.

$$L_A=\{\langle x,y\rangle \mid x,y\in A\wedge x\leqslant y\},\text{这里 } A\subseteq\mathbf{R},$$
$$D_A=\{\langle x,y\rangle \mid x,y\in A\wedge x\mid y\},\text{这里 } A\subseteq\mathbf{Z}^*,$$
$$R_{\subseteq}=\{\langle x,y\rangle \mid x,y\in \mathscr{A}\wedge x\subseteq y\},$$

其中 L_A 叫作 A 上的**小于等于关系**,A 是实数集 $\mathbf{R}$ 的子集.D_A 叫作 A 上的**整除关系**.$x\mid y$ 表示 x 可以整除 y,也就是说 x 是 y 的因子,而 A 是非零整数集 $\mathbf{Z}^*$ 的子集.$R_{\subseteq}$ 叫作 $\mathscr{A}$ 上的**包含关系**,$\mathscr{A}$ 是由一些集合构成的集合族.例如令 $A=\{1,2,3\}$,则有

$$L_A=\{\langle 1,1\rangle,\langle 1,2\rangle,\langle 1,3\rangle,\langle 2,2\rangle,\langle 2,3\rangle,\langle 3,3\rangle\},$$
$$D_A=\{\langle 1,1\rangle,\langle 1,2\rangle,\langle 1,3\rangle,\langle 2,2\rangle,\langle 3,3\rangle\}.$$

若令 $A=\{a,b\}$,$\mathscr{A}=P(A)=\{\varnothing,\{a\},\{b\},\{a,b\}\}$,则 $\mathscr{A}$ 上的包含关系是

$$R_{\subseteq}=\{\langle\varnothing,\varnothing\rangle,\langle\varnothing,\{a\}\rangle,\langle\varnothing,\{b\}\rangle,\langle\varnothing,\{a,b\}\rangle,\langle\{a\},\{a\}\rangle.$$
$$\langle\{a\},\{a,b\}\rangle,\langle\{b\},\{b\}\rangle,\langle\{b\},\{a,b\}\rangle,\langle\{a,b\},\{a,b\}\rangle\}.$$

类似地还可以定义**大于等于关系**,**小于关系**,**大于关系**,**真包含关系**等等.

【例 4.4】 设 $A=\{1,2,3,4\}$,下面各式定义的 R 都是 A 上的关系,分别列出 R 的元素:

(1) $R=\{\langle x,y\rangle \mid x$ 是 y 的倍数$\}$.

(2) $R=\{\langle x,y\rangle \mid (x-y)^2\in A\}$.

(3) $R=\{\langle x,y\rangle \mid x/y$ 是素数$\}$.

(4) $R=\{\langle x,y\rangle \mid x\neq y\}$.

解 (1) $R=\{\langle 4,4\rangle,\langle 4,2\rangle,\langle 4,1\rangle,\langle 3,3\rangle,\langle 3,1\rangle,\langle 2,2\rangle,\langle 2,1\rangle,\langle 1,1\rangle\}$.

(2) $R=\{\langle 2,1\rangle,\langle 3,2\rangle,\langle 4,3\rangle,\langle 3,1\rangle,\langle 4,2\rangle,\langle 2,4\rangle,\langle 1,3\rangle,\langle 3,4\rangle,\langle 2,3\rangle,\langle 1,2\rangle\}$.

(3) $R=\{\langle 2,1\rangle,\langle 3,1\rangle,\langle 4,2\rangle\}$.

(4) $R=E_A-I_A=\{\langle 1,2\rangle,\langle 1,3\rangle,\langle 1,4\rangle,\langle 2,1\rangle,\langle 2,3\rangle,\langle 2,4\rangle,\langle 3,1\rangle,\langle 3,2\rangle,\langle 3,4\rangle,\langle 4,1\rangle,\langle 4,2\rangle,\langle 4,3\rangle\}$.

给出一个关系的方法有三种:集合表达式,**关系矩阵**和**关系图**.例 4.4 中的关系就是用集合表达式来给出的.对于有穷集 A 上的关系还可以用其他两种方式来给出.

设 $A=\{x_1,x_2,\cdots,x_n\}$,R 是 A 上的关系.令

$$r_{ij}=\begin{cases}1, & \text{若 } x_iRx_j;\\ 0, & \text{若 } x_i\not R\, x_j,\end{cases}\quad (i,j=1,2,\cdots,n).$$

则

$$(r_{ij})=\begin{pmatrix} r_{11} & r_{12} & \cdots & r_{1n} \\ r_{21} & r_{22} & \cdots & r_{2n} \\ \cdots & \cdots & \cdots & \cdots \\ r_{n1} & r_{n2} & \cdots & r_{nn} \end{pmatrix}$$

是 R 的关系矩阵：

例如 $A=\{1,2,3,4\}$，$R=\{\langle 1,1\rangle,\langle 1,2\rangle,\langle 2,3\rangle,\langle 2,4\rangle,\langle 4,2\rangle\}$，则 R 的关系矩阵为

$$M_R=\begin{bmatrix} 1 & 1 & 0 & 0 \\ 0 & 0 & 1 & 1 \\ 0 & 0 & 0 & 0 \\ 0 & 1 & 0 & 0 \end{bmatrix}.$$

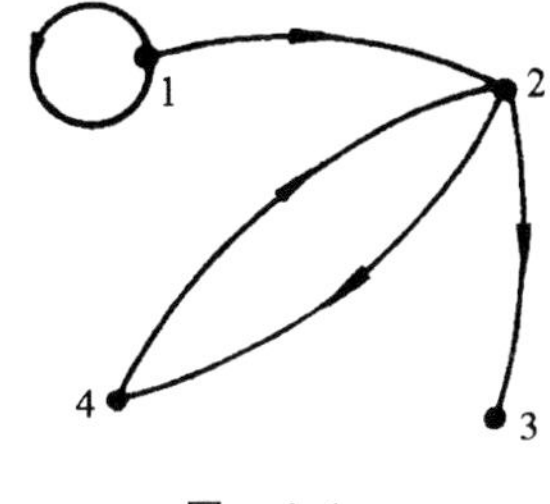

图　4.1

设 $A=\{x_1,x_2,\cdots,x_n\}$，R 是 A 上的关系，V 是顶点集合，E 是有向边的集合，令 $V=A$，且 x_i 到 x_j 的有向边 $\langle x_i,x_j\rangle\in E\Leftrightarrow x_iRx_j$，则 $G=\langle V,E\rangle$ 就是 R 的关系图.

在上面的例子中，R 的关系图如图 4.1 所示.

4.2　关系的运算

关系的运算有五种，分别定义如下：

定义 4.6　关系 R 的**定义域** dom R，**值域** ran R 和**域** fld R 是

$$\text{dom } R=\{x\mid \exists y(xRy)\},$$
$$\text{ran } R=\{y\mid \exists x(xRy)\}.$$
$$\text{fld } R=\text{dom } R\cup \text{ran } R$$

不难看出，dom R 就是 R 中所有有序对的第一元素构成的集合，ran R 就是 R 中所有有序对的第二元素构成的集合，fld R 就是 R 的定义域与值域的并集.

【例 4.5】　设 $R=\{\langle 1,2\rangle,\langle 1,3\rangle,\langle 2,1\rangle,\langle 3,4\rangle\}$，则

$$\text{dom } R=\{1,2,3\},\ \text{ran } R=\{1,2,3,4\},\text{fld } R=\{1,2,3,4\}.$$

定义 4.7　设 R 为二元关系，R 的**逆关系**，简称 R 的**逆**，记作 R^{-1}，

$$R^{-1}=\{\langle x,y\rangle\mid yRx\}.$$

定义 4.8　设 F,G 为二元关系，G 对 F 的**右复合**记作 $F\circ G$，

$$F\circ G=\{\langle x,y\rangle\mid \exists t(xFt\wedge tGy)\}.$$

【例 4.6】　设 $F=\{\langle 3,3\rangle,\langle 6,2\rangle\}$，$G=\{\langle 2,3\rangle\}$. 则

$$F^{-1}=\{\langle 3,3\rangle,\langle 2,6\rangle\},$$
$$F\circ G=\{\langle 6,3\rangle\},\ G\circ F=\{\langle 2,3\rangle\}.$$

关系的逆是比较好求的，只需把关系 R 所有的有序对颠倒，即第一元素与第二元素交换就可以了. 但右复合运算没有这么简单，可以使用一种图解的方法来做. 例 4.6 中的 $F\circ G$ 和 $G\circ F$ 的图示由图 4.2 给出.

任给关系 R 可做出它的图示. 把 dom R 中的元素放在左边从上到下顺序排列，把 ran R 中的元素放在右边，也从上到下顺序排列. 如果 $\langle x,y\rangle\in R$，就从 dom R 的 x 到 ran R 中的 y 画一条有向边. 这样得到的图就是 R 的图示. 为求 $F\circ G$，首先做出 F 的图示，然后按以下办法将 G

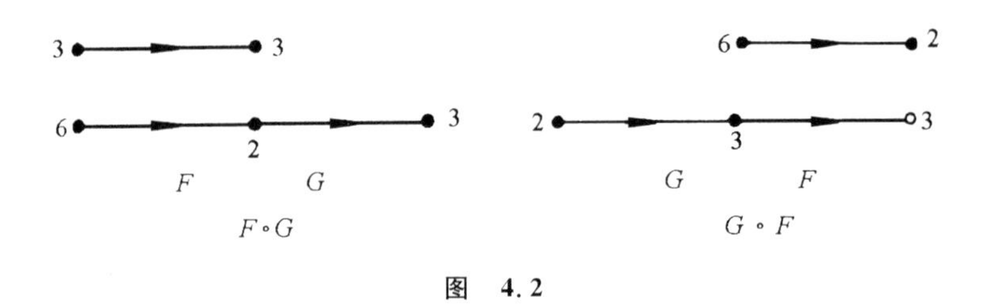

图 4.2

的图示接到 F 的右边. 如果 $\langle x,y\rangle\in F$, $\langle y,z\rangle\in G$, 就将 G 中代表 $\langle y,z\rangle$ 的有向边接到 F 中代表 $\langle x,y\rangle$ 的有向边的后面. 如图 4.2 中的 $F\circ G$ 的图示中, G 的 $\langle 2,3\rangle$ 边接到 F 的 $\langle 6,2\rangle$ 边后面. 当所有该连接的边都连完以后检查全图, 找出所有从 $\mathrm{dom}\,F$ 到 $\mathrm{ran}\,G$ 的由两条有向边构成的路径, 记下每条路径的始点和终点. 每一组始点和终点构成的有序对就属于 $F\circ G$. 同样地也可以得到 $G\circ F$.

在这里要说明一点, 定义 4.8 给出了两个关系的右复合, 同样也可以定义它们的**左复合** $F\circ G$, 即

$$F\circ G=\{\langle x,y\rangle \mid \exists t(xGt\wedge tFy)\}.$$

如果我们把二元关系看作一种作用, $\langle x,y\rangle\in R$ 可以解释为 x 通过 R 的作用变到 y, 那么右复合 $F\circ G$ 与左复合 $F\circ G$ 都是两个作用的连续发生. 所不同的是: 右复合 $F\circ G$ 表示在右边的 G 是复合到 F 上的第二步作用; 而左复合恰好相反, $F\circ G$ 表示左边的 F 是复合到 G 上的第二步作用. 这两种规定都是合理的. 只不过有的人习惯于右复合, 有的人习惯于左复合. 正如在交通规则中有的国家规定右行, 有的国家规定左行一样. 在本书中采用右复合的定义, 而在其他的书中可能采取左复合的定义. 请读者注意两者的区别.

【例 4.7】 P 是所有人的集合, 令

$$R=\{\langle x,y\rangle \mid x,y\in P\wedge x\text{ 是 }y\text{ 的父亲}\},$$
$$S=\{\langle x,y\rangle \mid x,y\in P\wedge x\text{ 是 }y\text{ 的母亲}\}.$$

(1) 说明 $R\circ R$, $R^{-1}\circ S^{-1}$, $R^{-1}\circ S$ 各关系的含义.

(2) 用 R,S 及其逆和右复合运算表示以下关系:

$$\{\langle x,y\rangle \mid x,y\in P\wedge y\text{ 是 }x\text{ 的外祖母}\},$$
$$\{\langle x,y\rangle \mid x,y\in P\wedge x\text{ 是 }y\text{ 的祖母}\}.$$

解 (1) $R\circ R$ 表示关系 $\{\langle x,y\rangle \mid x,y\in P\wedge x\text{ 是 }y\text{ 的祖父}\}$;

$R^{-1}\circ S^{-1}$ 表示关系 $\{\langle x,y\rangle \mid x,y\in P\wedge y\text{ 是 }x\text{ 的祖母}\}$;

$R^{-1}\circ S$ 表示空关系 $\varnothing$.

(2) $\{\langle x,y\rangle \mid x,y\in P\wedge y\text{ 是 }x\text{ 的外祖母}\}$ 的表达式是 $S^{-1}\circ S^{-1}$;

$\{\langle x,y\rangle \mid x,y\in P\wedge x\text{ 是 }y\text{ 的祖母}\}$ 的表达式是 $S\circ R$.

下面考虑关系运算的性质.

定理 4.1 设 F,G,H 是任意的关系, 则有

(1) $(F^{-1})^{-1}=F$,

(2) $\mathrm{dom}\,F^{-1}=\mathrm{ran}\,F$, $\mathrm{ran}\,F^{-1}=\mathrm{dom}\,F$,

(3) $(F\circ G)\circ H=F\circ(G\circ H)$,

(4) $(F\circ G)^{-1}=G^{-1}\circ F^{-1}$.

证明　(1) 任取$\langle x,y\rangle$，

$$\langle x,y\rangle\in(F^{-1})^{-1}\Leftrightarrow\langle y,x\rangle\in F^{-1}\Leftrightarrow\langle x,y\rangle\in F,$$

所以

$$(F^{-1})^{-1}=F.$$

(2) 任取x，

$$x\in \mathrm{dom}\ F^{-1}\Leftrightarrow\exists y(\langle x,y\rangle\in F^{-1})\Leftrightarrow\exists y(\langle y,x\rangle\in F)\Leftrightarrow x\in \mathrm{ran}\ F,$$

所以

$$\mathrm{dom}\ F^{-1}=\mathrm{ran}\ F.$$

同理可证

$$\mathrm{ran}\ F^{-1}=\mathrm{dom}\ F.$$

(3) 任取$\langle x,y\rangle$，

$$\begin{aligned}
&\langle x,y\rangle\in(F\circ G)\circ H\\
\Leftrightarrow&\exists t(\langle x,t\rangle\in F\circ G\wedge\langle t,y\rangle\in H)\\
\Leftrightarrow&\exists t(\exists s(\langle x,s\rangle\in F\wedge\langle s,t\rangle\in G)\wedge\langle t,y\rangle\in H)\\
\Leftrightarrow&\exists t\exists s(\langle x,s\rangle\in F\wedge\langle s,t\rangle\in G\wedge\langle t,y\rangle\in H)\\
\Leftrightarrow&\exists s(\langle x,s\rangle\in F\wedge\exists t(\langle s,t\rangle\in G\wedge\langle t,y\rangle\in H))\\
\Leftrightarrow&\exists s(\langle x,s\rangle\in F\wedge\langle s,y\rangle\in G\circ H)\\
\Leftrightarrow&\langle x,y\rangle\in F\circ(G\circ H),
\end{aligned}$$

所以

$$(F\circ G)\circ H=F\circ(G\circ H).$$

(4) 任取$\langle x,y\rangle$，

$$\begin{aligned}
&\langle x,y\rangle\in(F\circ G)^{-1}\Leftrightarrow\langle y,x\rangle\in F\circ G\\
\Leftrightarrow&\exists t(\langle y,t\rangle\in F\wedge\langle t,x\rangle\in G)\\
\Leftrightarrow&\exists t(\langle x,t\rangle\in G^{-1}\wedge\langle t,y\rangle\in F^{-1})\\
\Leftrightarrow&\langle x,y\rangle\in G^{-1}\circ F^{-1},
\end{aligned}$$

所以

$$(F\circ G)^{-1}=G^{-1}\circ F^{-1}.$$

定理 4.2　设R为A上的关系，则

$$R\circ I_A=I_A\circ R=R.$$

证明　任取$\langle x,y\rangle$，

$$\begin{aligned}
&\langle x,y\rangle\in R\circ I_A\Leftrightarrow\exists t(\langle x,t\rangle\in R\wedge\langle t,y\rangle\in I_A)\\
\Rightarrow&\exists t(\langle x,t\rangle\in R\wedge t=y)\\
\Rightarrow&\langle x,y\rangle\in R,\\
&\langle x,y\rangle\in R\Rightarrow\langle x,y\rangle\in R\wedge x,y\in A\\
\Rightarrow&\langle x,y\rangle\in R\wedge\langle y,y\rangle\in I_A\\
\Rightarrow&\langle x,y\rangle\in R\circ I_A,
\end{aligned}$$

所以

$$R\circ I_A=R.$$

同理可证$I_A\circ R=R$.

定理 4.1 和 4.2 给出了关系运算的重要性质.关系的右复合运算满足结合律，而恒等关系和任何关系R的右复合就等于关系R.

关系的最后一种运算就是幂运算——A上关系R的***n*** **次幂**，即n个R的右复合.

定义 4.9　设R为A上的关系，n为自然数，则R的n次幂是

(1) $R^0=\{\langle x,x\rangle\mid x\in A\}=I_A$，

(2) $R^{n+1}=R^n\circ R$.

由定义 4.9 可知,对于 A 上的关系 R_1 和 R_2,都有 $R_1^0=R_2^0=I_A$. 也就是说,A 上任何关系的 0 次幂都相等,都等于 A 上的恒等关系 I_A. 此外对于 A 上的任何关系 R 都有 $R^1=R$. 因为

$$R^1=R^0\circ R=I_A\circ R=R.$$

给定 A 上的关系 R 和自然数 n,怎样计算 R^n 呢? 如果 R 是用集合表达式给出的,可以通过 $n-1$ 次的右复合计算得到 R^n. 如果 R 是用关系矩阵 M 给出的,则 R^n 的关系矩阵是 M^n——n 个矩阵 M 相乘. 与普通矩阵不同的是,其中的加法是逻辑加. 即

$$1+1=1,1+0=0+1=1,0+0=0.$$

如果 R 是用关系图 G 给出的,考查 G 的每个顶点 x_i,如果从 x_i 出发经过 n 步长的路径到达顶点 x_j,则在 R^n 的关系图中有一条 x_i 到 x_j 的边. 当把所有这样的边都找到以后,就得到 R^n 的关系图中所有的边,而 R^n 关系图的顶点与 R 关系图的顶点完全一样.

【例 4.8】 设 $A=\{a,b,c,d\}$,$R=\{\langle a,b\rangle,\langle b,a\rangle,\langle b,c\rangle,\langle c,d\rangle\}$,求 R 的各次幂.

解 (1) 用关系矩阵相乘的方法. R 的关系矩阵为

$$M=\begin{bmatrix}0&1&0&0\\1&0&1&0\\0&0&0&1\\0&0&0&0\end{bmatrix},$$

则 R^2,R^3,R^4 等的关系矩阵分别是

$$M^2=\begin{bmatrix}0&1&0&0\\1&0&1&0\\0&0&0&1\\0&0&0&0\end{bmatrix}\begin{bmatrix}0&1&0&0\\1&0&1&0\\0&0&0&1\\0&0&0&0\end{bmatrix}=\begin{bmatrix}1&0&1&0\\0&1&0&1\\0&0&0&0\\0&0&0&0\end{bmatrix},$$

$$M^3=M^2M=\begin{bmatrix}1&0&1&0\\0&1&0&1\\0&0&0&0\\0&0&0&0\end{bmatrix}\begin{bmatrix}0&1&0&0\\1&0&1&0\\0&0&0&1\\0&0&0&0\end{bmatrix}=\begin{bmatrix}0&1&0&1\\1&0&1&0\\0&0&0&0\\0&0&0&0\end{bmatrix},$$

$$M^4=M^3M=\begin{bmatrix}0&1&0&1\\1&0&1&0\\0&0&0&0\\0&0&0&0\end{bmatrix}\begin{bmatrix}0&1&0&0\\1&0&1&0\\0&0&0&1\\0&0&0&0\end{bmatrix}=\begin{bmatrix}1&0&1&0\\0&1&0&1\\0&0&0&0\\0&0&0&0\end{bmatrix}.$$

因此 $M^4=M^2$. 所以 $R^4=R^2$. 由此可以得到:

$$R^2=R^4=R^6=\cdots,\quad R^3=R^5=R^7=\cdots,$$

而 R^0,即 I_A 的关系矩阵是

$$M^0=\begin{bmatrix}1&0&0&0\\0&1&0&0\\0&0&1&0\\0&0&0&1\end{bmatrix}.$$

至此,R 各次幂的关系矩阵都得到了.

(2) 用关系图的方法得 $R^0,R^1,R^2,R^3,\cdots$的关系图如图 4.3 所示.

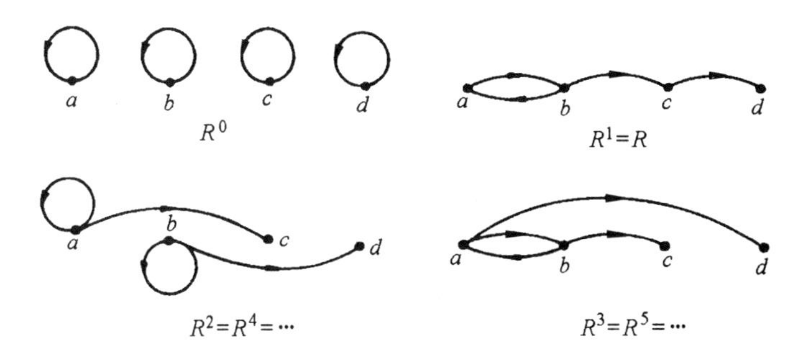

图　4.3

下面考虑幂运算的性质.

定理 4.3　设 A 为 n 元集，R 是 A 上的关系，则 $\exists s,t\in\mathbf{N}$，使 $R^s=R^t$.

证明　R 为 A 上的关系，对任何自然数 k，R^k 都是 $A\times A$ 的子集. 又 $|A\times A|=n^2$，$|P(A\times A)|=2^{n^2}$，即 $A\times A$ 的不同的子集仅 2^{n^2} 个. 当列出 R 的各次幂 $R^0,R^1,R^2,\cdots,R^{2^{n^2}},\cdots$ 时，定存在 s 和 $t\in\mathbf{N}$，使 $R^s=R^t$.

该定理说明有穷集上只有有穷多个不同的二元关系. R 的 t 次幂 R^t 当 t 足够大时必与某个 $R^s(s<t)$ 相等. 如例 4.8 中有 $R^4=R^2$.

定理 4.4　R 为 A 上的关系，$m,n\in\mathbf{N}$，则

(1) $R^m\circ R^n=R^{m+n}$，

(2) $(R^m)^n=R^{mn}$.

证明　用归纳法.

(1) $\forall m\in\mathbf{N}$，施归纳于 n.

若 $n=0$，则有

$$R^m\circ R^0=R^m\circ I_A=R^m=R^{m+0}.$$

假设当 $n=k$ 时有 $R^m\circ R^k=R^{m+k}$，则当 $n=k+1$ 时有

$$R^m\circ R^{k+1}=R^m\circ(R^k\circ R)=(R^m\circ R^k)\circ R=R^{m+k}\circ R=R^{m+k+1},$$

所以对一切 $m,n\in\mathbf{N}$ 有 $R^m\circ R^n=R^{m+n}$.

(2) $\forall m\in\mathbf{N}$，施归纳于 n.

若 $n=0$，则有 $(R^m)^0=I_A=R^0=R^{m\cdot 0}$.

假设当 $n=k$ 时有 $(R^m)^k=R^{mk}$，则当 $n=k+1$ 时有

$$(R^m)^{k+1}=(R^m)^k\circ R^m=R^{mk}\circ R^m=R^{mk+m}=R^{m(k+1)},$$

所以对一切 $m,n\in\mathbf{N}$ 有 $(R^m)^n=R^{mn}$.

4.3　关系的性质

关系的性质主要有五种：**自反性、反自反性、对称性、反对称性和传递性**. 分别定义如下：

定义 4.10　R 在 A 上是自反的当且仅当 $\forall x(x\in A\rightarrow xRx)$.

例如 A 上的全域关系 E_A，恒等关系 I_A 以及小于等于关系、整除关系、包含关系，都是自

反的. 但小于关系、真包含关系不是自反的.

不难证明,如果 R 是 A 上自反的关系,则有 $I_A \subseteq R \subseteq E_A$. 反之,若有 $I_A \subseteq R \subseteq E_A$,则 R 一定是 A 上自反的关系. 由此可见 I_A 是 A 上最小的自反关系,而 E_A 是 A 上最大的自反关系.

【例 4.9】 设 $A=\{1,2,3\}$,$R_1=\{\langle 1,1\rangle,\langle 2,2\rangle\}$,$R_2=\{\langle 1,1\rangle,\langle 2,2\rangle,\langle 3,3\rangle,\langle 1,2\rangle\}$,$R_3=\{\langle 1,3\rangle\}$,说明 R_1,R_2,R_3 是否为 A 上自反的关系.

解 只有 R_2 是 A 上自反的关系,因为 $I_A \subseteq R_2$;而 R_1 和 R_3 都不是 A 上的自反关系,因为 $\langle 3,3\rangle \notin R_1,R_3$.

关系 R 是否为自反关系是相对集合 A 来说的. 同一个关系在不同的集合上具有不同的性质. 如例 4.9 中的 R_1 在 $A=\{1,2,3\}$上不是自反的,但在 $B=\{1,2\}$上是自反的,因为 $I_B \subseteq R_1$.

定义 4.11 R 在 A 上是反自反的当且仅当 $\forall x(x\in A \to x \not R x)$.

例如 A 上的空关系$\varnothing$,小于关系,真包含关系都是反自反的.

不难证明,R 是 A 上反自反的关系,则有 $R \cap I_A=\varnothing$,反之也对. A 上最小的反自反关系为空关系$\varnothing$,最大的反自反关系为 E_A-I_A.

【例 4.10】 $A=\{1,2,3\}$, $R_1=\{\langle 1,1\rangle,\langle 1,2\rangle\}$,$R_2=\{\langle 1,2\rangle,\langle 2,1\rangle,\langle 2,2\rangle\}$,$R_3=\{\langle 1,3\rangle\}$. 说明 R_1,R_2,R_3 是否为 A 上反自反的关系.

解 由反自反性的充要条件 $R\cap I_A=\varnothing$可以判定只有 R_3 为 A 上反自反的关系.

根据 A 上的关系 R 是否具有自反性和反自反性可以将 A 上的关系进行分类. 若 A 为非空集合,则 A 上的关系可以是自反的,或反自反的,或既不是自反的也不是反自反的. 如例 4.9,R_1 不是自反的也不是反自反的,R_2 是自反的,R_3 是反自反的.

定义 4.12 R 在 A 上是对称的当且仅当 $\forall x \forall y(x,y\in A \land xRy \to yRx)$.

例如 A 上的全域关系 E_A,恒等关系 I_A,空关系$\varnothing$都是对称的关系.

易证 R 为 A 上对称关系的充分必要条件是 $R=R^{-1}$.

【例 4.11】 $A=\{1,2,3\}$,$R_1=\{\langle 1,1\rangle,\langle 1,2\rangle,\langle 2,1\rangle\}$,$R_2=\{\langle 1,1\rangle\}$,$R_3=\{\langle 2,1\rangle,\langle 2,2\rangle\}$,说明 R_1,R_2,R_3 是否为 A 上对称关系.

解 R_1,R_2 都是 A 上对称关系,因为有 $R_1=R_1^{-1}$,$R_2=R_2^{-1}$. 但 R_3 不是 A 上对称关系,因为 $R_3\neq R_3^{-1}$.

定义 4.13 R 在 A 上是反对称的当且仅当 $\forall x \forall y(x,y\in A \land xRy \land yRx \to x=y)$.

例如 A 上的空关系$\varnothing$,恒等关系 I_A 都是反对称的.

可以证明反对称性的下述定义与定义 4.13 是等价的:

R 在 A 上是反对称的当且仅当 $\forall x \forall y(x,y\in A \land xRy \land x\neq y \to y \not R x)$.

这说明在一个反对称的关系 R 中如果有$\langle x,y\rangle$,当 $x\neq y$ 时一定在 R 中不出现$\langle y,x\rangle$.

R 在 A 上为反对称关系的充要条件是:$R\cap R^{-1}\subseteq I_A$.

【例 4.12】 $A=\{1,2,3\}$,$R_1=\{\langle 1,1\rangle,\langle 2,2\rangle\}$,$R_2=\{\langle 1,2\rangle,\langle 1,3\rangle\}$,$R_3=\{\langle 1,2\rangle,\langle 2,1\rangle,\langle 1,1\rangle\}$. 说明 R_1,R_2,R_3 是否为 A 上反对称的关系.

解 R_1,R_2 为 A 上反对称的关系,R_3 不是. 因为 $R_1\cap R_1^{-1}=R_1\subseteq I_A$,$R_2\cap R_2^{-1}=\varnothing\subseteq I_A$,但是 $R_3\cap R_3^{-1}=\{\langle 1,2\rangle,\langle 2,1\rangle,\langle 1,1\rangle\}\not\subseteq I_A$.

根据 A 上的关系是否具有对称性和反对称性进行分类,可以将 A 上的关系分成四类:对称的,反对称的,既不是对称的又不是反对称的,既是对称的又是反对称的. 在例 4.12 中,R_1 既是对称的又是反对称的,R_2 是反对称的,R_3 是对称的. 如果令 $R_4=\{\langle 1,2\rangle,\langle 2,1\rangle,\langle 1,3\rangle\}$,

则 R_4 既不是对称的又不是反对称的.

定义 4.14　R 在 A 上是传递的当且仅当 $\forall x \forall y \forall z(x,y,z \in A \land xRy \land yRz \rightarrow xRz)$.

例如 A 上的全域关系 E_A、恒等关系 I_A、空关系 $\varnothing$、小于等于关系、整除关系、包含关系等都是传递的关系.

易证 R 为 A 上传递关系的充要条件是 $R \circ R \subseteq R$.

【例 4.13】　设 $A=\{1,2,3\}$，$R_1=\{\langle 1,1\rangle\}$，$R_2=\{\langle 1,3\rangle,\langle 2,3\rangle\}$，$R_3=\{\langle 1,1\rangle,\langle 1,2\rangle,\langle 2,3\rangle\}$. 说明 R_1,R_2,R_3 是否为 A 上传递的关系.

解　R_1,R_2 是 A 上传递的关系，但 R_3 不是. 因为 $R_1 \circ R_1 = R_1$，$R_2 \circ R_2 = \varnothing \subseteq R_2$，$R_3 \circ R_3 = \{\langle 1,1\rangle,\langle 1,2\rangle,\langle 1,3\rangle\} \not\subseteq R_3$.

关系的性质不仅反映在它的集合表达式上，也明显地反映在它的关系矩阵和关系图上. 通过这三种表达方式(都是充要条件)可以判断关系的性质. 请看表 4.1.

表　4.1

表达方式	自反性	反自反性	对称性	反对称性	传递性
集合表达式	$I_A \subseteq R$	$R \cap I_A = \varnothing$	$R = R^{-1}$	$R \cap R^{-1} \subseteq I_A$	$R \circ R \subseteq R$
关系矩阵	主对角线元素全是 1	主对角线元素全是 0	矩阵是对称矩阵	如果 $r_{ij}=1$，且 $i \neq j$，则 $r_{ji}=0$	对 M^2 中 1 所在的位置，在 M 中相应的位置也都是 1
关系图	每个顶点都有环	每个顶点都没有环	如果两个顶点之间有边，一定是一对方向相反的边(无单边)	如果两个顶点之间有边，一定是一条有向边(无双向边)	如果顶点 x_i 到 x_j 有边，x_j 到 x_k 有边，则从 x_i 到 x_k 有边

【例 4.14】　试判断图4.4中关系的性质.

解　(1) 该关系是对称的但不是反对称的，因为 1 和 2，1 和 3 之间都是一对方向相反的边. 它不是自反的也不是反自反的，因为有的顶点有环，有的顶点没有环. 它也不是传递的，因为 $\langle 2,1\rangle,\langle 1,2\rangle \in R$，但 $\langle 2,2\rangle \notin R$.

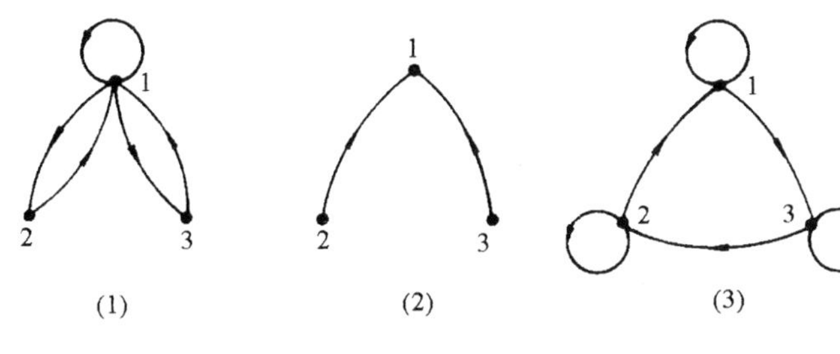

图　4.4

(2) 该关系是反自反的，因为每个顶点都没有环. 它是反对称但不是对称的，因为只有单方向的边. 它又是传递的. 因为不存在顶点 x,y,z，使得 x 到 y 有边，y 到 z 有边，但 x 到 z 没有边. 其中 $x,y,z \in \{1,2,3\}$.

(3) 该关系是自反的，因为每个顶点都有环. 它是反对称但不是对称的，因为每条边都是单向边. 但它不是传递的，因为 2 到 1 有边，1 到 3 有边，但 2 到 3 没有边.

设 R_1 和 R_2 是 A 上的关系,它们都具有某些共同的性质.在经过并、交、相对补、求逆或右复合运算以后所得到的新关系 $R_1 \cup R_2$,$R_1 \cap R_2$,$R_1 - R_2$,R_1^{-1},$R_1 \circ R_2$ 等是否还能保持原来关系的性质呢?我们省去证明,只把有关的结论给在表4.2中,其中的√和×分别表示“能保持”和“不一定能保持”的含义.

表 4.2

运算 \ 原有性质	自反性	反自反性	对称性	反对称性	传递性
R_1^{-1}	√	√	√	√	√
$R_1 \cap R_2$	√	√	√	√	√
$R_1 \cup R_2$	√	√	√	×	×
$R_1 - R_2$	×	√	√	√	×
$R_1 \circ R_2$	√	×	×	×	×

4.4 关系的闭包

设 R 是 A 上的关系,我们希望 R 具有某些有用的性质,如自反性.如果 R 具有自反性,当然符合要求了;如果 R 不具有自反性,我们就需要在 R 中添加一部分有序对来改造 R,得到新的关系 R',使得 R' 具有自反性.但又不希望 R' 与 R 相差太多.换句话说,要尽可能少地来添加有序对,满足这些要求的 R' 就称为 R 的**自反闭包**.通过添加有序对来构造的闭包除自反闭包外还可以有**对称闭包**和**传递闭包**.

定义 4.15 设 R 是非空集合 A 上的关系,R 的自反(对称或传递)闭包是 A 上的关系 R',且 R' 满足以下条件:

(1) R' 是自反的(对称或传递的),

(2) $R \subseteq R'$,

(3) 对 A 上任何包含 R 的自反(对称或传递)关系 R'' 有 $R' \subseteq R''$.

一般将 R 的自反闭包记作 $r(R)$,对称闭包记作 $s(R)$,传递闭包记作 $t(R)$.

【例 4.15】 设 $A=\{a,b,c,d\}$,$R=\{\langle a,b\rangle,\langle b,a\rangle,\langle b,c\rangle,\langle c,d\rangle,\langle d,b\rangle\}$,则 R 及 $r(R)$,$s(R)$,$t(R)$ 的关系图如图4.5所示.

怎样构造给定关系 R 的闭包呢?定理4.5指明了构造的方法.

定理 4.5 设 R 为 A 上的关系,则有

(1) $r(R)=R \cup R^0$,

(2) $s(R)=R \cup R^{-1}$,

(3) $t(R)=R \cup R^2 \cup R^3 \cup \cdots$.

证明略.

根据定理4.5,我们可以通过 R 的关系矩阵 M 求 $r(R)$,$s(R)$ 和 $t(R)$ 的关系矩阵 M_r,M_s 和 M_t.即:

$$M_r = M + E,$$

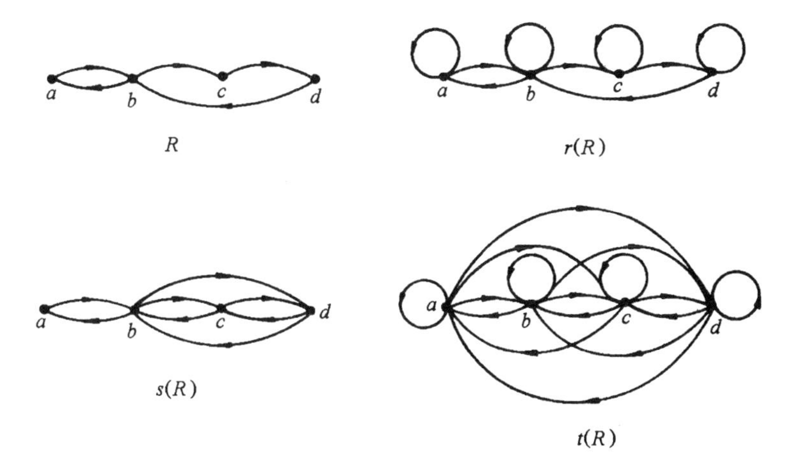

图　4.5

$$M_s = M + M',$$

$$M_t = M + M^2 + M^3 + \cdots.$$

其中 E 是和 M 同阶的单位矩阵，M' 是 M 的转置矩阵. 注意在矩阵相加时对应的元素使用逻辑加.

同样，我们也可以给出求 $r(R)$，$s(R)$，$t(R)$ 的关系图的方法. 设 A 上关系 R 的关系图为 G，$r(R)$，$s(R)$，$t(R)$ 的关系图分别记为 G_r，G_s，G_t. 求 G_r，G_s，G_t 的方法如下：

考查 G 的每个结点，如果没有环就加上一个环，最终得到的是 G_r.

考查 G 的每一条边，如果有一条 x_i 到 x_j 的单向边，则在 G 中加一条 x_j 到 x_i 的反方向边. 最终将得到 G_s.

从 G 的每个结点出发，比如说结点为 x_i，找出从 x_i 出发的所有 2 步，3 步，……，n 步长的路径（n 为 G 中结点数）. 设路径的终点为 $x_{j_1}, x_{j_2}, \cdots, x_{j_k}$，如果 x_i 到其中的某些终点没有边，就从 x_i 到这些终点连边. 当检查完所有的结点时就得到 G_t.

图 4.5 中的几个关系图就是依据上述方法得到的.

4.5　等价关系和偏序关系

等价关系和**偏序关系**是两类最重要的二元关系.

定义 4.16　设 R 为非空集合 A 上的关系. 如果 R 是自反的、对称的和传递的，则称 R 为 A 上的等价关系. 设 R 是一个等价关系，若 $\langle x,y\rangle \in R$，称 **x 等价于 y**，记作 $x \sim y$.

【例 4.16】　$A=\{1,2,\cdots,8\}$，A 上的关系 $R=\{\langle x,y\rangle \mid x,y\in A \wedge x\equiv y(\mathrm{mod}\ 3)\}$，

其中 $x\equiv y(\mathrm{mod}\ 3)$ 叫作 **x 与 y 模 3 相等**，即 x 除以 3 的余数与 y 除以 3 的余数相等. 不难验证 R 为 A 上的等价关系，因为

$\forall x \in A$，有 $x \equiv x(\mathrm{mod}\ 3)$，

$\forall x,y \in A$，若 $x \equiv y(\mathrm{mod}\ 3)$，则有 $y \equiv x(\mathrm{mod}\ 3)$，

$\forall x,y,z \in A$，若 $x \equiv y(\mathrm{mod}\ 3)$，$y \equiv z(\mathrm{mod}\ 3)$，则有 $x \equiv z(\mathrm{mod}\ 3)$.

该关系的关系图如图 4.6 所示.

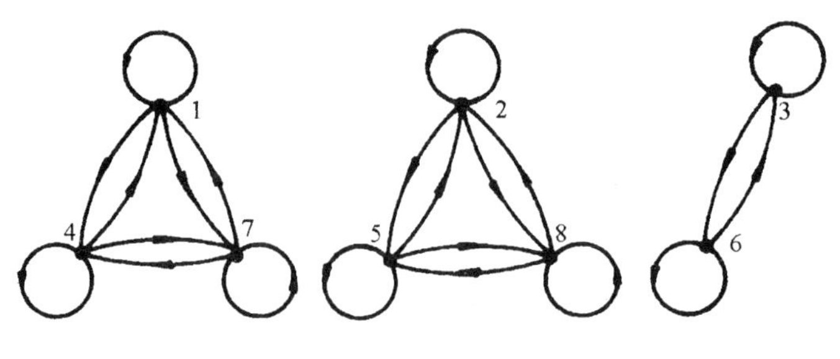

图 4.6

图 4.6 中的关系图被分隔成三个互不连通的部分.每部分中的数两两都有关系,不同部分中的数则没有关系.每一部分中的所有结点构成一个等价类.

定义 4.17 R 为非空集合 A 上的等价关系,$\forall x \in A$,令

$$[x]_R = \{y \mid y \in A \wedge xRy\}.$$

称$[x]_R$ 为 **x 关于 R 的等价类**,简称为 **x 的等价类**.简记作$[x]$或 $\bar{x}$.

例 4.16 中的等价类是:

$$[1]=[4]=[7]=\{1,4,7\},$$

$$[2]=[5]=[8]=\{2,5,8\},$$

$$[3]=[6]=\{3,6\}.$$

不难看出,$[x]$就是与 x 等价的所有 A 中元素的集合.

推广例 4.16 的模 3 等价关系,可以得到整数集合 $\mathbf{Z}$ 上的**模 n 等价关系**,即

$$\forall x,y \in \mathbf{Z},\ x \sim y \Leftrightarrow x \equiv y \pmod{n}.$$

可以根据任何整数除以 n(n 为正整数)所得余数将它们分类:

余数为 0 的数,其形式为 $nz, z \in \mathbf{Z}$,

余数为 1 的数,其形式为 $nz+1, z \in \mathbf{Z}$,

……,

余数为 $n-1$ 的数,其形式为 $nz+n-1, z \in \mathbf{Z}$.

以上构成了 n 个等价类,使用等价类的符号可记为:

$$[i]=\{nz+i \mid z \in \mathbf{Z}\},\ i=0,1,\cdots,n-1.$$

不难证明等价类具有以下性质.

定理 4.6 设 R 为非空集合 A 上的等价关系,则

(1) $\forall x \in A$,$[x]$是 A 的非空子集,

(2) $\forall x,y \in A$,如果 xRy,则$[x]$与$[y]$相等,

(3) $\forall x,y \in A$,如果 $x\not R y$,则$[x]$与$[y]$不交,

(4) 所有等价类的并集就是 A.

证明略.

例 4.16 中的等价类有三个:$\{1,4,7\}$,$\{2,5,8\}$,$\{3,6\}$.它们的并集就是$\{1,2,\cdots,8\}=A$.

定义 4.18 设 R 为非空集合 A 上的等价关系,以 R 的所有等价类作为元素的集合称为 A 关于 R 的**商集**,记作 A/R.即

$$A/R=\{[x]_R \mid x\in A\}.$$

例 4.16 中的商集为$\{\{1,4,7\},\{2,5,8\},\{3,6\}\}$. 而 $\mathbf{Z}$ 上模 n 等价关系的商集为

$$\{\{nz+i \mid z\in \mathbf{Z}\} \mid i=0,1,\cdots,n-1\}.$$

定义 4.19　设 A 为非空集合，若 A 的子集族 π(π 是由 A 的子集构成的集合，即 $\pi\subseteq P(A)$)满足：

(1) $\varnothing\notin\pi$,

(2) π 中任何两个子集都不交，

(3) π 中所有子集的并集就是 A,

则称 π 为 A 的一个**划分**，称 π 中元素为 A 的**划分块**.

【例 4.17】　设 $A=\{a,b,c,d\}$，$\pi_1=\{\{a,b,c\},\{d\}\}$，$\pi_2=\{\{a,b\},\{c\},\{d\}\}$，$\pi_3=\{\{a\},\{a,b,c,d\}\}$，$\pi_4=\{\{a,b\},\{c\}\}$，$\pi_5=\{\varnothing,\{a,b\},\{c,d\}\}$，$\pi_6=\{\{a,\{a\}\},\{b,c,d\}\}$，则 π_1 和 π_2 是 A 的划分，其他都不是 A 的划分. 因为 π_3 中的子集$\{a\}$和$\{a,b,c,d\}$相交，π_4 的子集之并是$\{a,b,c\}\neq A$，π_5 中含有$\varnothing$，π_6 不是 A 的子集族.

把商集 A/R 和划分的定义相比较，易见商集就是 A 的一个划分，并且不同的商集将对应于不同的划分. 反之，任给 A 的一个划分 π，如下定义 A 上的关系 R：

$$R=\{\langle x,y\rangle \mid x,y\in A\wedge x \text{ 与 } y \text{ 在 } \pi \text{ 的同一划分块中}\},$$

则不难证明 R 为 A 上的等价关系，且该等价关系的商集就是 π. 由此可见，A 上的等价关系与 A 的划分是一一对应的.

【例 4.18】　给出 $A=\{1,2,3\}$上所有的等价关系.

解　先做出 A 的所有划分如图 4.7. 它们所对应的等价关系是：

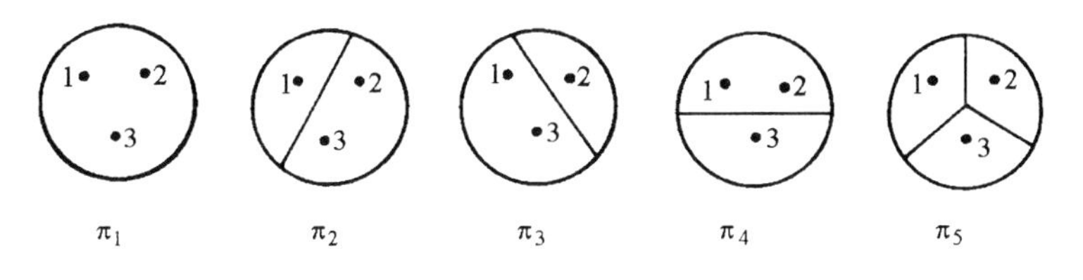

图　4.7

π_1 对应于 E_A，π_5 对应于 I_A. π_2，π_3，π_4 分别对应于 R_2，R_3，R_4，它们是：

$$R_2=\{\langle 2,3\rangle,\langle 3,2\rangle\}\cup I_A,$$

$$R_3=\{\langle 1,3\rangle,\langle 3,1\rangle\}\cup I_A,$$

$$R_4=\{\langle 1,2\rangle,\langle 2,1\rangle\}\cup I_A.$$

下面介绍另一种重要的关系——偏序关系.

定义 4.20　设 R 为非空集合 A 上的关系. 如果 R 是自反的、反对称的和传递的，则称 R 为 A 上的**偏序关系**，记作$\preccurlyeq$. 设$\preccurlyeq$是偏序关系，如果$\langle x,y\rangle\in\preccurlyeq$，则记作 $x\preccurlyeq y$，读作 x**"小于等于"**y.

注意这里的"小于等于"不是指数的大小，而是指在偏序关系中的顺序性. x"小于等于"y 的含义是 x 在序上排在 y 的前边或者 x 就是 y. 例如整除关系为偏序关系$\preccurlyeq$，$3\preccurlyeq 6$ 的含义是 3 整除 6. 大于等于关系也是偏序关系$\preccurlyeq$，针对这个关系写 $5\preccurlyeq 4$ 是说在大于等于关系中 5 比 4

大,也就是 5 排在 4 的前边. 根据不同偏序的定义. $\leqslant$有着不同的解释.

定义 4.21 设 R 为非空集合 A 上的偏序关系,定义

(1) $\forall x,y\in A$, $x\prec y \Leftrightarrow x\leqslant y \wedge x\neq y$,

(2) $\forall x,y\in A$, x 与 y **可比**$\Leftrightarrow x\leqslant y \vee y\leqslant x$.

其中 $x\prec y$ 读作 x“**小于**”y. 这里所说的“小于”的含义和定义 4.20 中的“小于等于”类似.

由以上两个定义可知,在具有偏序关系的集合 A 中,任取两个元素 $x,y\in A$,则有下述几种情况可能发生:$x\prec y$(或 $y\prec x$),$x=y$,x 与 y 不是可比的.

【例 4.19】 设 $A=\{1,2,3\}$,$\leqslant$是 A 上的整除关系,则有 $1\prec 2$,$1\prec 3$,2 与 3 不可比,$1=1$.

定义 4.22 设 R 为非空集合 A 上的偏序关系,如果 $\forall x,y\in A$,x 与 y 都是可比的,则称 R 为 A 上的**全序关系**(**或线序关系**).

例如数集上的小于等于关系是全序关系,因为任何两个数总是可比大小的. 但整除关系一般说来不是全序关系,如例 4.19 中的整除关系就不是,因为 2 和 3 不可比.

定义 4.23 集合 A 和 A 上的偏序关系$\leqslant$一起叫作**偏序集**,记作$\langle A,\leqslant\rangle$.

例如整数集合 $\mathbf{Z}$ 和数的小于等于关系$\leqslant$构成偏序集$\langle \mathbf{Z},\leqslant\rangle$,集合 A 的幂集 $P(A)$和包含关系 $R_{\subseteq}$一起构成偏序集$\langle P(A),R_{\subseteq}\rangle$.

利用偏序关系的性质可以简化一个偏序关系的关系图,得到**哈斯图**. 利用哈斯图可以形象地描述一个偏序集.

首先定义偏序集中结点的覆盖关系.

定义 4.24 设$\langle A,\leqslant\rangle$为偏序集. $\forall x,y\in A$,如果 $x\prec y$ 且不存在 $z\in A$ 使得 $x\prec z\prec y$,则称 y **覆盖** x.

例如$\{1,2,4,6\}$集合上的整除关系,有 2 覆盖 1,4 和 6 都覆盖 2. 但 4 不覆盖 1,因为有 $1\prec 2\prec 4$. 6 也不覆盖 4,因为 $4\not\leqslant 6$.

在画偏序集$\langle A,\leqslant\rangle$的哈斯图时,去掉每个结点的环. 适当排列结点的顺序使得 $\forall x,y\in A$,若 $x\prec y$,则将 x 画在 y 的下方. 如何连接 A 的结点呢? 对于 A 中的两个不同元素 x,y,如果 y 覆盖 x,就在图中连接 x 和 y. 这样就得到偏序集$\langle A,\leqslant\rangle$的哈斯图.

【例 4.20】 画出偏序集$\langle\{1,2,3,4,5,6,7,8,9\},R_{整除}\rangle$和$\langle P(\{a,b,c\}),R_{\subseteq}\rangle$的哈斯图.

解 两个哈斯图如图 4.8 所示.

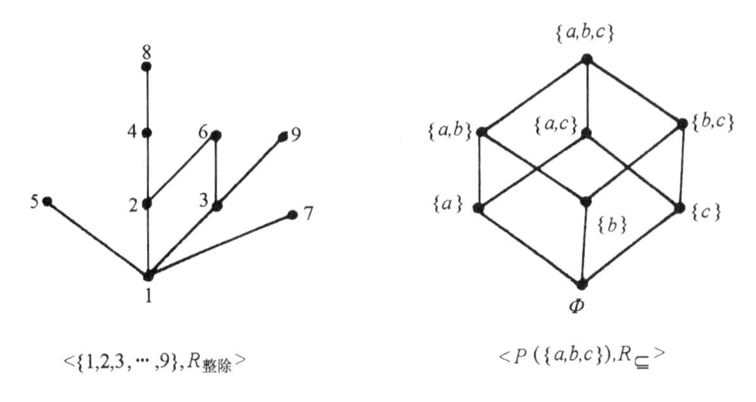

图 4.8

【例 4.21】 已知偏序集$\langle A,R\rangle$的哈斯图如图 4.9 所示，试求出集合 A 和关系 R 的表达式.

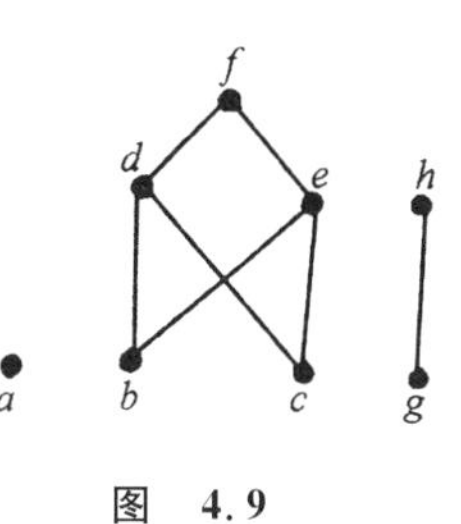

图　4.9

解　$A=\{a,b,c,d,e,f,g,h\}$，$R=\{\langle b,d\rangle,\langle b,e\rangle,\langle b,f\rangle,\langle c,d\rangle,\langle c,e\rangle,\langle c,f\rangle,\langle d,f\rangle,\langle e,f\rangle,\langle g,h\rangle\}\cup I_A$.

下面考虑偏序集中的一些特殊元素.

定义 4.25　设$\langle A,\preccurlyeq\rangle$为偏序集，$B\subseteq A$，$y\in B$.

(1) 若$\forall x(x\in B\rightarrow y\preccurlyeq x)$成立，则称 y 为 B 的**最小元**.

(2) 若$\forall x(x\in B\rightarrow x\preccurlyeq y)$成立，则称 y 为 B 的**最大元**.

(3) 若$\forall x(x\in B\wedge x\preccurlyeq y\rightarrow x=y)$成立，则称 y 为 B 的**极小元**.

(4) 若$\forall x(x\in B\wedge y\preccurlyeq x\rightarrow x=y)$成立，则称 y 为 B 的**极大元**.

从以上定义可以看出最小元和极小元是不一样的.最小元是 B 中最小的元素，它与 B 中其他元素都可比；而极小元不一定与 B 中元素都可比，只要没有比它小的元素，它就是极小元.对于有穷集 B，极小元一定存在，但最小元不一定存在.最小元如果存在，一定是唯一的，但极小元可能有多个.如果 B 中只有一个极小元，则它一定是 B 的最小元.类似地，极大元与最大元也有这种区别.

【例 4.22】 设偏序集$\langle A,\preccurlyeq\rangle$如图 4.9 所示，求 A 的极小元、最小元、极大元、最大元.

解　极小元是 a,b,c,g，极大元是 f,h,a，没有最小元和最大元.

由这个例子可以知道孤立结点既是极小元，又是极大元.

【例 4.23】 设偏序集如图4.8所示，求它们的极小元、最小元、极大元、最大元.

解　$\langle\{1,2,\cdots,9\},R_{整除}\rangle$的极小元是 1，最小元也是 1，极大元为 5,6,7,8,9，没有最大元.$\langle P(\{a,b,c\}),R_{\subseteq}\rangle$的极小元与最小元都是$\varnothing$，极大元与最大元都是$\{a,b,c\}$.

定义 4.26　设$\langle A,\preccurlyeq\rangle$为偏序集，$B\subseteq A$，$y\in A$.

(1) 若$\forall x(x\in B\rightarrow x\preccurlyeq y)$成立，则称 y 为 B 的**上界**.

(2) 若$\forall x(x\in B\rightarrow y\preccurlyeq x)$成立，则称 y 为 B 的**下界**.

(3) 令 $C=\{y\mid y$ 为 B 的上界$\}$，则称 C 的最小元为 B 的**最小上界或上确界**.

(4) 令 $D=\{y\mid y$ 为 B 的下界$\}$，则称 D 的最大元为 B 的**最大下界或下确界**.

由以上可知，B 的最小元一定是 B 的下界，同时也是 B 的最大下界.同样地，B 的最大元一定是 B 的上界，同时也是 B 的最小上界.但反过来就不对了，B 的下界可能不是 B 中的元素，B 的上界也可能不是 B 中的元素.

B 的上界、下界、最小上界、最大下界都可能不存在.如果存在，最小上界和最大下界是唯一的.如图 4.9 中的偏序集.令 $B=\{b,c,d\}$，则 B 的下界和最大下界都不存在，上界有 d 和 f，最小上界为 d.

4.6　函数的定义和性质

函数是一种特殊的二元关系.

定义 4.27　设 F 为二元关系，若$\forall x\in \mathrm{dom}\,F$ 都存在唯一的 $y\in \mathrm{ran}\,F$ 使 xFy 成立，则称 F 为**函数**.对于函数 F，如果有 xFy，则记作 $y=F(x)$，并称 y 为 F 在 x 点的值.

【例 4.24】 设 $F_1=\{\langle x_1,y_1\rangle,\langle x_2,y_1\rangle,\langle x_3,y_2\rangle\}$，$F_2=\{\langle x_1,y_1\rangle,\langle x_1,y_2\rangle\}$，判断它们是

否为函数.

解 F_1 是函数,F_2 不是函数.因为对应于 x_1 存在 y_1 和 y_2,有 $x_1F_2y_1$ 和 $x_1F_2y_2$,与函数定义矛盾,故 F_2 不是函数.

定义 4.28 设 F,G 为函数,则

$$F=G\Leftrightarrow F\subseteq G\wedge G\subseteq F.$$

由此可见,两个函数相等,它们的定义域一定相等,即 $\mathrm{dom}\ F=\mathrm{dom}\ G$,而且对于任何 $x\in\mathrm{dom}\ F=\mathrm{dom}\ G$ 都有 $F(x)=G(x)$. 例如 $F(x)=\dfrac{x^2-1}{x+1}$,$G(x)=x-1$,则 $F\neq G$,因为 $\mathrm{dom}\ F=\{x|x\in\mathbf{R}\wedge x\neq-1\}$,而 $\mathrm{dom}\ G=\mathbf{R}$. $\mathrm{dom}\ F\neq\mathrm{dom}\ G$.

定义 4.29 设 A,B 为集合,如果 f 为函数,且 $\mathrm{dom}\ f=A$,$\mathrm{ran}\ f\subseteq B$,则称 f 为**从 A 到 B 的函数**,记作 $f: A\to B$.

例如函数 $f: \mathbf{N}\to\mathbf{N}$,$f(x)=2x$ 是从 $\mathbf{N}$ 到 $\mathbf{N}$ 的函数. $g: \mathbf{N}\to\mathbf{N}$, $g(x)=2$ 也是从 $\mathbf{N}$ 到 $\mathbf{N}$ 的函数.

定义 4.30 所有从 A 到 B 的函数的集合记作 B^A,读作"**B 上 A**",即

$$B^A=\{f|f: A\to B\}.$$

【例 4.25】 设 $A=\{1,2,3\}$,$B=\{a,b\}$,求 B^A.

解 $B^A=\{f_0,f_1,\cdots,f_7\}$,其中

$$f_0=\{\langle 1,a\rangle, \langle 2,a\rangle, \langle 3,a\rangle\},$$
$$f_1=\{\langle 1,a\rangle, \langle 2,a\rangle, \langle 3,b\rangle\},$$
$$f_2=\{\langle 1,a\rangle, \langle 2,b\rangle, \langle 3,a\rangle\},$$
$$f_3=\{\langle 1,a\rangle, \langle 2,b\rangle, \langle 3,b\rangle\},$$
$$f_4=\{\langle 1,b\rangle, \langle 2,a\rangle, \langle 3,a\rangle\},$$
$$f_5=\{\langle 1,b\rangle, \langle 2,a\rangle, \langle 3,b\rangle\},$$
$$f_6=\{\langle 1,b\rangle, \langle 2,b\rangle, \langle 3,a\rangle\},$$
$$f_7=\{\langle 1,b\rangle, \langle 2,b\rangle, \langle 3,b\rangle\}.$$

由排列组合的知识不难证明:若 $|A|=m>0$, $|B|=n>0$,则 $|B^A|=n^m$. 在上例中,$|A|=3$, $|B|=2$,则 $|B^A|=2^3=8$.

定义 4.31 设 $f: A\to B$,$A_1\subseteq A$,则称

$$f(A_1)=\{f(x)|x\in A_1\}$$

为 **A_1 在 f 下的像**.特别地,称 $f(A)$ 为**函数的像**.

例如 $f: \mathbf{N}\to\mathbf{N}$, $f(x)=2x$,则 $A_1=\{1,2,3\}$ 和 $A_2=\mathbf{N}$ 在 f 下的像分别为

$$f(A_1)=\{2,4,6\},$$
$$f(A_2)=\{y|y=2x\wedge x\in\mathbf{N}\}.$$

下面讨论函数的性质.

定义 4.32 设 $f: A\to B$,

(1) 若 $\mathrm{ran}\ f=B$,则称 $f: A\to B$ 是**满射的**(或**到上的**).

(2) 若 $\forall y\in\mathrm{ran}\ f$ 都存在唯一的 $x\in\mathrm{dom}\ f=A$,使得 $f(x)=y$,则称 $f: A\to B$ 是**单射的**(或一一的).

(3) 若 f: $A \to B$ 既是满射又是单射的，则称 f: $A \to B$ 是**双射**的(或一一到上的).

由定义不难看出，如果 f:$A \to B$ 是满射的，则对于任意的 $y \in B$，都存在 $x \in A$，使得 $f(x) = y$. 如果 f: $A \to B$ 是单射的，则对于任意 $x_1, x_2 \in A$, $x_1 \neq x_2$，一定有 $f(x_1) \neq f(x_2)$. 换句话说，如果对于 $x_1, x_2 \in A$ 有 $f(x_1) = f(x_2)$，则一定有 $x_1 = x_2$.

【例 4.26】 判断下列函数是否为单射、满射、双射的：

(1) f: $\mathbf{R} \to \mathbf{R}$, $f(x) = -x^2 + 2x - 1$.

(2) f: $\mathbf{Z}^+ \to \mathbf{R}$, $f(x) = \ln x$, $\mathbf{Z}^+$ 为正整数集.

(3) f: $\mathbf{R} \to \mathbf{Z}$, $f(x) = \lfloor x \rfloor$, $\lfloor x \rfloor$ 表示不大于 x 的最大整数.

(4) f: $\mathbf{R} \to \mathbf{R}$, $f(x) = 2x + 1$.

(5) f: $\mathbf{R}^+ \to \mathbf{R}^+$, $f(x) = \dfrac{x^2+1}{x}$.

解 (1) f: $\mathbf{R} \to \mathbf{R}$, $f(x) = -x^2 + 2x - 1$ 是开口向下的抛物线，不是单调函数. 在 $x=1$ 点取得极大值 0，所以既不是单射，也不是满射的.

(2) f: $\mathbf{Z}^+ \to \mathbf{R}$, $f(x) = \ln x$ 是单调上升的，因此是单射的，但不是满射的.

$$\text{ran } f = \{\ln 1, \ln 2, \cdots\} \subset \mathbf{R}.$$

(3) f: $\mathbf{R} \to \mathbf{Z}$, $f(x) = \lfloor x \rfloor$ 是满射的，但不是单射的，例如 $f(1.5) = f(1.2) = 1$.

(4) f: $\mathbf{R} \to \mathbf{R}$, $f(x) = 2x + 1$ 是双射的. 因为它是单调函数，且 ran $f = \mathbf{R}$.

(5) f: $\mathbf{R}^+ \to \mathbf{R}^+$, $f(x) = \dfrac{x^2+1}{x}$ 不是单射的，也不是满射的，当 $x \to 0$ 时，$f(x) \to +\infty$；而当 $x \to +\infty$ 时，$f(x) \to +\infty$. 在 $x = 1$ 处函数取得最小值 $f(1) = 2$. 所以该函数既不单射也不满射.

下面给出几个常用函数的定义.

定义 4.33

(1) 设 f: $A \to B$，如果存在 $y \in B$ 使得对所有的 $x \in A$ 都有 $f(x) = y$，则称 f: $A \to B$ 是**常函数**.

(2) A 上的恒等关系 I_A 就是 A 上的**恒等函数**. 对所有的 $x \in A$ 都有 $I_A(x) = x$.

(3) 设 f: $\mathbf{R} \to \mathbf{R}$，对任意的 $x_1, x_2 \in \mathbf{R}$，如果 $x_1 < x_2$ 则有 $f(x_1) \leqslant f(x_2)$，就称 f 为**单调递增**的. 如果 $x_1 < x_2$ 则有 $f(x_1) < f(x_2)$，就称 f 为**严格单调递增**的. 类似地也可以定义**单调递减**的和**严格单调递减**的函数.

(4) 设 A 为集合，对于任意的 $A' \subseteq A$，A' 的**特征函数** $\chi_{A'}$: $A \to \{0,1\}$ 定义为

$$\chi_{A'}(a) = \begin{cases} 1, & a \in A'; \\ 0, & a \in A - A'. \end{cases}$$

例如 $A = \{a, b, c\}$, $A' = \{a\}$，则有

$$\chi_{A'}(a) = 1,\ \chi_{A'}(b) = 0,\ \chi_{A'}(c) = 0.$$

(5) 设 R 是 A 上的等价关系，定义一个从 A 到 A/R 的函数 g : $A \to A/R$, $g(a) = [a]$. 它把 A 中的元素 a 映射到 a 的等价类$[a]$. 我们称 g 是从 A 到商集 A/R 的**自然映射**.

例如 $A = \{1,2,3\}$, $R = \{\langle 1,2 \rangle, \langle 2,1 \rangle\} \cup I_A$，则

$$g(1) = g(2) = \{1,2\},\ g(3) = \{3\}.$$

4.7 函数的复合和反函数

函数是一种二元关系,函数的复合就是关系的右复合.一切和关系右复合有关的定理都适用于函数的复合.下面着重考虑函数在右复合中特有的性质.

定理 4.7 设 F,G 是函数,则 $F\circ G$ 也是函数,且满足

(1) $\mathrm{dom}\,(F\circ G)=\{x\mid x\in \mathrm{dom}\,F\wedge F(x)\in \mathrm{dom}\,G\}$,

(2) $\forall x\in \mathrm{dom}\,(F\circ G)$ 有 $F\circ G(x)=G(F(x))$.

证明 因为 F,G 是关系,所以 $F\circ G$ 也是关系.

若对某个 $x\in \mathrm{dom}\,(F\circ G)$ 有 $xF\circ Gy_1$ 和 $xF\circ Gy_2$,则

$$
\begin{aligned}
&xF\circ Gy_1\wedge xF\circ Gy_2\\
\Rightarrow\ &\exists t_1(xFt_1\wedge t_1Gy_1)\wedge \exists t_2(xFt_2\wedge t_2Gy_2)\\
\Rightarrow\ &\exists t_1\exists t_2(t_1=t_2\wedge t_1Gy_1\wedge t_2Gy_2)\quad (F\text{ 为函数})\\
\Rightarrow\ &y_1=y_2\quad (G\text{ 为函数}).
\end{aligned}
$$

所以 $F\circ G$ 为函数.

任取 x,

$$
\begin{aligned}
&x\in \mathrm{dom}\,(F\circ G)\\
\Rightarrow\ &\exists t\exists y(xFt\wedge tGy)\\
\Rightarrow\ &\exists t(x\in \mathrm{dom}\,F\wedge t=F(x)\wedge t\in \mathrm{dom}\,G)\\
\Rightarrow\ &x\in\{x\mid x\in \mathrm{dom}\,F\wedge F(x)\in \mathrm{dom}\,G\}.
\end{aligned}
$$

任取 x,

$$
\begin{aligned}
&x\in \mathrm{dom}\,F\wedge F(x)\in \mathrm{dom}\,G\\
\Rightarrow\ &\langle x,F(x)\rangle\in F\wedge\langle F(x),G(F(x))\rangle\in G\\
\Rightarrow\ &\langle x,G(F(x))\rangle\in F\circ G\\
\Rightarrow\ &x\in \mathrm{dom}\,(F\circ G)\wedge F\circ G(x)=G(F(x)).
\end{aligned}
$$

所以(1)和(2)得证.

推论 1 设 $F\colon A\to B$,$G\colon B\to C$,则 $F\circ G\colon A\to C$,且 $\forall x\in A$ 有 $F\circ G(x)=G(F(x))$.

推论 2 设 F,G,H 为函数,则 $(F\circ G)\circ H$ 和 $F\circ(G\circ H)$ 都是函数,且

$$(F\circ G)\circ H=F\circ(G\circ H).$$

两个推论的证明很简单,在此不再赘述.

定理 4.8 设 $f\colon A\to B$, $g\colon B\to C$,

(1) 如果 $f\colon A\to B$, $g\colon B\to C$ 都是满射的,则 $f\circ g\colon A\to C$ 也是满射的.

(2) 如果 $f\colon A\to B$, $g\colon B\to C$ 都是单射的,则 $f\circ g\colon A\to C$ 也是单射的.

(3) 如果 $f\colon A\to B$, $g\colon B\to C$ 都是双射的,则 $f\circ g\colon A\to C$ 也是双射的.

证明 (1) 任取 $c\in C$,因为 $g\colon B\to C$ 是满射的,所以 $\exists b\in B$,使 $g(b)=c$.对于这个 b,由于 $f\colon A\to B$ 也是满射的,所以 $\exists a\in A$,使得 $f(a)=b$.由定理 4.7 有 $f\circ g(a)=g(f(a))=g(b)=c$.所以,$f\circ g\colon A\to C$ 是满射的.

(2) 假设 $\exists x_1,x_2\in A$ 使得 $f\circ g(x_1)=f\circ g(x_2)$.由定理 4.7 有 $g(f(x_1))=g(f(x_2))$.因为 $g\colon B\to C$ 是单射的,故 $f(x_1)=f(x_2)$.又由于 $f\colon A\to B$ 是单射的,所以 $x_1=x_2$.于是得到

$f \circ g: A \to C$ 是单射的.

(3) 可由(1)(2)得证.

定理 4.8 说明函数的复合运算能够保持函数单射、满射、双射的性质. 但该定理的逆不为真. 即如果 $f \circ g: A \to C$ 是单射(或满射,双射)的,不一定有 $f: A \to B$ 和 $g: B \to C$ 是单射(或满射,双射)的.

定理 4.9 设 $f: A \to B$,则有

$$f = f \circ I_B = I_A \circ f.$$

证明 由定理 4.7 推论 1 可知

$$f \circ I_B: A \to B \quad 和 \quad I_A \circ f: A \to B.$$

任取 $\langle x, y \rangle$,

$$\langle x,y \rangle \in f \Rightarrow \langle x,y \rangle \in f \wedge y \in B \Rightarrow \langle x,y \rangle \in f \wedge \langle y,y \rangle \in I_B \Rightarrow \langle x,y \rangle \in f \circ I_B,$$

$$\langle x,y \rangle \in f \circ I_B \Rightarrow \exists t(\langle x,t \rangle \in f \wedge \langle t,y \rangle \in I_B) \Rightarrow \langle x,t \rangle \in f \wedge t = y \Rightarrow \langle x,y \rangle \in f,$$

所以 $f = f \circ I_B$.

同理可证 $I_A \circ f = f$.

下面讨论反函数.

任给一个函数 F,它的逆 F^{-1} 不一定是函数. 只是一个二元关系. 例如

$$F = \{\langle x_1, y_1 \rangle, \langle x_2, y_1 \rangle\},$$

则有

$$F^{-1} = \{\langle y_1, x_1 \rangle, \langle y_1, x_2 \rangle\}.$$

显然,F^{-1} 不是函数,因为对于 $y_1 \in \mathrm{dom}\, F^{-1}$ 有 x_1 和 x_2 两个值与之对应. 破坏了函数的单值性.

任给一个单射函数 $f: A \to B$,则 f^{-1} 是函数,且满足 $f^{-1}: \mathrm{ran}\, f \to A$,它是单射和满射的,因此也是双射的.

对于什么样的函数 $f: A \to B$,它的逆 f^{-1} 是从 B 到 A 的函数 $f^{-1}: B \to A$ 呢? 我们有以下定理.

定理 4.10 设 $f: A \to B$ 是双射的,则 f^{-1} 是从 B 到 A 的函数 $f^{-1}: B \to A$,且它也是双射的.

证明 因为 f 是函数,所以 f^{-1} 是关系,且由定理 4.1 有 $\mathrm{dom}\, f^{-1} = \mathrm{ran}\, f = B$, $\mathrm{ran}\, f^{-1} = \mathrm{dom}\, f = A$. 对于任意的 $y \in B$,假设有 $x_1, x_2 \in A$ 使得

$$y f^{-1} x_1 \wedge y f^{-1} x_2$$

成立,则由逆的定义有

$$x_1 f y \wedge x_2 f y$$

成立. 由 f 的单射性可得 $x_1 = x_2$. f^{-1} 满足单值性. 综上所述有 $f^{-1}: B \to A$ 是满射的函数.

假设对某个 $x_1, x_2 \in B$,有 $f^{-1}(x_1) = f^{-1}(x_2)$,即存在 $y \in A$,有 $f^{-1}(x_1) = f^{-1}(x_2) = y$. 根据逆的定义有 $y f x_1$ 和 $y f x_2$. 因为 f 为函数,所以 $x_1 = x_2$. 这就证明了 $f^{-1}: B \to A$ 是单射的.

对于双射函数 $f: A \to B$,称 $f^{-1}: B \to A$ 是它的**反函数**. 可以证明对任何的双射函数 $f: A \to B$ 和它的反函数 $f^{-1}: B \to A$,它们的复合函数都是恒等函数,且满足:

$$f^{-1} \circ f = I_B, \ f \circ f^{-1} = I_A.$$

【例 4.27】 设 $f: \mathbf{R}\to\mathbf{R}, f(x)=\begin{cases}x^2, & x\geqslant 3;\\ -2, & x<3,\end{cases}$ $g: \mathbf{R}\to\mathbf{R}$, $g(x)=x+2$,求 $f\circ g$, $g\circ f$. 如果 f 和 g 存在反函数,求它们的反函数.

解

$$f\circ g: \mathbf{R}\to\mathbf{R},$$

$$f\circ g(x)=\begin{cases}x^2+2, & x\geqslant 3;\\ 0, & x<3.\end{cases}$$

$$g\circ f: \mathbf{R}\to\mathbf{R},$$

$$g\circ f(x)=\begin{cases}(x+2)^2, & x\geqslant 1;\\ -2, & x<1.\end{cases}$$

因为 $f: \mathbf{R}\to\mathbf{R}$ 不是双射函数,不存在反函数. 而 $g: \mathbf{R}\to\mathbf{R}$ 是双射函数,它的反函数是

$$g^{-1}: \mathbf{R}\to\mathbf{R}, g^{-1}(x)=x-2.$$

4.8 例题分析

关系和函数是很重要的概念,有关的习题也很多,大致可以分成概念题、计算题和验证题三类.

一、概念题

【例 4.28】 判断下列命题是否恒真:

(1) 设 A,B,C 为任意集合,若 $A\times B=A\times C$,则 $B=C$.

(2) 设 A,B,C 为任意集合,则 $A-(B\times C)=(A-B)\times(A-C)$.

(3) 若 $\langle 2x+y,6\rangle=\langle 5,x+y\rangle$,则 $x=-1,y=7$.

(4) 如果 R_1,R_2 在 A 上是反对称的,则 $R_1\cup R_2$ 在 A 上也是反对称的.

(5) 等价关系可能也是偏序关系.

(6) 如果 $f: A\to B$ 是单射的,则 $f^{-1}: B\to A$ 也是单射的.

解 (1),(2),(4),(6)不是恒真命题.(3),(5)是恒真命题.

分析:(1) 在有关笛卡儿积的运算中空集 $\varnothing$ 是一种特殊情况,应该分别讨论. 当 $A\neq\varnothing$ 时结论为真,当 $A=\varnothing$ 时,结论可能不为真.

(2) 举反例如下:$A=\{2\},B=\varnothing,C=\{2\}$,则 $A-(B\times C)=\{2\}$,而$(A-B)\times(A-C)=\varnothing$.

(3) 通过有序对相等的充要条件可得以下方程组:

$$\begin{cases}2x+y=5,\\ x+y=6.\end{cases}$$

解得

$$x=-1,y=7.$$

(4) 由表 4.2 可知.

(5) A 上的恒等关系既是等价关系,也是偏序关系.

(6) 如果 $f: A\to B$ 是单射的,则 f^{-1}是函数,但不是从 B 到 A 的函数,而是从 $\operatorname{ran} f$ 到 A 的函数,正确的写法是 $f^{-1}: \operatorname{ran} f\to A$ 为单射函数(或双射函数).

【例 4.29】 设 $A=\{1,2,3,4\}$,列出以下各关系中的元素:

(1) $\forall x,y\in A$, $xRy\Leftrightarrow 3\mid(x-y)$.

(2) $\forall x,y\in A$，$xRy\Leftrightarrow x\mid y\wedge x\neq y$.

(3) $\forall x,y\in A$，$xRy\Leftrightarrow |x|<|y|$.

(4) $\forall x,y\in A$，$xRy\Leftrightarrow x>y\vee y>x$.

(5) $\forall x,y\in A$，$xRy\Leftrightarrow x-y\notin \mathbf{Z}$.

解　(1) $R=\{\langle 1,4\rangle,\langle 4,1\rangle\}\cup I_A$.

(2) $R=\{\langle 1,2\rangle,\langle 1,3\rangle,\langle 1,4\rangle,\langle 2,4\rangle\}$.

(3) $R=\{\langle 1,2\rangle,\langle 1,3\rangle,\langle 1,4\rangle,\langle 2,3\rangle,\langle 2,4\rangle,\langle 3,4\rangle\}$.

(4) $R=\{\langle 1,2\rangle,\langle 2,1\rangle,\langle 1,3\rangle,\langle 3,1\rangle,\langle 1,4\rangle,\langle 4,1\rangle,\langle 2,3\rangle,\langle 3,2\rangle,\langle 2,4\rangle,\langle 4,2\rangle,\langle 3,4\rangle,\langle 4,3\rangle\}=E_A-I_A$.

(5) $R=\varnothing$.

【例 4.30】　$X=\{1,2,3\}$，R 为 X 上的关系，且

$$M_R=\begin{bmatrix}1&0&0\\1&1&0\\1&0&0\end{bmatrix}.$$

写出 R 的关系表达式，画出 R 的关系图，并说明 R 的性质.

解　$R=\{\langle 1,1\rangle,\langle 2,1\rangle,\langle 2,2\rangle,\langle 3,1\rangle\}$，其关系图 G_R 如图 4.10 所示. R 是反对称的和传递的.

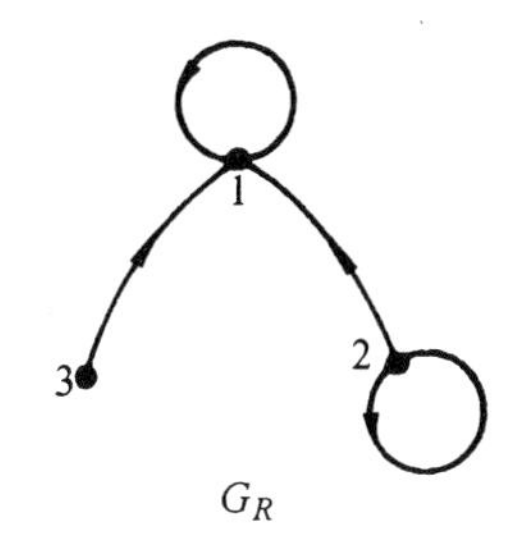

图　4.10

G_R 中有的顶点有环但不全是环，所以 R 既不是自反的也不是反自反的. 图中的边都是单向的，所以 R 是反对称的，但不是对称的. 在图中没有下述情况：$x\rightarrow y$ 有边，$y\rightarrow z$ 有边，但 $x\rightarrow z$ 没有边，其中 $x,y,z\in\{1,2,3\}$. 所以 R 是传递的.

【例 4.31】　对于给定的 A 和 R，判断 R 是否为 A 上等价关系：

(1) A 为实数集，$\forall x,y\in A$，$xRy\Leftrightarrow x-y=2$.

(2) $A=\{1,2,3\}$，$\forall x,y\in A$，$xRy\Leftrightarrow x+y\neq 3$.

(3) $A=\mathbf{Z}^+$，$\forall x,y\in A$，$xRy\Leftrightarrow x\cdot y$ 是奇数.

(4) $A=P(X)$，$|X|\geqslant 2$，$\forall x,y\in A$，$xRy\Leftrightarrow x\subseteq y\vee y\subseteq x$.

(5) $A=P(X)$，$C\subseteq X$，$\forall x,y\in A$，$xRy\Leftrightarrow x\oplus y\subseteq C$.

解　(1)，(2)，(3)，(4)中的 R 都不是 A 上的等价关系，只有(5)中的 R 是 A 上的等价关系.

判断 R 是否为 A 上的等价关系，只需验证 R 是否具有自反性、对称性和传递性即可.

(1) x 为实数，$x-x\neq 2$，所以 R 不是自反的；若 $x-y=2$，则 $y-x\neq 2$，所以 R 不是对称的；若 $x-y=2$ 且 $y-z=2$，则 $x-z=4$，所以 R 也不是传递的. 以上三条只要确定一条即可.

(2) R 不是传递的，因为 $1R3\Leftrightarrow 1+3\neq 3$，且 $3R2\Leftrightarrow 3+2\neq 3$，但 $1R3\wedge 3R2\nRightarrow 1R2$，因为 $1+2=3$. 所以 R 不是传递的.

(3) R 不是自反的，因为 $2\cdot 2=4$ 不是奇数，所以 $2\not R 2$.

(4) R 不是传递的，例如 $X=\{a,b\}$，$P(X)=\{\varnothing,\{a\},\{b\},\{a,b\}\}$，则根据题意有$\{a\}R\{a,b\}$，$\{a,b\}R\{b\}$，但$\{a\}\not R\{b\}$.

(5) $\forall x\in A$，$x\oplus x=\varnothing\subseteq C$.

$\forall x$，$y\in A$，若 $x\oplus y\subseteq C$，则 $y\oplus x=x\oplus y\subseteq C$.

$\forall x, y, z \in A$，若 $x \oplus y \subseteq C$，$y \oplus z \subseteq C$，则 $x \oplus z = (x \oplus y) \oplus (y \oplus z) \subseteq C$.
综上所述,R 是自反的、对称的、传递的.

【例 4.32】 设 $A=\{1,2,3,4\}$. 在 $A \times A$ 上定义等价关系 R，$\forall \langle u,v\rangle, \langle x,y\rangle \in A \times A$ 有

$$\langle u,v\rangle R \langle x,y\rangle \Leftrightarrow u+y=x+v.$$

试确定由 R 引起的 A 的划分.

解 $\langle u,v\rangle R \langle x,y\rangle \Leftrightarrow u+y=x+v \Leftrightarrow u-v=x-y$,即两个有序对等价的充要条件是第一元素减第二元素的差相等. $A \times A$ 中等价的元素是：

$$\langle 1,2\rangle \sim \langle 2,3\rangle \sim \langle 3,4\rangle,$$
$$\langle 2,1\rangle \sim \langle 3,2\rangle \sim \langle 4,3\rangle,$$
$$\langle 1,3\rangle \sim \langle 2,4\rangle,$$
$$\langle 3,1\rangle \sim \langle 4,2\rangle,$$
$$\langle 1,4\rangle,$$
$$\langle 4,1\rangle,$$
$$\langle 1,1\rangle \sim \langle 2,2\rangle \sim \langle 3,3\rangle \sim \langle 4,4\rangle,$$

所以,$A/R=\{\{\langle 1,1\rangle,\langle 2,2\rangle,\langle 3,3\rangle,\langle 4,4\rangle\},\{\langle 1,4\rangle\},\{\langle 4,1\rangle\},\{\langle 3,1\rangle,\langle 4,2\rangle\},\{\langle 1,3\rangle,\langle 2,4\rangle\},\{\langle 2,1\rangle,\langle 3,2\rangle,\langle 4,3\rangle\},\{\langle 1,2\rangle,\langle 2,3\rangle,\langle 3,4\rangle\}\}$.

所求的划分就是商集 A/R. 只要根据题意将彼此等价的元素分类,找到所有的等价类就可得到商集.

【例 4.33】 X 为集合,$A=P(X)-\{\varnothing\}-\{X\}$，且 $A \neq \varnothing$,问：

(1) 偏序集$\langle A, R_{\subseteq}\rangle$是否存在最大元?

(2) 偏序集$\langle A, R_{\subseteq}\rangle$是否存在最小元?

(3) 偏序集$\langle A, R_{\subseteq}\rangle$中极大元和极小元的一般形式是什么?

(4) 如 $X=\{a,b,c\}$,画出$\langle A, R_{\subseteq}\rangle$的哈斯图.

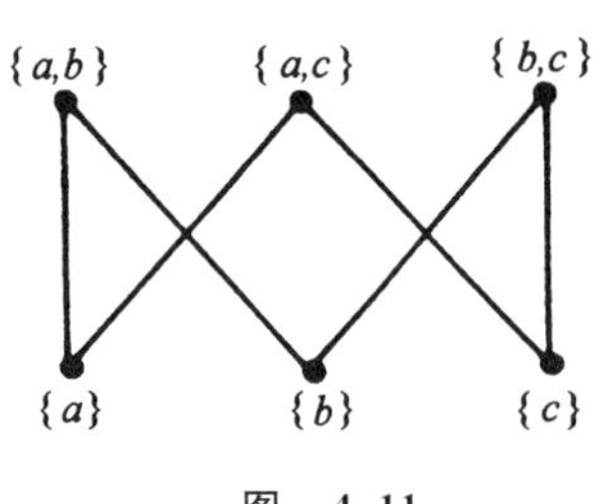

图 4.11

解 $\langle A, R_{\subseteq}\rangle$不存在最小元和最大元. 它的极小元的一般形式为$\{x\}$,$x \in X$,极大元的一般形式是 $X-\{x\}$，$x \in X$.

当 $X=\{a,b,c\}$时,$A=\{\{a,b\},\{a,c\},\{b,c\},\{a\},\{b\},\{c\}\}$，$\langle A, R_{\subseteq}\rangle$的哈斯图如图 4.11 所示.

【例 4.34】 对于以下各题给定的 A,B 和 f,判断是否构成函数 f: $A \to B$. 如果是,说明 f: $A \to B$ 是否为单射、满射或双射的,并根据要求进行计算：

(1) $A=\{1,2,3,4,5\}$,$B=\{6,7,8,9,10\}$,$f=\{\langle 1,8\rangle,\langle 3,9\rangle,\langle 4,10\rangle,\langle 2,6\rangle,\langle 5,9\rangle\}$.

(2) A,B 同(1)，$f=\{\langle 1,7\rangle,\langle 2,6\rangle,\langle 4,5\rangle,\langle 1,9\rangle,\langle 5,10\rangle\}$.

(3) A,B 同(1)，$f=\{\langle 1,8\rangle,\langle 3,10\rangle,\langle 2,6\rangle,\langle 4,9\rangle\}$.

(4) $A=B=\mathbf{R}$,$f(x)=x^3$ ($\forall x \in \mathbf{R}$).

(5) $A=B=\mathbf{R}^+$,$f(x)=\dfrac{x}{x^2+1}$,($\forall x \in \mathbf{R}^+$).

(6) $A=B=\mathbf{R} \times \mathbf{R}$，$f(\langle x,y\rangle)=\langle x+y, x-y\rangle$,令 $L=\{\langle x,y\rangle \mid x,y \in \mathbf{R} \wedge y=x+1\}$,计算 $f(L)$.

(7) $A=\mathbf{N} \times \mathbf{N}$,$B=\mathbf{N}$,$f(\langle x,y\rangle)=|x^2-y^2|$,计算 $f(\mathbf{N} \times \{0\})$.

解　(1) 能构成 $f: A\to B$. 但 $f: A\to B$ 不是单射也不是满射的. 因为 $f(3)=f(5)=9$. $7\notin \operatorname{ran} f$.

(2) 不能构成 $f: A\to B$,因为 f 不是函数. $\langle 1,7\rangle\in f$ 且 $\langle 1,9\rangle\in f$,与函数定义矛盾.

(3) 不能构成 $f: A\to B$,因为 $\operatorname{dom} f=\{1,2,3,4\}\neq A$.

(4) 能构成 $f: A\to B$,且 $f: A\to B$ 是双射的.

(5) 能构成 $f: A\to B$,但 $f: A\to B$ 不是单射的,也不是满射的. 因为该函数在 $x=1$ 取得极大值$\frac{1}{2}$. 函数不是单调的.

(6) 能构成 $f: A\to B$,且 $f: A\to B$ 是双射的.

$$f(L)=\{\langle 2x+1,-1\rangle \mid x\in \mathbf{R}\}=\mathbf{R}\times\{-1\}.$$

(7) 能构成 $f: A\to B$,但 $f: A\to B$ 不是单射也不是满射的. 因为 $f(\langle 1,1\rangle)=f(\langle 2,2\rangle)=0$,且 $2\notin \operatorname{ran} f$.

$$f(\mathbf{N}\times\{0\})=\{n^2-0^2 \mid n\in \mathbf{N}\}=\{n^2 \mid n\in \mathbf{N}\}.$$

如何判断 f 与 A,B 能构成 $f: A\to B$? 首先要看 f 是否为函数,然后检查 $\operatorname{dom} f=A$ 和 $\operatorname{ran} f\subseteq B$ 是否成立. 如果成立,则有 $f: A\to B$.

如何判断 $f: A\to B$ 是否为单射、满射、双射的? 如果 f 是实数集合上的函数,只要它是单调的,就一定是单射的. 然后检查 B 中的元素是否都是函数值,如果是,则是满射的. 例如(5)中的函数不是单调的,必不是单射的. 当 $x\to 0$ 时,$f(x)\to 0$,当 $x\to\infty$时,$f(x)\to 0$,函数的最大值是$\frac{1}{2}$,所以函数的值域是$\left(0,\frac{1}{2}\right]$,不是 $\mathbf{R}^+$. 因此函数也不是满射的. 而(6)中的函数是双射的:

$$\begin{aligned}
&f(\langle x,y\rangle) = f(\langle u,v\rangle)\Rightarrow\langle x+y,x-y\rangle = \langle u+v,u-v\rangle\\
&\Rightarrow x+y = u+v \land x-y = u-v\Rightarrow x = u \land y = v\\
&\Rightarrow\langle x,y\rangle = \langle u,v\rangle.
\end{aligned}$$

所以 f 是单射的.

对于任意的$\langle u,v\rangle\in \mathbf{R}\times\mathbf{R}$,存在 $\left\langle\frac{u+v}{2},\frac{u-v}{2}\right\rangle\in \mathbf{R}\times\mathbf{R}$,且 $f\left(\left\langle\frac{u+v}{2},\frac{u-v}{2}\right\rangle\right)=\langle u,v\rangle$

所以 $\mathbf{R}\times\mathbf{R}$ 中的任何有序对都是函数值,f 是满射的.

【例 4.35】　对于给定的集合 A 和 B 构造双射函数 $f: A\to B$:

(1) $A=[0,1]$, $B=\left[\frac{1}{4},\frac{1}{2}\right]$.

(2) $A=[0,1]$, $B=(0,1)$.

(3) $A=\mathbf{Z}$, $B=\mathbf{N}$.

(4) $A=\left[\frac{\pi}{2},\frac{3}{2}\pi\right]$, $B=[-1,1]$.

解　(1) 考查从$\left(0,\frac{1}{4}\right)$点到$\left(1,\frac{1}{2}\right)$点的直线方程所表示的函数 $f: [0,1]\to\left[\frac{1}{4},\frac{1}{2}\right]$, $f(x)=\frac{x+1}{4}$. 该函数是单调的,所以是单射的,且 $\operatorname{ran} f=\left[\frac{1}{4},\frac{1}{2}\right]$.

(2) 令 $f:[0,1]\to(0,1)$.

$$f(x)=\begin{cases}\frac{1}{2}, & x=0;\\ \frac{1}{4}, & x=1;\\ \frac{1}{2^{n+2}}, & x=\frac{1}{2^n}\ (n=1,2,\cdots);\\ x, & \text{其他 } x\in(0,1).\end{cases}$$

易见 f 为单射的,且 $\operatorname{ran} f=(0,1)$.

(3) 将 **Z** 中元素依下列顺序排列并与 **N** 中元素对应:

Z:	0	−1	1	−2	2	−3	3	…
	↓	↓	↓	↓	↓	↓	↓	
N:	0	1	2	3	4	5	6	…

则这种对应所表示的函数是:

$$f:\mathbf{Z}\to\mathbf{N}.$$

$$f(x)=\begin{cases}2x, & x\geqslant 0;\\ -2x-1, & x<0.\end{cases}$$

f 为 **Z** 到 **N** 的双射函数.

(4) 令 $f:\left[\frac{\pi}{2},\frac{3}{2}\pi\right]\to[-1,1]$, $f(x)=\sin x$ 即可.

如果 A,B 都是实数区间,且两端的开闭情况一致,则可以采用直线方程所对应的函数.有时也可采用其他初等函数,如三角函数、指数函数、对数函数等.如果两端的开闭情况不一致,则要处理好闭区间端点的对应问题.一般是在区间内选择一个无穷的序列,如(2)中的$\frac{1}{2}$,$\frac{1}{4}$,$\frac{1}{8}$,…,将端点加到序列的前边,向后错位对应即可.如果 A,B 不是实数区间,则 f 不是初等函数.当 A,B 中有一个是自然数集合时,则将另一集合的元素想办法排成一个序列,如 **Z** 中的排列,然后与自然数一一对应.

二、计算题

本章中主要的计算是求 $A\times B$,R^{-1},$R\circ S$,$\operatorname{dom} R$, $\operatorname{ran} R$, $\operatorname{fld} R$, R^n, $r(R)$, $s(R)$, $t(R)$以及 B^A,$f(A)$,$f(X)$,$f\circ g$ 和反函数 f^{-1}.下面举例说明.

【例 4.36】 已知 $A=P(\{\varnothing\})$,求 $P(A)\times\{\varnothing\}$.

解 $A=P(\{\varnothing\})=\{\varnothing,\{\varnothing\}\}$.

$P(A)=\{\varnothing,\{\varnothing\},\{\{\varnothing\}\},\{\varnothing,\{\varnothing\}\}\}$,

$P(A)\times\{\varnothing\}=\{\langle\varnothing,\varnothing\rangle,\langle\{\varnothing\},\varnothing\rangle,\langle\{\{\varnothing\}\},\varnothing\rangle,\langle\{\varnothing,\{\varnothing\}\},\varnothing\rangle\}$.

【例 4.37】 $R=\{\langle\{\varnothing\},\{\{\varnothing\}\}\rangle,\langle\{\{\varnothing\}\},\{\varnothing\}\rangle,\langle\varnothing,\{\varnothing\}\rangle\}$,$S=\{\langle\{\varnothing\},\varnothing\rangle\}$,求 R^2,$R\circ S$,$S\circ R$,$\operatorname{dom} R$,$\operatorname{ran} S$ 和 R^{-1}.

解 $R^2=\{\langle\{\varnothing\},\{\varnothing\}\rangle,\langle\{\{\varnothing\}\},\{\{\varnothing\}\}\rangle,\langle\varnothing,\{\{\varnothing\}\}\rangle\}$,

$$R\circ S=\{\langle\{\{\varnothing\}\},\varnothing\rangle,\langle\varnothing,\varnothing\rangle\},$$
$$S\circ R=\{\langle\{\varnothing\},\{\varnothing\}\rangle\},$$
$$\text{dom } R=\{\{\varnothing\},\{\{\varnothing\}\},\varnothing\},$$
$$\text{ran } S=\{\varnothing\},$$
$$R^{-1}=\{\langle\{\{\varnothing\}\},\{\varnothing\}\rangle,\langle\{\varnothing\},\{\{\varnothing\}\}\rangle,\langle\{\varnothing\},\varnothing\rangle\}.$$

【例 4.38】 已知 R 的关系图如图 4.12 所示，求$r(R)$，$s(R)$，$t(R)$的关系图.

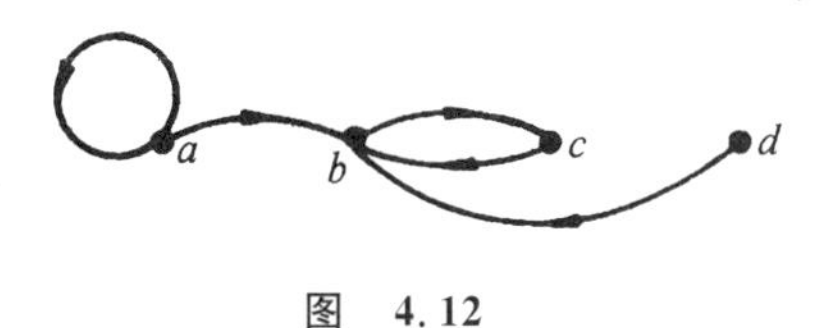

图 4.12

解　$r(R)$，$s(R)$，$t(R)$的关系图分别为 G_r，G_s，G_t，如图 4.13 所示.

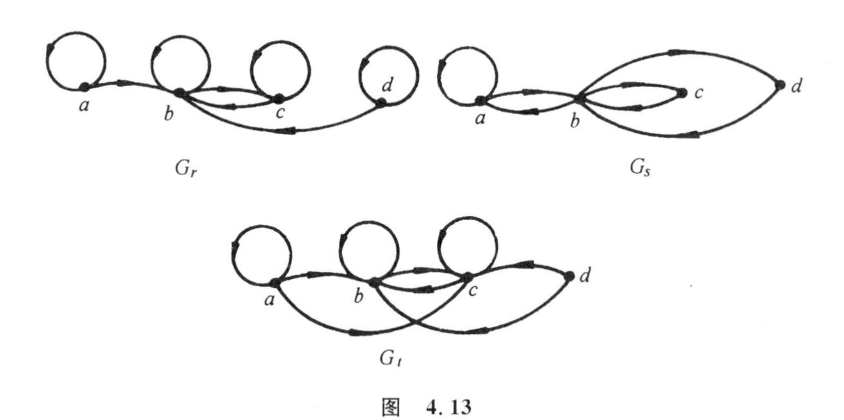

图 4.13

【例 4.39】 设 $f\in\mathbf{R}^{\mathbf{R}}$，$\forall x\in\mathbf{R}$，$f(x)=x^2-3x+2$，令 $A=\{x\mid x\in\mathbf{R}\land 0\leqslant x\leqslant 4\}$，求$f(2)$，$f(A)$.

解　$f(2)=2^2-3\times 2+2=0$，

$f(A)=f([0,1.5])\cup f([1.5,4])=[-0.25,2]\cup[-0.25,6]=[-0.25,6]$.

因为 $2\in\mathbf{R}$，$f(2)$是函数值. $A\subseteq\mathbf{R}$，$f(A)$是 A 在 f 下的象. 这两者是不同的概念. 为计算 $f(A)$应分析函数在 $A=[0,4]$区间上是否为单调的. 该函数是开口向上的抛物线，在 $x=1.5$ 取得极小值-0.25. 所以函数在区间$[0,1.5]$上是单调下降的，而在区间$[1.5,4]$上是单调上升的. 所以应分别求出两个单调区域的值域，然后再并起来.

【例 4.40】 设 $f_1,f_2,f_3,f_4\in\mathbf{R}^{\mathbf{R}}$，且有：

$$f_1(x)=\begin{cases}1, & x\geqslant 0;\\ -1, & x<0,\end{cases}\quad f_2(x)=x,\quad f_3(x)=\begin{cases}-1, & x\in\mathbf{Z};\\ 1, & x\notin\mathbf{Z},\end{cases}\quad f_4(x)=1.$$

令
$$E_i=\{\langle x,y\rangle\mid x,y\in\text{dom } f_i\land f_i(x)=f_i(y)\},$$
E_i 为 dom f_i 上的等价关系，$i=1,2,3,4$.

(1) 求 $\mathbf{R}/E_1$，$\mathbf{R}/E_2$，$\mathbf{R}/E_3$，$\mathbf{R}/E_4$.

(2) 设 $g_i:\mathbf{R}\to\mathbf{R}/E_i$ 是自然映射，求 $g_i(0)$，$i=1,2,3,4$.

(3) 对每个 g_i 指出它是否为单射、满射、双射的.

解　(1) $\mathbf{R}/E_1=\{\{x\mid x\in\mathbf{R}\land x\geqslant 0\},\{x\mid x\in\mathbf{R}\land x<0\}\}$，

$\mathbf{R}/E_2=\{\{x\}\mid x\in\mathbf{R}\}$，

$\mathbf{R}/E_3=\{\{x\mid x\in\mathbf{Z}\},\{x\mid x\in\mathbf{R}\wedge x\notin\mathbf{Z}\}\}$,

$\mathbf{R}/E_4=\{\mathbf{R}\}$.

(2) $g_1(0)=\{x\mid x\in\mathbf{R}\wedge x\geqslant 0\}$, $g_2(0)=\{0\}$, $g_3(0)=\{x\mid x\in\mathbf{Z}\}=\mathbf{Z}$, $g_4(0)=\mathbf{R}$.

(3) g_1,g_2,g_3,g_4 都是满射的,其中只有 g_2 是双射的.

分析:(1) 由 E_i 的定义可知,只有函数值 $f_i(x)=f_i(y)$才有 $x\sim y$. 所以在 $\mathbf{R}/E_1$ 中,大于等于 0 的实数构成等价类$\{x\mid x\in\mathbf{R}\wedge x\geqslant 0\}$,而小于 0 的实数构成另一个等价类$\{x\mid x\in\mathbf{R}\wedge x<0\}$. 因为 f_1 只有两个函数值,所以只有两个等价类. 类似地,$\mathbf{R}/E_3$ 中也只有两个等价类. 而对于函数 f_2,它就是 $\mathbf{R}$ 上的恒等函数,每个数只和自己等价. 换句话说,每个等价类都只有一个实数,所以 $\mathbf{R}/E_2$ 中的每个等价类都是$\{x\}$的形式,$x\in\mathbf{R}$. 再看函数 f_4. 它是常函数,只有一个函数值,所有数的函数值都相等,也就是说,所有的数都相互等价,所以等价类只有一个,就是 $\mathbf{R}$.

(2) 由自然映射的定义可知 $g_i(0)$就是$[0]_{E_i}$,即 0 所在的等价类. 利用(1)的结果就可得出.

(3) 自然映射都是满射,只有当等价关系是恒等关系时的自然映射才是双射.

三、验证题

【例 4.41】 已知 $R_1=\{\langle a,b\rangle,\langle a,c\rangle,\langle b,c\rangle\}$,$R_2=\{\langle a,a\rangle,\langle b,b\rangle,\langle c,b\rangle\}$, $R_3=\{\langle b,b\rangle\}$. 验证以下等式.

(1) $(R_1\circ R_2)\circ R_3=R_1\circ(R_2\circ R_3)$.

(2) $(R_1\circ R_2)^{-1}=R_2^{-1}\circ R_1^{-1}$.

(3) $\operatorname{dom} R_1=\operatorname{ran} R_1^{-1}$.

证 (1) $(R_1\circ R_2)\circ R_3=\{\langle a,b\rangle,\langle b,b\rangle\}\circ\{\langle b,b\rangle\}=\{\langle a,b\rangle,\langle b,b\rangle\}$,

$R_1\circ(R_2\circ R_3)=\{\langle a,b\rangle,\langle a,c\rangle,\langle b,c\rangle\}\circ\{\langle b,b\rangle,\langle c,b\rangle\}=\{\langle a,b\rangle,\langle b,b\rangle\}$.

(2) $(R_1\circ R_2)^{-1}=\{\langle a,b\rangle,\langle b,b\rangle\}^{-1}=\{\langle b,a\rangle,\langle b,b\rangle\}$,

$R_2^{-1}\circ R_1^{-1}=\{\langle a,a\rangle,\langle b,b\rangle,\langle b,c\rangle\}\circ\{\langle b,a\rangle,\langle c,a\rangle,\langle c,b\rangle\}=\{\langle b,a\rangle,\langle b,b\rangle\}$.

(3) $\operatorname{dom} R_1=\{a,b\}$, $\operatorname{ran} R_1^{-1}=\operatorname{ran}\{\langle b,a\rangle,\langle c,a\rangle,\langle c,b\rangle\}=\{a,b\}$.

【例 4.42】 设 $A=\{a,b,c\}$,$R=\{\langle a,a\rangle,\langle a,b\rangle,\langle b,c\rangle\}$,验证:

(1) $rs(R)=sr(R)$.

(2) $rt(R)=tr(R)$.

证 (1) $rs(R)=r(\{\langle a,a\rangle,\langle a,b\rangle,\langle b,a\rangle,\langle b,c\rangle,\langle c,b\rangle\})$

$=\{\langle a,a\rangle,\langle a,b\rangle,\langle b,a\rangle,\langle b,c\rangle,\langle c,b\rangle,\langle b,b\rangle,\langle c,c\rangle\}$.

$sr(R)=s(\{\langle a,a\rangle,\langle a,b\rangle,\langle b,c\rangle,\langle b,b\rangle,\langle c,c\rangle\})$

$=\{\langle a,a\rangle,\langle a,b\rangle,\langle b,a\rangle,\langle b,c\rangle,\langle c,b\rangle,\langle b,b\rangle,\langle c,c\rangle\}$.

(2) $rt(R)=r(\{\langle a,a\rangle,\langle a,b\rangle,\langle b,c\rangle,\langle a,c\rangle\})$

$=\{\langle a,a\rangle,\langle a,b\rangle,\langle b,c\rangle,\langle a,c\rangle,\langle b,b\rangle,\langle c,c\rangle\}$.

$tr(R)=t(\{\langle a,a\rangle,\langle a,b\rangle,\langle b,c\rangle,\langle b,b\rangle,\langle c,c\rangle\})$

$=\{\langle a,a\rangle,\langle a,b\rangle,\langle b,c\rangle,\langle a,c\rangle,\langle b,b\rangle,\langle c,c\rangle\}$.

习　题　四

1. 已知 $A=\{\varnothing,\{\varnothing\}\}$，求 $A\times P(A)$.

2. 对于任意集合 A,B,C，若 $A\times B\subseteq A\times C$，是否一定有 $B\subseteq C$？为什么？

3. 列出从集合 $A=\{1,2\}$ 到 $B=\{1\}$ 的所有的二元关系.

4. 列出集合 $A=\{1,2,3\}$ 上的恒等关系 I_A，全域关系 E_A，小于等于关系 L_A，整除关系 D_A.

5. 列出集合 $A=\{\varnothing,\{\varnothing\},\{\varnothing,\{\varnothing\}\}\}$ 上的包含关系 $R_{\subseteq}$.

6. 设 $A=\{1,2,4,6\}$，列出下列关系 R：

(1) $R=\{\langle x,y\rangle \mid x,y\in A\wedge x+y\neq 2\}$.

(2) $R=\{\langle x,y\rangle \mid x,y\in A\wedge |x-y|=1\}$.

(3) $R=\{\langle x,y\rangle \mid x,y\in A\wedge \frac{x}{y}\in A\}$.

(4) $R=\{\langle x,y\rangle \mid x,y\in A\wedge y$ 为素数$\}$.

7. R 是 X 上的二元关系，对于 $x\in X$ 定义集合

$$R(x)=\{y \mid xRy\}.$$

显然 $R(x)\subseteq X$. 如果 $X=\{-4,-3,-2,-1,0,1,2,3,4\}$，且令

$$R_1=\{\langle x,y\rangle \mid x,y\in X\wedge x<y\},$$
$$R_2=\{\langle x,y\rangle \mid x,y\in X\wedge y-1<x<y+2\},$$
$$R_3=\{\langle x,y\rangle \mid x,y\in X\wedge x^2\leqslant y\},$$

求 $R_1(0),R_2(0),R_3(3),R_1(1),R_2(-1)$.

8. 设 $A=\{\langle 1,2\rangle,\langle 2,4\rangle,\langle 3,3\rangle\}$，$B=\{\langle 1,3\rangle,\langle 2,4\rangle,\langle 4,2\rangle\}$，求

$$A\cup B,\ A\cap B,\ \mathrm{dom}\,A,\ \mathrm{dom}\,B,\ \mathrm{dom}\,(A\cup B),\ \mathrm{ran}\,A,\ \mathrm{ran}\,B,\ \mathrm{ran}\,(A\cap B).$$

9. 设 $R=\{\langle 0,1\rangle,\langle 0,2\rangle,\langle 0,3\rangle,\langle 1,2\rangle,\langle 1,3\rangle,\langle 2,3\rangle\}$，求 $R\circ R,R^{-1}$.

10. 设 $A=\{\langle\varnothing,\{\varnothing,\{\varnothing\}\}\rangle,\langle\{\varnothing\},\varnothing\rangle\}$，计算 A^{-1},A^2,A^3.

11. 设 $A=\{1,2,\cdots,10\}$，定义 A 上的关系

$$R=\{\langle x,y\rangle \mid x,y\in A\wedge x+y=10\}.$$

R 具有哪些性质？

12. 设 $X=\{0,1,2,3\}$，R 是 X 上的关系：

$$R=\{\langle 0,0\rangle,\langle 0,3\rangle,\langle 2,0\rangle,\langle 2,1\rangle,\langle 2,3\rangle,\langle 3,2\rangle\}$$

试给出 R 的关系图和关系矩阵.

13. 设 $X=\{1,2,3\}$，在图 4.14 中给出了 12 种 X 上的关系，对于每个关系图写出相应的关系矩阵，并说出它具有的性质.

14. $A=\{a,b,c,d\}$，$R_1=\{\langle a,a\rangle,\langle a,b\rangle,\langle b,d\rangle\}$，$R_2=\{\langle a,d\rangle,\langle b,c\rangle,\langle b,d\rangle,\langle c,b\rangle\}$，求

$$R_1\circ R_2,R_2\circ R_1,R_1^2,R_2^3.$$

15. 设 $A=\{a,b,c\}$，试给出 A 上两个不同的关系 R_1 和 R_2，使得 $R_1^2=R_1,R_2^2=R_2$.

16. 设 R 的关系图如图 4.15 所示. 试给出 $r(R)$，$s(R)$，$t(R)$ 的关系图.

17. 设 $X=\{a,b,c,d\}$，X 上的等价关系

$$R=\{\langle a,b\rangle,\langle b,a\rangle,\langle c,d\rangle,\langle d,c\rangle\}\cup I_X.$$

画出 R 的关系图，并求出 X 的各元素的等价类.

18. 设 $\mathbf{Z}^+=\{x \mid x\in\mathbf{Z}\wedge x>0\}$，判断以下集合族 π 是否构成 $\mathbf{Z}^+$ 的划分：

(1) $S_1=\{x \mid x\in\mathbf{Z}^+\wedge x$ 是素数$\}$，$S_2=\mathbf{Z}^+-S_1$，$\pi=\{S_1,S_2\}$.

(2) $\pi=\{\{x\} \mid x\in\mathbf{Z}^+\}$.

19. 对任意非空的集合 A，$P(A)-\{\varnothing\}$ 是 A 的非空集合族，$P(A)-\{\varnothing\}$ 是否构成 A 的划分？

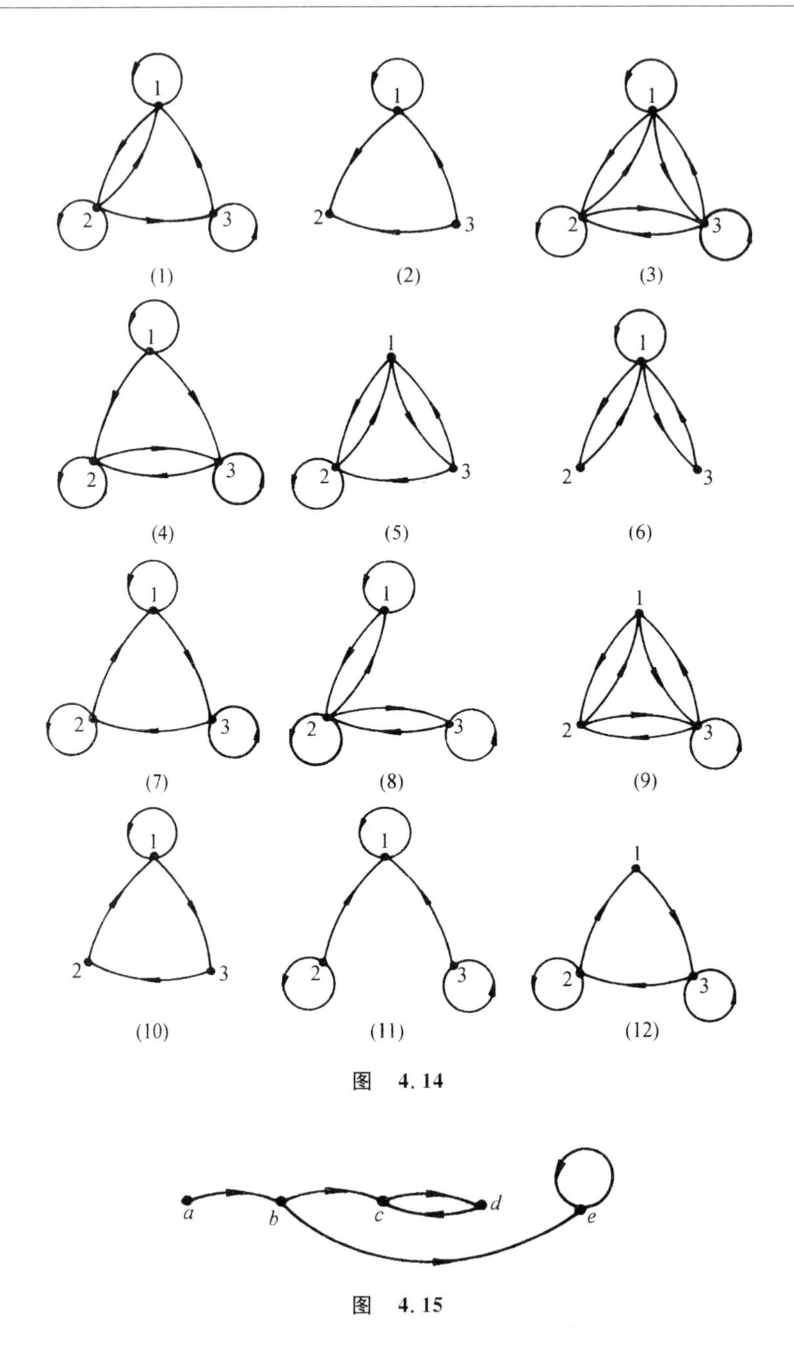

图 4.14

图 4.15

20. 对于下列集合的整除关系画出哈斯图：

(1) $\{1,2,3,4,6,8,12,24\}$.　　　　(2) $\{1,2,3,4,5,6,7,8,9\}$.

21. 图 4.16 是两个偏序集 $\langle A,R_{\leqslant}\rangle$ 的哈斯图. 分别写出集合 A 和偏序关系 $R_{\leqslant}$ 的集合表达式.

22. 分别画出下列各偏序集 $\langle A,R_{\leqslant}\rangle$ 的哈斯图,并找出 A 的极大元、极小元、最大元和最小元.

(1) $A=\{a,b,c,d,e\}$, $R_{\leqslant}=\{\langle a,d\rangle,\langle a,c\rangle,\langle a,b\rangle,\langle a,e\rangle,\langle b,e\rangle,\langle c,e\rangle,\langle d,e\rangle\}\cup I_A$.

(2) $A=\{a,b,c,d,e\}$, $R_{\leqslant}=\{\langle c,d\rangle\}\cup I_A$.

23. $A=\{1,2,\cdots,12\}$, $\leqslant$ 为整除关系, $B=\{x\mid x\in A\wedge 2\leqslant x\leqslant 4\}$, 在偏序集 $\langle A,\leqslant\rangle$ 中求 B 的上界、下界、最小上界和最大下界.

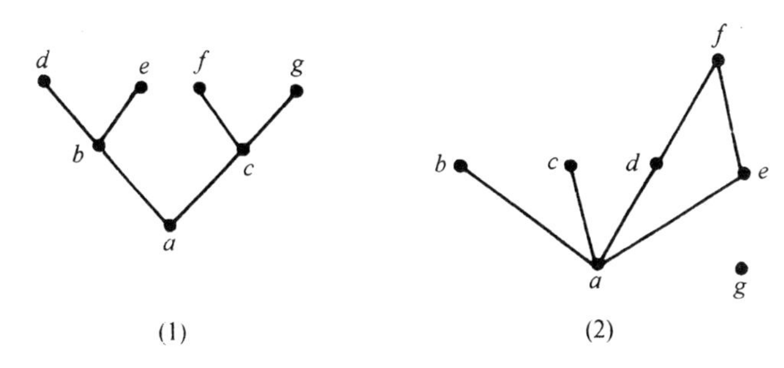

图　4.16

24. 在下列的关系中哪些能构成函数?

(1) $\{\langle x_1,x_2\rangle \mid x_1,x_2\in\mathbf{N}\wedge x_1+x_2<10\}$.

(2) $\{\langle y_1,y_2\rangle \mid y_1,y_2\in\mathbf{R}\wedge y_2=y_1^2\}$.

(3) $\{\langle y_1,y_2\rangle \mid y_1,y_2\in\mathbf{R}\wedge y_2^2=y_1\}$.

25. 下列集合 F 能定义函数吗? 如果能,请求出它的定义域和值域.

(1) $\{\langle 1,\langle 2,3\rangle\rangle,\langle 2,\langle 3,4\rangle\rangle,\langle 3,\langle 1,4\rangle\rangle,\langle 4,\langle 1,4\rangle\rangle\}$.　(2) $\{\langle 1,\langle 2,3\rangle\rangle,\langle 2,\langle 3,4\rangle\rangle,\langle 3,\langle 3,2\rangle\rangle\}$.

(3) $\{\langle 1,\langle 2,3\rangle\rangle,\langle 2,\langle 3,4\rangle\rangle,\langle 1,\langle 2,4\rangle\rangle\}$.　(4) $\{\langle 1,\langle 2,3\rangle\rangle,\langle 2,\langle 2,3\rangle\rangle,\langle 3,\langle 2,3\rangle\rangle\}$.

26. 设 $f:\mathbf{N}\to\mathbf{N}$,且

$$f(x)=\begin{cases}1, & \text{若 } x \text{ 为奇数;}\\ \dfrac{x}{2}, & \text{若 } x \text{ 为偶数.}\end{cases}$$

求 $f(0),f(\{0\}),f(1),f(\{1\}),f(\{0,2,4,6,\cdots\}),f(\{4,6,8\}),f(\{1,3,5,7,\cdots\})$.

27. 设 $A=\{1,2\}$, $B=\{a,b,c\}$,求 B^A.

28. 给定函数 f 和集合 A 如下:

(1) $f:\mathbf{R}\to\mathbf{R}$, $f(x)=x$, $A=\{8\}$.

(2) $f:\mathbf{R}\to\mathbf{R}^+$, $f(x)=2^x$, $A=\{1\}$.

(3) $f:\mathbf{N}\to\mathbf{N}\times\mathbf{N}$, $f(x)=\langle x,x+1\rangle$, $A=\{5\}$.

(4) $f:\mathbf{N}\to\mathbf{N}$, $f(x)=2x+1$, $A=\{2,3\}$.

(5) $f:\mathbf{Z}\to\mathbf{N}$, $f(x)=|x|$, $A=\{-1,2\}$.

(6) $f:S\to S$, $S=[0,1]$, $f(x)=\dfrac{x}{2}+\dfrac{1}{4}$, $A=(0,1)$.

(7) $f:S\to\mathbf{R}$, $S=[0,+\infty)$, $f(x)=\dfrac{1}{x+1}$, $A=\left\{0,\dfrac{1}{2}\right\}$.

(8) $f:S\to\mathbf{R}^+$, $S=(0,1)$, $f(x)=\dfrac{1}{x}$, $A=S$.

对以上每一组 f 和 A,分别回答以下问题:

(a) f 是不是满射,单射或双射的? 如果 f 是双射的,求 f 的反函数.

(b) 求 A 在 f 下的像 $f(A)$.

29. 判断下列函数哪些是满射的? 哪些是单射的? 哪些是双射的?

(1) $f:\mathbf{N}\to\mathbf{N}$, $f(x)=x^2+2$.　(2) $f:\mathbf{N}\to\mathbf{N}$, $f(x)=(x)\bmod 3$.

(3) $f:\mathbf{N}\to\mathbf{N}$, $f(x)=\begin{cases}1, & \text{若 } x \text{ 为奇数;}\\ 0, & \text{若 } x \text{ 为偶数.}\end{cases}$　(4) $f:\mathbf{N}\to\{0,1\}$, $f(x)=\begin{cases}0, & \text{若 } x \text{ 为奇数;}\\ 1, & \text{若 } x \text{ 为偶数.}\end{cases}$

(5) $f:\mathbf{N}-\{0\}\to\mathbf{R}$, $f(x)=\log_{10}x$.　(6) $f:\mathbf{R}\to\mathbf{R}$, $f(x)=x^2-2x-15$.

30. 设 $A=\{1,2,3,4\}$, $A_1=\{1,2\}$, $A_2=\{1\}$, $A_3=\varnothing$,求 A_1,A_2,A_3 和 A 的特征函数 $\chi_{A_1},\chi_{A_2},\chi_{A_3}$ 和 χ_A.

31. 设 $A=\{a,b,c\}$,R 为 A 上等价关系,且 $R=\{\langle a,b\rangle,\langle b,a\rangle\}\cup I_A$,求自然映射 $g: A\to A/R$.

32. 设 $f,g,h\in \mathbf{R}^{\mathbf{R}}$,且有 $f(x)=x+3$, $g(x)=2x+1$, $h(x)=\dfrac{x}{2}$,求

$$f\circ g,\ g\circ f,\ f\circ f,\ g\circ g,\ h\circ f,\ g\circ h,\ f\circ h,\ g\circ h\circ f.$$

33. 设 $f,g,h\in \mathbf{N}^{\mathbf{N}}$,且有 $f(n)=n+1$, $g(n)=2n$, $h(n)=\begin{cases}0,\text{若 } n \text{ 为偶数;}\\ 1,\text{若 } n \text{ 为奇数.}\end{cases}$ 求

$$f\circ f,\ g\circ f,\ f\circ g,\ h\circ g,\ g\circ h,\ h\circ g\circ f.$$

34. 设 f: $\mathbf{R}\to\mathbf{R}$, $f(x)=x^2-2$;g: $\mathbf{R}\to\mathbf{R}$, $g(x)=x+4$;h: $\mathbf{R}\to\mathbf{R}$, $h(x)=x^3-1$.

(1) 求 $g\circ f$,$f\circ g$.

(2) 问 $g\circ f$ 和 $f\circ g$ 是否为单射、满射、双射的?

(3) f,g,h 中哪些函数有反函数?如果有,求出该反函数.

35. 设 f: $\mathbf{Z}\to\mathbf{Z}$, $f(x)=(x)\bmod n$,在 $\mathbf{Z}$ 上定义等价关系 R: $xRy\Leftrightarrow f(x)=f(y)$.

(1) 计算 $f(\mathbf{Z})$.

(2) 确定商集 $\mathbf{Z}/R$.

36. 对于以下集合 A 和 B,构造从 A 到 B 的双射函数 f: $A\to B$:

(1) $A=\{1,2,3\}$, $B=\{a,b,c\}$.

(2) $A=(0,1)$, $B=(0,2)$.

(3) $A=\{x\mid x\in\mathbf{Z}\wedge x<0\}$, $B=\mathbf{N}$.

(4) $A=\mathbf{R}$, $B=\{x\mid x\in\mathbf{R}\wedge x>0\}=\mathbf{R}^+$.

第三部分　代数结构

第五章　代数系统的一般概念

5.1　二元运算及其性质

定义 5.1　设 S 为集合，函数 $f:S\times S\to S$ 称为 S 上的一个二元运算，简称为**二元运算**.

例如 $f:\mathbf{N}\times\mathbf{N}\to\mathbf{N}$，$f(\langle x,y\rangle)=x+y$ 就是自然数集合上的一个二元运算，即普通的加法运算. 但普通的减法不是自然数集合上的二元运算. 因为两个自然数相减可能得负数，而负数不是自然数. 这时也称 $\mathbf{N}$ 对减法运算**不封闭**. 验证一个运算是否为集合 S 上的二元运算主要考虑两点：

(1) S 中任何两个元素都可以进行这种运算，且运算的结果是惟一的.

(2) S 中任何两个元素的运算结果都属于 S，即 S 对该运算是封闭的.

例如实数集合 $\mathbf{R}$ 上不可以定义除法运算，因为 $0\in\mathbf{R}$，而 0 不能做除数，但在 $\mathbf{R}^*=\mathbf{R}-\{0\}$ 上就可以定义除法运算了，因为 $\forall x,y\in\mathbf{R}^*$，都有 $x/y\in\mathbf{R}^*$.

下面是一些二元运算的例子.

【例 5.1】　(1) 自然数集合 $\mathbf{N}$ 上的加法和乘法是 $\mathbf{N}$ 上的二元运算，但减法和除法不是.

(2) 整数集合 $\mathbf{Z}$ 上的加法，减法和乘法都是 $\mathbf{Z}$ 上的二元运算，而除法不是.

(3) 非零实数集 $\mathbf{R}^*$ 上的乘法和除法都是 $\mathbf{R}^*$ 上的二元运算，而加法和减法不是. 因为两个非零实数相加或相减可能会得到 0.

(4) 设 $M_n(\mathbf{R})$ 表示所有 $n(n\geqslant 2)$ 阶实矩阵的集合，即

$$M_n(\mathbf{R})=\left\{\left.\begin{bmatrix} a_{11} & a_{12} & \cdots & a_{1n} \\ a_{21} & a_{22} & \cdots & a_{2n} \\ \cdots & \cdots & \cdots & \cdots \\ a_{n1} & a_{n2} & \cdots & a_{nn} \end{bmatrix}\right| a_{ij}\in\mathbf{R},\ 1\leqslant i,\ j\leqslant n\right\},$$

则矩阵加法和乘法都是 $M_n(\mathbf{R})$ 上的二元运算.

(5) S 为任意集合，则 $\cup,\cap,-,\oplus$ 为 S 的幂集 $P(S)$ 上的二元运算.

(6) S 为集合，S^S 为 S 上的所有函数的集合，则函数的复合运算 $\circ$ 为 S^S 上的二元运算.

通常用 $\circ$，$*$，$\cdot$，…等符号表示二元运算，称为**算符**. 设 $f:S\times S\to S$ 是 S 上的二元运算，对任意的 $x,y\in S$，如果 x 与 y 的运算结果是 z，即

$$f(\langle x,y\rangle)=z,$$

可利用算符 $\circ$ 简记为

$$x\circ y=z.$$

【例 5.2】 **R** 为实数集合,如下定义 **R** 上的二元运算 $*$:$\forall x,y\in \mathbf{R}$ 有 $x*y=x$. 计算 $3*4,(-5)*0.2,0*\frac{1}{2}$等.

解 $3*4=3,(-5)*0.2=-5,0*\frac{1}{2}=0$.

类似于二元运算,也可以定义集合 S 上的一元运算.

定义 5.2 设 S 为集合,函数 $f:S\to S$ 称为 S 上的一个一元运算,简称为**一元运算**.

下面是一些一元运算的例子.

【例 5.3】 (1) 求一个数的相反数是整数集合 **Z**,有理数集合 **Q** 和实数集合 **R** 上的一元运算.

(2) 求一个数 x 的倒数$\frac{1}{x}$是非零有理数集合 $\mathbf{Q}^*$,非零实数集合 $\mathbf{R}^*$ 上的一元运算.

(3) 求一个复数的共轭复数是复数集合 **C** 上的一元运算.

(4) 在幂集合 $P(S)$上,如果规定全集为 S,则求集合的绝对补运算$\sim$是 $P(S)$上的一元运算.

(5) 设 S 为集合,令 A 为 S 上的所有双射函数的集合,$A\subseteq S^S$,则求一个双射函数的反函数为 A 上的一元运算.

(6) 在 n 阶实矩阵的集合 $M_n(\mathbf{R})$上,求一个矩阵 M 的转置矩阵 M' 为 $M_n(\mathbf{R})$上的一元运算.

和二元运算一样,也可以使用算符来表示一元运算. 若 $f:S\to S$ 为 S 上的一元运算,则 $f(x)=y$可以用算符$\circ$记为

$$\circ(x)=y \text{ 或} \circ x=y.$$

其中 x 是参加运算的元素,y 为运算的结果.

例如 x 的相反数$-x$,集合 A 的绝对补集$\sim A$ 都是上述表示形式,其中$-$和$\sim$都是算符,分别代表求相反数和集合的绝对补运算.

对于有穷集 S 上的一元和二元运算除了可以使用函数 f 的表达式给出来以外,还可以用**运算表**给出来. 表 5.1 和表 5.2 是一元运算表和二元运算表的一般形式.

表 5.1

a_i	$\circ(a_i)$
a_1	$\circ(a_1)$
a_2	$\circ(a_2)$
$\vdots$	$\vdots$
a_n	$\circ(a_n)$

表 5.2

$\circ$	a_1	a_2	$\cdots$	a_n
a_1	$a_1\circ a_1$	$a_1\circ a_2$	$\cdots$	$a_1\circ a_n$
a_2	$a_2\circ a_1$	$a_2\circ a_2$	$\cdots$	$a_2\circ a_n$
$\vdots$	$\cdots\circ\cdots$	$\cdots\circ\cdots$	$\cdots$	$\cdots\circ\cdots$
a_n	$a_n\circ a_1$	$a_n\circ a_2$	$\cdots$	$a_n\circ a_n$

【例 5.4】 设 $S=\{1,2\}$,给出 $P(S)$上的运算$\sim$和$\oplus$的运算表,其中全集为 S.

解 所求的运算表如表 5.3 和表 5.4.

表 5.3

a_i	$\sim a_i$
$\varnothing$	$\{1,2\}$
$\{1\}$	$\{2\}$
$\{2\}$	$\{1\}$
$\{1,2\}$	$\varnothing$

表 5.4

$\oplus$	$\varnothing$	$\{1\}$	$\{2\}$	$\{1,2\}$
$\varnothing$	$\varnothing$	$\{1\}$	$\{2\}$	$\{1,2\}$
$\{1\}$	$\{1\}$	$\varnothing$	$\{1,2\}$	$\{2\}$
$\{2\}$	$\{2\}$	$\{1,2\}$	$\varnothing$	$\{1\}$
$\{1,2\}$	$\{1,2\}$	$\{2\}$	$\{1\}$	$\varnothing$

【例 5.5】 设 $S=\{1,2,3,4\}$，定义 S 上的二元运算如下：

$$x\circ y=(xy)\bmod 5,\ \forall x,y\in S.$$

求$\circ$的运算表.

解 $(xy)\bmod 5$ 是 xy 除以 5 的余数，其运算表如表 5.5.

表 5.5

$\circ$	1	2	3	4
1	1	2	3	4
2	2	4	1	3
3	3	1	4	2
4	4	3	2	1

下面讨论二元运算的主要性质.

定义 5.3 设$\circ$为 S 上的二元运算，如果对于任意的 $x,y\in S$ 都有

$$x\circ y=y\circ x,$$

则称运算$\circ$在 S 上是**可交换**的，或者说运算$\circ$在 S 上适合**交换律**.

例如实数集合上的加法和乘法是可交换的，但减法不是可交换的，如 $3-5\neq 5-3$. 幂集 $P(S)$上的$\cup$，$\cap$和$\oplus$都是可交换的，但相对补运算不是可交换的. 如$\{1,2\}-\{1\}\neq\{1\}-\{1,2\}$. n 阶实矩阵集合 $M_n(\mathbf{R})$上的矩阵加法是可交换的，但矩阵乘法不是可交换的. A^A 上函数的复合运算不是可交换的，因为一般地说 $f\circ g\neq g\circ f$.

定义 5.4 设$\circ$为 S 上的二元运算，如果对于任意的 $x,y,z\in S$ 都有

$$(x\circ y)\circ z=x\circ(y\circ z),$$

则称运算$\circ$在 S 上是**可结合**的，或者说运算$\circ$在 S 上适合**结合律**.

普通的加法和乘法在自然数集 $\mathbf{N}$，整数集 $\mathbf{Z}$，有理数集 $\mathbf{Q}$，实数集 $\mathbf{R}$ 和复数集 $\mathbf{C}$ 上都是可结合的. 矩阵的加法和乘法也是可结合的，集合的$\cup$，$\cap$和$\oplus$运算也是可结合的，还有函数的复合运算也是可结合的.

对于适合结合律的二元运算. 在一个只由该运算的算符连接起来的表达式中，可以把所有表示运算顺序的括号去掉. 例如加法在实数集上是可结合的，对于任意实数 x,y,z 和 u，可以写

$$(x+y)+(z+u)=x+y+z+u.$$

如果每一次参加运算的元素都是相同的，且在表达式中有 n 个元素参加运算，则可以将这个表达式写成该元素的 ***n* 次幂**. 例如

$$\underbrace{x\circ x\circ\cdots\circ x}_{n\text{个}}=x^n.$$

关于 x 的幂运算，使用数学归纳法不难证明以下公式：

$$x^m\circ x^n=x^{m+n},\ (x^m)^n=x^{mn},$$

其中 m,n 为正整数.

普通的乘法幂，关系合成的幂以及矩阵乘法幂的公式就是以上公式的特例.

定义 5.5 设$\circ$为 S 上的二元运算，如果对于任意的 $x\in S$ 都有

$$x\circ x=x,$$

则称该运算$\circ$适合**幂等律**.

如果 S 中的某些 x 满足 $x\circ x=x$，则称 x 为运算$\circ$的**幂等元**. 易见如果 S 上的二元运算$\circ$适合幂等律，则 S 中的所有元素都是幂等元.

对于任何集合 A 有 $A\cup A=A$ 和 $A\cap A=A$，集合的并和交运算适合幂等律，但一般 $A\oplus A\neq A$，只有当 $A=\varnothing$时有$\varnothing\oplus\varnothing=\varnothing$，所以$\oplus$运算一般不适合幂等律，但$\varnothing$是幂等元.

普通的加法和乘法不适合幂等律,但 0 是加法的幂等元,1 是乘法的幂等元.

以上性质都是对一个二元运算来说的.下面的分配律和吸收律是对两个二元运算来说的.

定义 5.6 设$\circ$和$*$是 S 上的两个二元运算,如果对任意的 $x,y,z\in S$ 有

$$x*(y\circ z)=(x*y)\circ(x*z),$$
$$(y\circ z)*x=(y*x)\circ(z*x),$$

则称运算$*$对$\circ$是**可分配**的,也称$*$对$\circ$适合**分配律**.

实数集上的乘法对加法是可分配的,在 n 阶实矩阵的集合 $M_n(\mathbf{R})$上,矩阵乘法对于矩阵加法也是可分配的.而在幂集 $P(S)$上$\cup$和$\cap$是互相可分配的.

在讲到分配律时一定要指明哪个运算对哪个运算可分配,不能笼统地讲它们适合分配律.因为往往一个运算对另一运算可分配,但反之不对.例如普通乘法对加法可分配,但普通加法对乘法不是可分配的.

定义 5.7 设$\circ$和$*$是 S 上的两个可交换的二元运算,如果对于任意的 $x,y\in S$ 都有

$$x*(x\circ y)=x,\ x\circ(x*y)=x,$$

则称$\circ$和$*$满足**吸收律**.

和分配律不同,满足吸收律的两个二元运算地位是一样的,例如幂集 $P(S)$上的$\cup$和$\cap$满足吸收律,即$\forall A,B$ 有

$$A\cup(A\cap B)=A,\ A\cap(A\cup B)=A.$$

下面讨论有关二元运算的一些特异元素.

定义 5.8 设$\circ$为 S 上的二元运算,如果元素 e_l(或 e_r)$\in S$ 使得对任何 $x\in S$ 都有

$$e_l\circ x=x(\text{或 } x\circ e_r=x),$$

则称 e_l(或 e_r)是 S 中关于运算$\circ$的一个**左单位元**(或**右单位元**).若 $e\in S$ 关于$\circ$既是左单位元又是右单位元,则称 e 为 S 上关于运算$\circ$的**单位元**.单位元也可以叫作**幺元**.

在自然数集 $\mathbf{N}$ 上,0 是加法的单位元,1 是乘法的单位元.在 $M_n(\mathbf{R})$上全 0 的 n 阶矩阵是矩阵加法的单位元,而 n 阶单位矩阵是矩阵乘法的单位元.在幂集 $P(S)$上,$\varnothing$是$\cup$运算的单位元,S 是$\cap$运算的单位元,$\varnothing$是对称差$\oplus$运算的单位元.在 A^A 上,A 集合上的恒等函数 I_A 是关于函数复合运算的单位元.

对于给定的集合及该集合上的二元运算,有的运算存在单位元,有的运算不存在单位元.例如在非零实数集 $\mathbf{R}^*$ 上定义如下运算:

$$\forall a,b\in\mathbf{R}^*,\ a\circ b=a,$$

则不存在 $e\in\mathbf{R}^*$ 使得 $\forall b\in\mathbf{R}^*$ 有 $e\circ b=b$.所以$\circ$运算没有左单位元.但对每一个 $a\in\mathbf{R}^*$,对任意 $b\in\mathbf{R}^*$ 都有 $b\circ a=b$,所以 $\mathbf{R}^*$ 的每一个元素 a 都是$\circ$运算的右单位元.$\mathbf{R}^*$ 中有无数多个右单位元,但任何右单位元都不是左单位元,所以 $\mathbf{R}^*$ 中没有关于$\circ$运算的单位元.

定理 5.1 设$\circ$为 S 上的二元运算,e_l,e_r 分别为运算$\circ$的左单位元和右单位元,则有

$$e_l=e_r=e,$$

且 e 为 S 上关于运算$\circ$的唯一的单位元.

证明 $e_l=e_l\circ e_r$ (e_r 为右单位元)

$e_l\circ e_r=e_r$ (e_l 为左单位元)

所以 $e_l=e_r$.把 $e_l=e_r$ 记作 e,则 e 是 S 中的单位元.假设 e'是 S 中的单位元,则有

$$e'=e\circ e'=e.$$

所以 e 是 S 中关于运算$\circ$的唯一的单位元.

定义 5.9　设$\circ$为 S 上的二元运算，若存在元素 θ_l(或 θ_r)$\in S$ 使得对于任意的 $x\in S$ 有

$$\theta_l\circ x=\theta_l(\text{或 } x\circ\theta_r=\theta_r)$$

则称 θ_l(或 θ_r)是 S 上关于运算$\circ$的**左零元**(或**右零元**). 若 $\theta\in S$ 关于运算$\circ$既是左零元又是右零元，则称 θ 为 S 上关于运算$\circ$的**零元**.

例如自然数集合上 0 是普通乘法的零元，而加法没有零元. $M_n(\mathbf{R})$上矩阵乘法的零元是全 0 的 n 阶矩阵，而矩阵加法没有零元. 在幂集 $P(S)$上$\cup$运算的零元是 S，$\cap$运算的零元是$\varnothing$，而对称差运算$\oplus$没有零元. 在 $\mathbf{R}^*$ 上如果定义运算$\circ$，使得对任意 $a,b\in\mathbf{R}^*$ 有

$$a\circ b=a.$$

那么 $\mathbf{R}^*$ 中的任何元素都是关于$\circ$运算的左零元，但没有右零元，从而也没有零元.

和定理 5.1 类似，易证以下定理.

定理 5.2　设$\circ$为 S 上的二元运算，θ_l 和 θ_r 分别为运算$\circ$的左零元和右零元，则有

$$\theta_l=\theta_r=\theta,$$

且 θ 是 S 上关于运算$\circ$的唯一的零元.

关于零元和单位元有以下定理.

定理 5.3　设$\circ$为 S 上的二元运算，e 和 θ 分别为运算$\circ$的单位元和零元. 如果 S 至少有两个元素，则 $e\neq\theta$.

证明　用反证法. 假设 $e=\theta$，则 $\forall x\in S$ 有

$$x=x\circ e=x\circ\theta=\theta,$$

与 S 中至少含有两个元素矛盾.

定义 5.10　设$\circ$为 S 上的二元运算，$e\in S$ 为运算$\circ$的单位元. 对于 $x\in S$，如果 $y_l\in S$(或 $y_r\in S$)使得

$$y_l\circ x=e(\text{或 } x\circ y_r=e),$$

则称 y_l(或 y_r)是 x 的**左**(或**右**)**逆元**. 若 $y\in S$ 既是 x 的左逆元又是 x 的右逆元，则称 y 是 x 的**逆元**. 如果 x 的逆元存在，则称 x 是**可逆**的.

例如自然数集合 $\mathbf{N}$ 关于加法运算只有 $0\in\mathbf{N}$ 有逆元 0，其他的自然数都没有加法逆元. 在整数集合 $\mathbf{Z}$ 中，加法单位元是 0，对任何整数 x，它的加法逆元都存在，即它的相反数$-x$. 在 n 阶($n\geqslant 2$)实矩阵的集合 $M_n(\mathbf{R})$上，n 阶的全零矩阵 O 是矩阵加法的单位元. 对任何 n 阶实矩阵 M，$-M$ 是 M 的加法逆元. n 阶单位矩阵 E 是矩阵乘法的单位元，但对于矩阵乘法，只有 n 阶实可逆矩阵 M 存在逆元 M^{-1}. 在幂集 $P(S)$上，对于$\cup$运算，$\varnothing$为单位元，只有$\varnothing$有逆元，就是它自己；其他的元素都没有逆元. 类似的，对于$\cap$运算，S 为单位元，也只有 S 有逆元，即 S 自己，其他元素都没有逆元.

由这些例子可以看出，对于给定的集合和二元运算来说，逆元和单位元、零元不同. 如果单位元或零元存在，一定是唯一的. 换句话说，整个集合只有一个. 而逆元能否存在，还与元素有关. 有的元素有逆元，有的元素没有逆元，不同的元素对应着不同的逆元. 如果运算是可结合的，那么对于集合中给定的元素来说，逆元如果存在则是唯一的.

定理 5.4　设$\circ$为 S 上可结合的二元运算，e 为该运算的单位元，对于 $x\in S$ 如果存在左逆元 y_l 和右逆元 y_r，则有

$$y_l=y_r=y,$$

且 y 是 x 的唯一的逆元.

证明 $y_l=y_l\circ e=y_l\circ(x\circ y_r)=(y_l\circ x)\circ y_r=e\circ y_r=y_r$.

令 $y_l=y_r=y$,则 y 是 x 的逆元.假若 $y'\in S$ 也是 x 的逆元则有

$$y'=y'\circ e=y'\circ(x\circ y)=(y'\circ x)\circ y=e\circ y=y.$$

所以 y 是 x 惟一的逆元.

由定理5.4可知,对于可结合的二元运算来说,元素 x 的逆元如果存在则是唯一的,通常把这个唯一的逆元记作 x^{-1}.

下面再给出一条关于二元运算的算律——消去律.

定义5.11 设$\circ$为 S 上的二元运算,如果对于任意的 $x,y,z\in S$ 满足以下条件:

(1) 若 $x\circ y=x\circ z$ 且 $x\neq\theta$,则 $y=z$,

(2) 若 $y\circ x=z\circ x$ 且 $x\neq\theta$,则 $y=z$,

那么称运算$\circ$满足**消去律**,其中(1)称作**左消去律**,(2)称作**右消去律**.

注意被消去的 x 不能是运算的零元 θ.

例如在整数集合 $\mathbf{Z}$ 上的加法是满足消去律的.加法没有零元,对任何整数 x,y,z 都有

$$x+y=x+z\Rightarrow y=z,\quad y+x=z+x\Rightarrow y=z.$$

整数乘法也满足消去律.但0是乘法的零元,不能消去,任何非零的整数都可消去,即对于任意的 $x,y,z,(x\neq 0)$有

$$xy=xz\Rightarrow y=z,\quad yx=zx\Rightarrow y=z.$$

在幂集 $P(S)$上,取 $A,B,C\in P(S)$,由 $A\cup B=A\cup C$ 不一定能得到 $B=C$,所以$\cup$运算不满足消去律.同样$\cap$和$-$运算也不满足消去律.但$\oplus$运算满足消去律.$\oplus$运算不存在零元,对任意 $A,B,C\in P(S)$都有

$$A\oplus B=A\oplus C\Rightarrow B=C,\quad B\oplus A=C\oplus A\Rightarrow B=C.$$

【例5.6】 对于下面给定的集合和该集合上的二元运算,指出该运算的性质,并求出它的单位元、零元和所有的逆元.

(1) $\mathbf{Z}^+$, $\forall x,y\in\mathbf{Z}^+$, $x*y=\mathrm{lcm}(x,y)$,即求 x 和 y 的最小公倍数.

(2) $\mathbf{Q}$, $\forall x,y\in\mathbf{Q}$, $x*y=x+y-xy$.

解 (1) $*$运算可交换,可结合,是幂等的.

$\forall x\in\mathbf{Z}^+$, $x*1=x$, $1*x=x$, 1为单位元.

不存在零元.只有1有逆元,是它自己,其他整数无逆元.

(2) $*$运算满足交换律,因为$\forall x,y\in\mathbf{Q}$,

$$x*y=x+y-xy=y+x-yx=y*x.$$

$*$运算满足结合律,因为$\forall x,y,z\in\mathbf{Q}$有

$$\begin{aligned}(x*y)*z&=(x+y-xy)*z=(x+y-xy)+z-(x+y-xy)\cdot z\\&=x+y+z-xy-xz-yz+xyz,\\x*(y*z)&=x*(y+z-yz)=x+(y+z-yz)-x(y+z-yz)\\&=x+y+z-yz-xy-xz+xyz,\end{aligned}$$

所以
$$(x*y)*z=x*(y*z).$$

$*$运算不满足幂等律,因为$2\in\mathbf{Q}$,但

$$2*2=2+2-2\times 2=0\neq 2.$$

$*$运算满足消去律. 因为$\forall x,y,z\in\mathbf{Q},x\neq 1$,(1 为零元),若使$x*y=x*z$,即

$$x+y-xy=x+z-xz,$$

只有$y=z$时成立. 同理可证明右消去律也成立.

$\forall x\in\mathbf{Q}$,有 $x*0=x+0-x\cdot 0=x$, $0*x=0+x-0\cdot x=x$,所以 0 是单位元.

$\forall x\in\mathbf{Q}$,有 $x*1=x+1-x\cdot 1=1$, $1*x=1+x-1\cdot x=1$,所以 1 是零元.

$\forall x\in\mathbf{Q}$,欲使$x*y=0$和$y*x=0$,即

$$x+y-xy=0,$$

解得$y=\dfrac{x}{x-1}(x\neq 1)$,即$x^{-1}=\dfrac{x}{x-1}(x\neq 1)$.

【例 5.7】 设Σ是字母的有穷集,称为**字母表**,Σ中的有限个字母组成的序列称为Σ上的**串**. 对任何串ω,串中字母的个数叫作串的**长度**,记作$|\omega|$. 长度为 0 的串叫作**空串**,记作λ. 对任给的自然数k,令

$$\Sigma^k=\{v_{i_1}\ v_{i_2}\cdots v_{i_k}\mid v_{i_j}\in\Sigma,j=1,2,\cdots,k\}.$$

显然Σ^k是Σ上所有长度为k的串的集合. 特别地有

$$\Sigma^0=\{\lambda\},$$
$$\Sigma^+=\Sigma^1\cup\Sigma^2\cup\cdots,$$
$$\Sigma^*=\Sigma^0\cup\Sigma^1\cup\Sigma^2\cdots,$$

其中Σ^+是Σ上长度至少是 1 的串的集合,而Σ^*是Σ上的所有串(包含空串)的集合.

下面规定Σ^*上的二元运算$\circ$,对任意$\omega,\varphi\in\Sigma^*$,$\omega=a_1a_2\cdots a_m$,$\varphi=b_1b_2\cdots b_n$,

$$\omega\circ\varphi=a_1a_2\cdots a_mb_1b_2\cdots b_n,$$

运算$\circ$把串φ接在串ω的后面,称为**连接**运算. 它是Σ^*上的二元运算. 下面研究它的性质.

$\forall\omega,\varphi,\psi\in\Sigma^*$,有

$$(\omega\circ\varphi)\circ\psi=\omega\circ(\varphi\circ\psi),$$

即连接运算满足结合律. 但不满足交换律、幂等律. 它的单位元是空串λ.

在Σ^*上还可以定义一个一元运算,即求一个串的**反串**. 对任意$\omega\in\Sigma^*$,$\omega=a_1a_2\cdots a_n$,有

$$\omega'=a_na_{n-1}\cdots a_2a_1.$$

对任意的串$\omega\in\Sigma^*$,如果$\omega'=\omega$,则称串ω是一个**回文**. 例如 1,100001,10101 都是$\{0,1\}^*$中的回文.

对给定的字母表Σ,Σ^*的任何子集都称为Σ上的一个**语言**,记作L,$L\subseteq\Sigma^*$.

例如,

$$L_1=\{(01)^n\mid n\in\mathbf{N}\}=\{\lambda,01,0101,\cdots\},$$
$$L_2=\{0^n1^n\mid n\in\mathbf{N}\}=\{\lambda,01,0011,\cdots\},$$
$$L_3=\{0^n10^n\mid n\in\mathbf{N}\}=\{\lambda,010,00100,\cdots\},$$

都是$\Sigma=\{0,1\}$上的语言. 其中L_3是**回文语言**,即该语言中的所有字都是回文.

$P(\Sigma^*)$是Σ^*的所有子集的集合,它就是Σ上的所有语言的集合. 在$P(\Sigma^*)$上定义语言之间的二元运算$\cup$,$\cap$和$\circ$,其中$\cup$和$\cap$为集合的并和交运算,而运算$\circ$称为语言的**连接**运算,定义为:$\forall L_1,L_2\in P(\Sigma^*)$,

$$L_1\circ L_2=\{\omega\circ\varphi\mid\omega\in L_1\wedge\varphi\in L_2\}.$$

其中的$\omega\circ\varphi$中的运算$\circ$表示串之间的连接运算. 所以$L_1\circ L_2$表示由L_1中的串连接L_2中的串

构成的所有新串的集合. 显然语言连接运算$\circ$在$P(\Sigma^*)$上是可结合的,但不是可交换的和幂等的,且单位元为$\{\lambda\}$.

在$P(\Sigma^*)$上也可以定义一元运算,记作$'$,对任意的$L\in P(\Sigma^*)$有

$$L'=\{\varphi'\mid\varphi\in L\}.$$

例如$L=\{0^n1^n\mid n\in\mathbf{N}\}$,则有$L'=\{1^n0^n\mid n\in\mathbf{N}\}$.

如果对于某个$L\in P(\Sigma^*)$有$L'=L$,则称L为Σ上的**镜像语言**. 易见回文语言一定是镜像语言,但镜像语言可不一定是回文语言. 例如语言$\{01,10\}$是$\Sigma=\{0,1\}$上的镜像语言,但不是回文语言.

5.2 代数系统及其子代数和积代数

定义 5.12 非空集合S和S上k个一元或二元运算$f_1,f_2,\cdots,f_k$组成的系统称为一个**代数系统**、简称**代数**,记作$\langle S,f_1,f_2,\cdots,f_k\rangle$.

例如$\langle\mathbf{N},+\rangle$,$\langle\mathbf{Z},+,\cdot\rangle$,$\langle\mathbf{R},+,\cdot\rangle$都是代数系统,其中$+$和$\cdot$分别表示普通加法和乘法. $\langle M_n(\mathbf{R}),+,\cdot\rangle$也是代数系统,其中$+$和$\cdot$分别表示$n$阶实矩阵的加法和乘法. $\langle\mathbf{Z}_n,\oplus,\otimes\rangle$也是代数系统,其中$\mathbf{Z}_n=\{0,1,\cdots,n-1\}$;$\oplus$和$\otimes$分别表示模$n$的加法和乘法,即$\forall x,y\in\mathbf{Z}_n$,

$$x\oplus y=(x+y)\bmod n,\ x\otimes y=(x\cdot y)\bmod n.$$

易见$\oplus$和$\otimes$都是$\mathbf{Z}_n$上的二元运算. $\langle P(S),\cup,\cap,\sim\rangle$也是代数系统,其中含有两个二元运算$\cup$和$\cap$以及一个一元运算$\sim$. 但自然数集合$\mathbf{N}$和普通减法不能构成代数系统,因为两个自然数相减可能会得到一个负数,所以不能写$\langle\mathbf{N},-\rangle$.

在某些代数系统中存在着一些特定的元素,它对该系统的一元或二元运算起着重要的作用,如二元运算的单位元和零元等,称这些元素为该代数系统的**特异元素**或**代数常数**. 有时为了强调这些特异元素的存在,也把它们列到有关的代数系统的表达式中,例如$\langle\mathbf{Z},+\rangle$中的$+$运算存在单元0,为了强调0的存在,也可将$\langle\mathbf{Z},+\rangle$记为$\langle\mathbf{Z},+,0\rangle$. 又如$\langle P(S),\cup,\cap,\sim\rangle$中的$\cup$和$\cap$存在单位元$\varnothing$和$S$,也可将该代数系统记为$\langle P(S),\cup,\cap,\sim,\varnothing,S\rangle$,具体采用哪一种记法要看所研究的问题是否与这些代数常数有关.

定义 5.13 如果两个代数系统中运算的个数相同,对应运算的元数也相同,且代数常数的个数也相同,则称这两个代数系统**具有相同的构成成分**,也称它们是**同类型**的代数系统.

例如,$V_1=\langle\mathbf{R},+,\cdot,-,0,1\rangle$,$V_2=\langle P(B),\cup,\cap,\sim,\varnothing,B\rangle$是同类型的代数系统,它们都含有两个二元运算和一个一元运算,且都有两个代数常数.

同类型的代数系统仅仅是构成成分相同,不一定具有相同的运算性质. 上述的V_1和V_2是同类型的代数系统,但运算性质不同. 请看表5.6.

表 5.6

V_1	V_2
$+$和$\cdot$可交换,可结合	$\cup$和$\cap$可交换,可结合
$\cdot$对$+$可分配	$\cup$和$\cap$互相可分配
$+$和$\cdot$不遵从幂等律	$\cup$和$\cap$都有幂等律
$+$和$\cdot$没有吸收律	$\cup$和$\cap$有吸收律
$+$和$\cdot$都有消去律	$\cup$和$\cap$都没有消去律

定义 5.14 设$V=\langle S,f_1,f_2,\cdots,f_k\rangle$是代数系统,$B\subseteq S$且$B\neq\varnothing$,如果$B$对$f_1,f_2,\cdots,f_k$都是封闭的,且$B$和$S$含有相同的代数常数,则称$\langle B,f_1,f_2,\cdots,f_k\rangle$是$V$的**子代数系统**,简称

子代数.

例如$\langle \mathbf{N},+\rangle$是$\langle \mathbf{Z},+\rangle$的子代数，因为$\mathbf{N}$对加法运算＋是封闭的，且它们都没有代数常数. $\langle \mathbf{N},+,0\rangle$是$\langle \mathbf{Z},+,0\rangle$的子代数，因为$\mathbf{N}$对＋运算是封闭的，且它们都含有相同的代数常数0. $\langle \mathbf{N}-\{0\},+\rangle$是$\langle \mathbf{Z},+\rangle$的子代数，但不是$\langle \mathbf{Z},+,0\rangle$的子代数，因为$\langle \mathbf{Z},+,0\rangle$的代数常数$0\notin \mathbf{N}-\{0\}$.

由子代数的定义不难看出子代数和原代数不仅具有相同的组成成分，是同类型的代数系统，而且对应的二元运算都具有相同的运算性质. 因为任何二元运算的性质如果在原代数上成立，那么在它的子集上显然也是成立的. 在这个意义上讲子代数在许多方面与原代数非常相似，不过可能小一些就是了.

对于任何代数系统$V=\langle S,f_1,f_2,\cdots,f_k\rangle$，其子代数一定存在，最大的子代数就是$V$本身. 如果令$V$中所有代数常数构成的集合是$B$，且$B$对$V$中所有的运算都是封闭的，则$B$就构成了$V$的最小的子代数. 这种最大和最小的子代数称为$V$的**平凡**的子代数. 如果$V$的子代数$V'=\langle B,f_1,f_2,\cdots,f_k\rangle$满足$B\subset S$，则称$V'$是$V$的**真子代数**.

【例 5.8】 设$V=\langle \mathbf{Z},+,0\rangle$，令

$$n\mathbf{Z}=\{nz\mid z\in \mathbf{Z}\}, n\text{ 为自然数}.$$

则$n\mathbf{Z}$是V的子代数.

证明 任取$n\mathbf{Z}$中的两个元素nz_1，$nz_2(z_1,z_2\in \mathbf{Z})$，则有

$$nz_1+nz_2=n(z_1+z_2)\in n\mathbf{Z},$$

即$n\mathbf{Z}$对＋运算是封闭的. 并且$0=n\cdot 0\in n\mathbf{Z}$，所以$n\mathbf{Z}$是$\langle \mathbf{Z},+,0\rangle$的子代数.

当$n=1$时，$n\mathbf{Z}=\mathbf{Z}$，这时$n\mathbf{Z}$就是V自身. 当$n=0$时，$0\mathbf{Z}=\{0\}$是V的最小的子代数. 这两个子代数是V的平凡的子代数，其他的$n\mathbf{Z}$都是V的非平凡的真子代数.

由两个代数系统V_1和V_2可以产生一个新的代数系统$V_1\times V_2$，就是V_1与V_2的**积代数**. 下面仅对含有一个二元运算的代数系统给出积代数的定义.

定义 5.15 设$V_1=\langle S_1,\circ\rangle$，$V_2=\langle S_2,*\rangle$是代数系统，其中$\circ$和$*$是二元运算. V_1和V_2的积代数$V_1\times V_2$是含有一个二元运算$\cdot$的代数系统，即$V_1\times V_2=\langle S,\cdot\rangle$，其中$S=S_1\times S_2$，且对任意的$\langle x_1,y_1\rangle,\langle x_2,y_2\rangle\in S_1\times S_2$有

$$\langle x_1,y_1\rangle\cdot\langle x_2,y_2\rangle=\langle x_1\circ x_2,y_1*y_2\rangle.$$

例如$V_1=\langle \mathbf{Z},+\rangle$，$V_2=\langle M_2(\mathbf{R}),\cdot\rangle$，其中＋和$\cdot$分别表示整数加法和矩阵乘法，那么

$$V_1\times V_2=\langle \mathbf{Z}\times M_2(\mathbf{R}),\circ\rangle.$$

对任意的$\langle z_1,M_1\rangle,\langle z_2,M_2\rangle\in \mathbf{Z}\times M_2(\mathbf{R})$，有

$$\langle z_1,M_1\rangle\circ\langle z_2,M_2\rangle=\langle z_1+z_2,M_1\cdot M_2\rangle.$$

例如

$$\left\langle 5,\begin{pmatrix}1&0\\1&1\end{pmatrix}\right\rangle\circ\left\langle -2,\begin{pmatrix}2&-1\\0&1\end{pmatrix}\right\rangle=\left\langle 3,\begin{pmatrix}2&-1\\2&0\end{pmatrix}\right\rangle.$$

可以推广定义5.15. 如果原来的代数系统分别含有代数常数，比如说$V_1=\langle S_1,\circ,a_1\rangle$，$V_2=\langle S_2,*,a_2\rangle$，则$V_1$与$V_2$的积代数$V_1\times V_2=\langle S,\cdot,a\rangle$，其中$a=\langle a_1,a_2\rangle$，而$S$和$\cdot$运算的定义与定义5.15相同.

例如 $V_1=\langle \mathbf{Z},+,0\rangle$,$V_2=\left\langle M_2(\mathbf{R}),\cdot,\begin{pmatrix}1&0\\0&1\end{pmatrix}\right\rangle$,则 $V_1\times V_2=\left\langle \mathbf{Z}\times M_2(\mathbf{R}),\circ,\left\langle 0,\begin{pmatrix}1&0\\0&1\end{pmatrix}\right\rangle\right\rangle$.其中$\circ$运算的定义和前面的例子一样,而 $\left\langle 0,\begin{pmatrix}1&0\\0&1\end{pmatrix}\right\rangle$ 就是积代数$V_1\times V_2$ 的代数常数.

$V_1\times V_2$ 是 V_1 与 V_2 的积代数,这时也称 V_1 和 V_2 是 $V_1\times V_2$ 的**因子代数**.积代数$V_1\times V_2$ 和它的因子代数 V_1 和 V_2 在运算性质方面有什么关系呢?由积代数的定义不难看出,积代数和因子代数是同类型的代数系统,且具有某些共同的运算性质.

设 $V_1=\langle S_1,\circ\rangle$,$V_2=\langle S_2,*\rangle$是代数系统,其中$\circ$,$*$ 为二元运算,它们的积代数 $V_1\times V_2=\langle S_1\times S_2,\cdot\rangle$,则有

(1) 如果$\circ$和 $*$ 运算是可交换的,则 $\cdot$ 运算也是可交换的.

(2) 如果$\circ$和 $*$ 运算是可结合的,则 $\cdot$ 运算也是可结合的.

(3) 如果$\circ$和 $*$ 运算是幂等的,则 $\cdot$ 运算也是幂等的.

(4) 如果$\circ$和 $*$ 运算分别具有单位元 e_1 和 e_2,则$\langle e_1,e_2\rangle$是 $\cdot$ 运算的单位元.

(5) 如果$\circ$和 $*$ 运算分别具有零元 θ_1 和 θ_2,则$\langle\theta_1,\theta_2\rangle$是 $\cdot$ 运算的零元.

(6) 如果 $x\in S$ 关于$\circ$运算的逆元为 x^{-1},$y\in S_2$ 关于 $*$ 运算的逆元为 y^{-1},则$\langle x,y\rangle$关于 $\cdot$ 运算的逆元为$\langle x^{-1},y^{-1}\rangle$,即$\langle x_1,y\rangle^{-1}=\langle x^{-1},y^{-1}\rangle$.

虽然积代数 $V_1\times V_2$ 与因子代数 V_1 和 V_2 在许多性质上是共同的,但并非因子代数的所有性质都在积代数中成立.例如消去律在积代数中就不一定成立.请看下面的例子.

【例 5.9】 设 V_1 和 V_2 是代数系统,$V_1=\langle\{0,1\},\otimes_2\rangle$,$V_2=\langle\{0,1,2\},\otimes_3\rangle$,其中$\otimes_2$ 和 $\otimes_3$ 运算分别表示模 2 和模 3 的乘法,即

$$x\otimes_2 y=(x\cdot y)\bmod 2,\quad x\otimes_3 y=(x\cdot y)\bmod 3,$$

分别列出 V_1 和 V_2 的运算表,如表 5.7 所示.

表 5.7

$\otimes_2$	0	1
0	0	0
1	0	1

$\otimes_3$	0	1	2
0	0	0	0
1	0	1	2
2	0	2	1

则 $V_1\times V_2=\langle\{\langle 0,0,\rangle,\langle 0,1\rangle,\langle 0,2\rangle,\langle 1,0\rangle,\langle 1,1\rangle,\langle 1,2\rangle\},\otimes\rangle$且有

$$\langle 0,1\rangle\otimes\langle 1,0\rangle=\langle 0,0\rangle=\langle 0,1\rangle\otimes\langle 0,0\rangle.$$

$\langle 0,1\rangle$不是$\otimes$运算的零元,但不能在上式中消去$\langle 0,1\rangle$而得$\langle 1,0\rangle=\langle 0,0\rangle$.所以积代数 $V_1\times V_2$ 中的$\otimes$运算不满足消去律,而在因子代数 V_1 和 V_2 中容易验证消去律是成立的.

5.3 代数系统的同态与同构

同态与同构是研究两个代数系统之间关系的有力工具.下面先对只具有一个二元运算的代数系统给出同态映射的定义.

定义 5.16 设 $V_1=\langle S_1,\circ\rangle$,$V_2=\langle S_2,*\rangle$是代数系统,$\circ$和 $*$ 是二元运算,如果存在映射 $\varphi:S_1\to S_2$ 满足对任意的 $x,y\in S_1$ 有

$$\varphi(x\circ y)=\varphi(x)*\varphi(y),$$

则称 φ 是 V_1 到 V_2 的**同态映射**,简称**同态**.

【例 5.10】 设 $V_1=\langle \mathbf{Z},+\rangle$,$V_2=\langle \mathbf{Z}_n,\oplus\rangle$,其中+为普通加法,$\oplus$为模 n 加法,即 $\forall x$,$y\in\mathbf{Z}_n$有

$$x\oplus y=(x+y)\bmod n,$$

这里 $\mathbf{Z}_n=\{0,1,\cdots,n-1\}$. 令

$$\varphi:\mathbf{Z}\to\mathbf{Z}_n,\ \varphi(x)=(x)\bmod n,$$

则 φ 是 V_1 到 V_2 的同态. 因为对任意 $x,y\in\mathbf{Z}$ 有

$$\varphi(x+y)=(x+y)\bmod n=(x)\bmod n\oplus(y)\bmod n=\varphi(x)\oplus\varphi(y).$$

【例 5.11】 设 $V_1=\langle\mathbf{R},+\rangle$,$V_2=\langle\mathbf{R},\cdot\rangle$,其中 $\mathbf{R}$ 为实数的集合,+和·分别表示普通加法和乘法. 令 $\varphi:\mathbf{R}\to\mathbf{R}$,$\varphi(x)=e^x$,则 φ 为 V_1 到 V_2 的同态. 因为 $\forall x,y\in\mathbf{R}$ 有

$$\varphi(x+y)=e^{x+y}=e^x\cdot e^y=\varphi(x)\cdot\varphi(y).$$

定义 5.17 设 φ 是 $V_1=\langle S_1,\circ\rangle$到 $V_2=\langle S_2,*\rangle$的同态,则称$\langle\varphi(S_1),*\rangle$是 V_1 在 φ 下的**同态像**.

在例 5.10 中,V_1 在 φ 下的同态像就是 V_2. 因为 φ 是满射的,$\varphi(\mathbf{Z})=\mathbf{Z}_n$. 而在例 5.11 中 V_1 在 φ 下的同态像是$\langle\mathbf{R}^+,\cdot\rangle$,因为 $\varphi(\mathbf{R})=\mathbf{R}^+$,$\varphi$ 不是满射的.

定义 5.18 设 φ 是 $V_1=\langle S_1,\circ\rangle$到 $V_2=\langle S_2,*\rangle$的同态,如果 φ 是满射的,则称 φ 为 V_1 到 V_2 的**满同态**,记作 $V_1\overset{\varphi}{\sim}V_2$. 如果 φ 是单射的,则称 φ 为 V_1 到 V_2 的**单同态**. 如果 φ 是双射的,则称 φ 为 V_1 到 V_2 的**同构**,记作 $V_1\overset{\varphi}{\cong}V_2$.

例 5.10 的同态是满同态,而例 5.11 中的同态是单同态,它们都不是同构.

【例 5.12】 (1) $V=\langle\mathbf{Z},+\rangle$,给定 $a\in\mathbf{Z}$,令

$$\varphi_a:\mathbf{Z}\to\mathbf{Z},\ \varphi_a(x)=ax,\ \ \forall x\in\mathbf{Z}.$$

则 φ_a 为 V 到 V 自身的同态,也称为**自同态**. 因为 $\forall x,y\in\mathbf{Z}$ 有

$$\varphi_a(x+y)=a(x+y)=ax+ay=\varphi_a(x)+\varphi_a(y).$$

当 $a=0$ 时,有 $\forall x\in\mathbf{Z}$,$\varphi_0(x)=0\cdot x=0$. 它将 $\mathbf{Z}$ 中所有元素映到$\langle\mathbf{Z},+\rangle$的单位元 0,称 φ_0 为**零同态**,其同态像为$\langle\{0\},+\rangle$.

当 $a=1$ 时,有 $\forall x\in\mathbf{Z}$,$\varphi_1(x)=1\cdot x=x$,φ_1 为 $\mathbf{Z}$ 上的恒等函数,显然是双射. 其同态像就是$\langle\mathbf{Z},+\rangle$. 这时 φ_1 是 V 的**自同构**. 同理可证 φ_{-1}也是 V 的自同构.

当 $a\neq\pm1$ 且 $a\neq0$ 时,$\forall x\in\mathbf{Z}$ 有 $\varphi_a(x)=ax$,即 $\varphi_a(\mathbf{Z})=a\mathbf{Z}$. φ_a 是单射的. 这时 φ_a 为 V 的**单自同态**,其同态像为$\langle a\mathbf{Z},+\rangle$,是$\langle\mathbf{Z},+\rangle$的真子代数.

(2) 令 $V_1=\langle\Sigma^*,\circ\rangle$,$V_2=\langle\mathbf{N},+\rangle$,定义 φ: $\Sigma^*\to\mathbf{N}$ 如下:

$$\varphi(w)=|w|,\ \forall w\in\Sigma^*.$$

易证 φ 为 V_1 到 V_2 的映射,且满足:$\forall w_1,w_2\in\Sigma^*$ 有

$$\varphi(w_1\circ w_2)=|w_1\circ w_2|=|w_1|+|w_2|=\varphi(w_1)+\varphi(w_2).$$

所以 φ 为 V_1 到 V_2 的同态,且是满同态. 如果 Σ 中只含有一个字母,比如说 a,那么 $\Sigma^*=\{a^n\,|\,n\in\mathbf{N}\}$,这时 φ 是双射的,就是 V_1 到 V_2 的同构了.

定义 5.16 中的同态概念可以推广到一般的代数系统中去. 先考虑具有两个二元运算的代数系统.

设$V_1=\langle S_1,\circ,*\rangle$,$V_2=\langle S_2,\circ',*'\rangle$是代数系统,其中$\circ$,$*$,$\circ'$,$*'$都是二元运算. 如果$\varphi$: $S_1\to S_2$满足以下条件: $\forall x,y\in S_1$有

$$\varphi(x\circ y)=\varphi(x)\circ'\varphi(y),$$
$$\varphi(x*y)=\varphi(x)*'\varphi(y),$$

则称φ是V_1到V_2的同态映射,简称同态.

例如$V_1=\langle \mathbf{Z},+,\cdot\rangle$,$V_2=\langle \mathbf{Z}_n,\oplus,\otimes\rangle$,其中$+$和$\cdot$分别表示普通加法和乘法. $\oplus$和$\otimes$则分别表示模n加法和乘法,即$\forall x,y\in \mathbf{Z}_n$有

$$x\oplus y=(x+y)\bmod n,\quad x\otimes y=(x\cdot y)\bmod n.$$

令φ: $\mathbf{Z}\to\mathbf{Z}_n$,$\varphi(x)=(x)\bmod n$,则有

$$\varphi(x+y)=(x+y)\bmod n=(x)\bmod n\oplus(y)\bmod n=\varphi(x)\oplus\varphi(y),$$
$$\varphi(x\cdot y)=(x\cdot y)\bmod n=(x)\bmod n\otimes(y)\bmod n=\varphi(x)\otimes\varphi(y),$$

所以φ是V_1到V_2的同态,且是满同态.

类似地,我们还可以把同态的概念推广到具有k个二元运算的代数系统中去.

下面考虑具有二元和一元运算的代数系统设$V_1=\langle S_1,\circ,\vartriangle\rangle$和$V_2=\langle S_2,\circ',\vartriangle'\rangle$是代数系统,其中$\circ$和$\circ'$是二元运算,$\vartriangle$和$\vartriangle'$是一元运算. 如果映射$\varphi$: $S_1\to S_2$满足以下条件: $\forall x,y\in S_1$都有

$$\varphi(x\circ y)=\varphi(x)\circ'\varphi(y),$$
$$\varphi(\vartriangle(x))=\vartriangle'(\varphi(x)),$$

则称φ是V_1到V_2的同态映射,简称同态.

例如$V_1=\langle \mathbf{R},+,-\rangle$,$V_2=\langle \mathbf{R}^+,\cdot,^{-1}\rangle$,其中$+$和$\cdot$分别表示普通加法和乘法,$-x$表示求$x$的相反数,$x^{-1}$表示求$x$的倒数. 令$\varphi$: $\mathbf{R}\to\mathbf{R}^+$,$\varphi(x)=e^x$,则$\forall x,y\in\mathbf{R}$,有

$$\varphi(x+y)=e^{x+y}=e^x\cdot e^y=\varphi(x)\cdot\varphi(y),$$
$$\varphi(-x)=e^{-x}=(e^x)^{-1}=(\varphi(x))^{-1}.$$

所以φ是V_1到V_2的同态.

最后我们考虑具有代数常数的代数系统之间的同态. 设$V_1=\langle S_1,\circ,k_1\rangle$,$V_2=\langle S_2,*,k_2\rangle$是代数系统,其中$\circ$和$*$是二元运算,$k_1\in S_1$,$k_2\in S_2$是代数常数. 如果映射$\varphi$:$S_1\to S_2$满足以下条件: $\forall x,y\in S_1$都有

$$\varphi(x\circ y)=\varphi(x)*\varphi(y),$$
$$\varphi(k_1)=k_2,$$

则称φ是V_1到V_2的同态.

例如$V_1=\langle \mathbf{Z},+,0\rangle$,$V_2=\langle \mathbf{Z}_n,\oplus,0\rangle$,其中$+$是普通加法,$\oplus$为模$n$加法,令$\varphi$:$\mathbf{Z}\to\mathbf{Z}_n$,$\varphi(x)=(x)\bmod n$,则$\forall x,y\in\mathbf{Z}$有

$$\varphi(x+y)=(x+y)\bmod n=(x)\bmod n\oplus(y)\bmod n=\varphi(x)\oplus\varphi(y),$$
$$\varphi(0)=(0)\bmod n=0,$$

所以φ是V_1到V_2的同态,并且是满同态.

根据以上的分析不难把同态的概念推广到任何含有有限多个一元、二元运算和代数常数的代数系统上,同样也可以对这种同态讨论它是否为单同态、满同态和同构,还可以求它的同

态像.下面关于同态性质的讨论都是对这种一般的同态来进行的.

定理 5.5　设 V_1,V_2 为代数系统，$\circ$ 和 $*$ 为 V_1 上的二元运算，$\circ'$ 和 $*'$ 为 V_2 上的二元运算.如果 $\varphi: V_1\to V_2$ 是从 V_1 到 V_2 的满同态，则

(1) 若 $\circ$ 是可交换的(可结合的，幂等的)，则 $\circ'$ 也是可交换的(可结合的，幂等的).

(2) 若 $\circ$ 对 $*$ 是可分配的，则 $\circ'$ 对 $*'$ 也是可分配的；若 $\circ$ 和 $*$ 是可吸收的，则 $\circ'$ 和 $*'$ 也是可吸收的.

(3) 若 e 为 $\circ$ 运算的单位元，则 $\varphi(e)$ 为 $\circ'$ 运算的单位元.

(4) 若 θ 为 $\circ$ 运算的零元，则 $\varphi(\theta)$ 为 $\circ'$ 运算的零元.

(5) 设 $u\in V_1$，若 u^{-1} 是 u 关于 $\circ$ 运算的逆元，则 $\varphi(u^{-1})$ 是 $\varphi(u)$ 的逆元，即

$$\varphi(u)^{-1}=\varphi(u^{-1}).$$

证明　(1) 设 $\circ$ 是可交换的.任取 $x,y\in V_2$，因为 $\varphi:V_1\to V_2$ 是满射的，必存在 $a,b\in V_1$，使 $\varphi(a)=x,\varphi(b)=y$.所以

$$\begin{aligned}x\circ' y &=\varphi(a)\circ'\varphi(b)=\varphi(a\circ b)=\varphi(b\circ a)\\&=\varphi(b)\circ'\varphi(a)=y\circ' x.\end{aligned}$$

得证 $\circ'$ 是可交换的.

设 $\circ$ 是可结合的.任取 $x,y,z\in V_2$，因为 φ 是满射的，必存在 $a,b,c\in V_1$，使 $\varphi(a)=x$，$\varphi(b)=y,\varphi(c)=z$，所以有

$$\begin{aligned}(x\circ' y)\circ' z &=(\varphi(a)\circ'\varphi(b))\circ'\varphi(c)=\varphi(a\circ b)\circ'\varphi(c)\\&=\varphi((a\circ b)\circ c)=\varphi(a\circ(b\circ c))=\varphi(a)\circ'\varphi(b\circ c)\\&=\varphi(a)\circ'(\varphi(b)\circ'\varphi(c))=x\circ'(y\circ' z).\end{aligned}$$

得证 $\circ'$ 是可结合的.

设 $\circ$ 是幂等的.任取 $x\in V_2$，由 φ 的满射性必存在 $a\in V_1$，使 $\varphi(a)=x$，所以有

$$x\circ' x=\varphi(a)\circ'\varphi(a)=\varphi(a\circ a)=\varphi(a)=x.$$

得证 $\circ'$ 是幂等的.

(2) 任取 $x,y,z\in V_2$，由 φ 的满射性必存在 $a,b,c\in V_1$，使 $\varphi(a)=x,\varphi(b)=y,\varphi(c)=z$，所以有

$$\begin{aligned}x\circ'(y*'z)&=\varphi(a)\circ'(\varphi(b)*'\varphi(c))=\varphi(a)\circ'\varphi(b*c)\\&=\varphi(a\circ(b*c))=\varphi((a\circ b)*(a\circ c))=\varphi(a\circ b)*'\varphi(a\circ c)\\&=(\varphi(a)\circ'\varphi(b))*'(\varphi(a)\circ'\varphi(c))=(x\circ' y)*'(x\circ' z),\end{aligned}$$

同样可证右分配律成立，从而证明了 $\circ'$ 对 $*'$ 是可分配的.类似可证，当 $\circ$ 和 $*$ 是可吸收时，$\circ'$ 和 $*'$ 也是可吸收的.

(3) 任取 $x\in V_2$，必存在 $a\in V_1$，使 $\varphi(a)=x$.于是

$$x\circ'\varphi(e)=\varphi(a)\circ'\varphi(e)=\varphi(a\circ e)=\varphi(a)=x,$$
$$\varphi(e)\circ' x=\varphi(e)\circ'\varphi(a)=\varphi(e\circ a)=\varphi(a)=x,$$

所以 $\varphi(e)$ 为 V_2 中关于 $\circ'$ 的单位元.

(4) 任取 $x\in V_2$，必存在 $a\in V_1$，使 $\varphi(a)=x$.于是

$$x\circ'\varphi(\theta)=\varphi(a)\circ'\varphi(\theta)=\varphi(a\circ\theta)=\varphi(\theta),$$
$$\varphi(\theta)\circ' x=\varphi(\theta)\circ'\varphi(a)=\varphi(\theta\circ a)=\varphi(\theta),$$

所以 $\varphi(\theta)$ 为 V_2 中关于 $\circ'$ 的零元.

(5)
$$\varphi(u^{-1})\circ'\varphi(u)=\varphi(u^{-1}\circ u)=\varphi(e),$$
$$\varphi(u)\circ'\varphi(u^{-1})=\varphi(u\circ u^{-1})=\varphi(e),$$
所以 $\varphi(u^{-1})$ 是 $\varphi(u)$ 的逆元.

这里 $\varphi: V_1\to V_2$ 为满同态的条件很重要. 如果 φ 不是满同态,则以上结论仅在 V_1 的同态像 $\varphi(V_1)$ 中成立.

定理 5.6 设 V_1, V_2 为代数系统,φ 为 V_1 到 V_2 的同态映射,则 V_1 在 φ 下的同态像 $\varphi(V_1)$ 是 V_2 的子代数.

限于篇幅,将此定理的证明略去. 下面给出几个例子.

【例 5.13】 设 $V_1=\langle A, *\rangle, V_2=\langle A', *'\rangle$ 为两个代数系统,其运算表如表 5.8 所示.

表 5.8

$*$	a	b	c	d
a	a	b	c	d
b	b	b	d	d
c	c	d	c	d
d	d	d	d	d

$A=\{a,b,c,d\}$

$*'$	0	1	2	3
0	0	1	1	0
1	1	1	2	1
2	1	2	3	2
3	0	1	2	3

$A'=\{0,1,2,3\}$

易见 $*$ 运算是可交换的,因为运算表中的元素关于主对角线成对称分布,而且 $*$ 运算是可结合的. 因为 d 为 $*$ 运算的零元,a 为 $*$ 运算的单位元,只须验证 b, c 对结合律的影响. 从 $\{b,c\}$ 中任取三个元素运算,不管运算顺序如何,结果都是一样的.

再看 $*'$ 运算,它也是可交换的. 运算表中元素关于主对角线也成对称分布,但不是可结合的,因为
$$(1*'0)*'2=1*'2=2,$$
$$1*'(0*'2)=1*'1=1,$$
两者不相等.

令 $\varphi: A\to A'$,使得 $\varphi(a)=\varphi(c)=0, \varphi(b)=\varphi(d)=1$. 不难验证 φ 为 V_1 到 V_2 的同态映射,但不是满同态,其同态像为 $\langle\{0,1\}, *'\rangle$. 所以尽管 V_1 中 $*$ 运算有结合律,V_2 中的 $*'$ 运算就没有结合律了,但在同态像 $\langle\{0,1\}, *'\rangle$ 中的 $*'$ 满足结合律.

【例 5.14】 设 $V=\langle A, \cdot\rangle$,其中 $A=\left\{\begin{pmatrix} a & 0\\ 0 & d\end{pmatrix} \,\middle|\, a,d\in\mathbf{R}\right\}$,且 $\cdot$ 为矩阵乘法.

令 $\varphi: A\to A, \varphi\left(\begin{pmatrix} a & 0\\ 0 & d\end{pmatrix}\right)=\begin{pmatrix} a & 0\\ 0 & 0\end{pmatrix}$,则对于任意的 $\begin{bmatrix} a_1 & 0\\ 0 & d_1\end{bmatrix}, \begin{bmatrix} a_2 & 0\\ 0 & d_2\end{bmatrix}\in A$ 有
$$\varphi\left[\begin{bmatrix} a_1 & 0\\ 0 & d_1\end{bmatrix}\cdot\begin{bmatrix} a_2 & 0\\ 0 & d_2\end{bmatrix}\right]=\varphi\left[\begin{bmatrix} a_1a_2 & 0\\ 0 & d_1d_2\end{bmatrix}\right]=\begin{pmatrix} a_1a_2 & 0\\ 0 & 0\end{pmatrix}$$
$$=\begin{pmatrix} a_1 & 0\\ 0 & 0\end{pmatrix}\cdot\begin{pmatrix} a_2 & 0\\ 0 & 0\end{pmatrix}=\varphi\left[\begin{bmatrix} a_1 & 0\\ 0 & d_1\end{bmatrix}\right]\cdot\varphi\left[\begin{bmatrix} a_2 & 0\\ 0 & d_2\end{bmatrix}\right].$$
φ 是 V 上的自同态,但不是满自同态,其同态像为
$$\left\langle\left\{\begin{pmatrix} a & 0\\ 0 & 0\end{pmatrix} \,\middle|\, a\in\mathbf{R}\right\}, \cdot\right\rangle.$$
易见它是 V 的子代数. 但它的单位元是 $\begin{pmatrix} 1 & 0\\ 0 & 0\end{pmatrix}$,而不是 V 中的单位元 $\begin{pmatrix} 1 & 0\\ 0 & 1\end{pmatrix}$.

5.4　例题分析

本章的习题主要是概念题.

【例 5.15】　判断下列集合 A 和二元运算 $*$ 是否构成代数系统:

(1) $A=\mathbf{R}$, $\forall a,b\in A$, $a*b=a+b+2ab$.

(2) $A=P(\{x,y\})$, $\forall a,b\in A$, $a*b=a\cup b$.

(3) $A=\{1,-2,3,2,-4\}$, $\forall a,b\in A$, $a*b=|b|$.

(4) $A=\{1,2,\cdots,10\}$, $\forall x,y\in A$, $x*y=\gcd(x,y)$,其中 $\gcd(x,y)$ 表示 x 和 y 的最大公约数.

(5) $A=\mathbf{R}$, $\forall x,y\in A$, $x*y=|x-y|$.

(6) $A=M_n(\mathbf{R})$, $*$ 是矩阵乘法.

(7) $A=B^B$, $*$ 是函数的复合.

(8) $A=n\mathbf{Z}=\{nk\mid k\in\mathbf{Z}\}$, n 为固定的自然数, $*$ 为普通乘法.

解　只有(3)不构成代数系统,其余都构成代数系统.

对于给定的集合 A 和运算 $*$ 如何判断它们能否构成代数系统?主要应验证以下两点:① 是否 A 中的任何两个元素 x,y 都可以进行 $*$ 运算,即 $x*y$ 是有意义的. ② 是否 $x*y\in A$. 也就是说 A 在 $*$ 运算下是封闭的.

显然(3)中的 1 和 -4 运算后有

$$1*(-4)=|-4|=4\notin A.$$

所以(3)中的 $*$ 运算不是 A 上二元运算. 它们不能构成代数系统.

【例 5.16】　对例 5.15 中的每个代数系统说明运算 $*$ 是否适合交换律、结合律和幂等律.

解　(1)中的运算 $*$ 是可交换的、可结合的. (2)中的运算 $*$ 是可交换、可结合、幂等的. (4)中的运算是可交换、可结合、幂等的. (5)中的运算是可交换的. (6)中的运算是可结合的. (7)中的运算是可结合的. (8)中的运算是可交换、可结合的.

举例证明如下:(1) $\forall a,b,c\in A$ 有

$$a*b=a+b+2ab=b+a+2ba=b*a,$$

$$(a*b)*c=(a+b+2ab)*c=a+b+2ab+c+2(a+b+2ab)c$$
$$=a+b+c+2ab+2ac+2bc+4abc,$$

$$a*(b*c)=a*(b+c+2bc)=a+b+c+2bc+2a(b+c+2bc)$$
$$=a+b+c+2bc+2ab+2ac+4abc,$$

所以 $*$ 是可交换、可结合的.

(5) $\forall x,y\in A$,有 $x*y=|x-y|=|y-x|=y*x$.

但不成立结合律,例如

$$(1*2)*5=|1-2|*5=1*5=|1-5|=4,$$
$$1*(2*5)=1*|2-5|=1*3=|1-3|=2.$$

其他的性质都可以类似地进行验证. 如果没有某些性质,可以通过举反例来验证.

【例 5.17】　设代数系统 $\langle A,*\rangle$,其中 $A=\{a,b,c\}$, $*$ 运算分别由表 5.9 确定. 试分别讨论它们的交换性,结合性和幂等性.

表 5.9

(1)

$*$	a	b	c
a	a	b	c
b	b	c	a
c	c	a	b

(2)

$*$	a	b	c
a	a	b	c
b	b	a	c
c	c	c	c

(3)

$*$	a	b	c
a	a	b	c
b	a	b	c
c	a	b	c

(4)

$*$	a	b	c
a	a	b	c
b	b	b	c
c	c	c	b

解 (1) 有交换律和结合律.(2) 有交换律和结合律.(3) 有结合律和幂等律.(4) 有交换律和结合律.

判断是否有交换律的办法就是检查运算表的对称性.如果运算表中的元素关于主对角线(从左上到右下的对角线)成对称分布,则是有交换律的,否则就不是.如(1),(2),(4)都是对称分布,而(3)就不是对称分布.

判断是否有结合律需要验证所有可能的情况.即 $\forall a,b,c\in A$,验证以下等式

$$(a*b)*c=a*(b*c)$$

是否成立.一般说来这是个烦琐的工作,但是如果该代数系统中存在单位元和零元则简单一些.如(1)中的 a 是单位元,不必考虑 a,只需验证 b 和 c 的情况.而(2)中更加简单,因为 a 为单位元,c 是零元.关于 b,显然有 $b*(b*b)=(b*b)*b$ 成立.

判断是否有幂等律,只需检查主对角元素的排列是否与算符行的元素排列顺序一致.如(1)中主对角线元素排列为 a,c,b,而 $*$ 行的排列为 a,b,c,所以不是幂等的.(2)和(4)也不是幂等的,只有(3)的主对角线为 a,b,c 排列,是幂等的.

【例 5.18】 对例 5.15 和例 5.17 中的代数系统求二元运算的单位元、零元和所有可逆元素的逆元.

解 在例 5.15 中

(1) 0 为单位元,$-\frac{1}{2}$为零元,$\forall a\in A,a\neq-\frac{1}{2}$,则 $a^{-1}=\frac{-a}{1+2a}$.

(2) $\varnothing$为单位元,$\{x,y\}$为零元,只有$\varnothing$有逆元,$\varnothing^{-1}=\varnothing$.

(4) 无单位元,1 为零元,无逆元.

(5) 无单位元,无零元,无逆元.

(6) n 阶单位矩阵为单位元,n 阶全 0 矩阵为零元,任何 n 阶实可逆矩阵 $M(|M|\neq0)$有逆元 M^{-1},即 M 的逆阵.

(7) B 上的恒等函数 I_B 为单位元,无零元.B^B 上的双射函数 f 有逆元,就是它的反函数 f^{-1}.

(8) 当 $n=1$ 时有单位元 1,$n\neq1$ 时没有单位元.零元是 0.当 $n=1$ 时只有 1 和 -1 有逆元.1 的逆元是 1,-1 的逆元是 -1.

在例 5.17 中,

(1) 单位元为 a,无零元,$a^{-1}=a,b^{-1}=c,c^{-1}=b$.

(2) 单位元为 a,零元为 c,$a^{-1}=a,b^{-1}=b$.

(3) 无单位元,无零元,无可逆元.

(4) 单位元为 a,无零元,$a^{-1}=a$.

在一个代数系统中怎样求这些特异元素呢?如果运算是用表达式给出的,如例 5.15,则可以通过运算来求.比如在(1)中的运算是

$$a*b=a+b+2ab.$$

$\forall a\in\mathbf{R}$,如果 b 是系统的单位元,则有

$$a*b=a, b*a=a.$$

由于 $*$ 是可交换的,只考虑 $a*b=a$ 就可以了,即

$$a+b+2ab=a,$$

化简为

$$b+2ab=0.$$

由于 a 可以是任意实数,只有 $b=0$ 时上式才成立. 所以 0 就是单位元.

类似的,若 b 为该系统的零元,则有

$$a+b+2ab=b,$$

化简为

$$a+2ab=0.$$

由于 a 可以是任意实数,只有 $b=-\frac{1}{2}$ 时上式才成立. 所以 $-\frac{1}{2}$ 是零元.

设 b 为 a 的逆元,则有

$$a+b+2ab=0,$$

解得

$$b=\frac{-a}{1+2a},\ a\neq-\frac{1}{2}.$$

如果运算是由运算表定义的,可以通过下面的方法求关于它的特异元素.

如果某元素所在的行和列中元素的排列分别与运算符 $*$ 所在的行和列的元素排列相同,则该元素是单位元. 例 5.17(1)中的 a 所在的行是 a,b,c,与 $*$ 所在的行一样,a 所在的列是 a,b,c,与 $*$ 所在的列也一样. 所以 a 是单位元. 而例 5.17(3)中的任何元素所在行的排列都是 a,b,c,但任何元素所在列的排列都不是 a,b,c,所以没有单位元.

如果某元素所在的行都由该元素组成,列也都由该元素组成,则它就是零元. 例 5.17(2)中的 c 所在的行是 c,c,c,而列也是 c,c,c,所以 c 是该系统的零元.

只有系统中有单位元,才可能存在可逆的元素. 单位元的逆元就是单位元自己,零元没有逆元. 如果某个元素,比如说 x,它所在的行中出现单位元,并且单位元出现的列是 y 的列,那么要检查 y 所在的行和 x 所在的列交叉位置的元素是否为单位元. 如果是,则 x 与 y 互为逆元. 否则 x 没有逆元. 例 5.17(1)中 b 所在的行中 a 是单位元,而 a 所在的则是 c 的列. 再检查 c 所在的行和 b 所在的列交叉位置恰好又是单位元 a,所以 b 与 c 互为逆元.

【例 5.19】 设 $\mathbf{N}_k=\{0,1,\cdots,k-1\}$. $k\in\mathbf{Z}^+$, $\forall x,y\in\mathbf{N}_k$,有 $x*y=(xy)\bmod k$.

(1) 构造当 $k=5$ 时的运算表.

(2) 说明 $*$ 是否有交换律、结合律、单位元和零元.

(3) 如果 $*$ 有单位元,求 $\mathbf{N}_5$ 中所有的可逆元的逆元.

表 5.10

*	0	1	2	3	4
0	0	0	0	0	0
1	0	1	2	3	4
2	0	2	4	1	3
3	0	3	1	4	2
4	0	4	3	2	1

解 (1) $k=5$ 时的运算表如表 5.10 所示.

(2) $*$ 运算是可交换的,可结合的,单位元是 1,零元是 0.

(3) 1 的逆元是 1,2 和 3 互为逆元,4 的逆元是 4,0 没有逆元.

【例 5.20】 设 $V=\langle\mathbf{R}^*,\cdot\rangle$,下述映射 φ 是否为 V 的自同态? 如果是,说明它是否为满

同态、单同态和同构,并计算 V 的同态像 $\varphi(V)$.

(1) $\varphi(x)=|x|$.　　(2) $\varphi(x)=2x$.

(3) $\varphi(x)=x^2$.　　(4) $\varphi(x)=\frac{1}{x}$.

(5) $\varphi(x)=-x$.　　(6) $\varphi(x)=x+1$.

解 (1) 是同态,但不是单同态,也不是满同态和同构. $\varphi(V)=\langle \mathbf{R}^+,\cdot\rangle$.

(2) 不是同态.

(3) 是同态,但不是单同态,满同态,更不是同构. $\varphi(V)=\langle \mathbf{R}^+,\cdot\rangle$.

(4) 是同态,而且是单同态,满同态和同构. $\varphi(V)=V$.

(5) 和(6)都不是同态.

判断映射 φ 是否为同态的方法就是根据定义验证下述等式是否成立:

$$\forall x,y\in \mathbf{R}^* \text{ 有 } \varphi(x\cdot y)=\varphi(x)\cdot\varphi(y).$$

对(1),(3)和(4)的验证如下:

$$\varphi(x\cdot y)=|x\cdot y|=|x|\cdot|y|=\varphi(x)\cdot\varphi(y),$$

$$\varphi(x\cdot y)=(x\cdot y)^2=x^2\cdot y^2=\varphi(x)\cdot\varphi(y),$$

$$\varphi(x\cdot y)=\frac{1}{x\cdot y}=\frac{1}{x}\cdot\frac{1}{y}=\varphi(x)\cdot\varphi(y).$$

相反,要说明映射 φ 不是同态,只需举一反例就可以了.(2),(5)和(6)的反例依次列举在下边:

令 $x=2,y=2$,则 $2(xy)=2\times4=8$,而 $2x\cdot 2y=16$.

令 $x=1,y=2$,则 $-(xy)=-2$,而 $(-x)(-y)=2$.

令 $x=1,y=2$,则 $x+y+1=4$,而 $x+1+y+1=5$.

习　题　五

1. 列出以下运算的运算表:

(1) $A=\left\{1,2,\frac{1}{2}\right\}$. $\forall x\in A$, $\circ(x)$ 是 x 的倒数,即 $\circ(x)=\frac{1}{x}$.

(2) $A=\{1,2,3,4\}$, $\forall x,y\in A$ 有 $x\circ y=\max(x,y)$.

2. 判断下列集合对所给的二元运算是否封闭:

(1) 整数集合 $\mathbf{Z}$ 上的减法运算.

(2) 非零整数集合 $\mathbf{Z}^*$ 上的除法运算.

(3) 全体 $n\times n$ 实矩阵集合 $M_n(\mathbf{R})$ 上的矩阵加法和矩阵乘法,其中 $n\geqslant2$.

(4) 全体 $n\times n$ 实可逆矩阵集合上的矩阵加法和矩阵乘法,其中 $n\geqslant2$.

(5) 在全体正实数集合 $\mathbf{R}^+$ 上规定 $\circ$ 为:

$$a\circ b=ab-a-b,\ \forall a,b\in\mathbf{R}^+.$$

(6) $n\in\mathbf{Z}^+$, $n\mathbf{Z}=\{nz\,|\,z\in\mathbf{Z}\}$ 上的加法和乘法运算.

(7) $A=\{a_1,a_2,\cdots,a_n\}$, $\forall a,b\in A$, $a\circ b=b$, $n\geqslant2$.

(8) $S=\{2x-1\,|\,x\in\mathbf{Z}^+\}$ 上的加法和乘法运算.

(9) $S=\{0,1\}$ 上的加法和乘法运算.

(10) $S=\{x\,|\,x=2^n,n\in\mathbf{Z}^+\}$ 上的加法和乘法运算.

3. 对于习题2中封闭的二元运算判断是否适合交换律,结合律和分配律.

4. 对习题 2 中封闭的二元运算找出它的单位元，零元和所有可逆元素的逆元.

5. 设 $*$ 为 $\mathbf{Z}^+$ 上的二元运算，$\forall x,y\in\mathbf{Z}^+$，

$$x*y=\min(x,y).$$

(1) 求 $4*6$，$7*3$.

(2) 说明 $*$ 在 $\mathbf{Z}^+$ 上是否满足交换律、结合律和幂等律.

(3) 求 $*$ 运算的单位元、零元及 $\mathbf{Z}^+$ 中所有可逆元素的逆元.

6. $S=\mathbf{Q}\times\mathbf{Q}$，$\mathbf{Q}$ 为有理数集，$*$ 为 S 上的二元运算，$\forall\langle a,b\rangle,\langle x,y\rangle\in S$ 有

$$\langle a,b\rangle*\langle x,y\rangle=\langle ax,ay+b\rangle.$$

(1) $*$ 运算在 S 上是否可交换、可结合？是否为幂等的？

(2) $*$ 运算是否有单位元、零元？如果有，请指出，并求 S 上所有可逆元素的逆元.

7. $\mathbf{R}$ 为实数集，定义以下六个函数 $f_1,\cdots,f_6$，$\forall x,y\in\mathbf{R}$ 有

$$f_1(\langle x,y\rangle)=x+y,\ f_2(\langle x,y\rangle)=x-y,$$
$$f_3(\langle x,y\rangle)=x\cdot y,\ f_4(\langle x,y\rangle)=\max(x,y),$$
$$f_5(\langle x,y\rangle)=\min(x,y),\ f_6(\langle x,y\rangle)=|x-y|.$$

(1) 指出哪些函数是 $\mathbf{R}$ 上的二元运算.

(2) 对所有的二元运算说明是否为可交换的、可结合的、幂等的.

(3) 求所有二元运算的单位元、零元及所有可逆元素的逆元.

8. 令 $S=\{a,b\}$，S 上有 4 个二元运算 $*$，$\circ$，$\cdot$ 和 $\square$，分别由表 5.11 确定.

表　5.11

$*$	a	b
a	a	a
b	a	a

$\circ$	a	b
a	a	b
b	b	a

$\cdot$	a	b
a	b	a
b	a	a

$\square$	a	b
a	a	b
b	a	b

(1) 这 4 个运算中哪些运算满足交换律、结合律、幂等律？

(2) 求每个运算的单位元、零元及所有可逆元素的逆元.

9. 设 $S=\{1,2,\cdots,10\}$，问下面定义的运算能否与 S 构成代数系统 $\langle S,*\rangle$？如果能构成代数系统则说明 $*$ 运算是否满足交换律、结合律，并求 $*$ 运算的单位元和零元.

(1) $x*y=\gcd(x,y)$，$\gcd(x,y)$ 是 x 与 y 的最大公约数.

(2) $x*y=\mathrm{lcm}(x,y)$，$\mathrm{lcm}(x,y)$ 是 x 与 y 的最小公倍数.

(3) $x*y=$ 大于等于 x 和 y 的最小整数.

(4) $x*y=$ 质数 p 的个数，其中 $x\leqslant p\leqslant y$.

10. 下面各集合都是 $\mathbf{N}$ 的子集，它们能否构成代数系统 $V=\langle\mathbf{N},+\rangle$ 的子代数？

(1) $\{x\mid x\in\mathbf{N}\wedge x$ 的某次幂可以被 16 整除$\}$.

(2) $\{x\mid x\in\mathbf{N}\wedge x$ 与 5 互质$\}$.

(3) $\{x\mid x\in\mathbf{N}\wedge x$ 是 30 的因子$\}$.

(4) $\{x\mid x\in\mathbf{N}\wedge x$ 是 30 的倍数$\}$.

11. 设 $V=\langle\mathbf{Z},+,\cdot\rangle$，其中 $+$ 和 $\cdot$ 分别代表普通加法和乘法. 对下面给定的每个集合确定它是否构成 V 的子代数，为什么？

(1) $S_1=\{2n\mid n\in\mathbf{Z}\}$.

(2) $S_2=\{2n+1\mid n\in\mathbf{Z}\}$.

(3) $S_3=\{-1,0,1\}$.

12. 设 $V_1=\langle\{1,2,3\},\circ,1\rangle$，其中 $x\circ y$ 表示取 x 和 y 之中较大的数. $V_2=\langle\{5,6\},*,6\rangle$，其中 $x*y$ 表示取 x 和 y 之中较小的数.

(1) 求出 V_1 的所有子代数,其中哪些是平凡的子代数?哪些是真子代数?

(2) 求积代数 $V_1 \times V_2$,给出积代数 $\langle V_1 \times V_2, \cdot, k \rangle$ 的运算表和代数常数 k,并说明 k 是什么特异元素.

13. 设 $V_1 = \langle \{0,1\}, * \rangle$,$V_2 = \langle \{0,1,2\}, \circ \rangle$,其中 $*$ 和 $\circ$ 分别表示模 2 和模 3 加法.

(1) 试构造积代数 $V_1 \times V_2$ 的运算表.

(2) 指出积代数中是否有交换律、结合律和幂等律,并求积代数中的单位元、零元和所有可逆元素的逆元.

14. 设 $V_1 = \langle \mathbf{C}, +, \cdot \rangle$,其中 $\mathbf{C}$ 为复数集合,$+$,$\cdot$ 为普通加法和乘法,$V_2 = \langle M, +, \cdot \rangle$,其中

$$M = \left\{ \begin{pmatrix} a & b \\ -b & a \end{pmatrix} \middle| \ a, b \in \mathbf{R} \right\},$$

$+$ 和 $\cdot$ 为矩阵加法和乘法. 令 $\varphi: \mathbf{C} \to M$,对于 $\mathbf{C}$ 中的任意元素 $a+bi$,有 $\varphi(a+bi) = \begin{pmatrix} a & b \\ -b & a \end{pmatrix}$. 验证 φ 为 V_1 到 V_2 的同态,并说明 φ 是否为单同态、满同态和同构.

15. $V_1 = \langle A, * \rangle$,$V_2 = \langle B, \circ \rangle$ 是代数系统,其中 $A = \{a,b,c,d\}$,$B = \{0,1,2,3\}$. 而运算 $*$ 和 $\circ$ 给在表 5.12 中.

设 $\varphi: A \to B$,$\varphi(a) = \varphi(c) = 0$,$\varphi(b) = \varphi(d) = 1$. 验证 φ 为 V_1 到 V_2 的同态. 并说明 φ 是否为单同态、满同态和同构. 求 $\varphi(V_1)$.

表 5.12

$*$	a	b	c	d
a	a	b	c	d
b	b	b	d	d
c	c	d	c	d
d	d	d	d	d

$\circ$	0	1	2	3
0	0	1	1	0
1	1	1	2	1
2	1	2	3	2
3	0	1	2	3

16. 设 $V_1 = \langle \{\varnothing, \{a\}, \{b\}, \{a,b\}\}, \cup \rangle$,$V_2 = \langle \{0,1\}, + \rangle$ 为代数系统,其中 $+$ 表示逻辑加,令 $\varphi: P(\{a,b\}) \to \{0,1\}$,$\varphi(x) = \begin{cases} 1 & a \in x \\ 0 & a \notin x \end{cases}$. 说明 φ 是否为 V_1 到 V_2 的同态. 为什么?

第六章　几个典型的代数系统

本章主要介绍半群与群、环与域、格与布尔代数等典型的代数系统.

6.1　群、环与域

半群与群都是具有一个二元运算的代数系统,群是半群的特例.

定义 6.1　设 $V=\langle S,\circ\rangle$ 是代数系统,$\circ$ 为二元运算,如果 $\circ$ 是可结合的,则称 V 为**半群**. 若半群 V 具有单位元,则称 V 为**独异点**,独异点 V 可记作 $\langle S,\circ,e\rangle$.

【例 6.1】　(1) $\langle \mathbf{Z}^+,+\rangle$,$\langle \mathbf{N},+\rangle$,$\langle \mathbf{Z},+\rangle$,$\langle \mathbf{Q},+\rangle$,$\langle \mathbf{R},+\rangle$ 都是半群,其中 $+$ 表示普通加法. 除 $\langle \mathbf{Z}^+,+\rangle$ 之外,其余都是独异点.

(2) $\langle M_n(\mathbf{R}),\cdot\rangle$ 是半群与独异点,其中 $M_n(\mathbf{R})$ 是全体 n 阶实矩阵的集合,$\cdot$ 为矩阵乘法.

(3) $\langle \Sigma^*,\circ\rangle$ 是半群与独异点,其中 Σ 为有穷字母表,Σ^* 为 Σ 上所有有限长度的字符串的集合,$\circ$ 为串的连接运算.

(4) $\langle P(B),\oplus\rangle$ 为半群与独异点,$P(B)$ 为集合 B 的幂集,$\oplus$ 表示集合的对称差运算.

(5) $\langle \mathbf{Z}_n,\oplus\rangle$ 为半群与独异点,$\mathbf{Z}_n=\{0,1,\cdots,n-1\}$,$\oplus$ 表示模 n 的加法.

(6) $\langle \mathbf{R}^*,\circ\rangle$ 为半群,其中 R^* 为非零实数的集合,而 $\forall x,y\in\mathbf{R}^*$,$x\circ y=y$.

(7) $\langle S,\circ\rangle$ 为半群与独异点,其中 S 为 A 上所有关系的集合,$\circ$ 为关系的右复合运算.

(8) $\langle S,*\rangle$ 为半群,其中 S 为任意非空集合,a 为 S 中某个指定的元素,且 $\forall x,y\in S$,$x*y=a$.

下面考虑群. 群是特殊的独异点,也是特殊的半群.

定义 6.2　设 $\langle G,\circ\rangle$ 是代数系统,$\circ$ 为二元运算. 如果 $\circ$ 是可结合的,存在单位元 $e\in G$,并且对于 G 中的任何元素 x 都有 $x^{-1}\in G$,则称 G 为**群**.

在例 6.1 中,(1) 的 $\langle \mathbf{Z},+\rangle$,$\langle \mathbf{Q},+\rangle$,$\langle \mathbf{R},+\rangle$ 都是群;$\langle \mathbf{Z}^+,+\rangle$,$\langle \mathbf{N},+\rangle$ 不是群,因为 $\langle \mathbf{Z}^+,+\rangle$ 中没有单位元和逆元,而在 $\langle \mathbf{N},+\rangle$ 中只有 0 有逆元 0. (2) 中的代数系统不是群,因为不是所有的实矩阵都有逆阵. (3) 中的 $\langle \Sigma^*,\circ\rangle$ 不是群,因为除了空串外其他的串都没有逆元. (4) 中的 $\langle P(B),\oplus\rangle$ 是群,这里的 $\oplus$ 表示集合的对称差运算,因为对于任何 $A\in P(B)$,A 的逆元就是它自身,即 $A\oplus A=\varnothing$. (5) 中的 $\langle \mathbf{Z}_n,\oplus\rangle$ 也是群,这里的 $\oplus$ 表示模 n 加. 对于任意 $x\in\mathbf{Z}_n$,若 $x=0$,则 x 的逆元就是 x;若 $x\neq 0$,则 $n-x$ 是 x 的逆元. (6),(7) 和 (8) 中的代数系统一般不是群.

【例 6.2】　设 $G=\{e,a,b,c\}$,$\cdot$ 为 G 上的二元运算,它由表 6.1 给出,不难证明 G 是一个群. 由表 6.1 可以看出 G 的运算具有以下性质:e 为单位元;$\cdot$ 是可交换的;G 中的任何元素的逆元就是它自己;在 a,b,c 三个元素中,任两个元素运算的结果都等于另一个元素. 称这个群为 **Klein 四元群**.

【例6.3】 考虑模 n 加群$\langle \mathbf{Z}_n, \oplus \rangle$，其中 $\mathbf{Z}_n = \{0, 1, 2, \cdots, n-1\}$，$\forall x, y \in \mathbf{Z}_n$，$x \oplus y = (x+y) \bmod n$. 例如模6加群 $\mathbf{Z}_6$，其运算表如表6.2所示.

表 6.1

$\circ$	e	a	b	c
e	e	a	b	c
a	a	e	c	b
b	b	c	e	a
c	c	b	a	e

表 6.2

$\oplus$	0	1	2	3	4	5
0	0	1	2	3	4	5
1	1	2	3	4	5	0
2	2	3	4	5	0	1
3	3	4	5	0	1	2
4	4	5	0	1	2	3
5	5	0	1	2	3	4

【例6.4】 设 $N=\{1,2,3\}$，如下定义 N 上的6个函数：
$f_1=\{\langle 1,1\rangle, \langle 2,2\rangle, \langle 3,3\rangle\}$，$f_2=\{\langle 1,2\rangle, \langle 2,1\rangle, \langle 3,3\rangle\}$，$f_3=\{\langle 1,3\rangle, \langle 2,2\rangle, \langle 3,1\rangle\}$，
$f_4=\{\langle 1,1\rangle, \langle 2,3\rangle, \langle 3,2\rangle\}$，$f_5=\{\langle 1,2\rangle, \langle 2,3\rangle, \langle 3,1\rangle\}$，$f_6=\{\langle 1,3\rangle, \langle 2,1\rangle, \langle 3,2\rangle\}$.

$$S=\{f_1, f_2, f_3, f_4, f_5, f_6\},$$

则 S 关于函数的右复合运算构成群. 其单位元是恒等函数，f_1，f_2，f_3，f_4 的逆元都是自身，f_5 与 f_6 互为反函数，即互为逆元.

下面介绍一些群中的术语.

有限群与无限群：若群 G 为有穷集，则称 G 为有限群，否则称为无限群. 有限群 G 的元素数记作$|G|$，称为 G 的**阶**. 例如$\langle \mathbf{Z}, +\rangle$，$\langle \mathbf{Q}, +\rangle$，$\langle \mathbf{R}, +\rangle$是无限群，Klein四元群是4阶群，$\langle \mathbf{Z}_n, \oplus\rangle$是 n 阶群.

平凡群：只含单位元的群称为平凡群. 例如$\{0\}$关于普通加法构成平凡群，$\{1\}$关于普通乘法构成平凡群.

交换群或Abel群：若群中的二元运算是可交换的，则称群为交换群或Abel群. 上述例6.2和6.3中的群都是Abel群，但是例6.4中的群不是Abel群，因为函数的右复合运算不可交换.

群中元素 x 的 n 次幂 x^n：对于任意整数 n，群中元素 x 的 n 次幂 x^n 定义如下：

$$x^0=e,$$
$$x^{n+1}=x^n x,\ n\in \mathbf{N},$$
$$x^{-n}=(x^{-1})^n.$$

【例6.5】

(1) 设 $G=\langle \mathbf{Z}, +\rangle$，则

$$1^{-3}=(1^{-1})^3=(-1)^3=(-1)+(-1)+(-1)=-3,$$
$$(-4)^{-2}=((-4)^{-1})^2=4^2=4+4=8.$$

(2) 设 $G=\langle \mathbf{Z}_6, \oplus\rangle$，则

$$2^3=2\oplus 2\oplus 2=0,$$
$$2^{-4}=(2^{-1})^4=4^4=4\oplus 4\oplus 4\oplus 4=4.$$

群中元素的阶：设 x 为群的元素，使得 $x^k=e$ 成立的最小的正整数 k 称为 x 的阶. 如果 x

的阶存在,则记作$|x|$.

例 6.5 中的群$\langle \mathbf{Z},+\rangle$中,$|0|=1$,其他元素的阶都不存在. 模 6 加群$\langle \mathbf{Z}_6,\oplus\rangle$中,$|0|=1$,$|1|=|5|=6$, $|2|=|4|=3$, $|3|=2$. 在 Klein 四元群中,e 是 1 阶元,a, b, c 都是 2 阶元. 可以证明,在有限群 G 中,元素的阶是群 G 的阶的因子.

下面讨论群的基本性质.

定理 6.1　设 G 为群,则 G 中的幂运算满足:

(1) $\forall a\in G$, $(a^{-1})^{-1}=a$,

(2) $\forall a,b\in G$, $(ab)^{-1}=b^{-1}a^{-1}$,

(3) $\forall a\in G$, $a^n a^m=a^{n+m}$,

(4) $\forall a\in G$, $(a^n)^m=a^{nm}$.

证明

(1) $(a^{-1})^{-1}$是 a^{-1}的逆元,a 是 a^{-1}的逆元. 根据逆元的唯一性,命题得证.

(2) 只需证明 $b^{-1}a^{-1}$是 ab 的逆元,根据群的定义有

$(b^{-1}a^{-1})(ab)=b^{-1}(a^{-1}a)b=b^{-1}b=e$,

$(ab)(b^{-1}a^{-1})=a(bb^{-1})a^{-1}=aa^{-1}=e$.

(3) 先考虑 n,m 都是自然数的情况. 任意给定 n, 对 m 进行归纳.

对于 $m=0$ 有

$$a^n a^0 = a^n e = a^n = a^{n+0}.$$

假设对一切 $m\in\mathbf{N}$ 有 $a^n a^m=a^{n+m}$成立,考虑 $m+1$ 的情况,则

$$a^n a^{m+1} = a^n(a^m a) = (a^n a^m)a = a^{n+m}a = a^{n+m+1}.$$

命题得证.

下面考虑 n, m 中存在负数的情况. 假设 $n<0$, $m\geqslant 0$, 令 $n=-t$, $t\in\mathbf{Z}^+$, 则

$$a^n a^m = a^{-t}a^m = (a^{-1})^t a^m = \begin{cases} a^{-(t-m)} = a^{m-t} = a^{n+m}, & t \geqslant m; \\ a^{m-t} = a^{n+m}, & t < m. \end{cases}$$

对于 $n<0$, $m<0$ 或 $n\geqslant 0$, $m<0$ 的情况类似可证.

(4) 先考虑 n,m 都是自然数的情况. 任意给定 n, 对 m 进行归纳.

对于 $m=0$ 有

$$(a^n)^0 = e = a^0 = a^{n\cdot 0}.$$

假设对一切 $m\in\mathbf{N}$ 有$(a^n)^m=a^{n\cdot m}$成立,考虑 $m+1$ 的情况,则

$$(a^n)^{m+1} = (a^n)^m(a^n) = a^{nm}a^n = a^{nm+n} = a^{n(m+1)}.$$

命题得证.

关于 n, m 中存在负数的情况类似于(3)进行讨论,这里不再赘述.

定理 6.1(2)中的结果可以推广到 n 项的情况,即

$$(a_1 a_2\cdots a_{n-1}a_n)^{-1} = a_n{}^{-1}a_{n-1}{}^{-1}\cdots a_2{}^{-1}a_1{}^{-1}.$$

定理6.2　设 G 为群,$\forall a,b\in G$, 方程 $ax=b$ 和 $ya=b$ 在 G 中有解,且有唯一解.

证明　考虑方程 $ax=b$,$a^{-1}b$ 是方程的解,因为

$$a(a^{-1}b) = (aa^{-1})b = eb = b.$$

下面证明唯一性.

假设 c 是方程的解,则

$$c=(a^{-1}a)c=a^{-1}(ac)=a^{-1}b.$$

从而证明了唯一性.

类似可以证明 ba^{-1} 是方程 $ya=b$ 的唯一解.

定理 6.3 设 G 为群,则 G 中适合消去律,即对于任意 $a,b,c\in G$ 有

$$ab=ac\Rightarrow b=c,$$

$$ba=ca\Rightarrow b=c.$$

证明 由结合律有

$$ab=ac\Rightarrow a^{-1}(ab)=a^{-1}(ac)\Rightarrow(a^{-1}a)b=(a^{-1}a)c\Rightarrow b=c.$$

这个结果称为左消去律,同理可证右消去律.

定理 6.4 设 G 为群,$a\in G$,且 $|a|$ 存在,则

(1) $a^k=e$ 的充分必要条件是 $|a|$ 整除 k.

(2) $|a|=|a^{-1}|$.

证明 (1) 必要性. 假设 $|a|=r$,已知 $a^k=e$,由除法得 $k=pr+q$, 其中 $0\leqslant q\leqslant r-1$. 从而

$$a^q=(a^r)^pa^q=a^k=e.$$

根据阶的定义必有 $q=0$. 这就证明了 $|a|$ 整除 k.

充分性. 若 $|a|$ 整除 k, 则 $k=rs$, 其中 s 为整数. 因而

$$a^k=a^{rs}=(a^r)^s=e^s=e.$$

(2) 设 $|a|=r$, $|a^{-1}|=t$, 由

$$a^t=((a^{-1})^t)^{-1}=e.$$

根据(1)的结论有 $r|t$, 同理可证 $t|r$. 从而得到 $t=r$.

定理 6.1~6.4 论述了群的基本性质. 下面的例题主要说明这些性质的应用.

【例 6.6】 $G=\langle P(S),\oplus\rangle$, 其中 $S=\{1,2,3\}$, $\oplus$ 为集合的对称差运算. 求方程 $\{1,2\}\oplus x=\{1,3\}$ 和方程 $y\oplus\{1\}=\{2\}$ 的解.

解 $x=\{1,2\}^{-1}\oplus\{1,3\}=\{1,2\}\oplus\{1,3\}=\{2,3\}$;

$y=\{2\}\oplus\{1\}^{-1}=\{2\}\oplus\{1\}=\{1,2\}$.

【例 6.7】 G 为群,证明单位元 e 是 G 中唯一幂等元.

证明 任取 G 中幂等元 a, 则 $aa=a$, 由消去律得 $a=e$.

下面讨论群的子代数—子群. 先给出子群定义,再给出一些重要子群的实例.

定义 6.3 设 G 为群,H 是 G 的非空子集,如果 H 关于 G 中运算构成群,则称 H 是 G 的**子群**,记作 $H\leqslant G$. 如果子群 H 是 G 的真子集,则称 H 为 G 的**真子群**,记作 $H<G$. $\{e\}$ 和 G 自身都是 G 的子群,称为**平凡子群**.

例如,G 为实数加群 $\langle\mathbf{R},+\rangle$,那么 $\langle\mathbf{Z},+\rangle$, $\langle\mathbf{Q},+\rangle$, $\langle\mathbf{R},+\rangle$, $\langle\{0\},+\rangle$ 都是 G 的子群,除了 $\mathbf{R}$ 之外,都是 G 的真子群.

【例 6.8】 设 $\mathbf{G}=\langle\mathbf{Z},+\rangle$ 是整数加群,可以证明 G 的子群的形式为

$$n\mathbf{Z}=\{nk\,|\,k\in\mathbf{Z}\},$$

其中 n 为自然数,例如 $2\mathbf{Z}$, $3\mathbf{Z}$ 等都是 G 的子群.

如何判断群 G 的非空子集 H 是否构成 G 的子群呢? 主要使用以下判定定理.

定理 6.5(子群判定定理)

设 G 为群,H 是 G 的非空子集,则 $H\leqslant G$ 当且仅当 $\forall a,b\in H$, $ab^{-1}\in H$.

证明　必要性是显然的，只需证明充分性.

由于 H 非空，必存在 $x\in H$，使用本定理条件得 $xx^{-1}\in H$，即 $e\in H$. 对于 H 中的任意元素 a，由 $e,a\in H$，再次使用条件得 $ea^{-1}\in H$，即 $a^{-1}\in H$. 对于任意 $a,b\in H$，由于 $b^{-1}\in H$，利用条件又得到 $a(b^{-1})^{-1}\in H$，即 $ab\in H$. H 中显然满足结合律，根据子群定义命题得证.

【例 6.9】　设 G 为群，$a\in G$，令

$$\langle a\rangle=\{a^k \mid k\in \mathbf{Z}\},$$

则 $\langle a\rangle$ 是 G 的子群，称为由 a **生成的子群**.

证明　$a\in\langle a\rangle$，$\langle a\rangle$ 是 G 的非空子集. 任取 $a^i,a^j\in\langle a\rangle$，则

$$a^i(a^j)^{-1}=a^ia^{-j}=a^{i-j}.$$

易见 $a^{i-j}\in\langle a\rangle$，由判定定理，命题得证.

例如，$\langle\mathbf{Z},+\rangle$ 由 2 生成的子群 $\langle 2\rangle$ 包含 2 的所有的倍数，即

$$\langle 2\rangle=2\mathbf{Z}=\{2k \mid k\in\mathbf{Z}\}.$$

并且，有 $\langle a\rangle=\langle a^{-1}\rangle$.

$\langle\mathbf{Z}_6,\oplus\rangle$ 的所有的元素生成的子群为：

$$\langle 0\rangle=\{0\},$$
$$\langle 1\rangle=\langle 5\rangle=\{0,1,2,3,4,5\},$$
$$\langle 2\rangle=\langle 4\rangle=\{0,2,4\},$$
$$\langle 3\rangle=\{0,3\}.$$

Klein 四元群 $G=\{e,a,b,c\}$，它的元素生成的子群为：

$$\langle e\rangle=\{e\},\langle a\rangle=\{e,a\},\langle b\rangle=\{e,b\},\langle c\rangle=\{e,c\}.$$

【例 6.10】　设 G 为群，令 C 是与 G 中所有的元素都可交换的元素构成的集合，即

$$C=\{a|a\in G\wedge\forall x\in G(ax=xa)\},$$

则 C 是 G 的子群，称为 G 的**中心**.

证明　显然 $e\in C$，C 是 G 的非空子集. 任取 $a,b\in C$，为了使用判定定理，只需证明 ab^{-1} 与任一 G 中元素 x 都可交换即可. 根据结合律和群中元素的幂运算规则有

$$\begin{aligned}(ab^{-1})x&=ab^{-1}x=a(x^{-1}b)^{-1}=a(bx^{-1})^{-1}\\&=a(xb^{-1})=(ax)b^{-1}=(xa)b^{-1}=x(ab^{-1}).\end{aligned}$$

群 G 的中心有大小，有的群的中心只含有一个单位元 e，而有的群的中心就是群 G，如 Abel 群.

【例 6.11】　设 H，K 是群 G 的子群，则

(1) $H\cap K\leqslant G$，

(2) $H\cup K\leqslant G\Leftrightarrow H\subseteq K\vee K\subseteq H$.

证明　(1) 易见 $e\in H\cap K$，$H\cap K$ 是 G 的非空子集. 任取 $a,b\in H\cap K$，则 $a,b\in H$ 并且 $a,b\in K$. 从而 $ab^{-1}\in H$ 并且 $ab^{-1}\in K$. 即 $ab^{-1}\in H\cap K$. 根据判定定理，命题得证.

(2) 充分性显然成立，下面考虑必要性. 假若 $H\nsubseteq K$ 且 $K\nsubseteq H$，则存在 $h\in H$ 且 $h\notin K$，存在 $k\in K$ 且 $k\notin H$. 那么 $hk\notin H$，否则 $k=h^{-1}(hk)$ 也属于 H，矛盾. 同理 $hk\notin K$. 从而 hk 不属于 $H\cup K$. 但是 $h\in H\cup K$，$k\in H\cup K$，与 $H\cup K$ 是子群矛盾.

由这个例题可以知道，子群的并集不一定是子群. 对于子群 H 和 K，为了得到包含 H 和 K 的最小的子群，往往需要在 $H\cup K$ 中添加一些 G 中的其他元素，以使得 $H\cup K$ 对于 G 中的

运算封闭.例如 Klein 四元群 G 有子群 $\langle a\rangle$ 和 $\langle b\rangle$,那么 $\langle a\rangle\cup\langle b\rangle=\{a,b,e\}$,这不是 G 的子群,因为 $ab=c$,c 不在这个集合中.为了满足封闭性,必须把 c 加进去,因此包含 $\langle a\rangle$ 和 $\langle b\rangle$ 的最小的子群就是 G 自身.

【例 6.12】 设 G 为群,令 $S=\{H \mid H$ 是 G 的子群$\}$,在 S 上定义偏序关系如下:

$$\forall A,B\in S,\ A\leqslant B \Leftrightarrow A \text{ 是 } B \text{ 的子群}.$$

那么 $\langle S,\leqslant\rangle$ 构成偏序集,称为群 **G** 的**子群格**[1]. Klein 四元群 G 与模 12 加群 $\mathbf{Z}_{12}$ 的子群格如图 6.1 所示.

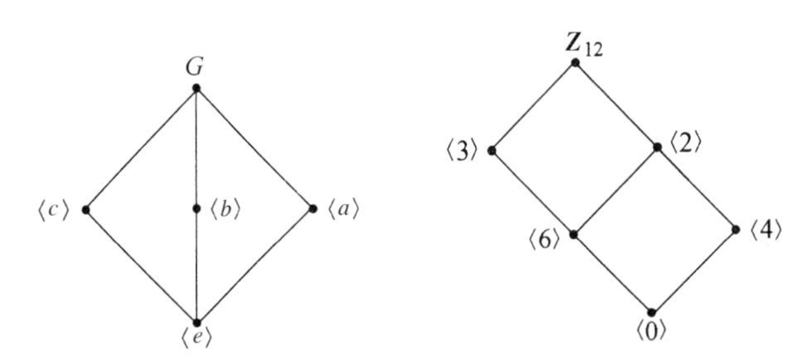

图 6.1

循环群和置换群是两类最重要的群,先考虑循环群.

定义 6.4 设 G 为群,如果存在 G 中元素 a 使得 $G=\langle a\rangle$,则称 G 为**循环群**,称 a 为 G 的**生成元**.

例如整数加群 $\langle\mathbf{Z},+\rangle$ 是循环群,其中 1 和 -1 是它的生成元.模 6 加群 $\langle\mathbf{Z}_6,\oplus\rangle$ 也是循环群,1 和 5 是它的生成元. Klein 四元群不是循环群,因为它的任何元素都不能生成这个群.

设循环群 $G=\langle a\rangle$,如果生成元 a 是 n 阶元,那么 $a, a^2, a^3, \cdots, a^{n-1}, a^n=e$ 都是不等的元素(如果 $n=1$,那么 $a=e$),群 G 中恰好有这 n 个元素,循环群的阶也是 n.如果生成元的阶不存在,这时也称这个生成元是无限阶元,那么 $a^0=e, a, a^2, \cdots$,等等,这些元素都不相等.因此群 G 也是无限群.根据生成元的阶是否有限,将循环群分成两类:**有限循环群**和**无限循环群**.例如整数加群是无限循环群,而模 n 加群是 n 阶循环群.

下面考虑循环群的生成元和子群.

定理 6.6 设 $G=\langle a\rangle$ 是循环群,

(1) 若 G 是无限循环群,则只有 a 和 a^{-1} 是 G 的生成元.

(2) 若 G 是 n 阶循环群,则 G 有 $\varphi(n)$[2]个生成元,对于每个小于等于 n 且与 n 互质的正整数 r, a^r 都是 G 的生成元.

略去证明,这里只考虑定理的应用.

【例 6.13】 求下述循环群 G 的生成元.

(1) $G=\langle a^2\rangle$ 为无限循环群.

(2) G 为模 20 加群 $\langle\mathbf{Z}_{20},\oplus\rangle$.

---

① 关于格的定义给在 6.2 节

② $\varphi(n)$ 称作欧拉函数,表示小于等于 n 且与 n 互质的正整数的个数.如小于等于 12 且与 12 互质的正整数是:1,5,7,11,因此 $\varphi(12)=4$.

解　(1) G 的生成元为 a^2，a^{-2}.

(2) $\mathbf{Z}_{20}=\langle 1\rangle$，小于 20 且与 20 互质的正整数为 1，3，7，9，11，13，17，19，根据定理 6.6，1，3，7，9，11，13，17，19 是生成元.

定理 6.7　设 $G=\langle a\rangle$是循环群，则

(1) G 的子群也是循环群.

(2) 如果 G 是无限循环群，除了$\{e\}$以外，G 的其他子群都是无限循环群.

(3) 如果 G 是 n 阶循环群，那么对于 n 的每个正因子 d，G 有一个 d 阶循环子群.

略去证明，该定理说明对于 n 的每个正因子 d，n 阶循环群 G 有且仅有一个 d 阶子群，但没有说明 G 是否还有其他阶的子群. 而著名的 Lagrange 定理回答了这个问题，Lagrange 定理告诉我们，对于 n 阶群 G，G 的子群的阶和 G 中元素的阶都是 n 的因子. 因此，对于 n 阶循环群 G，只要找出 n 的所有正因子，那么就可以求出 G 的所有子群.

【例 6.14】　求下述循环群 G 的所有的子群.

(1) $G=\langle a\rangle$为无限循环群.

(2) G 为 12 阶循环群$\langle a\rangle$.

解　(1) G 有无数个子群，分别为：

$$\langle e\rangle=\{e\},$$
$$\langle a\rangle=\langle a^{-1}\rangle=G,$$
$$\langle a^2\rangle=\langle a^{-2}\rangle=\{e,a^{\pm 2},a^{\pm 4},a^{\pm 6},\cdots\},$$
$$\langle a^3\rangle=\langle a^{-3}\rangle=\{e,a^{\pm 3},a^{\pm 6},a^{\pm 9},\cdots\},$$
$$\cdots$$

不难验证这些子群都是不等的.

(2) 12 的正因子为 1,2,3,4,6,12,G 有 6 个子群：

$$\langle e\rangle=\{e\},$$
$$\langle a\rangle=G,$$
$$\langle a^2\rangle=\{e,a^2,a^4,a^6,a^8,a^{10}\},$$
$$\langle a^3\rangle=\{e,a^3,a^6,a^9\},$$
$$\langle a^4\rangle=\{e,a^4,a^8\},$$
$$\langle a^6\rangle=\{e,a^6\}.$$

以上讨论了循环群，不难证明循环群都是 Abel 群. 下面考虑另一种重要的群——n 元置换群. 置换群一般不是 Abel 群.

定义 6.5　设 $N=\{1,2,\cdots,n\}$，如果 σ：$N\to N$ 是双射函数，则称 σ 为 N 上的 ***n* 元置换**.

n 元置换通常采用置换符号表示，即

$$\sigma=\begin{pmatrix}1 & 2 & \cdots & n\\ \sigma(1) & \sigma(2) & \cdots & \sigma(n)\end{pmatrix}.$$

当$|N|=n$ 时，有 $n!$ 个 n 元置换，构成集合 S_n. 例如

$$S_3=\{\sigma_1,\sigma_2,\sigma_3,\sigma_4,\sigma_5,\sigma_6\},$$

其中

$$\sigma_1=\begin{pmatrix}1&2&3\\1&2&3\end{pmatrix},\quad \sigma_2=\begin{pmatrix}1&2&3\\1&3&2\end{pmatrix},\quad \sigma_3=\begin{pmatrix}1&2&3\\2&1&3\end{pmatrix},$$

$$\sigma_4=\begin{pmatrix}1&2&3\\3&2&1\end{pmatrix},\quad \sigma_5=\begin{pmatrix}1&2&3\\2&3&1\end{pmatrix},\quad \sigma_6=\begin{pmatrix}1&2&3\\3&1&2\end{pmatrix}.$$

n 元置换还可以用轮换来表示,这种表示方法更为简洁.

定义 6.6 设 σ 是 n 元置换,如果 $\sigma(i_1)=i_2,\sigma(i_2)=i_3,\sigma(i_3)=i_4,\cdots,\sigma(i_{k-1})=i_k$, $\sigma(i_k)=i_1$,并且保持 N 中的其他元素不变,则称 σ 是 ***k* 阶轮换**,记作

$$\sigma=(i_1 i_2\cdots i_k)$$

由定义不难看到:在上述轮换中,不论用哪个文字作为起始文字,只要文字的顺序不变,它们都代表同一个轮换.例如轮换(1 3 6 4 2)与(3 6 4 2 1),(6 4 2 1 3),(4 2 1 3 6),(2 1 3 6 4)都是同一个轮换.

如果两个轮换没有共同的文字,则称它们是**不交**的.

任何 n 元置换都可以分解成若干个不交的轮换之积,下面的例子给出了分解的方法.

【例 6.15】 设 σ,τ 是 8 元置换,且

$$\sigma=\begin{pmatrix}1&2&3&4&5&6&7&8\\5&6&1&4&7&3&2&8\end{pmatrix},\quad \tau=\begin{pmatrix}1&2&3&4&5&6&7&8\\2&3&7&5&6&4&8&1\end{pmatrix}.$$

σ 的分解过程如下:选定一个元素,比如说是 1,$\sigma(1)=5$, $\sigma(5)=7$, $\sigma(7)=2$, $\sigma(2)=6$, $\sigma(6)=3$, $\sigma(3)=1$;这样 1, 5, 7, 2, 6, 3 构成了第一个轮换(1 5 7 2 6 3).再继续分解.N 中除了上述文字外还有 2 个文字:4 和 8.由于 $\sigma(4)=4$, $\sigma(8)=8$,它们都是在 σ 作用下保持不变的文字,可以省略,因此 $\sigma=(1\ 5\ 7\ 2\ 6\ 3)$.

τ 的分解过程类似,先分解出第一个轮换(1 2 3 7 8),然后考虑剩下的文字:4, 5, 6,观察到 $\tau(4)=5$, $\tau(5)=6$, $\tau(6)=4$,这些构成第二个轮换(4 5 6),因此 $\tau=(1\ 2\ 3\ 7\ 8)(4\ 5\ 6)$,是两个不交的轮换之积.这里的轮换之积指的是两个轮换经过右复合运算(将两个轮换看成双射函数进行合成)得到的结果.

由于轮换是不交的,交换两个轮换的次序,右复合的结果是不变的.例如也可以写 $\tau=(4\ 5\ 6)(1\ 2\ 3\ 7\ 8)$.可以证明,如果不考虑分解式中不交的轮换之间的顺序,也不考虑每个轮换的起始文字,那么任何 n 元置换在分解成不交的轮换之积时,分解式是唯一的.

【例 6.16】 S_3 的 6 个置换如果采用轮换表示,则有

$$S_3=\{(1),(1\ 2),(1\ 3),(2\ 3),(1\ 2\ 3),(1\ 3\ 2)\}.$$

下面定义 n 元置换的运算.

设 σ, τ 是 n 元置换,由于 n 元运算是从 N 到 N 的双射函数,经过右复合运算后所得结果仍是 N 到 N 的双射函数,称这个右复合运算为置换的**乘法**,所得结果为 σ,τ 之积,记作 $\sigma\tau$.此外,N 上的恒等置换(1)是置换乘法运算的单位元,双射函数的反函数仍旧是 N 上的双射函数,因此每个 n 元运算的逆也存在.这说明 n 元运算的乘法在 S_n 上是封闭的,且满足结合律,存在单位元,每个 n 元置换都有逆元.综合这些结果可以看出 S_n 关于置换的乘法构成一个群,称为 ***n* 元对称群**.S_n 的子群称为 ***n* 元置换群**.

【例 6.17】

$S_3=\{(1),(1\ 2),(1\ 3),(2\ 3),(1\ 2\ 3),(1\ 3\ 2)\}$, S_3 的运算表如表 6.3 所示.

表　6.3

	(1)	(1 2)	(1 3)	(2 3)	(1 2 3)	(1 3 2)
(1)	(1)	(1 2)	(1 3)	(2 3)	(1 2 3)	(1 3 2)
(1 2)	(1 2)	(1)	(1 2 3)	(1 3 2)	(1 3)	(2 3)
(1 3)	(1 3)	(1 3 2)	(1)	(1 2 3)	(2 3)	(1 2)
(2 3)	(2 3)	(1 2 3)	(1 3 2)	(1)	(1 2)	(1 3)
(1 2 3)	(1 2 3)	(2 3)	(1 2)	(1 3)	(1 3 2)	(1)
(1 3 2)	(1 3 2)	(1 3)	(2 3)	(1 2)	(1)	(1 2 3)

S_3 的 6 个子群列出如下：

1 阶子群：{(1)}，

2 阶子群：{(1)，(1 2)}，{(1)，(1 3)}，{(1)，(2 3)}，

3 阶子群：A_3＝{(1)，(1 2 3)，(1 3 2)}，

6 阶子群：S_3.

它们都是 3 元置换群. 不难验证，S_3 不是 Abel 群，由于 5 阶或小于 5 阶的群都是 Abel 群，S_3 是最小的非 Abel 群.

下面考虑环与域. 环与域是具有两个二元运算的代数系统，为了区别这两个运算，分别称它们为加法和乘法，记作＋和・.

定义 6.7　设〈R，＋，・〉是具有两个二元运算的代数系统，如果

(1)〈R，＋〉构成 Abel 群，

(2)〈R，・〉构成半群，

(3)・对于＋满足分配律，

则称该代数系统是**环**.

【例 6.18】　(1) **Z**，**Q**，**R**，**C** 关于普通加法和乘法都构成环，分别叫作**整数环**、**有理数环**、**实数环**、**复数环**等.

(2) 设 n 是大于 1 的正整数，$M_n(\mathbf{R})$ 为 n 阶实矩阵的集合，那么 $M_n(\mathbf{R})$ 关于矩阵的加法和乘法构成环，称为 ***n* 阶实矩阵环**.

(3) 设〈$\mathbf{Z}_n$，$\oplus$，$\otimes$〉，其中 $\mathbf{Z}_n=\{0, 1, \cdots, n-1\}$，$\oplus$和$\otimes$分别表示模 n 加和模 n 乘，即

$$a \oplus b = (a+b) \bmod n,$$

$$a \otimes b = (ab) \bmod n,$$

则〈$\mathbf{Z}_n$，$\oplus$，$\otimes$〉构成环，称为**模 *n* 的整数环**.

(4) 设 $P(B)$为集合的幂集，$\oplus$为集合的对称差运算，则〈$P(B)$，$\oplus$，$\cap$〉构成环.

为了叙述的方便，分别将环中加法和乘法的单位元记作 0 和 1(注意：可能有的环不存在乘法单位元)；将环中元素 x 的加法逆元称为负元，记作$-x$，x 的乘法逆元(如果存在的话)称作逆元，记作 x^{-1}. 类似地，可以将 $x+(-y)$简记为 $x-y$.

下面介绍一些特殊的环.

定义 6.8　设〈R，＋，・〉是环，

(1) 若 R 中乘法适合交换律，则称 R 是**交换环**.

(2) 若 R 中存在乘法的单位元，则称 R 是**含幺环**.

(3) 若 $\forall a,b\in R$, $ab=0\Rightarrow a=0\vee b=0$, 则称 R 是**无零因子环**.

(4) 若 R 既是交换环、含幺环,也是无零因子环,则称 R 是**整环**.

(5) 若 R 是整环,R 至少含有两个元素,且 $\forall a\in R^*=R-\{0\}$,都有 $a^{-1}\in R$, 则称 R 是**域**.

为了理解上述定义,先解释一下零因子的含义. 考虑环中的元素 a,b, $a\neq 0$, $b\neq 0$, 但是 $ab=0$(这里的 0 指环中加法的单位元),换句话说,两个非 0 元素的乘积为 0,这样的元素 a,b 分别称为环中的左、右零因子. 如果环中存在左、右零因子 a,b,那么与条件

$$ab=0\Rightarrow a=0\vee b=0$$

矛盾. 例如在模 6 的整数环$\langle \mathbf{Z}_6,\oplus,\otimes\rangle$中, $2\otimes 3=0$, 但是 2 和 3 都不是 0, 因此是零因子. 这个环含有零因子,不是无零因子环.

【例 6.19】 (1) 整数环、有理数环、实数环中的乘法适合交换律,含有单位元 1,不含零因子,因此它们都是交换环、含幺环、无零因子环和整环. 其中有理数环、实数环也是域,因为 $a(a\neq 0)$存在乘法逆元,就是它的倒数$\dfrac{1}{a}$. 但是整数环不是域,因为很多整数的倒数不再是整数.

(2) 模 n 的整数环$\langle \mathbf{Z}_n,\oplus,\otimes\rangle$是交换环、含幺环. 当 n 为素数时可以证明 $\mathbf{Z}_n$ 构成域;当 n 为合数时不构成整环和域. 例如合数 $n=pq$, p,q 是大于 1 的整数,那么 $p\otimes q=0$, p 和 q 是零因子.

(3) 设 n 为大于 1 的整数,n 阶实矩阵环$\langle M_n(\mathbf{R}),+,\cdot\rangle$不是交换环,因为矩阵乘法不可交换. 但它是含幺环,因为 n 阶单位矩阵是乘法的幺元. 它不是无零因子环,因为存在两个非零矩阵的乘积为全零矩阵的情况,这样的非零矩阵分别为左和右零因子. 因此它也不是整环和域.

域是一类重要的代数系统,一般经常把域表示为$\langle F,+,\cdot\rangle$. 域中的运算有着非常良好的性质. 其中,$\langle F,+\rangle$构成 Abel 群,+有交换律、结合律、单位元,每个元素都有负元;$\langle F^*,\cdot\rangle$也构成 Abel 群,乘法也有交换律、结合律、单位元,除了 0 以外,每个元素都有逆元. 此外,乘法对于加法还有分配律. 正由于这些良好的性质,域有着广泛的应用. 特别是伽罗华域(Galosi field)GF(p)在密码学中是很重要的基础.

6.2 格与布尔代数

格和布尔代数是具有两个二元运算的代数系统,布尔代数是格的特例.

定义 6.9 设$\langle S,\preccurlyeq\rangle$是偏序集,如果 $\forall x,y\in S$,$\{x,y\}$都有最小上界和最大下界,则称 S 关于偏序$\preccurlyeq$构成一个**格**.

由于最小上界和最大下界的惟一性,可以把求$\{x,y\}$的最小上界和最大下界看成 x 与 y 的二元运算$\vee$和$\wedge$,即 $x\vee y$ 和 $x\wedge y$ 分别表示 x 与 y 的最小上界和最大下界. 这里要说明一点,本节的"$\vee$"和"$\wedge$"符号只代表格中的最小上界或最大下界运算,不再具有逻辑上的析取或合取的含义.

【例 6.20】 设 $n\in\mathbf{Z}^+$,S_n 是 n 的正因子的集合,D 为整除关系,则$\langle S_n,D\rangle$构成格, $\forall x,y\in S_n$,$x\vee y$ 是 x 与 y 的最小公倍数,$x\wedge y$ 是 x 与 y 的最大公约数. 图 6.2 给出了格$\langle S_8,D\rangle$, $\langle S_6,D\rangle$和$\langle S_{30},D\rangle$.

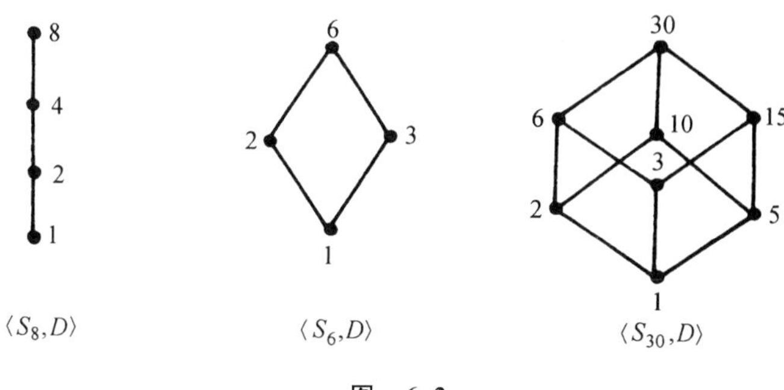

图　6.2

【例 6.21】 判断下列偏序集是否构成格,并说明理由.

(1) $\langle P(B),\subseteq\rangle$,$P(B)$是集合 B 的幂集.

(2) $\langle \mathbf{Z},\leqslant\rangle$,$\leqslant$为小于等于关系.

(3) 偏序集的哈斯图分别给在图 6.3 中.

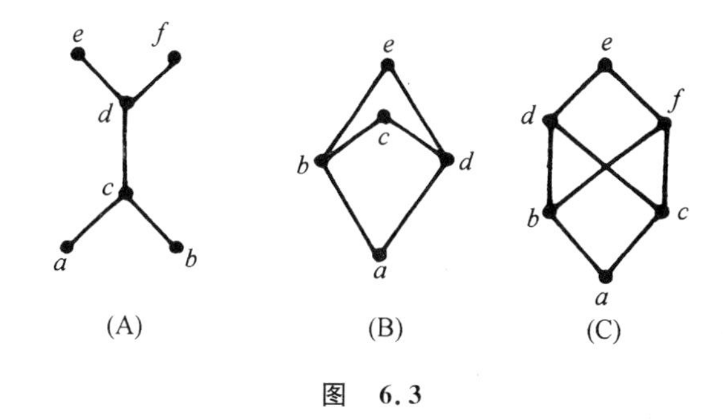

图　6.3

解　(1) 是格. $\forall x,y\in P(B)$,$x\vee y$ 是 $x\cup y$,而 $x\wedge y$ 是 $x\cap y$. 由于$\cup$和$\cap$运算在$P(B)$上是封闭的,所以 $x\cup y,x\cap y\in P(B)$.

(2) 是格. $\forall x,y\in\mathbf{Z}$,$x\vee y=\max(x,y)$,而 $x\wedge y=\min(x,y)$,它们都是整数.

(3) 都不是格. (A)中的$\{a,b\}$没有最大下界. (B)中的$\{b,d\}$有两个上界 c 和 e,但没有最小上界. (C)中的$\{b,c\}$有三个上界 d,e 和 f,但没有最小上界.

格有一条重要的性质,即格的**对偶原理**.

设 f 是含有格中元素以及符号$=$,$\leqslant$,$\geqslant$,$\vee$ 和 $\wedge$ 的公式,令 f^* 是将 f 中的$\leqslant$替换成$\geqslant$,$\geqslant$替换成$\leqslant$,$\vee$ 替换成 $\wedge$,$\wedge$ 替换成 $\vee$ 所得到的公式称为 f 的对偶式. 根据格的对偶原理,若 f 对一切格为真,则 f^* 也对一切格为真.

例如,在格中有 $f=(a\vee b)\wedge c\leqslant c$ 成立,则 $f^*=(a\wedge b)\vee c\geqslant c$ 也成立.

下面考虑格中 $\vee$ 和 $\wedge$ 两种运算的性质.

定理 6.8　设$\langle L,\leqslant\rangle$为格,则运算 $\vee$ 和 $\wedge$ 适合交换律、结合律、幂等律和吸收律,即

(1) $\forall a,b\in L$,有

$$a\vee b=b\vee a,a\wedge b=b\wedge a.$$

(2) $\forall a,b,c\in L$,有

$$(a\vee)b\vee c=a\vee(b\vee c),(a\wedge b)\wedge c=a\wedge(b\wedge c).$$

(3) $\forall a\in L$,有

$$a \vee a = a, a \wedge a = a.$$

(4) $\forall a, b \in L$,有

$$a \vee (a \wedge b) = a, a \wedge (a \vee b) = a.$$

证明 (1) $a \vee b$ 和 $b \vee a$ 分别是 $\{a,b\}$ 和 $\{b,a\}$ 的最小上界,由于 $\{a,b\}=\{b,a\}$,所以 $a \vee b = b \vee a$. 同理可证 $a \wedge b = b \wedge a$.

(2) 由最小上界的定义有

$$(a \vee b) \vee c \geqslant a \vee b \geqslant a, \tag{6.1}$$

$$(a \vee b) \vee c \geqslant a \vee b \geqslant b, \tag{6.2}$$

$$(a \vee b) \vee c \geqslant c. \tag{6.3}$$

由式 6.2 和 6.3 有

$$(a \vee b) \vee c \geqslant b \vee c. \tag{6.4}$$

再由式 6.1 和 6.4 有

$$(a \vee b) \vee c \geqslant a \vee (b \vee c).$$

同理可证

$$(a \vee b) \vee c \leqslant a \vee (b \vee c).$$

根据偏序关系的反对称性有

$$(a \vee b) \vee c = a \vee (b \vee c).$$

类似地可以证明

$$(a \wedge b) \wedge c = a \wedge (b \wedge c).$$

(3) 显然 $a \leqslant a \vee a$,又由 $a \leqslant a$ 可得 $a \vee a \leqslant a$. 根据偏序关系的反对称性有

$$a \vee a = a.$$

同理可证

$$a \wedge a = a.$$

(4) 显然 $a \vee (a \wedge b) \geqslant a$. (6.5)

又由 $a \leqslant a, a \wedge b \leqslant a$,可得

$$a \vee (a \wedge b) \leqslant a. \tag{6.6}$$

由式 6.5 和 6.6 可得

$$a \vee (a \wedge b) = a.$$

同理可证

$$a \wedge (a \vee b) = a.$$

由定理 6.8 可知格是具有两个二元运算的代数系统 $\langle L, \wedge, \vee \rangle$,其中运算 $\wedge$ 和 $\vee$ 满足交换律、结合律、幂等律和吸收律. 那么能不能像一般的代数系统一样通过规定运算及其基本性质来给出格的定义呢? 回答是肯定的.

定理 6.9 设 $\langle S, *, \circ \rangle$ 是具有两个二元运算的代数系统,且对于 $*$ 和 $\circ$ 适合交换律,结合律、吸收律,则可以适当定义 S 中的偏序 $\leqslant$,使得 $\langle S, \leqslant \rangle$ 构成一个格,且 $\forall a, b \in S$ 有 $a \wedge b = a * b, a \vee b = a \circ b$.

证明 (1) 先证在 S 中 $*$ 和 $\circ$ 运算适合幂等律.

$\forall a \in S$ 有

$$a * a = a * (a \circ (a * a)) = a. \text{(由吸收律)}$$

同理有

$$a \circ a = a.$$

(2) 在 S 上定义二元关系 $\leqslant$, $\forall a, b \in S$ 有

$$a \leqslant b \Leftrightarrow a \circ b = b.$$

下面证明关系$\leqslant$是S上的偏序.

$\forall a \in S$都有$a \circ a = a$(由(1)的结论),即$a \leqslant a$成立,所以$\leqslant$在S上是自反的.

$\forall a,b \in S$,有

$$a \leqslant b \text{ 且 } b \leqslant a \Leftrightarrow a \circ b = b \text{ 且 } b \circ a = a \Rightarrow b = a \circ b = b \circ a = a.$$

可知$\leqslant$在S上是反对称的.

$\forall a,b,c \in S$,有

$$a \leqslant b \text{ 且 } b \leqslant a \Leftrightarrow a \circ b = b \text{ 且 } b \circ c = c \Rightarrow a \circ c = a \circ (b \circ c) = (a \circ b) \circ c = b \circ c = c.$$

可知$\leqslant$在S上是传递的.

综上所述,$\leqslant$为S上的偏序关系.

(3) 证明$\langle S, \leqslant \rangle$构成格.

$\forall a,b \in S$,有

$$a \circ (a \circ b) = (a \circ a) \circ b = a \circ b \Rightarrow a \leqslant a \circ b,$$
$$b \circ (a \circ b) = a \circ (b \circ b) = a \circ b \Rightarrow b \leqslant a \circ b,$$

所以$a \circ b$是$\{a,b\}$的上界.

假设c为$\{a,b\}$的上界,则有

$$(a \circ b) \circ c = (a \circ c) \circ (b \circ c) = c \circ c = c \Rightarrow a \circ b \leqslant c,$$

所以$a \circ b$是$\{a,b\}$的最小上界,即$a \vee b = a \circ b$.

为证$a * b$是$\{a,b\}$的最大下界,先证

$$a \circ b = b \Leftrightarrow a * b = a.$$

由$a \circ b = b$可知$a * b = a * (a \circ b) = a$.反之由$a * b = a$可知$a \circ b = (a * b) \circ b = b \circ (b * a) = b$.

由$a * b = a$同理可以证明$a * b$是$\{a,b\}$的最大下界,即$a \wedge b = a * b$.

根据定理6.9可以得到格的另一等价定义.

定义6.10　设$\langle S, *, \circ \rangle$是代数系统,$*$和$\circ$是二元运算,如果$*$和$\circ$满足交换律、结合律和吸收律,则$\langle S, *, \circ \rangle$构成一个格.

读者可能会注意到,格中的运算满足四条算律,还有一条幂等律(见定理6.8),但幂等律可以由吸收律推出(见定理6.9证明(1)),所以定义6.10中只需满足三条算律即可.

下面考虑子格和格的同构.

定义6.11　设L为格,S是L的非空子集,如果S关于L中的运算封闭,则称S是L的**子格**.

【例6.22】　考虑图6.4中的格L.

L为7元格,它的1元子格为$\{a\}$, $\{b\}$, $\{c\}$, $\{d\}$, $\{e\}$, $\{f\}$, $\{g\}$;2元子格为$\{a,b\}$, $\{a,c\}$, $\{a,d\}$, $\{a,e\}$, $\{a,f\}$, $\{a,g\}$, $\{b,e\}$, $\{b,g\}$, $\{c,f\}$, $\{c,g\}$, $\{d,e\}$, $\{d,f\}$, $\{d,g\}$, $\{e,g\}$, $\{f,g\}$;3元子格为$\{a,b,e\}$, $\{a,b,g\}$, $\{a,d,e\}$, $\{a,d,f\}$, $\{a,d,g\}$, $\{a,c,f\}$, $\{a,c,g\}$, $\{a,e,g\}$, $\{a,f,g\}$, $\{b,e,g\}$, $\{c,f,g\}$, $\{d,e,g\}$, $\{d,f,g\}$;4元子格为$\{a,b,e,g\}$, $\{a,d,e,g\}$, $\{a,d,f,g\}$, $\{a,c,f,g\}$, $\{a,b,d,e\}$, $\{a,c,d,f\}$, $\{d,e,f,g\}$, $\{a,b,f,g\}$, $\{a,c,e,g\}$;5元子格为$\{a,b,d,e,g\}$, $\{a,c,d,f,g\}$, $\{a,d,e,f,g\}$, $\{a,b,c,f,g\}$, $\{a,c,$

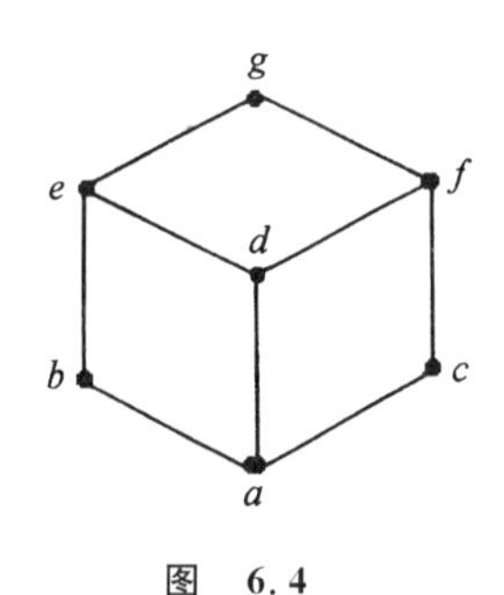

图　6.4

$b,e,g\}$;6元子格为$\{a,c,d,f,e,g\}$, $\{a,b,d,e,f,g\}$, $\{a,b,c,e,f,g\}$;7元子格只有1个,就是L自身.L的其他非空子集都不构成子格,例如$\{a,e,f,g\}$就不是L的子格,因为它对于$\wedge$运算不封闭,$e\wedge f=d$, 但是$d\notin\{a,e,f,g\}$.

子格的判断在研究格的性质中有着重要的作用.下面考虑格的同构.

定义 6.12 设L_1和L_2为格,$f:L_1\to L_2$, 如果$\forall x,y\in L_1$有

$$f(x\wedge y)=f(x)\wedge f(y),$$
$$f(x\vee y)=f(x)\vee f(y),$$

则称f为L_1到L_2的同态映射,简称同态.如果同态f为双射,则称f为同构.

同构的格的哈斯图一定相同.在例6.22中,4元子格的哈斯图有两种形式,一种是一条链,这种链都是同构的.另一种是菱形,菱形的子格彼此也同构.尽管L的4元子格有9个,在同构的意义上只有2个不同的4元子格.L的5元子格在同构的意义上有3种类型,下菱形类型$\{a,b,d,e,g\}$, $\{a,c,d,f,g\}$, 上菱形类型$\{a,d,e,f,g\}$和五角格类型$\{a,b,c,f,g\}$, $\{a,c,b,e,g\}$.

下面介绍一些特殊的格,包含分配格,有补格和布尔格.

定义 6.13 设$\langle L,\wedge,\vee\rangle$是格,如果$\wedge$运算对$\vee$运算可分配,则称$L$为分配格.

根据对偶原理,如果$\vee$运算对$\wedge$运算满足分配律,那么L也是分配格.

【例 6.23】 考虑图6.5中的格.其中(1)是分配格,(2)和(3)不是分配格,分别称为**钻石格**和**五角格**.因为在钻石格中有

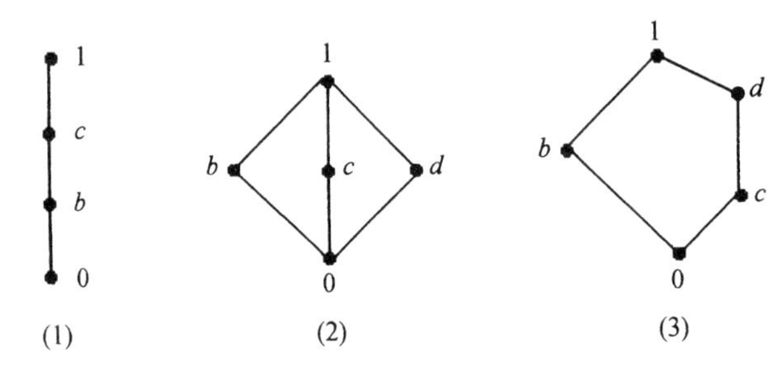

图 6.5

$$d\wedge(b\vee c)=d\wedge 1=d,$$
$$(d\wedge b)\vee(d\wedge c)=0\vee 0=0,$$

分配律不成立.同样在五角格中分配律也不成立,因为

$$d\wedge(b\vee c)=d\wedge 1=d,$$
$$(d\wedge b)\vee(d\wedge c)=0\vee c=c.$$

判断一个格是否为分配格的充分必要条件给在定理6.10.

定理 6.10 设L是格,

(1)L为分配格当且仅当L不含有与钻石格和五角格同构的子格.

(2)L为分配格当且仅当$\forall a,b,c\in L$, $a\wedge b=a\wedge c$且$a\vee b=a\vee c$推出$b=c$.

略去定理的证明,我们来看看它的应用.图6.4的格不是分配格,因为它含有子格$\{a,b,c,f,g\}$与五角格同构.在图6.5中的钻石格和五角格中,有

$$b\wedge c=b\wedge d,\ b\vee c=b\vee d$$

成立，但是 $c\neq d$，破坏了定理 6.10 的条件(2)，因此都不是分配格.

由这个定理可以得到以下推论：

推论 (1) 所有的链都是分配格.

(2) 元数小于 5 的格都是分配格.

下面考虑另一种重要的格——有补格.

定义 6.14 设 L 是格，

(1) 如果存在元素 $a\in L$ 使得 $\forall b\in L$ 都有 $a\leqslant b$ 成立，则称 a 为格 L 的**全下界**，记作 0.

(2) 如果存在元素 $c\in L$ 使得 $\forall b\in L$ 都有 $b\leqslant c$ 成立，则称 c 为格 L 的**全上界**，记作 1.

(3) 如果一个格存在全上界和全下界，则称这个格为**有界格**，通常将有界格记作 $\langle L,\wedge,\vee,0,1\rangle$.

【例 6.24】 (1)设 $L=\{a_1,a_2,\cdots,a_n\}$ 是 n 元格，不难证明 $a_1\wedge a_2\wedge\cdots\wedge a_n$ 就是它的全下界，$a_1\vee a_2\vee\cdots\vee a_n$ 就是它的全上界，因此有限格都是有界格.

(2) 集合的幂集格 $P(B)$ 是有界格，因为全上界是 B，全下界是 $\varnothing$；群 G 的子群格是有界格，它的全上界是 G，全下界是 $\{e\}$.

(3) $\langle \mathbf{Z},\leqslant\rangle$ 不是有界格，因为既没有最大的整数，也没有最小的整数.

定义 6.15 设 $\langle L,\wedge,\vee,0,1\rangle$ 是有界格，$a\in L$，如果存在 $b\in L$ 满足 $a\wedge b=0$，$a\vee b=1$，则称 b 为 a 的**补元**. 如果 L 中每个元素都存在补元，则称 L 为**有补格**.

【例 6.25】 格 L 如图 6.5 所示，求每个格中元素的补元，说明这些格是否为有补格.

解 (1) 0 与 1 互为补元；b 和 c 没有补元.

(2) 0 与 1 互为补元；b 的补元为 c 和 d，c 的补元为 b 和 d，d 的补元为 b 和 c.

(3) 0 与 1 互为补元；b 的补元为 c 和 d，c 的补元是 b，d 的补元是 b.

(2) 和(3)是有补格，(1)不是有补格.

【例 6.26】 证明在分配格中，一个元素如果存在补元，一定是唯一的.

证明 设 L 是分配格，$a\in L$. 假设 a 存在补元 b 和 c，那么有

$$a\wedge b=0=a\wedge c,\ a\vee b=1=a\vee c,$$

根据定理 6.10(2)，必有 $b=c$.

定义 6.16 有补分配格称为**布尔格**，也叫作**布尔代数**.

由于布尔代数中每个元素都有补元，并且补元是唯一的，因此可以把求补看作是布尔代数中的一元运算. 通常将 a 的补元记作 a'，并将布尔代数记作 $\langle B,\wedge,\vee,',0,1\rangle$.

例如幂集格 $\langle P(B),\cap,\cup,\sim,\varnothing,B\rangle$ 是布尔格，钻石格和五角格不是布尔格，长度大于 2 的链也不是布尔格.

能否像其他代数系统一样，通过集合上的运算和运算性质来定义布尔代数呢？这是可以做到的. 定义 6.17 就是关于布尔代数的等价定义.

定义 6.17 设 $\langle B,*,\circ\rangle$ 是代数系统，若 $*$ 和 $\circ$ 运算满足：

(1) 交换律，即 $\forall a,b\in B$ 有

$$a*b=b*a,\ a\circ b=b\circ a,$$

(2) 分配律，即：$\forall a,b,c\in B$ 有

$$a*(b\circ c)=(a*b)\circ(a*c),\ a\circ(b*c)=(a\circ b)*(a\circ c),$$

(3) 同一律，即存在 $0,1\in B$，使得 $\forall a\in B$ 有

$$a*1=a, a\circ 0=a,$$

(4) 补元律,即 $\forall a\in B$,存在 $a'\in B$ 使得

$$a*a'=0, a\circ a'=1,$$

则称 $\langle B,*,\circ\rangle$ 是一个布尔代数.

以上定义中的同一律就是说 1 是 $*$ 运算的单位元,0 是$\circ$运算的单位元. 可以证明 1 和 0 分别也是$\circ$和 $*$ 运算的零元,$\forall a\in B$ 有

$$\begin{aligned}a\circ 1&=(a\circ 1)*1=1*(a\circ 1)=(a\circ a')*(a\circ 1)\\&=a\circ(a'*1)=a\circ a'=1.\end{aligned}$$

同理可证 $$a*0=0.$$

为证明布尔代数也是格,只需证明 $*$ 和$\circ$运算满足结合律和吸收律即可.

先证吸收律. $\forall a,b\in B$ 有

$$\begin{aligned}a\circ(a*b)&=(a*1)\circ(a*b)=a*(1\circ b)\\&=a*(b\circ 1)=a*1=a.\end{aligned}$$

同理有 $a*(a\circ b)=a$. 吸收律成立.

为证结合律,先证以下命题:

$$\forall a,b,c\in B, a\circ b=a\circ c \text{ 且 } a'\circ b=a'\circ c\Rightarrow b=c.$$

事实上,由 $a\circ b=a\circ c$ 和 $a'\circ b=a'\circ c$ 可得

$$\begin{aligned}&(a\circ b)*(a'\circ b)=(a\circ c)*(a'\circ c)\\&\Rightarrow(a*a')\circ b=(a*a')\circ c\\&\Rightarrow 0\circ b=0\circ c\\&\Rightarrow b=c.\end{aligned}$$

由该命题的结论,为证明 $a*(b*c)=(a*b)*c$,只需证明以下两个等式即可.

$$\begin{aligned}a\circ(a*(b*c))&=a\circ((a*b)*c),\\a'\circ(a*(b*c))&=a'\circ((a*b)*c).\end{aligned}$$

由吸收律有 $$a\circ(a*(b*c))=a.$$

$$a\circ((a*b)*c)=(a\circ(a*b))*(a\circ c)=a*(a\circ c)=a.$$

所以 $$a\circ(a*(b*c))=a\circ((a*b)*c).$$

而
$$\begin{aligned}a'\circ(a*(b*c))&=(a'\circ a)*(a'\circ(b*c))\\&=1*(a'\circ(b*c))=a'\circ(b*c),\\a'\circ((a*b)*c)&=(a'\circ(a*b))*(a'\circ c)\\&=((a'\circ a)*(a'\circ b))*(a'\circ c)\\&=(1*(a'\circ b))*(a'\circ c)\\&=(a'\circ b)*(a'\circ c)=a'\circ(b*c),\end{aligned}$$

所以 $$a'\circ(a*(b*c))=a'\circ((a*b)*c)$$

同理可证关于$\circ$运算的结合律也成立.

由以上分析可知,布尔代数实际上就是格,是满足分配律、同一律和补元律的特殊的格. 一般将布尔代数记作 $\langle B,\wedge,\vee,',0,1\rangle$. 其中 $\wedge$ 和 $\vee$ 分别代表前边的 $*$ 和$\circ$运算,$'$是求补运算,0 和 1 就是同一律中的 0 和 1. 格的对偶原理在布尔代数中也成立. 但要注意,如果公式 f 中出现 0 和 1,则在求 f 的对偶式时应将 0 换成 1,将 1 换成 0. 例如

$$f=(a\wedge 1)\vee(b\wedge 0).$$

则
$$f^{*}=(a\vee 0)\wedge(b\vee 1).$$

不难证明布尔代数 B 具有以下性质：

(1) $\forall a\in B,a'$是唯一的；

(2) $\forall a\in B,(a')'=a$；

(3) $\forall a,b\in B.(a\vee b)'=a'\wedge b',(a\wedge b)'=a'\vee b'$.

性质(2)和(3)实际上就是双重否定律和德·摩根律.第一章的命题逻辑、第三章的集合代数以及开关代数等都是典型的布尔代数.

6.7　例题分析

本章的习题主要是概念题、计算题和验证题.

一、概念题

【例 6.27】　判断下列集合关于指定的运算是否构成半群，独异点和群：

(1) a 是正实数，$G=\{a^n\mid n\in\mathbf{Z}\}$，运算 $*$ 是普通乘法.

(2) $\mathbf{Q}^+$ 为正有理数集，关于普通乘法.

(3) $\mathbf{Q}^+$ 为正有理数集，关于普通加法.

(4) 一元实系数多项式的集合关于多项式的加法.

(5) 一元实系数多项式的集合关于多项式的乘法.

(6) $U_n=\{x\mid x\in\mathbf{C}\wedge x^n=1\}$，$n$ 为某一给定的正整数且 $\mathbf{C}$ 为复数集合，关于复数乘法.

解　(1) 构成半群、独异点和群.

(2) 构成半群、独异点和群.

(3) 构成半群.

(4) 构成半群、独异点和群.

(5) 构成半群、独异点.

(6) 构成半群、独异点和群.

判断是否为半群主要看运算是否封闭，是否有结合律.不难验证所有的运算都是封闭的，并且是可结合的，因此都构成半群.

什么样的半群能构成独异点呢？只要运算存在单位元就行.除了(3)中的运算没有单位元，即 $0\notin\mathbf{Q}^+$ 以外，其他的运算都存在单位元.其中(4)的单位元是 0，其余的单位元都是 1.所以(1)，(2)，(4)，(5)，(6)都是独异点.

什么样的独异点能构成群呢？主要验证每个元素是否有逆元.(1) 中的元素 a^n 有逆 a^{-n}，(2) 中的 $x\in\mathbf{Q}^+$ 有逆$\dfrac{1}{x}$.(4) 中的实系数多项式 f 的逆元为$-f$.(5) 中的实系数多项式 f 没有乘法逆元.如 f 是 x^2，则没有实系数多项式 g 满足 $f\cdot g=1$.(6) 中的 $x\in U_n$，$x=e^{\frac{2k\pi}{n}}$，$k\in\mathbf{Z}$，则 $e^{\frac{-2k\pi}{n}}\in U_n$ 是 x 的逆元.因此(1)，(2)，(4)，(6)能构成群.

【例 6.28】　对以下各小题给定的群 G_1 和 G_2 以及 $\varphi:G_1\to G_2$，说明 φ 是否为群 G_1 到 G_2 的同态.如果是，说明是否为单同态、满同态、同构，并求同态像 $\varphi(G_1)$.

(1) $G_1=\langle \mathbf{Z},+\rangle, G_2=\langle \mathbf{R}^*,\cdot\rangle$,其中 $\mathbf{R}^*$ 为非零实数的集合. $+$ 和 $\cdot$ 分别表示数的加法和乘法.

$$\varphi:\mathbf{Z}\to\mathbf{R}^*,\varphi(x)=\begin{cases}1,\ x\text{ 是偶数};\\ -1,\ x\text{ 是奇数}.\end{cases}$$

(2) $G_1=\langle \mathbf{Z},+\rangle, G_2=\langle A,\cdot\rangle$,其中 $+$ 和 $\cdot$ 分别表示数的加法和乘法,$A=\{x\mid x\in\mathbf{C}\wedge |x|=1\}$,其中 $\mathbf{C}$ 为复数集合.

$$\varphi:\ \mathbf{Z}\to A,\varphi(x)=\cos x+i\sin x.$$

(3) $G_1=\langle \mathbf{R},+\rangle, G_2=\langle A,\cdot\rangle$,$+$,$\cdot$ 和 A 的定义同(2).

$$\varphi:\ \mathbf{R}\to A,\varphi(x)=\cos x+i\sin x.$$

解 (1) 是同态,但不是单同态,也不是满同态和同构,$\varphi(G_1)=\langle\{-1,1\},\cdot\rangle$.

(2) 是单同态,不是满同态和同构. $\varphi(G_1)=\langle\{y\mid y=\cos x+i\sin x\wedge x\in\mathbf{Z}\},\cdot\rangle$.

(3) 是满同态,不是单同态和同构,$\varphi(G_1)=\langle A,\cdot\rangle$.

验证 $\varphi:\ G_1\to G_2$ 是否为 G_1 到 G_2 的同态,只需验证以下等式是否成立:$\forall x,y\in G_1$.

$$\varphi(xy)=\varphi(x)\varphi(y).$$

关于(1)和(2)的验证过程给在下面.

$\forall x,y\in\mathbf{Z}$,如果 x 与 y 同为奇数,则 $x+y$ 是偶数,$\varphi(x+y)=1$. 而 $\varphi(x)\varphi(y)=(-1)\times(-1)=1$. 若 x 与 y 同为偶数,$x+y$ 也是偶数,则 $\varphi(x+y)=1$,而 $\varphi(x)\varphi(y)=1\cdot 1=1$. 最后一种情况,当 x 与 y 一个为奇数,另一个为偶数时,不妨设 x 为奇数,y 为偶数,则 $x+y$ 为奇数. $\varphi(x+y)=-1$,而 $\varphi(x)\varphi(y)=(-1)\cdot 1=-1$. 所以当 x,y 是任何整数时都有 $\varphi(x+y)=\varphi(x)\varphi(y)$ 成立. 易见 $\varphi:\mathbf{Z}\to\mathbf{R}^*$ 不是单射的,因为 $\varphi(2)=\varphi(4)$;也不是满射的,因为 $\mathrm{ran}\varphi=\{1,-1\}\subset\mathbf{R}^*$.

$\forall x,y\in\mathbf{Z}$,

$$\begin{aligned}\varphi(x+y)&=\cos(x+y)+i\sin(x+y),\\ \varphi(x)\cdot\varphi(y)&=(\cos x+i\sin x)(\cos y+i\sin y)\\ &=(\cos x\cos y-\sin x\sin y)+i(\sin x\cos y+\cos x\sin y)\\ &=\cos(x+y)+i\sin(x+y),\end{aligned}$$

从而得到

$$\varphi(x+y)=\varphi(x)\cdot\varphi(y).$$

易见 φ 为单射的,但不是满射、双射的,且

$$\varphi(G_1)=\langle\{y\mid y=\cos x+i\sin x\wedge x\in\mathbf{Z}\},\cdot\rangle.$$

关于(3)同样地可以验证 $\varphi:\mathbf{R}\to A$ 是同态,是满同态,不是单同态,因为 $\varphi(0)=\varphi(2\pi)$.

【例 6.29】 判断下述集合关于数的加法和乘法是否构成环、整环和域. 如果不能构成,请说明理由.

(1) $A=\{a+b\sqrt{2}\mid a,b\in\mathbf{Z}\}$.

(2) $A=\{a+b\sqrt{3}\mid a,b\in\mathbf{Q}\}$.

(3) $A=\{a+b\sqrt[3]{2}\mid a,b\in\mathbf{Z}\}$.

(4) $A=\{a+bi\mid a,b\in\mathbf{Z},i^2=-1\}$.

解 (1) 是环和整环,但不是域,因为$\sqrt{2}$没有逆元.

(2) 是环、整环和域.

(3) 不是环、不是整环也不是域. 因为 A 关于数的乘法不封闭.

(4) 是环和整环，但不是域，因为 $2i$ 没有逆元.

【例 6.30】 判断图 6.6 中的偏序集哪些构成格：

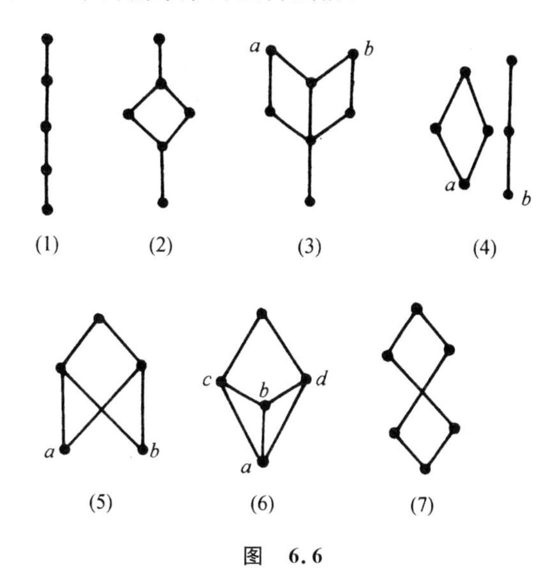

图　6.6

解　(1),(2)和(7)是格，其他都不是格.

根据格的定义，只需验证 $\forall x,y\in L$，x 和 y 都有最大下界 $x\wedge y$ 和最小上界 $x\vee y$，且 $x\wedge y, x\vee y\in L$. 在(3)中 $\{a,b\}$ 没有最小上界，即 $a\vee b\notin L$. 在(4)中 $\{a,b\}$ 没有最小上界和最大下界，也不是格. 在(5)中 $\{a,b\}$ 既没最大下界，也没最小上界. (6)不是偏序集的哈斯图. 因为在哈斯图中不应有 $a-c$, $a-d$ 的边，因为 c 不覆盖 a，d 也不覆盖 a.

【例 6.31】 设 $\langle L,\wedge,\vee\rangle$ 是格，求以下公式的对偶式：

(1) $a\wedge(a\vee b)\leqslant a$.

(2) $a\vee(b\wedge c)\leqslant(a\vee b)\wedge(a\vee c)$.

(3) $b\vee(c\wedge a)\leqslant(b\vee c)\wedge a$.

解　(1) $a\vee(a\wedge b)\geqslant a$.

(2) $a\wedge(b\vee c)\geqslant(a\wedge b)\vee(a\wedge c)$.

(3) $b\wedge(c\vee a)\geqslant(b\wedge c)\vee a$.

【例 6.32】 设 $S_{110}=\{1,2,5,10,11,22,55,110\}$ 是 110 的正因子集合. 令 gcd, 1cm 分别表示求两个数的最大公约数和最小公倍数的运算. 问 $\langle S_{110},\mathrm{gcd},\mathrm{1cm}\rangle$ 是否构成布尔代数？为什么？

解　$\langle S_{110},\mathrm{gcd},\mathrm{1cm}\rangle$ 是布尔代数. 因为

$\forall x,y\in S_{110}$，
$$\mathrm{gcd}(x,y)=\mathrm{gcd}(y,x),$$
$$\mathrm{1cm}(x,y)=\mathrm{1cm}(y,x),$$

gcd 和 1cm 运算符合交换律.

$\forall x,y,z\in S_{110}$，有

$$\mathrm{gcd}(x,\mathrm{1cm}(y,z))=\mathrm{1cm}(\mathrm{gcd}(x,y),\mathrm{gcd}(x,z)),$$
$$\mathrm{1cm}(x,\mathrm{gcd}(y,z))=\mathrm{gcd}(\mathrm{1cm}(x,y),\mathrm{1cm}(x,z)),$$

gcd 和 lcm 互相可分配.

存在 $1\in S_{110}$,使 $\forall x\in S_{110}$ 有

$$\mathrm{lcm}(x,1)=x.$$

并且存在 $110\in S_{110}$,使 $\forall x\in S_{110}$ 有

$$\gcd(x,110)=x.$$

同一律成立.

$\forall x\in S_{110}$,令 $x'=\dfrac{110}{x}$,则 $x'\in S_{110}$,且满足

$$\gcd(x,x')=1,\quad \mathrm{lcm}(x,x')=110.$$

补元律成立.综上所述,$\langle S_{110},\gcd,\mathrm{lcm}\rangle$构成布尔代数.

二、计算题

【例 6.33】 设 $B=\{1,2,3,4,5\}$,定义群 $G=\langle P(B),\oplus\rangle$.其中 $P(B)$为 B 的幂集.$\oplus$为集合的对称差运算.令 $A=\{1,4,5\}\in P(B)$,求由 A 生成的子群$\langle A\rangle$.并求解群方程 $A\oplus X=\{2,3,5\}$.

解 $A=\{1,4,5\}$,$A\oplus A=\varnothing$,$A\oplus A\oplus A=\varnothing\oplus A=A$,所以

$$\langle A\rangle=\{A,\varnothing\}.$$

$$X=A^{-1}\oplus\{2,3,5\}=\{1,4,5\}\oplus\{2,3,5\}=\{1,2,3,4\}.$$

$\langle A\rangle$是由 A 的所有可能的幂构成的,换句话说是由任意多个 A 进行对称差运算的所有结果以及它们的逆构成.根据对称差运算的特点只有两种结果:奇数个 A 运算就等于 A,偶数个 A 运算就等于$\varnothing$,而 A 和$\varnothing$的逆就是它们自己.所以$\langle A\rangle=\{A,\varnothing\}$.

方程是 $ax=b$ 的形式,所以 $x=a^{-1}b$ 是解.代入 a 和 b 的具体值就可得到 x.

【例 6.34】 设 $G=\langle a\rangle$是 18 阶循环群,求 G 的生成元和子群.

与 18 互质的数是 1,5,7,11,13,17,因此生成元为 $a,a^5,a^7,a^{11},a^{13},a^{17}$.

18 的正因子是 1,2,3,6,9,18,因此子群为

$$\langle a\rangle=G,\ \langle a^2\rangle=\{e,a^2,a^4,a^6,a^8,a^{10},a^{12},a^{14},a^{16}\},$$

$$\langle a^3\rangle=\{e,a^3,a^6,a^9,a^{12},a^{15}\},\ \langle a^6\rangle=\{e,a^6,a^{12}\},\ \langle a^9\rangle=\{e,a^9\},\ \langle e\rangle=\{e\}.$$

【例 6.35】 设 σ,τ 是 8 元置换,且

$$\sigma=\begin{pmatrix}1&2&3&4&5&6&7&8\\8&2&5&7&1&4&3&6\end{pmatrix},\ \tau=\begin{pmatrix}1&2&3&4&5&6&7&8\\6&3&2&8&7&5&1&4\end{pmatrix}.$$

(1) 给出 σ,τ 的轮换表示.

(2) 求 $\sigma\tau,\tau\sigma^{-1}\tau$.

(3) 说明 σ 和 τ 的阶是多少.

解 (1) $\sigma=(1\ 8\ 6\ 4\ 7\ 3\ 5)$

$\tau=(1\ 6\ 5\ 7)(2\ 3)(4\ 8)$.

(2) $\sigma\tau=(1\ 4)(2\ 3\ 7)(5\ 6\ 8)$,

$$\begin{aligned}\tau\sigma^{-1}\tau&=(1\ 6\ 5\ 7)(2\ 3)(4\ 8)(5\ 3\ 7\ 4\ 6\ 8\ 1)(1\ 6\ 5\ 7)(2\ 3)(4\ 8)\\&=(1\ 8\ 6\ 3\ 2\ 7\ 5\ 4)(1\ 6\ 5\ 7)(2\ 3)(4\ 8)\\&=(1\ 4\ 6\ 2)(3)(5\ 8)\\&=(1\ 4\ 6\ 2)(5\ 8).\end{aligned}$$

(3) σ 是 7 阶轮换,因此是 7 阶元. τ 是 1 个 4 阶轮换与 2 个 2 阶轮换之积,4,2,2 的最小公倍数是 4,因此 τ 是 4 阶元.

三、验证题

【例 6.36】 设 $*$ 为 S 上可交换、可结合的二元运算. 若 a,b 是 S 上关于 $*$ 运算的幂等元,验证 $a*b$ 也是关于 $*$ 运算的幂等元.

解 $(a*b)*(a*b)=a*b*a*b=a*a*b*b=(a*a)*(b*b)=a*b$.

【例 6.37】 设 G 为群,$x,y\in G,k\in \mathbf{Z}^+$,验证

$$(x^{-1}yx)^k = x^{-1}yx \Leftrightarrow y^k = y.$$

解

$$\begin{aligned}
&(x^{-1}yx)^k=x^{-1}yx\\
\Leftrightarrow&\underbrace{(x^{-1}yx)(x^{-1}yx)\cdots(x^{-1}yx)}_{k个}=x^{-1}yx\\
\Leftrightarrow&x^{-1}yxx^{-1}yx\cdots x^{-1}yx=x^{-1}yx\\
\Leftrightarrow&x^{-1}\underbrace{yy\cdots y}_{k个}x=x^{-1}yx\\
\Leftrightarrow&x^{-1}y^kx=x^{-1}yx\\
\Leftrightarrow&y^k=y.\text{(消去律)}.
\end{aligned}$$

【例 6.38】 设 $G=\left\{\begin{pmatrix}1&0\\0&1\end{pmatrix},\begin{pmatrix}1&0\\0&-1\end{pmatrix},\begin{pmatrix}-1&0\\0&1\end{pmatrix},\begin{pmatrix}-1&0\\0&-1\end{pmatrix}\right\}$,$G$ 上的运算 $\cdot$ 为矩阵乘法. 验证 G 关于 $\cdot$ 运算构成群. 群 G 是 4 阶循环群还是 Klein 四元群?

解 设 $A=\begin{pmatrix}1&0\\0&1\end{pmatrix},B=\begin{pmatrix}1&0\\0&-1\end{pmatrix}$,则 G 的运算表如表 6.4 所示.

表 6.4

$\cdot$	A	B	$-B$	$-A$
A	A	B	$-B$	$-A$
B	B	A	$-A$	$-B$
$-B$	$-B$	$-A$	A	B
$-A$	$-A$	$-B$	B	A

由表可知 $\cdot$ 运算是封闭的,可结合的,单位元为 A,且 $\forall x\in G$ 有 $x^2=A$,即每个 G 中元素的逆元就是它自己. 所以 G 是群. 易见它是 Klein 四元群.

验证一个代数系统是群,主要验证四点:封闭性、结合律、单位元、逆元.

从同构的观点看,4 阶群只有两个:循环群和 Klein 四元群. 群 G 的运算表与 Klein 四元群的性质完全一样,所以 G 是 Klein 四元群.

【例 6.39】 设 G 为群,$H\leqslant G,a\in G$,令

$$aHa^{-1}=\{aha^{-1}\mid h\in H\}.$$

验证 $aHa^{-1}\leqslant G$.

证明 因为 $e=aea^{-1}$,$e\in aHa^{-1}$,aHa^{-1} 是 G 的非空子集.

任取 $ah_1a^{-1},ah_2a^{-1}\in aHa^{-1}$,则

$$(ah_1a^{-1})(ah_2a^{-1})^{-1}=ah_1a^{-1}ah_2^{-1}a^{-1}=a(h_1h_2^{-1})a^{-1}.$$

易见 $a(h_1h_2^{-1})a^{-1}\in aHa^{-1}$. 由判定定理, $aHa^{-1}\leqslant G$.

验证群 G 的子集为 G 的子群,首先要说明它是 G 的非空子集,然后验证判定定理的条件是否成立.

【例 6.40】 设 $\langle L,\wedge,\vee\rangle$ 是格, $\forall a,b\in L$, 验证

$$a\wedge b=a\Leftrightarrow a\vee b=b.$$

解 必要性. 由 $a\wedge b=a$ 有

$$a\vee b=(a\wedge b)\vee b=b\vee(b\wedge a)=b.$$

充分性. 由 $a\vee b=b$ 有

$$a\wedge b=a\wedge(a\vee b)=b.$$

习　题　六

1. 对以下各小题给定的集合和运算判断它们是哪一类代数系统(半群,独异点,群,格,布尔代数):

(1) $S_1=\left\{1,\frac{1}{2},2,\frac{1}{3},3,\frac{1}{4},4\right\}$, $*$ 为普通乘法. (2) $S_2=\{a_1,a_2,\cdots,a_n\}$, $\forall a_i,a_j\in S_2$ 有 $a_i*a_j=a_i$.

(3) $S_3=\{0,1\}$, $*$ 为普通乘法. (4) $S_4=\{1,2,3,6\}$, $\forall x,y\in S_4$, $x\circ y=\mathrm{lcm}(x,y)$, $x*y=\gcd(x,y)$.

(5) $S_5=\{0,1\}$, $*$ 为模 2 加法.

2. 令 $G=\{a+bi\mid a,b\in\mathbf{Z}\}$, i 为虚数单位,即 $i^2=-1$. 验证 G 关于复数的加法构成群.

3. 某一通讯编码由 4 个数据位 x_1,x_2,x_3,x_4 和 3 个校验位 x_5,x_6,x_7 构成,其关系如下:

$$x_5=x_1\oplus x_2\oplus x_3,$$
$$x_6=x_1\oplus x_2\oplus x_4,$$
$$x_7=x_1\oplus x_3\oplus x_4,$$

其中$\oplus$为模 2 加法. 设 S 为满足上述关系的码字集合,且 $\forall x,y\in S$,有

$$x\circ y=(x_1\oplus y_1,x_2\oplus y_2,\cdots,x_7\oplus y_7).$$

验证$\langle S,\circ\rangle$是一个群,且是$\langle T,\circ\rangle$的子群. 其中

$$T=\{x\mid x\text{ 是 7 位 0 和 1 构成的序列}\},$$

$\circ$和$\langle S,\circ\rangle$中的$\circ$运算相同.

4. 设 $G=\{0,1,2,3\}$, $\oplus$为模 4 乘法,即

$$\forall x,y\in G, x\otimes y=(xy)\mathrm{mod}4.$$

问$\langle G,\otimes\rangle$构成什么代数系统(半群,独异点,群)? 为什么?

5. 设 $\mathbf{Z}$ 为整数集合,在 $\mathbf{Z}$ 上定义二元运算$\circ$, $\forall x,y\in\mathbf{Z}$ 有

$$x\circ y=x+y-2.$$

问 $\mathbf{Z}$ 与$\circ$运算能否构成群? 为什么?

6. 设 $A=\{x\mid x\in\mathbf{R}\wedge x\neq 0,1\}$. 在 A 上定义 6 个函数如下: $f_1(x)=x$, $f_2(x)=x^{-1}$, $f_3(x)=1-x$, $f_4(x)=(1-x)^{-1}$, $f_5(x)=(x-1)x^{-1}$, $f_6(x)=x(x-1)^{-1}$. 令 $F=\{f_i\mid i=1,2,\cdots,6\}$. 则函数的复合$\circ$是 F 上的二元运算.

(1) 给出$\circ$的运算表. (2) 验证$\langle F,\circ\rangle$是一个群.

7. 设 $G=\{a,b,c\}$, 在 G 上定义二元运算$\circ$如表 6.5 所示.

(1) 验证$\langle G,\circ\rangle$为群.

(2) $\langle G,\circ\rangle$是否为循环群? 如果是,找出它的生成元.

表 6.5

$\circ$	a	b	c
a	a	b	c
b	b	c	a
c	c	a	b

8. 证明循环群都是交换群.

9. 设 G 为群,如果 $\forall a\in G$ 都有 $a^2=e$, 证明 G 为交换群.

10. 设 i 为虚数单位,即 $i^2=-1$, 令

$$G=\left\{\pm\begin{pmatrix}1&0\\0&1\end{pmatrix},\pm\begin{pmatrix}i&0\\0&-i\end{pmatrix},\pm\begin{pmatrix}0&1\\-1&0\end{pmatrix},\pm\begin{pmatrix}0&i\\i&0\end{pmatrix}\right\},$$

G 上的二元运算为矩阵乘法.

(1) 给出 G 的运算表.　(2) 验证 G 为群.　(3) 求出 G 的所有子群.

11. 设 G 是模 20 整数加群,

(1) 求 G 的所有生成元.　(2) 求 G 的所有子群.　(3) 画出 G 的子群格.

12. 设 σ 和 τ 是 6 元置换,且

$$\sigma=\begin{pmatrix}1&2&3&4&5&6\\4&5&1&6&3&2\end{pmatrix},\quad \tau=\begin{pmatrix}1&2&3&4&5&6\\3&1&2&5&6&4\end{pmatrix},$$

(1) 求 σ 和 τ 的轮换表示.　　(2) 求 $\sigma\tau^{-1}\sigma,\sigma^2$.

(3) 求 σ 和 τ 的阶.

13. 设 f 为群 G_1 到 G_2 的同构,验证 f^{-1} 是 G_2 到 G_1 的同构.

14. 设 $A=\{a+bi\mid a,b\in\mathbf{Z},i^2=-1\}$,验证 A 关于复数加法和乘法构成环,称为高斯整数环.

15. 设 $\langle B,\wedge,\vee,',0,1\rangle$ 是布尔代数. B 中的表达式 f 是

$$(a\wedge b)\vee(a\wedge b\wedge c)\vee(b\wedge c).$$

(1) 化简上述表达式.　(2) 求 f 的对偶式 f^*.

16. 下列各集合对于整除关系都构成偏序集,判断哪些偏序集是格:

(1) $L=\{1,2,3,4,5\}$.　　(2) $L=\{1,2,3,6,12\}$.

(3) $L=\{1,2,3,4,6,9,12,18,36\}$.　　(4) $L=\{1,2,2^2,\cdots,2^n\},n\in\mathbf{Z}^+$.

17. 设 $\langle S,\wedge,\vee,',0,1\rangle$ 是布尔代数. 在 S 上定义二元运算 $\oplus$, $\forall x,y\in S$ 有

$$x\oplus y=(x\wedge y')\vee(x'\wedge y).$$

那么 $\langle S,\oplus\rangle$ 能否构成代数系统? 如果能,指出是哪一种代数系统.

18. 设 $\langle B,\wedge,\vee,',0,1\rangle$ 是布尔代数. $\forall a,b,c\in B$,若 $a\leqslant c$,则有

$$a\vee(b\wedge c)=(a\vee b)\wedge c.$$

我们称它为模律,验证在布尔代数中模律是成立的.

19. 验证布尔代数 B 中德·摩根律是正确的,即 $\forall x,y\in B$ 有

$$(x\wedge y)'=x'\vee y',(x\vee y)'=x'\wedge y'.$$

第四部分　图　　论

第七章　图的基本概念

7.1　无向图和有向图

图论中所说的图是描述事物之间关系的一种手段.现实世界中,许多事物之间的关系可抽象成点及它们之间的连线,集合论中二元关系的关系图就是图论中图的很好的例子.在那些关系图中,人们只关心点之间是否有边,而不关心点及边的位置以及边的曲直,这就是图论中的图与几何图形的区别.图论中可以给出图的抽象严格数学定义.为此,先给出无序积的概念.

称两个元素构成的集合$\{a,b\}$为**无序对**.设A,B为二集合,称

$$\{\{a,b\}\mid a\in A\wedge b\in B\}$$

为A与B构成的**无序积**,记作$A\&B$.为方便起见,将无序积$A\&B$的元素无序对$\{a,b\}$记为(a,b).例如,取$A=\{a,b,c\}$, $B=\{1,2\}$,则

$$A\&B=B\&A=\{(a,1),(a,2),(b,1),(b,2),(c,1),(c,2)\},$$
$$A\&A=\{(a,a),(a,b),(a,c),(b,b),(b,c),(c,c)\},$$
$$B\&B=\{(1,1),(1,2),(2,2)\}.$$

需要注意,无序积中的无序对的两个元素不分次序,同时又可以是相同的,如上例中的$(a,a),(b,b),(c,c),(1,1),(2,2)$等.

定义 7.1　**无向图**G是一个二元组$\langle V,E\rangle$,其中V是一个非空的集合,称为G的**顶点集**,V中的元素称为**顶点**或**结点**;E是无序积$V\&V$的一个多重子集*,称E为G的**边集**,其元素称为**无向边**或简称为**边**.常将V记成$V(G)$,E记成$E(G)$.

还可以用图形表示无向图,做法如下:用小圆圈表示V中的顶点,若$(a,b)\in E$,就在顶点a,b之间连接线段表示边(a,b).顶点的位置和边的形状及边之间是否除顶点外还相交都是无关紧要的.给定一个图$G=\langle V,E\rangle$的图形表示,很容易将该图的顶点集和边集写出来.如果在图的图形中,顶点标定记号,则称这样的图为**标定图**.称顶点不标定记号的图为**非标定图**.例如图$G=\langle V,E\rangle$,其中,$V=\{v_1,v_2,v_3,v_4,v_5\}$,$E=\{(v_1,v_2),(v_1,v_2),(v_1,v_3),(v_3,v_2),(v_3,v_3),(v_3,v_4)\}$,图 7.1(1)给出了$G$的图形表示.

---

* 元素可重复出现的集合称作多重集合.作为多重集合,认为$\{a,b\}$和$\{a,a,b\}$是两个不同的多重集合.

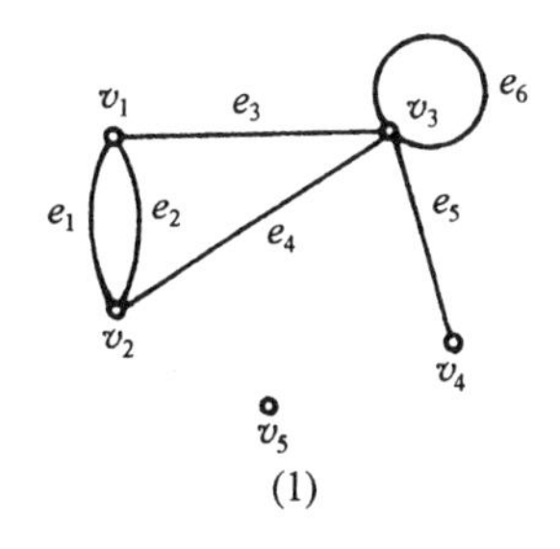

(1)

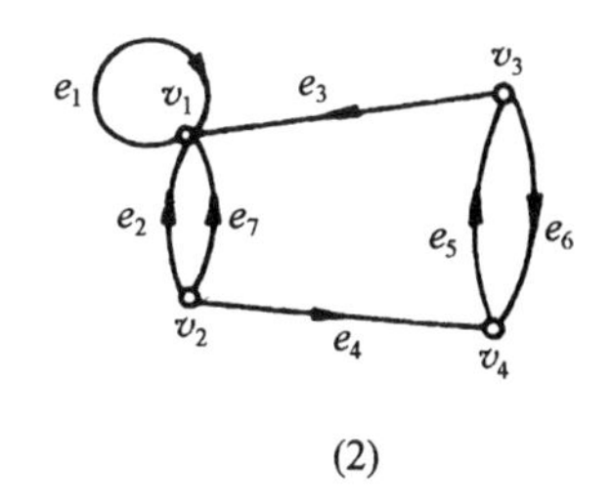

(2)

图　7.1

定义 7.2　**有向图** D 是一个二元组 $\langle V,E\rangle$，其中顶点集 V 同无向图中的顶点集. 边集 E 是卡氏积 $V\times V$ 的多重子集，其中元素称为**有向边**或简称为**边**.

同无向图的情况类似，有时用 $V(D)$，$E(D)$ 分别表示有向图 D 的顶点集和边集. 在画有向图时，用箭头表示边的方向. $\langle a,b\rangle$ 上的箭头从 a 指向 b. 例如，有向图 $D=\langle V,E\rangle$，其中，$V=\{v_1,v_2,v_3,v_4\}$，$E=\{\langle v_1,v_1\rangle,\langle v_2,v_1\rangle,\langle v_3,v_1\rangle,\langle v_2,v_4\rangle,\langle v_4,v_3\rangle,\langle v_3,v_4\rangle,\langle v_2,v_1\rangle\}$，其图形为图 7.1(2)所示.

关于无向图和有向图说明如下：

1. 在无向图中，无向边 (a,b) 是顶点 a 与 b 之间的线段，无方向. 在有向图中，有向边 $\langle a,b\rangle$ 是有方向的，用从 a 指向 b 的箭头表示.

2. 无论是在无向图还是在有向图中，常用字母 e_i 表示边. 如在图 7.1(1)中，$e_1=(v_1,v_2)$，$e_2=(v_1,v_2)$，$e_3=(v_1,v_3)\cdots$. 在图 7.1(2)中，$e_1=\langle v_1,v_1\rangle$，$e_2=\langle v_2,v_1\rangle\cdots$.

3. 无向图和有向图统称为图. 但也常把无向图简称为图. 通常用 G 表示无向图，D 表示有向图. 但有时用 G 泛指一个图(无向的或有向的)，可是 D 只能表示有向图.

4. 本书中只讨论**有限图**，即顶点集和边集都是有穷集的图.

5. 若 G 的顶点集 V 的元素个数 $|V|=n$，则称 G 是 **n 阶图**.

6. 若边集 $E=\varnothing$，即没有边，则称 G 为**零图**. 此时，若 $|V|=n$，则称 G 为 n 阶零图. 特别是，若 $|V|=1$，则称 G 为**平凡图**. n 阶零图是 n 个顶点没有边的图，平凡图是只有 1 个顶点没有边的图.

7. 设 $e_k=(v_i,v_j)$ 为无向图 $G=\langle V,E\rangle$ 中的一条边，称 v_i,v_j 为 e_k 的**端点**，e_k 与 $v_i(v_j)$ 是彼此相**关联**的. 无边关联的顶点称为**孤立点**. 若一条边所关联的两个顶点重合，则称此边为**环**. 若 $v_i\neq v_j$，则称 e_k 与 v_i(或 v_j)的**关联次数**为 1；若 $v_i=v_j$，则称 e_k 与 v_i 的关联次数为 2；若 v_l 不是 e_k 的端点，则称 e_k 与 v_l 的关联次数为 0.

在图 7.1(1)中，v_5 是孤立点，e_6 是环，e_1,e_2,e_3 与 v_1 的关联次数均为 1，而 e_6 与 v_3 的关联次数为 2.

8. 设无向图 $G=\langle V,E\rangle$，$v_i,v_j\in V$，$e_k,e_l\in E$. 若存在一条边 e 以 v_i,v_j 为端点，即 $e=(v_i,v_j)$，则称 v_i 与 v_j **彼此相邻**的，简称**相邻**的.

若边 e_k 与 e_l 至少有一个公共端点，则称 e_k 与 e_l 是**彼此相邻**的，简称**相邻**的.

在图 7.1(1)中，v_1 与 v_4,v_5 不相邻，v_1 与其他顶点都是相邻的. e_5 与 e_1,e_2 不相邻，与其他边均是相邻的. 7 和 8 中的定义对有向边也是类似的. 若 $e_k=\langle v_i,v_j\rangle$，除称 v_i，v_j 是 e_k 的端点外，还称 v_i 是 e_k 的**始点**，v_j 是 e_k 的**终点**，v_i **邻接到** v_j，v_j **邻接于** v_i. 在图 7.1(2)中，$e_4=\langle v_2,v_4\rangle$，

v_2 是 e_4 的始点,v_4 是 e_4 的终点. v_2 邻接到 v_4,v_4 邻接于 v_2.

定义 7.3 设 $G=\langle V,E\rangle$ 为一无向图,$v_i\in V$,称 v_i 作为边的端点的次数之和为 v_i 的**度数**,简称为**度**,记作 $d_G(v_i)$. 在不引起混淆情况下,简记为 $d(v_i)$. 注意,每个环提供给它的端点 2 度.

设 $D=\langle V,E\rangle$ 为一个有向图,$v_i\in V$,称 v_i 作为边的始点的次数之和为 v_i 的**出度**,记作 $d_D^+(v_i)$,简记 $d^+(v_i)$;称 v_i 作为边的终点的次数之和为 v_i 的**入度**,记作 $d_D^-(v_i)$,简记为 $d^-(v_i)$;称 v_i 作为边的端点的次数之和为 v_i 的**度数**或**度**,记作 $d_D(v_i)$,简记为 $d(v_i)$. 显然,$d(v_i)=d^+(v_i)+d^-(v_i)$.

在图 7.1(1)中,$d(v_1)=d(v_2)=3$,$d(v_3)=5$,$d(v_4)=1$,$d(v_5)=0$. 在图 7.1(2)中,$d^+(v_1)=1$(由环 e_1 提供的),$d^-(v_1)=4$,$d(v_1)=5$. $d^+(v_2)=3$,$d^-(v_2)=0$,$d(v_2)=3$,….

称度数为 1 的顶点为**悬挂顶点**,与它关联的边为**悬挂边**. 在图7.1(1)中,v_4 是悬挂顶点,e_5 是悬挂边.

称

$$\Delta(G)=\max\{d(v)\mid v\in V(G)\}$$

为 G 的**最大度**,

$$\delta(G)=\min\{d(v)\mid v\in V(G)\}$$

为 G 的**最小度**. 在不会引起混淆的情况下,常把 $\Delta(G)$ 简记作 Δ,把 $\delta(G)$ 简记作 δ. 在图7.1(1)中,$\Delta=5$,$\delta=0$. 图 7.1(2)中,$\Delta=5$,$\delta=3$.

称

$$\Delta^+(D)=\max\{d^+(v)\mid v\in V(D)\}$$

为 D 的**最大出度**,

$$\delta^+(D)=\min\{d^+(v)\mid v\in V(D)\}$$

为 D 的**最小出度**,

$$\Delta^-(D)=\max\{d^-(v)\mid v\in V(D)\}$$

为 D 的**最大入度**,

$$\delta^-(D)=\min\{d^-(v)\mid v\in V(D)\}$$

为 D 的**最小入度**. 在不引起混淆的情况下,常将 $\Delta^+(D)$,$\delta^+(D)$,$\Delta^-(D)$,$\delta^-(D)$分别简记为 Δ^+,δ^+,Δ^-,δ^-.

下面给出图论中的基本定理.

定理 7.1(握手定理) 设 $G=\langle V,E\rangle$ 为任意一图(无向的或有向的),$V=\{v_1,v_2,\cdots,v_n\}$,边的条数 $|E|=m$,则

$$\sum_{i=1}^{n} d(v_i) = 2m.$$

证 图中任何一条边均有两个端点. 在计算各顶点的度数之和时,每条边提供 2 度,当然 m 条边共提供 $2m$ 度. 这就是各顶点的度数之和.

推论 任何图(有向图或无向图)中,度数为奇数的顶点个数是偶数.

证 设 $G=\langle V,E\rangle$ 为任意一图. 设

$$V_1=\{v\mid v\in V\wedge d(v)\text{为奇数}\},$$

$$V_2=\{v\mid v\in V\wedge d(v)\text{为偶数}\}.$$

显然有,$V_1\cap V_2=\varnothing$,$V_1\cup V_2=V$. 由握手定理可知,

$$2m = \sum_{v \in V} d(v) = \sum_{v \in V_1} d(v) + \sum_{v \in V_2} d(v).$$

由于 $2m$，$\sum_{v \in V_2} d(v)$ 为偶数，所以 $\sum_{v \in V_1} d(v)$ 也为偶数．可是，$v \in V_1$ 时，$d(v)$ 为奇数，偶数个奇数之和才能为偶数，所以 $|V_1|$ 为偶数．这就证明了我们的结论．

对于有向图来说，还有下面定理．

定理 7.2　设 $D=\langle V,E\rangle$ 为一有向图，$V=\{v_1,v_2,\cdots,v_n\}$，$|E|=m$，则

$$\sum_{i=1}^{n} d^{+}(v_i) = \sum_{i=1}^{n} d^{-}(v_i) = m.$$

证　在有向图中，每条边均有一个始点和一个终点．于是在计算 D 中各顶点的出度之和与入度之和时，每条边各提供一个出度和一个入度．当然 m 条边共提供 m 个出度和 m 个入度，因而定理成立．

设 $V=\{v_1,v_2,\cdots,v_n\}$ 为 n 阶图 G 的顶点集，称 $d(v_1),d(v_2),\cdots,d(v_n)$ 为 G 的**度数列**．图 7.1 中(1)的度数列为 3,3,5,1,0，其中有 4 个奇数；(2)的度数列为 5,3,3,3，全是奇数．对于有向图还可分出**出度列**和**入度列**．在图 7.1(2)中，出度列为 1,3,2,1；入度列为 4,0,1,2.

【例 7.1】　(1) 以下两组数能构成无向图的度数列吗？为什么？

① 2,3,4,5,6,7.　② 1,2,2,3,4.

(2) 已知图 G 中有 11 条边，有 1 个 4 度顶点，4 个 3 度顶点，其余顶点的度数均小于等于 2，问 G 中至少有几个顶点？

(3) 已知 5 阶有向图 D 的顶点集 $V=\{v_1,v_2,v_3,v_4,v_5\}$．它的度数列和出度列分别为：

3,3,2,3,3；

1,2,1,2,1.

试求 D 的入度列．

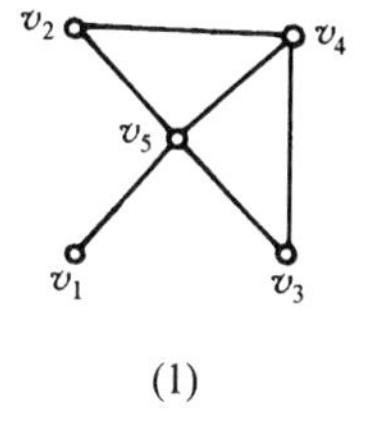

(1)

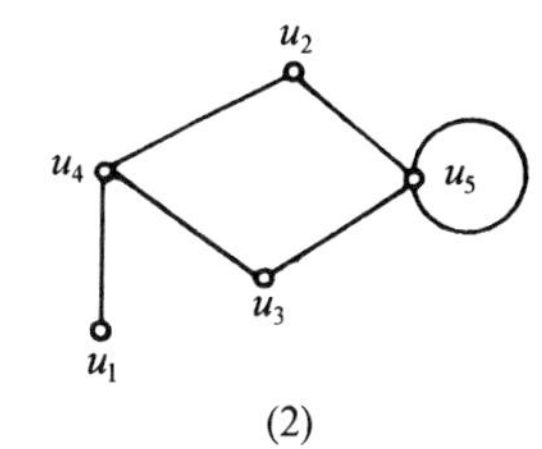

(2)

图　7.2

解　(1) ①中有 3 个奇度，所以不能构成图的度数列，否则与握手定理的推论矛盾．

②中有两个奇度．可以找到多个图以②作度数列．图 7.2 中的两个图均以②为度数列．

(2) 由握手定理可知，G 中各顶点的度数之和为 22．1 个 4 度顶点，4 个 3 度顶点共占去 16 度．还剩下 6 度，其余顶点的度数若全是 2，还需要 3 个顶点，所以 G 中至少有 $1+4+3=8$ 个顶点．

(3) 对于任意的 $v_i \in V(D)$，均有

$$d(v_i) = d^{+}(v_i) + d^{-}(v_i).$$

因而，$d^{-}(v_i)=d(v_i)-d^{+}(v_i)$，容易算出入度列为 2,1,1,1,2.

定义 7.4　在无向图中，关联一对顶点的无向边如果多于 1 条，称这些边为**平行边**，平行边的条数称为**重数**．

在有向图中，关联一对顶点的有向边如果多于 1 条并且它们的方向相同，则称这些边为**有向平行边**，简称**平行边**．

含平行边的图称为**多重图**．既不含平行边也不含环的图称为**简单图**．

易知，n 阶简单无向图的 $\Delta \leqslant n-1$.

图 7.1(1)中，e_1 与 e_2 是平行边，该图既有平行边，又有环，当然不是简单图．图 7.1(2)中，

e_1 与 e_7 是平行边,但 e_5 与 e_6 不是平行边(它们的方向不同). 当然它也不是简单图. 图 7.2(1)是既无平行边也无环的图,因而它是简单图. 图 7.2(2)也不是简单图(因为它含环).

定义 7.5 设 $G=\langle V,E\rangle$ 是 n 阶无向简单图. 若 G 中的任何顶点都与其余的 $n-1$ 个顶点相邻,则称 G 为 n 阶**无向完全图**,记作 K_n.

设 $D=\langle V,E\rangle$ 是 n 阶有向简单图. 若对于任意的顶点 $u,v\in V(u\neq v)$,既有 $\langle u,v\rangle\in E$,又有 $\langle v,u\rangle\in E$,则称 D 是 n 阶**有向完全图**.

图 7.3 中,(1),(2)分别是无向完全图 K_3 和 K_5,(3)是 3 阶有向完全图.

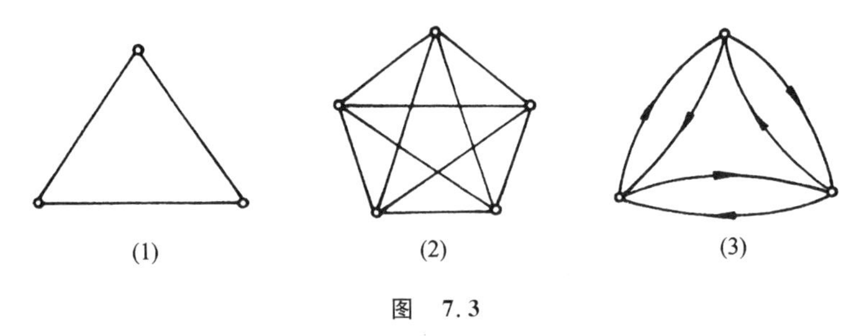

图 7.3

在无向完全图 K_n 中,边数 $m=C_n^2=\dfrac{n(n-1)}{2}$,在 n 阶有向完全图中,边数

$$m=2C_n^2=n(n-1).$$

定义 7.6 设 $G=\langle V,E\rangle$ 是无向简单图. 若 $\Delta(G)=\delta(G)=k$,即各顶点度数均等于 k,则称 G 为 k-**正则图**.

图 7.3 中,(1)为 2-正则图,(2)为 4-正则图. 其实,K_n 都是$(n-1)$-正则图. 请读者举出 5 阶 2-正则图,6 阶 3-正则图的例子.

由握手定理可知,n 阶 k-正则图的边数 $m=k\cdot n/2$.

定义 7.7 设 $G=\langle V,E\rangle$,$G'=\langle V',E'\rangle$ 是两个图(两图同为无向的,或同为有向的). 若 $V'\subseteq V$ 且 $E'\subseteq E$,则称 G' 是 G 的**子图**,G 是 G' 的**母图**,记作 $G'\subseteq G$;若 $G'\subseteq G$ 且 $G'\neq G$(即 $V'\subset V$ 或 $E'\subset E$),则称 G' 是 G 的**真子图**;若 $G'\subseteq G$,且 $V'=V$,则称 G' 是 G 的**生成子图**.

设 $\varnothing\neq V_1\subseteq V$,以 V_1 为顶点集,以两个端点均在 V_1 中的全体边为边集的 G 的子图,称为 V_1 导出的**导出子图**,记作 $G[V_1]$.

设 $\varnothing\neq E_1\subseteq E$,以 E_1 为边集,以 E_1 中的边关联的顶点的全体为顶点集的 G 的子图,称为 E_1 导出的**导出子图**,记作 $G[E_1]$.

在图 7.4 中,(1),(2),(3)都是(1)的子图,其中(2),(3)是真子图. (1),(3)是(1)的生成

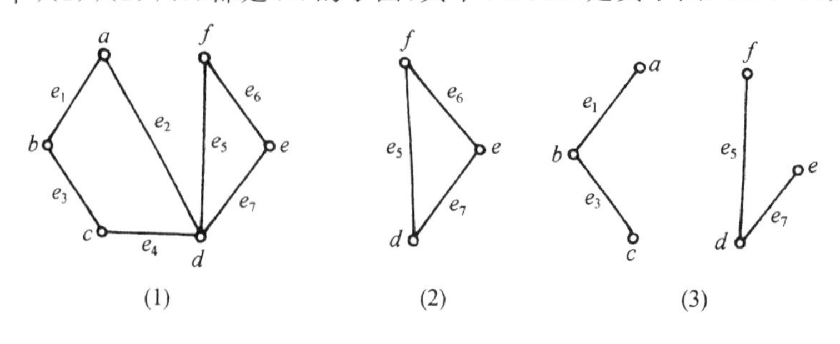

图 7.4

子图.(2)既可以看成 $V_1=\{d,e,f\}$ 的导出子图 $G[V_1]$，也可以看成 $E_1=\{e_5,e_6,e_7\}$ 的导出子图$G[E_1]$.(3)又可看成 $E_2=\{e_1,e_3,e_5,e_7\}$ 导出的子图 $G[E_2]$.

定义 7.8　设 $G=\langle V,E\rangle$ 是 n 阶无向简单图.以 V 为顶点集，以 K_n 中所有不在 G 中的边组成的集合为边集的图，称为 G 相对于 K_n 的补图，简称为 G 的**补图**，记作 $\overline{G}$.

在图 7.5 中，(2)是(1)的补图，当然(1)也是 2 的补图.显然，K_n 的补图为 n 阶零图，反之亦然.

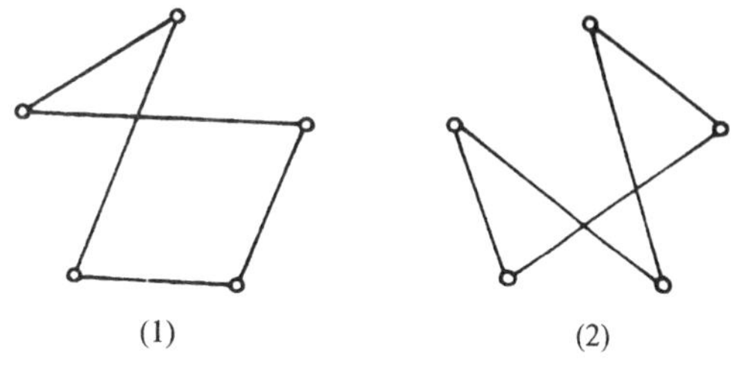

图　7.5

图是描述事物之间关系的手段，在画图时，由于对顶点的位置及边的曲、直都没有什么规定，因而根据同一个事物之间的关系可能画出不同形状的图来，这就引出了图同构的概念.

定义 7.9　设 $G_1=\langle V_1,E_1\rangle$，$G_2=\langle V_2,E_2\rangle$ 为两个无向图.若存在双射函数 $f: V_1\to V_2$，使得对于任意的 $v_i,v_j\in V_1$，$e=(v_i,v_j)\in E_1$ 当且仅当 $e'=(f(v_i),f(v_j))\in E_2$，且 e 与 e'的重数相同，则称 G_1 与 G_2 **同构**，记作 $G_1\cong G_2$.

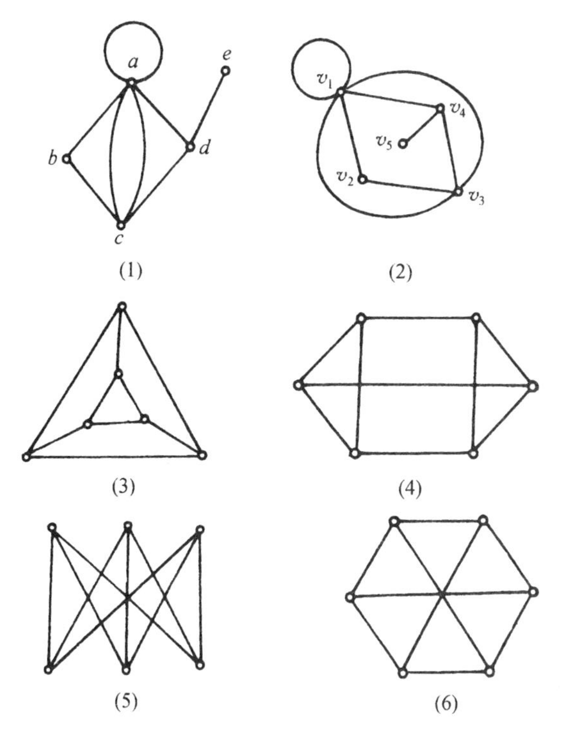

图　7.6

类似地可定义两个有向图之间同构的概念，只是应该注意有向边的方向.

从定义不难看出，图之间的同构关系是等价关系.若 $G_1=\langle V_1,E_1\rangle$，$G_2=\langle V_2,E_2\rangle$同构，则必有$|V_1|=|V_2|$，$|E_1|=|E_2|$，若它们都是标定图，可调整一个图的顶点次序，使 G_1 与 G_2 有相同的度数列.我们还可以找出同构的两个图所应满足的许多必要条件，但这些条件不是充分的.到目前为止，还没有找到判断两个图是否同构的简便方法，只能对一些阶数较小的图根据定义进行判别.另外可用破坏必要条件的方法判断某些图之间不是同构的.

在图 7.6 中，(1)$\cong$(2)，(3)$\cong$(4)，(5)$\cong$(6).在(1)，(2)中，设 $f: V_1\to V_2$，v_1,v_2,v_3,v_4,v_5 分别为 a,b,c,d,e 的像，可简记为$a\leftrightarrow v_1$，$b\leftrightarrow v_2$，$c\leftrightarrow v_3$，$d\leftrightarrow v_4$，$e\leftrightarrow v_5$.可验证，在这个映射下，保持边与顶点之间的关联关系，所以(1)$\cong$(2)；类似可证(3)$\cong$(4)，(5)$\cong$(6).但(3)不同构于(5)，想一想，为什么？

【例 7.2】　(1) 画出 4 阶 3 条边的所有非同构的无向简单图.

(2) 画出 3 阶 2 条边的所有非同构的有向简单图.

(3) 画出 2 个 6 阶非同构的 2-正则图.

解　(1) 直观上容易看出，4 阶 3 条边的非同构的简单图只有 3 个，如图 7.7 中(1)，(2)，(3)所示.它们都是 K_4 的子图，度数列分别为 1,2,2,1;1,1,1,3;2,2,2,0.

(2) 由有向简单图的定义，容易画出 3 阶 2 条边的非同构的有向简单图，它们如图 7.7 中

(4)～(7)所示.

(3) 图7.7中,(8),(9)均为6阶2-正则图,它们显然是非同构的.

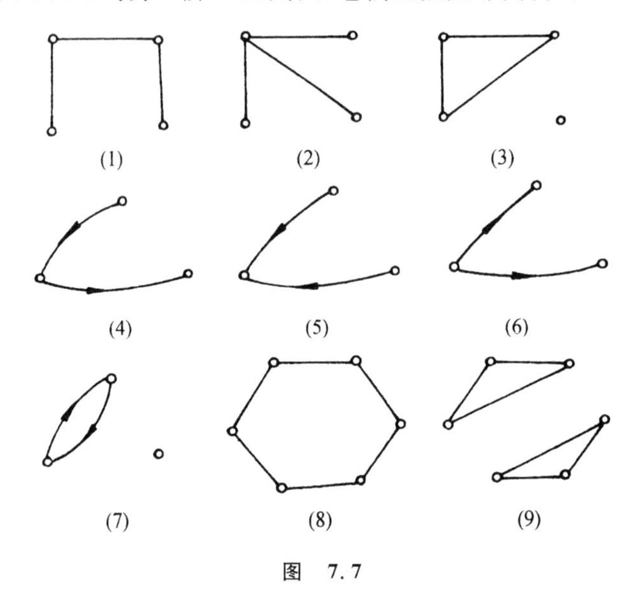

图 7.7

7.2 通路、回路、图的连通性

通路与回路是图论中的两个重要而又基本的概念,本节将给出这两个概念.本节中所给出的定义一般说来既适合无向图,又适合有向图,否则将加以说明或重新给出关于有向图所涉及的定义.

定义 7.10 给定图 $G=\langle V,E\rangle$.设 G 中顶点和边的交替序列为 $\Gamma=v_0e_1v_1e_2\cdots e_lv_l$.

若 Γ 满足如下条件:v_{i-1} 和 v_i 是 e_i 的端点(G 为有向图时,要求 v_{i-1} 是 e_i 的始点,v_i 是 e_i 的终点),$i=1,2,\cdots,l$,则称 Γ 为 v_0 到 v_l 的**通路**.v_0,v_l 分别称为此通路的**始点**和**终点**.Γ 中所含边的数目 l 称为 Γ 的**长度**.当 $v_0=v_l$ 时,称通路为**回路**.

若通路中所有边互不相同,则称为**简单通路**.若回路中的所有边互不相同,则称为**简单回路**.

若通路中的所有顶点互不相同(从而所有边也互不相同),则称为**初级通路**或**路径**.若回路中的所有顶点除始点和终点外均互不相同,并且所有边也互不相同,则称为**初级回路**或**圈**.

有边重复出现的通路称为**复杂通路**,有边重复出现的回路称为**复杂回路**.

在图7.8中,给出了通路,回路的示意图.(1)为 v_0 到 v_4 的长度为4的初级通路(路径),当然它也是简单通路.(3)为 v_0 到 v_8 的长度为8的简单通路,但它不是初级的.(5)为 v_0 到 $v_5(=v_0)$ 的长度为5的初级回路(圈),当然它也是简单回路.(7)为 v_0 到 $v_8(=v_0)$ 长度为8的简单回路,但不是初级回路.(2),(4),(6),(8)分别为有向图中的初级通路、简单通路、初级回路、简单回路的示意图.在有向图的通路或回路中,要注意边上箭头的方向.

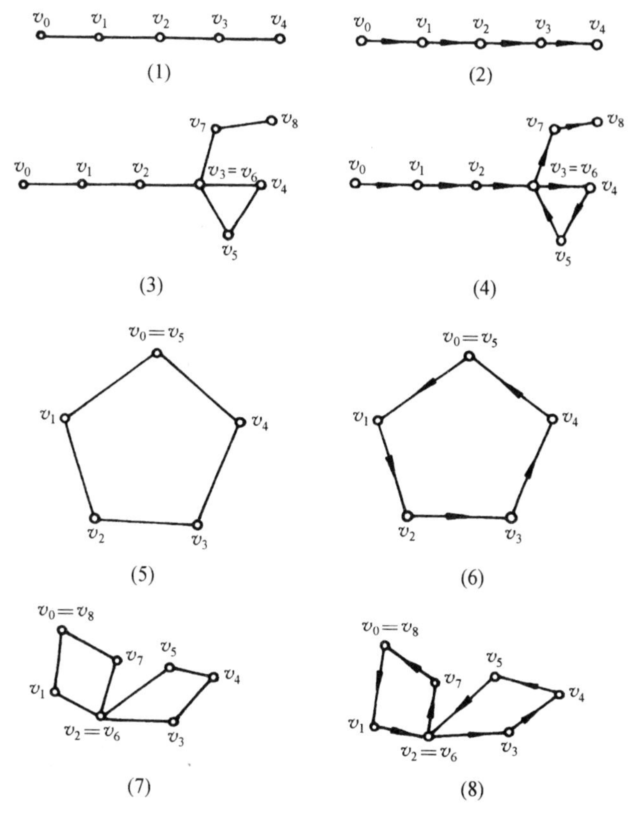

图　7.8

在无向图中，长度为 1 和 2 的初级回路分别由环和两条平行边构成. 一条边来回各走一次，得到一条长度为 2 的复杂回路. 在无向简单图中，若有初级回路，则长度$\geqslant 3$. 在有向图中，长度为 1 的初级回路由环构成，在有向简单图中，若有初级回路，则长度$\geqslant 2$.

在通路与回路的定义中，是用顶点和边的交替序列来定义的. 在应用中，常常只用边的序列表示通路与回路，即将 $\Gamma=v_0e_1v_1\cdots e_lv_l$ 表成 $\Gamma=e_1e_2\cdots e_l$. 对于简单图来说，也可以只用顶点的序列表示通路与回路，将 Γ 表成 $v_0v_1\cdots v_l$.

定理 7.3　在 n 阶图中，若从顶点 u 到 $v(u\neq v)$ 存在通路，则从 u 到 v 存在初级通路，且长度小于等于 $n-1$.

证　设 $\Gamma=v_0e_1v_1\cdots e_lv_l(v_0=u,\ v_l=v)$ 为 u 到 v 的通路，若 Γ 上无重复出现的顶点，则 Γ 为初级通路；否则必存在 $t<s$，$v_t=v_s$，在 Γ 中去掉 v_t 到 v_s 的一段，所得通路仍为 u 到 v 的通路. 不妨仍记为 Γ_1. 若 Γ_1 上还有重复出现的顶点，就做同样的处理，直到无重复出现的顶点为止. 最后得到的通路是 u 到 v 的初级通路. 由于通路中的顶点都不相同，至多有 n 个，所以它的长度小于等于 $n-1$.

类似可证下面定理.

定理 7.4　在 n 阶图中，如果存在 v 到自身的简单回路，则从 v 到自身存在长度不超过 n 的初级回路.

定义 7.11　在无向图 G 中，若顶点 v_i 与 v_j 之间存在通路，则称 v_i 与 v_j 是**连通的**. 规定 v_i

与自身是连通的.

若无向图 G 是平凡图,或 G 中任二顶点都是连通的,则称 G 是**连通图**,否则称 G 是**非连通图**.

设 $G=\langle V,E\rangle$ 为一无向图,设

$$R=\{\langle x,y\rangle \mid x,y\in V \text{ 且 } x \text{ 与 } y \text{ 连通}\},$$

则 R 是自反的,对称的,并且是传递的,因而 R 是 V 上的等价关系.设 R 将 V 划分为等价类 $V_1,V_2,\cdots,V_k$,称它们的导出子图 $G[V_1],G[V_2],\cdots,G[V_k]$ 为 G 的**连通分支**,其连通分支的个数记为 $p(G)$.若 G 是连通图,则 $p(G)=1$,若 G 是非连通图,则 $p(G)\geqslant 2$.

图 7.4 中,(1),(2)为连通图,(3)是具有两个连通分支的非连通图.n 阶零图有 n 个连通分支.

设 v_i,v_j 为无向图 G 中的任意两个顶点.若 v_i 与 v_j 是连通的,则称 v_i 与 v_j 之间长度最短的通路为 v_i 与 v_j 之间的**短程线**.短程线的长度称为 v_i 与 v_j 之间的**距离**,记作 $d(v_i,v_j)$.若 v_i 与 v_j 不连通,规定 $d(v_i,v_j)=\infty$.距离有如下性质:

1. $d(v_i,v_j)\geqslant 0$,并且当且仅当 $v_i=v_j$ 时,等号成立;
2. 满足三角不等式,即对于任意 3 个顶点 v_i,v_j,v_k,有
$$d(v_i,v_j)+d(v_j,v_k)\geqslant d(v_i,v_k);$$
3. $d(v_i,v_j)=d(v_j,v_i)$.

例如在图 7.4(1)中,$d(a,f)=2,d(b,e)=3$.

删除 G 中的一些顶点或删除一些边,常常可能破坏其连通性.所谓从 G 中删除顶点 v,是指从 G 中去掉 v 及其关联的一切边.从 G 中删除顶点集子集 V' 是指从 G 中删除 V' 中的所有顶点.用 $G-v$ 表示从 G 中删除 v,用 $G-V'$ 表示从 G 中删除 V'.

所谓从 G 中删除边 e,是指从 G 中去掉边 e,记作 $G-e$.删除边集的子集 E',是指从 G 中删除 E' 中所有边,记作 $G-E'$.

设图 G 为图 7.9 中(1)所示.则 $G-a$ 为(2)所示,$G-e$ 为(3)所示,$G-\{a,c\}$ 为(4)所示,$G-e_6$ 为(5)所示,$G-\{e_2,e_5\}$ 为(6)所示.

定义 7.12 设无向图 $G=\langle V,E\rangle$.若 $V'\subset V$ 使得 $p(G-V')>p(G)$,且对于任意的 $V''\subset V'$,均有 $p(G-V'')=p(G)$,则称 V' 是 G 的**点割集**.若点割集中只有一个顶点,则称该顶点为**割点**.

若 $E'\subseteq E$ 使得 $p(G-E')>p(G)$,且对于任意的 $E''\subset E'$,均有 $p(G-E'')=p(G)$,则称 E' 是 G 的**边割集**,简称**割集**.若边割集中只有一条边,则称该边为**割边**或**桥**.

图 7.9(1)中,$\{e\},\{a,c\},\{a,d\}$ 等都是点割集,其中 e 是割点.而 $\{a\},\{b,e\},\{a,c,d\}$ 等都不是点割集.$\{e_6\},\{e_1,e_5\},\{e_1,e_3\}$ 等都是边割集,其中 e_6 是桥.而 $\{e_1,e_6\},\{e_2,e_3,e_4\}$ 等都不是边割集.

从定义可以看出以下几点:

1. 完全图 K_n 无点割集,因为从 K_n 中删除 $k(k\leqslant n-1)$ 个顶点后,所得图仍然是连通的.
2. n 阶零图既无点割集,也无边割集.
3. 若 G 是连通图,E' 为 G 的边割集,则 $p(G-E')=2$.
4. 若 G 是连通图,V' 是 G 的点割集,则 $p(G-V')\geqslant 2$.

对一个连通图来说,若它存在点割集和边割集,就可以用含元素个数最少的点割集和边割

集来刻画它的连通程度.

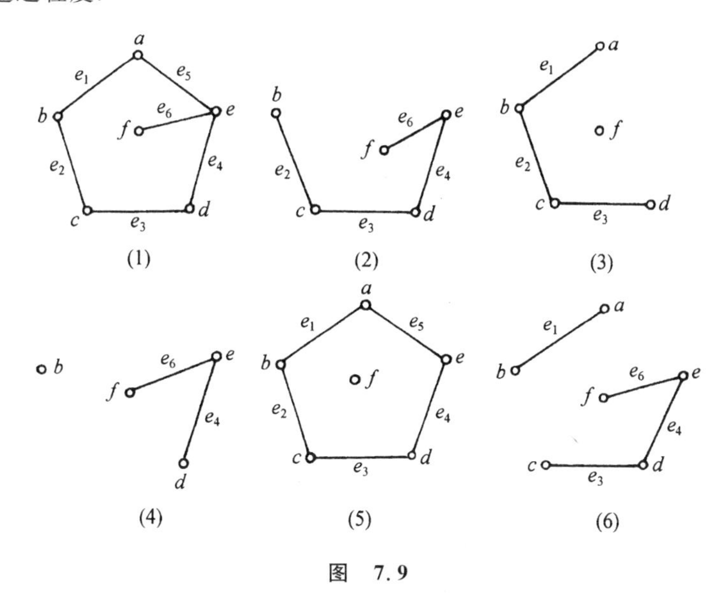

图 7.9

定义 7.13 设 G 为一个无向连通图,称

$$\kappa(G)=\min\{|V'|\mid V'\text{是 }G\text{ 的点割集或 }V'\text{使 }G-V'\text{成为平凡图}\}$$

为 G 的**点连通度**,称

$$\lambda(G)=\min\{|E'|\mid E'\text{是 }G\text{ 的边割集}\}$$

为 G 的**边连通度**.

规定无向非连通图的点连通度和边连通度都为 0.

从定义可以看出以下几点:

1. 若 G 是平凡图,它既没有点割集也没有边割集,所以 $\kappa(G)=\lambda(G)=0$.

2. 若 G 是完全图 K_n,由于 G 无点割集,当删除 $n-1$ 个顶点后,G 成为平凡图,所以 $\kappa(G)=n-1$.

3. 若 G 中存在割点,则 $\kappa(G)=1$;若 G 中存在割边(桥),则 $\lambda(G)=1$.

在图 7.6 中,(1),(2)两图中既有割点又有桥,因而 κ 与 λ 都是 1.(3)~(6)的 κ 与 λ 都是 3.

对于任何图 G 来说,它的点连通度 κ,边连通度 λ 与最小度 δ 有如下关系.

定理 7.5 对于任何无向图 G,有

$$\kappa(G)\leqslant\lambda(G)\leqslant\delta(G).$$

本定理的证明略.

以上讨论了无向图的连通性的概念及连通度,下面介绍有向图连通性的概念.

定义 7.14 设 $D=\langle V,E\rangle$ 为一有向图,v_i,v_j 为 D 中两个顶点.若从 v_i 到 v_j 有通路,则称 v_i **可达** v_j.规定 v_i 到自身总是可达的.若 v_i 可达 v_j,v_j 也可达 v_i,则称 v_i 与 v_j 是**相互可达**的.v_i 与自身是相互可达的.

同无向图的情况类似,若 v_i 可达 v_j,则称 v_i 到 v_j 长度最短的通路为 v_i 到 v_j 的**短程线**,短程线的长度称为 v_i 到 v_j 的**距离**,记作 $d\langle v_i,v_j\rangle$.若 v_i 不可达 v_j,规定 $d\langle v_i,v_j\rangle=\infty$.

在图 7.8(4)中,$d\langle v_0,v_7\rangle=4$,$d\langle v_7,v_0\rangle=\infty$.

$d\langle v_i,v_j\rangle$与$d(v_i,v_j)$类似,有下述性质:

(1) $d\langle v_i,v_j\rangle \geqslant 0$,并且当且仅当$v_i=v_j$时,$d\langle v_i,v_j\rangle=0$;

(2) 满足三角不等式,即对任意的v_i,v_j,v_k有

$$d\langle v_i,v_j\rangle+d\langle v_j,v_k\rangle \geqslant d\langle v_i,v_k\rangle$$

但是,$d\langle v_i,v_j\rangle$没有对称性,即不一定有$d\langle v_i,v_j\rangle=d\langle v_j,v_i\rangle$.

下面给有向图的连通性下定义.

定义 7.15 设D为一有向图.如果略去D中各边的方向所得无向图是连通图,则称D是**弱连通图**或**连通图**.若D中任意2个顶点至少一个可达另一个,则称D是**单向连通图**.若D中任意2个顶点都是相互可达的,则称D是**强连通图**.

一个有向图是强连通的,它一定是单向连通的;若D是单向连通的,它必为弱连通的.但反之都不真.

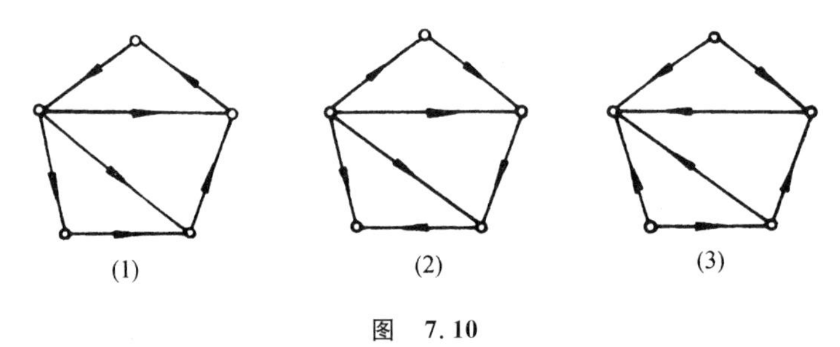

图 7.10

可用下面方法来判断一个有向图是否为强连通的和是否为单向连通的.

判别法 1. 有向图D是强连通的当且仅当D中存在经过每个顶点至少一次的回路.

判别法 2. 有向图D是单向连通的当且仅当D中存在经过每个顶点至少一次的通路.

在图7.10中,(1)的外圈是一条回路,它经过所有的顶点,故(1)是强连通的.(2)的外圈除去左边向下的一条边后是一条经过所有顶点的通路,故(2)是单向连通的.注意到它有一个入度为0的顶点和一个出度为0的顶点,不存在经过这两个顶点的回路,当然也不存在经过所有顶点的回路,所以它不是强连通的.(3)中有2个入度为0的顶点,不存在经过所有顶点的通路,故不是单向连通的,更不是强连通的.但不难看出它是弱连通的.实际上,这3个图都很简单,不使用判别法也能看出它们的连通性.

7.3 图的矩阵表示

一个图可以用集合来表示,也可以用图形来表示,还可以用矩阵来表示.用矩阵表示便于用代数方法来研究图的性质,也便于用计算机来处理图.用矩阵表示图,必须将图的顶点和边编号.在本节中,主要讨论图的关联矩阵,有向图的邻接矩阵和可达矩阵.

1. 无向图的关联矩阵

设无向图$G=\langle V,E\rangle$,$V=\{v_1,v_2,\cdots,v_n\}$,$E=\{e_1,e_2,\cdots,e_m\}$,令m_{ij}为顶点v_i与边e_j的关联次数,则称$(m_{ij})_{n\times m}$为G的**关联矩阵**,记作$M(G)$.

m_{ij}的可能取值有3种:0(v_i与e_j不关联),1(v_i与e_j关联次数为1),2(v_i与e_j关联次数为2,即e_j是以v_i为端点的环).

【例 7.3】 求图 7.11 所示无向图的关联矩阵.

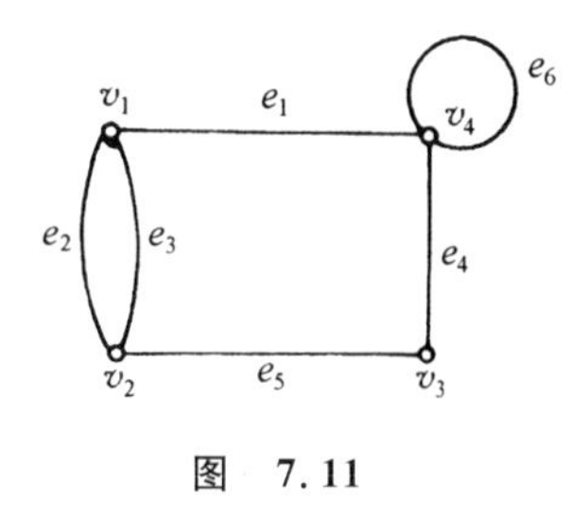

图　7.11

解　设图 7.11 所示图为 G,它的关联矩阵为

$$M(G)=\begin{bmatrix}1&1&1&0&0&0\\0&1&1&0&1&0\\0&0&0&1&1&0\\1&0&0&1&0&2\end{bmatrix}.$$

$M(G)$有如下性质:

(1) $\sum\limits_{i=1}^{n}m_{ij}=2(j=1,2,\cdots,m)$,即 $M(G)$ 各列元素之和为 2,这是因为每条边关联两个顶点(环关联的两个顶点重合).

(2) $\sum\limits_{j=1}^{m}m_{ij}=d(v_i)$,即 $M(G)$ 第 i 行元素之和为 v_i 的度数,$i=1,2,\cdots,n$.

(3) $\sum\limits_{i=1}^{n}\sum\limits_{j=1}^{m}m_{ij}=\sum\limits_{j=1}^{m}\sum\limits_{i=1}^{n}m_{ij}=\sum\limits_{j=1}^{m}2=2m$,即所有元素之和等于边数的 2 倍. 注意到,$\sum\limits_{i=1}^{n}d(v_i)=\sum\limits_{i=1}^{n}\sum\limits_{j=1}^{m}m_{ij}$,这正是握手定理——各顶点度数之和等于边数的 2 倍.

(4) 第 j 列与第 k 列相同,当且仅当 e_j 与 e_k 是平行边.

(5) $\sum\limits_{j=1}^{m}m_{ij}=0$,当且仅当顶点 v_i 为孤立点.

2. 有向无环图的关联矩阵

设 $D=\langle V,E\rangle$,$V=\{v_1,v_2,\cdots,v_n\}$,$E=\{e_1,e_2,\cdots,e_m\}$. 令

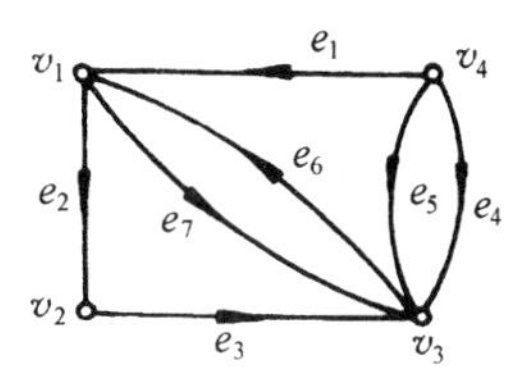

图　7.12

$$m_{ij}=\begin{cases}1, & v_i \text{ 为 } e_j \text{ 的始点},\\0, & v_i \text{ 与 } e_j \text{ 不关联},\\-1, & v_i \text{ 是 } e_j \text{ 的终点},\end{cases}$$

则称$(m_{ij})_{n\times m}$为 D 的**关联矩阵**,记作 $M(D)$.

【例 7.4】 求图 7.12 所示有向无环图 D 的关联矩阵.

解

$$M(D)=\begin{bmatrix}-1&1&0&0&0&-1&1\\0&-1&1&0&0&0&0\\0&0&-1&-1&-1&1&-1\\1&0&0&1&1&0&0\end{bmatrix}.$$

容易看出 $M(D)$有如下性质:

(1) $\sum\limits_{i=1}^{n}m_{ij}=0(j=1,2,\cdots,m)$,从而$\sum\limits_{j=1}^{m}\sum\limits_{i=1}^{n}m_{ij}=0$,即 $M(D)$ 中所有元素之和为 0.

(2) 第 i 行中 1 的个数等于 v_i 的出度,第 i 行中-1 的个数等于 v_i 的入度,$i=1,2,\cdots,n$.

3. 有向图的邻接矩阵

设有向图 $D=\langle V,E\rangle$,$V=\{v_1,v_2,\cdots,v_n\}$,$|E|=m$. 令 $a_{ij}^{(1)}$ 为顶点 v_i 邻接到顶点 v_j 的边的条数,称$(a_{ij}^{(1)})_{n\times n}$为 D 的**邻接矩阵**,记作 $A(D)$.

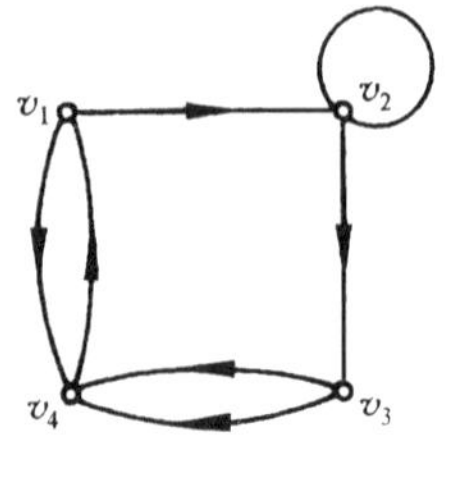

图 7.13

【例 7.5】 求图 7.13 所示有向图 D 的邻接矩阵.

解

$$A(D)=\begin{bmatrix}0&1&0&1\\0&1&1&0\\0&0&0&2\\1&0&0&0\end{bmatrix}.$$

邻接矩阵 $A(D)$ 有如下性质：

(1) $\sum_{j=1}^{n}a_{ij}^{(1)}=d^{+}(v_i)$,即第 i 行元素之和为 v_i 的出度,$i=1,2,\cdots,n$.

(2) $\sum_{i=1}^{n}a_{ij}^{(1)}=d^{-}(v_j)$,即第 j 列元素之和为 v_j 的入度,$j=1,2,\cdots,n$.

设有向图 D 的邻接矩阵 $A=(a_{ij}^{(1)})$,一条边是一条长度为 1 的通路,一个环是一条长度为 1 的回路,因而 $a_{ij}^{(1)}$ 是从 v_i 到 v_j 长度为 1 的通路数. 当 $i=j$ 时,$a_{ii}^{(1)}$ 是从 v_i 到自身长度为 1 的回路数. 这里把回路看作通路的特殊情况. v_i 到 v_j 长度为 2 的通路是由 v_i 到某个 v_k 长度为 1 的通路连接 v_k 到 v_j 的一条边而成,其条数为 $\sum_{k=1}^{n}a_{ik}^{(1)}a_{kj}^{(1)}$. 这恰好是 $A^2=(a_{ij}^{(2)})$的元素. 一般地,记 $A^l=(a_{ij}^{(l)})$,要证 v_i 到 v_j 长度为 l 的通路数等于 $a_{ij}^{(l)}$. 归纳证明如下：前面已经说明当 $l=1$ 时结论成立. 假设当 $l-1$ 时结论成立. v_i 到 v_j 长度为 l 的通路是由 v_i 到某个 v_k 长度为 $l-1$ 的通路连接 v_k 到 v_j 的一条边而成,其条数为 $\sum_{k=1}^{n}a_{ik}^{(l-1)}a_{kj}^{(1)}$, 这恰好是 $a_{ij}^{(l)}$. 得证结论当 l 时也成立.

于是,得到下述定理和推论.

定理 7.6 设 A 为有向图 D 的邻接矩阵,$V=\{v_1,v_2,\cdots,v_n\}$为 D 的顶点集,则 $A^l(l\geqslant 1)$ 中元素 $a_{ij}^{(l)}$ 为 v_i 到 v_j 长度为 l 的通路数,$\sum_{i,j}a_{ij}^{(l)}$ 为 D 中长度为 l 的通路总数,其中 $\sum_{i}a_{ii}^{(l)}$ 为 D 中长度为 l 的回路数.

推论 设 $B_l=A+A^2+\cdots+A^l(l\geqslant 1)$,则 B_l 中元素 $b_{ij}^{(l)}$ 为 D 中 v_i 到 v_j 长度小于等于 l 的通路数,$\sum_{i,j}b_{ij}^{(l)}$ 为 D 中长度小于等于 l 的通路总数,其中 $\sum_{i}b_{ii}^{(l)}$ 为 D 中长度小于等于 l 的回路总数.

计算图 7.13 中有向图的邻接矩阵的各次幂,

$$A^2=\begin{bmatrix}1&1&1&0\\0&1&1&2\\2&0&0&0\\0&1&0&1\end{bmatrix}\quad A^3=\begin{bmatrix}0&2&1&3\\2&1&1&2\\0&2&0&2\\1&1&1&1\end{bmatrix}\quad A^4=\begin{bmatrix}3&2&2&2\\2&3&1&4\\2&2&2&0\\0&2&1&3\end{bmatrix}$$

根据定理 7.6,v_1 到 v_4 长度为 2 的通路数是 $a_{14}^{(2)}=0$,长度为 3 的通路数是 $a_{14}^{(3)}=3$,长度为 4 的通路数是 $a_{14}^{(4)}=2$. v_1 到自身长度为 2 的回路数是 $a_{11}^{(2)}=1$,长度为 3 的回路数是 $a_{11}^{(3)}=0$,长度为 4 的回路数是 $a_{11}^{(4)}=3$. 图中长度为 4 的通路共有 $\sum_{i=1}^{4}\sum_{j=1}^{4}a_{ij}^{(4)}=31$ 条,其中有 $\sum_{i=1}^{4}a_{ii}^{(4)}=11$ 条

是回路.

最后要说明的是，这里的通路和回路可以是复杂通路和复杂回路，而且是在定义意义下计算通路数和回路数. 所谓定义意义下的意思是，按照通路和回路的定义，只要顶点或边的排列顺序不同就认为是不同的通路和回路. 如，认为 $v_0e_1v_1e_2v_2e_3v_0$，$v_1e_2v_2e_3v_0e_1v_1$，$v_2e_3v_0e_1v_1e_2v_2$ 是 3 条回路. 但在图形上，它们是同一条回路.

4. 有向图的可达矩阵

设 $D=\langle V,E\rangle$ 为一有向图，$V=\{v_1,v_2,\cdots,v_n\}$. 令

$$p_{ij}=\begin{cases}1, & v_i \text{ 可达 } v_j,\\ 0, & \text{否则},\end{cases}\quad i\neq j.$$

$$p_{ii}=1,\quad i=1,2,\cdots,n.$$

称 $(p_{ij})_{n\times n}$ 为 D 的**可达矩阵**，记作 $P(D)$，简记为 P. 图 7.13 中的有向图 D 是强连通的，因而任何两个顶点都是相互可达的，所以它的可达矩阵的全体元素均为 1. 即

$$P=\begin{bmatrix}1&1&1&1\\1&1&1&1\\1&1&1&1\\1&1&1&1\end{bmatrix}.$$

任何有向图的可达矩阵主对角线上的元素全为 1.

7.4　例题分析

【例 7.6】　给定下列6个图：

$G_1=\langle V_1,E_1\rangle$，其中 $V_1=\{a,b,c,d,e\}$，$E_1=\{(a,b),(b,c),(c,d),(a,e)\}$.

$G_2=\langle V_2,E_2\rangle$，其中 $V_2=V_1$，$E_2=\{(a,b),(b,e),(e,b),(a,e),(d,e)\}$.

$G_3=\langle V_3,E_3\rangle$，其中 $V_3=V_1$，$E_3=\{(a,b),(b,e),(e,d),(c,c)\}$.

$D_1=\langle V_4,E_4\rangle$，其中 $V_4=V_1$，$E_4=\{\langle a,b\rangle,\langle b,c\rangle,\langle c,a\rangle,\langle a,d\rangle,\langle d,a\rangle,\langle d,e\rangle\}$.

$D_2=\langle V_5,E_5\rangle$，其中 $V_5=V_1$，$E_5=\{\langle a,b\rangle,\langle b,a\rangle,\langle b,c\rangle,\langle c,d\rangle,\langle d,e\rangle,\langle e,a\rangle\}$.

$D_3=\langle V_6,E_6\rangle$，其中 $V_6=V_1$，$E_6=\{\langle a,a\rangle,\langle a,b\rangle,\langle b,c\rangle,\langle e,c\rangle,\langle e,d\rangle\}$.

回答下列问题：

(1) 哪几个是无向图？哪几个是有向图？

(2) 哪几个是简单图？

(3) 哪几个是多重图？

(4) 哪几个无向图是连通图？它们的点连通度与边连通度各为多少？

(5) $\Delta(G_2)$，$\delta(G_2)$，$\Delta(D_2)$，$\delta(D_2)$，$\Delta^+(D_2)$，$\delta^+(D_2)$，$\Delta^-(D_2)$，$\delta^-(D_2)$各为多少？

(6) 有向图中哪几个是强连通图？哪几个是单向连通图？哪几个是弱连通图？

(7) G_2 中有几种非同构的圈？D_2 中有几种非同构的初级回路？

(8) 写出 G_2 的关联矩阵.

(9) 写出 D_3 的邻接矩阵和可达矩阵.

解　先画出 6 个图的图形，图 7.14 中的 6 个图依次为 G_1，G_2，G_3，D_1，D_2，D_3.

(1) G_1，G_2，G_3 为无向图，D_1，D_2，D_3 为有向图.

(2) G_1,D_1,D_2 中既无平行边,也无环,因而它们均为简单图.

(3) 只有 G_2 中有平行边,其他各图中均无平行边,故只有 G_2 为多重图.

(4) 在无向图中,只有 G_1 是连通图,其余的都是非连通图. G_1 中 a,b,c 都是割点,因而 $\kappa(G_1)=1$. 又 G_1 中每条边都是桥,所以 $\lambda(G_1)=1$. 因为 G_2,G_3 都是非连通图,因而它们的点连通度与边连通度都是 0.

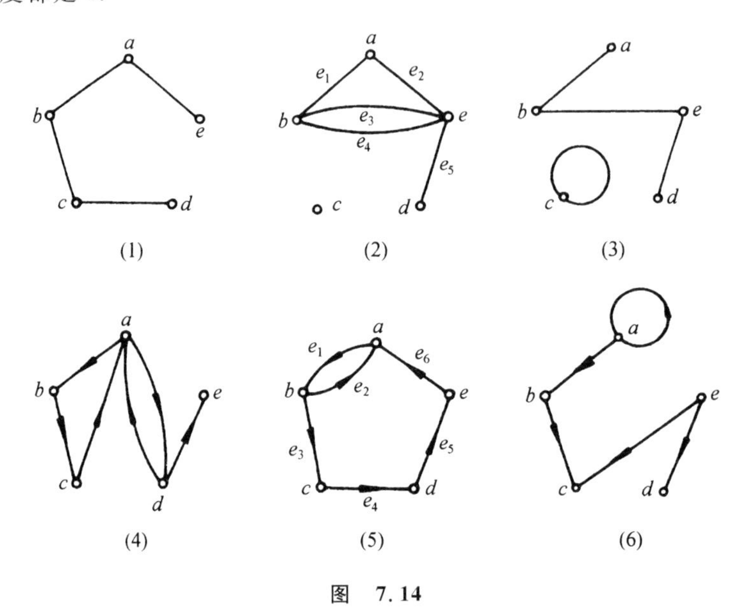

图 7.14

(5) 易知,$\Delta(G_2)=4$,$\delta(G_2)=0$,$\Delta(D_2)=3$,$\delta(D_2)=2$.

$\Delta^+(D_2)=\max\{d^+(a),d^+(b),d^+(c),d^+(d),d^+(e)\}=\max\{1,2,1,1,1\}=2$,

$\delta^+(D_2)=\min\{1,2,1,1,1\}=1$,

$\Delta^-(D_2)=\max\{d^-(a),d^-(b),d^-(c),d^-(d),d^-(e)\}=\max\{2,1,1,1,1\}=2$,

$\delta^-(D_2)=\min\{2,1,1,1,1\}=1$.

(6) D_1 中存在经过每个顶点至少一次的通路 $abcade$,但无经过每个顶点的回路,所以 D_1 是单向连通图,当然也是弱连通图,但不是强连通图. D_2 中存在经过每个顶点至少一次的回路 $abcdea$,所以 D_2 是强连通图,当然也是单向连通图和弱连通图. D_3 显然是弱连通的,而 c 与 d 相互不可达,所以不是单向连通图,更不是强连通图.

(7) G_2 中所有圈不是长为 2 就是长为 3. 无论始、终点如何,长为 2 的圈均同构,当然长为 3 的圈均同构. 于是 G_2 中有两种非同构的圈. 类似地,D_2 中也只有两种非同构的初级回路,一种长为 2,另一种长为 5.

(8) G_2 中顶点按字母顺序排序,边已排好了顺序. G_2 的关联矩阵为

$$M(G_2)=\begin{bmatrix}1&1&0&0&0\\1&0&1&1&0\\0&0&0&0&0\\0&0&0&0&1\\0&1&1&1&1\end{bmatrix}.$$

(9) D_3 中顶点按字母顺序排序,由邻接矩阵、可达矩阵的定义,可知:

$$A(D_3)=\begin{bmatrix}1&1&0&0&0\\0&0&1&0&0\\0&0&0&0&0\\0&0&0&0&0\\0&0&1&1&0\end{bmatrix},\quad P(D_3)=\begin{bmatrix}1&1&1&0&0\\0&1&1&0&0\\0&0&1&0&0\\0&0&0&1&0\\0&0&1&1&1\end{bmatrix}.$$

【例 7.7】 给定下列4组数:

(a) 1,1,2,2,2;　　　　(b) 1,1,2,2,3;

(c) 2,3,3,4;　　　　(d) 1,3,3,3.

(1) 哪些能成为无向图的度数列?

(2) 哪些能成为无向简单图的度数列?

解

(1) (b)有奇数个奇点,不能构成无向图度数列外,其余的都能.图 7.15 中,(1),(2),(3)分别以(a),(c),(d)为度数列.

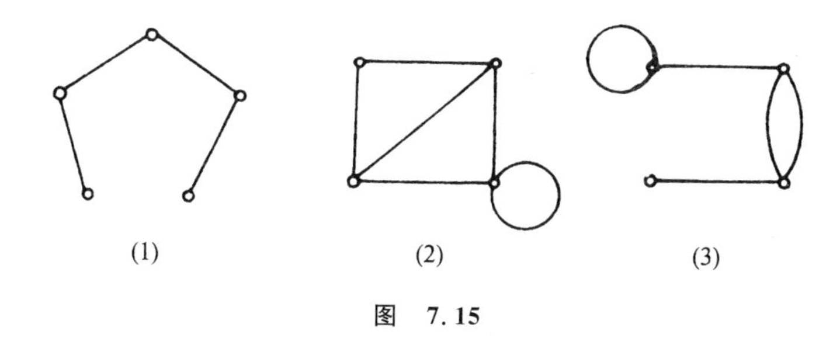

图　7.15

(2) 只有(a)能成为简单图度数列,如图 7.15(1)所示.(c),(d)不能,图 7.15(2)和(3)不是简单图.证明如下:

n 阶简单图中的一顶点 v 至多与其余$(n-1)$个顶点均相邻.于是最大度 $\Delta\leqslant n-1$.(c)中有 4 个数,故图的顶点数为 4.而最大的数为 4,等于顶点数,所以不能成为简单图度数列.

(d)也不能成为简单图度数列.用反证法,假若存在 4 阶简单图以 1,3,3,3 为度数列,不妨设 4 个顶点分别为 v_1,v_2,v_3,v_4,并设 $d(v_1)=1$,其余 3 个顶点的度数为 3.这样 v_1 只能与 v_2,v_3,v_4 中的一个相邻,设为 v_2.于是 v_3,v_4 均不与 v_1 相邻,因而 v_3,v_4 的度数至多为 2,矛盾.

【例 7.8】 已知一个无向图 G 中有 10 条边,2 个 2 度顶点,2 个 3 度顶点,1 个 4 度顶点,其余顶点的度数都是 1,问 G 中有几个 1 度顶点?

解　设 G 有 x 个 1 度顶点,由握手定理可知,$\sum d(v_i)=2m=20$.于是

$$20=2\times2+2\times3+1\times4+x\cdot1.$$

解这个方程得 $x=6$,即 G 中有 6 个 1 度顶点.

【例 7.9】 设 G 为 9 阶无向图,G 的每个顶点的度数不是 5 就是 6.证明 G 中至少有 5 个 6 度顶点或至少有 6 个 5 度顶点.

证　用反证法.假设 G 中至多有 4 个 6 度顶点并且至多有 5 个 5 度顶点.由握手定理的推论可知,不可能有 5 个 5 度顶点,因而 G 中至多有 4 个 5 度顶点.于是 G 中至多有 $4+4=8$ 个顶点,这与 G 为 9 阶图矛盾.

本题是握手定理推论的应用.

【例 7.10】 画出 K_4 的所有非同构的子图,并指出其中哪些是生成子图以及生成子图的补图.

解 图 7.16 中,给出了 K_4 的所有非同构的子图,图中的 n 为顶点数,m 为边数. K_4 的所有非同构的子图共有 18 个. 其中,⑧～⑱为生成子图,⑧与⑭互为补图,⑨与⑬互为补图,⑩与⑰互为补图,⑪与⑯互为补图,⑫与⑮互为补图,⑱的补图为它自己. 注意,这里所谈补图是在同构的意义下. 比如说,⑪与⑯互为补图,是说⑪的补图与⑯同构,⑯的补图与⑪同构.

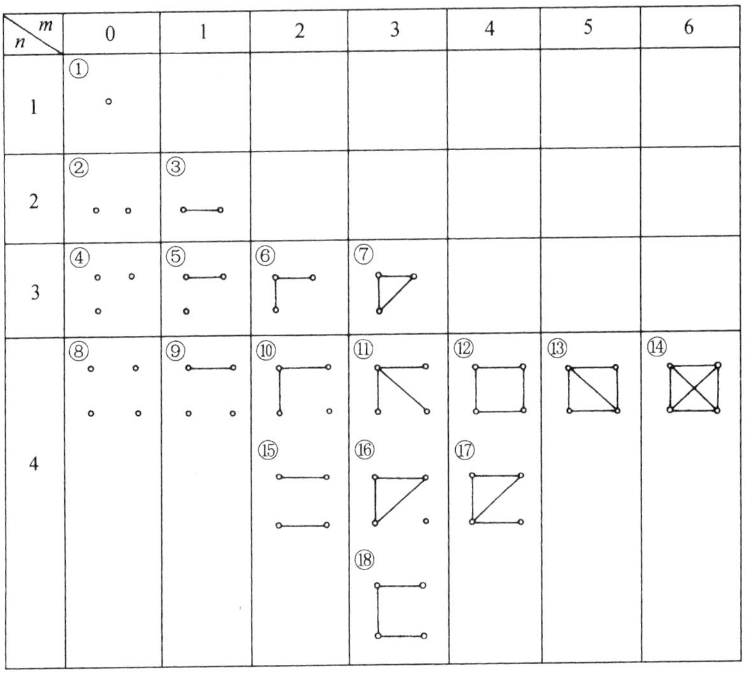

n \ m	0	1	2	3	4	5	6
1	①						
2	②	③					
3	④	⑤	⑥	⑦			
4	⑧	⑨	⑩ ⑮	⑪ ⑯ ⑱	⑫ ⑰	⑬	⑭

图 7.16

【例 7.11】 在图 7.17 所示无向图中,回答下列各问:

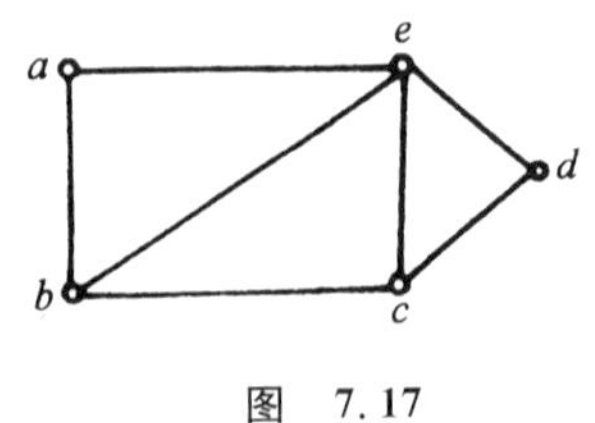

图 7.17

(1) a,d 之间有多少条不同的初级通路? 请考虑定义意义下和同构意义下两种情况.

(2) a,d 之间有几条短程线? 写出来.

(3) a,d 之间的距离为多少?

(4) 图中有多少种非同构的圈?

解 (1) 在定义意义下,a,d 之间不同顶点序列表示的通路认为是不同的. 在这个意义之下,a,d 之间有 7 条不同的通路: aed,$aecd$,$aebcd$,$abed$,$abcd$,$abecd$,$abced$. 在同构的意义下只有 3 条不同的初级通路,它们分别是长度为 2,3,4 的初级通路.

(2) 在 a,d 之间所有通路中,长度最短的通路是长度为 2 的通路,只有一条,即 aed,它是 a,d 之间唯一的短程线.

(3) a,d 之间的距离为 a,d 之间短程线的长度,$d(a,d)=2$.

(4) 图中非同构的圈,即长度不同的圈,有 3 种,分别是长度为 3,4,5 的初级回路(圈).

【例 7.12】 有向图 $D=\langle V,E\rangle$ 如图 7.18 所示，问：

(1) D 中 v_1 到 v_4 长度分别为 1,2,3,4 的通路各有多少条？

(2) D 中 v_1 到 v_4 长度小于等于 3 的通路有多少条？

(3) D 中 v_1 到自身长度为 1,2,3,4 的回路各有多少条？

(4) D 中 v_4 到自身长度小于等于 3 的回路有多少条？

(5) D 中长度等于 4 的通路(不含回路)有多少条？

(6) D 中长度等于 4 的回路有多少条？

(7) D 中长度小于等于 4 的通路有多少条？其中有多少条是回路？

(8) D 中各顶点之间的可达情况如何？

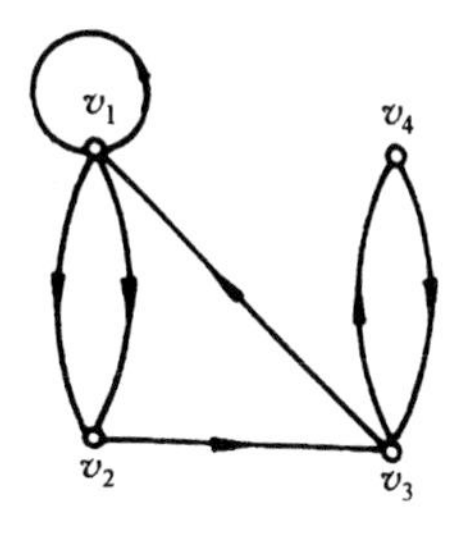

图 7.18

解 本题中所谈通路数与回路数都是在非同构意义下的.要回答以上各问题，光靠观察是不行的.需要使用定理 7.6 及其推论.现给出 D 的邻接矩阵 A，并计算 A 的 2 到 4 次幂以及 B_1 到 B_4 如下：

$$A=\begin{bmatrix}1&2&0&0\\0&0&1&0\\1&0&0&1\\0&0&1&0\end{bmatrix},\qquad A^2=\begin{bmatrix}1&2&2&0\\1&0&0&1\\1&2&1&0\\1&0&0&1\end{bmatrix},$$

$$A^3=\begin{bmatrix}3&2&2&2\\1&2&1&0\\2&2&2&1\\1&2&1&0\end{bmatrix},\qquad A^4=\begin{bmatrix}5&6&4&2\\2&2&2&1\\4&4&3&2\\2&2&2&1\end{bmatrix},$$

$$B_1=A,\qquad B_2=\begin{bmatrix}2&4&2&0\\1&0&1&1\\2&2&1&1\\1&0&1&1\end{bmatrix},$$

$$B_3=\begin{bmatrix}5&6&4&2\\2&2&2&1\\4&4&3&2\\2&2&2&1\end{bmatrix},\qquad B_4=\begin{bmatrix}10&12&8&4\\4&4&4&2\\8&8&6&4\\4&4&4&2\end{bmatrix}.$$

(1) $a_{14}^{(1)}=0,a_{14}^{(2)}=0,a_{14}^{(3)}=2,a_{14}^{(4)}=2$，它们分别是 v_1 到 v_4 长度为 1,2,3,4 的通路数.

(2) $b_{14}^{(3)}=2$，这正是 v_1 到 v_4 长度小于等于 3 的通路数.

(3) $a_{11}^{(1)}=1,a_{11}^{(2)}=1,a_{11}^{(3)}=3,a_{11}^{(4)}=5$，它们分别是 v_1 到自身长度为 1,2,3,4 的回路数.

(4) $b_{44}^{(3)}=1$，这是 v_4 到自身长度小于等于 3 的回路数.

(5) $\sum\limits_{i=1}^{4}\sum\limits_{j=1}^{4}a_{ij}^{(4)}-\sum\limits_{i=1}^{4}a_{ii}^{(4)}=44-11=33$，它是 D 中长度为 4 的通路(不含回路)数.

(6) $\sum\limits_{i=1}^{4}a_{ii}^{(4)}=11$，它是 D 中长度为 4 的回路数.

(7) $\sum\limits_{i=1}^{4}\sum\limits_{j=1}^{4}b_{ij}^{(4)}=88,\sum\limits_{i=1}^{4}b_{ii}^{(4)}=22$，前者是 D 中长度小于等于 4 的通路数，后者是其中所含的回路数.

(8) 因为 D 中存在过每个顶点至少一次的回路 $v_1v_2v_3v_4v_3v_1$,所以 D 是强连通图,因而各顶点之间都是相互可达的,它的可达矩阵是 4 阶全 1 矩阵.

习 题 七

1. 设无向图 $G=\langle V,E\rangle$,

$$V=\{v_1,v_2,\cdots,v_6\},E=\{(v_1,v_2),(v_2,v_2),(v_2,v_4),(v_4,v_5),(v_3,v_4),(v_1,v_3)\}.$$

(1) 画出 G 的图形.

(2) 求 G 中各顶点的度数,并验证握手定理.

(3) 求出 G 中奇度顶点的个数,验证它满足握手定理的推论.

(4) 指出图中的平行边、环、孤立点、悬挂顶点(度数为 1 的顶点)、悬挂边(悬挂顶点关联的边).

(5) G 是多重图吗? 是简单图吗?

2. 设无向图 G 中有 12 条边,已知 G 中 3 度顶点有 6 个,其余顶点的度数均小于 3,问 G 中至少有几个顶点?

3. 证明 1,3,3,4,5,6,6 不能构成简单图的度数列.

4. 已知 n 阶无向图 G 中有 m 条边,每个顶点的度数不是 k 就是 $k+1$. 证明 G 中 k 度顶点的个数为

$$(k+1)n-2m.$$

5. 设 n 阶图 G 中有 m 条边,证明

$$\delta(G)\leqslant\frac{2m}{n}\leqslant\Delta(G).$$

6. 画出 3 阶有向完全图所有非同构的生成子图.

7. 一个无向图 G 如果同构于它的补图 $\overline{G}$,则称 G 为**自补图**.

(1) 4 阶和 5 阶自补图各有几个非同构的?

(2) 证明不存在 3 阶和 6 阶的自补图.

8. 下列各图中各有几个顶点?

(1) 14 条边,每个顶点的度数都是 4.

(2) 24 条边,5 个 4 度顶点,4 个 5 度顶点,其余顶点的度数都是 2.

9. 设 G 是一个 n 阶无向简单图,n 是大于等于 3 的奇数. 证明 G 与 $\overline{G}$ 中奇度顶点的个数相等.

10. 设 G_1,G_2,G_3 均为 2 条边的 4 阶无向简单图,证明它们中至少有两个是同构的.

11. 有向图 $D=\langle V,E\rangle$ 如图 7.19 所示.

(1) D 中有多少条不同的初级回路? 有多少条不同的简单回路?

(2) 求 a 到 d 的短程线及距离.

(3) 求 d 到 a 的短程线及距离.

(4) D 是哪类连通图?

本题中规定至少有一条边不同的回路为不同的回路.

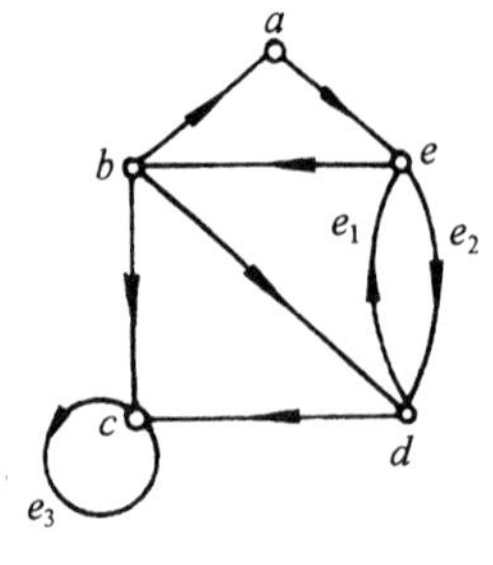

图 7.19

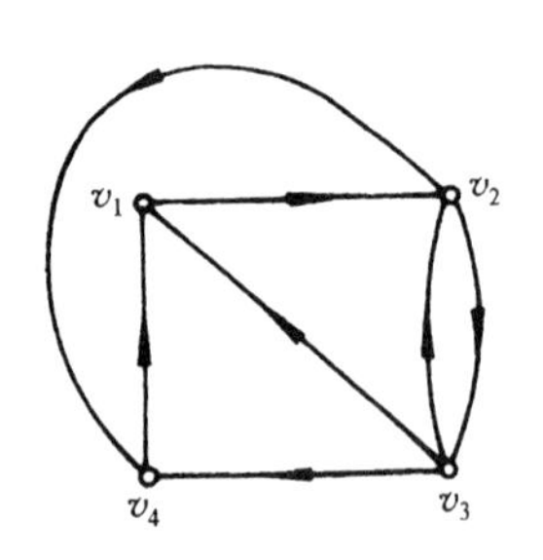

图 7.20

12. 有向图 D 如图 7.20 所示.

(1) D 中 v_1 到 v_4 长度为 4 的通路有多少条?

(2) D 中 v_1 到 v_1 长度为 3 的回路有多少条?

(3) D 中长度为 4 通路总数为多少? 其中有多少条是回路?

(4) D 中长度小于等于 4 的通路为多少条? 其中有多少条是回路?

要求本题用邻接矩阵的前 4 次幂来解.

13. 设无向图 G 中恰有两个奇度顶点 u 与 v,证明 u 与 v 必连通.

14. 设 $G=\langle V,E\rangle$ 为无向简单图,$\delta(G)\geqslant 2$,证明 G 中存在长度$\geqslant\delta(G)+1$ 的初级回路(圈).

15. 设无向图 G 为 6 阶 2-正则图,试讨论 G 有几种非同构的情况?

16. 设无向图 G 为 3-正则图,已知边数 m 与阶数 n 满足 $m=2n-3$,试证明 G 有两种非同构情况.

第八章　树

树是图论中最重要的概念之一.它在许多领域中,特别是在计算机科学领域中得到了广泛的应用.本章介绍无向树及有向树的概念、性质及其应用.

本章所谈回路均指初级回路或简单回路.

8.1　无　向　树

定义 8.1　连通不含回路的无向图称为**无向树**,简称为**树**.常用 T 表示一棵树.每个连通分支都是树的非连通无向图称为**森林**.

平凡图是树,称为**平凡树**.在图 8.1 中,(1) 为平凡树,(2) 为 2 棵树组成的森林,(3) 为 1 棵无向树.

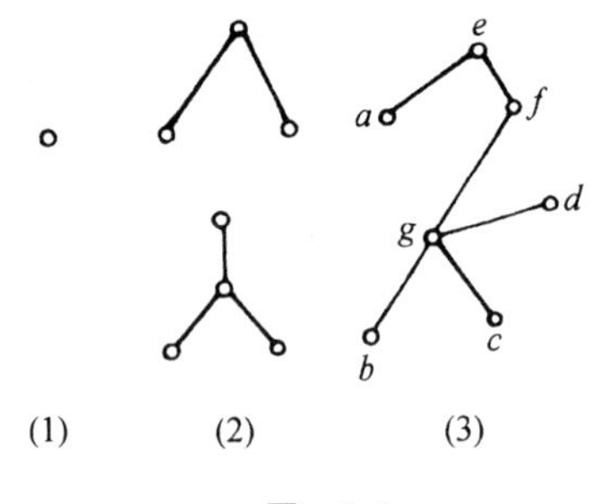

图　8.1

设 $T=\langle V,E\rangle$ 为一棵无向树,$v\in V$.若 $d(v)=1$,则称 v 为 T 的**树叶**.图 8.1(3)中,a,b,c,d 均为树叶.若 $d(v)\geqslant 2$,则称 v 为**分支点**,e,f,g 均为分支点.

树有许多性质.有些性质是树的必要条件,同时也是充分条件,因而树有许多等价的定义,下述定理给出这些性质.

定理 8.1　设 $G=\langle V,E\rangle$,$|V|=n$,$|E|=m$.下面各命题是等价的:

(1) G 连通不含回路(即 G 为树);

(2) G 的每对顶点之间有唯一的一条路径;

(3) G 是连通的,且 $m=n-1$;

(4) G 中无回路,且 $m=n-1$;

(5) G 中无回路,且在 G 的任何两个不相邻的顶点之间增加一条新边,就得到唯一的一条初级回路;

(6) G 是连通的,且删去任何一条边后就不连通,即 G 的每条边均为桥.

证　(1)⇒(2).设 u,v 为 G 中任意两个顶点.由 G 的连通性,u,v 之间有通路,因而必有路径.若路径多于一条,必形成回路,这与 G 中无回路矛盾.

(2)⇒(3).由于 G 中任意两个顶点之间均有路径,所以任意两个顶点均是连通的,故 G 是连通的.下面用归纳法证明 $m=n-1$.

当 $n=1$ 时,G 为平凡树,$m=0$,结论显然成立.

设 $n\leqslant k$ 时结论成立,证明 $n=k+1$ 时结论也成立.设 $e=(u,v)$ 为 G 中一条边,由(2)知 u,v 之间除路径 uv 外,无别的通路,因而 $G-e$ 有两个连通分支 G_1 与 G_2.设它们的顶点数和边数分别为 $n_1,n_2;m_1,m_2$.显然 $n_1\leqslant k,n_2\leqslant k$,且 G_1 和 G_2 都有性质(2).由归纳假设得 $m_1=n_1-1$,$m_2=n_2-1$.从而 $m=m_1+m_2+1=n_1-1+n_2-1+1=n-1$.

(3)⇒(4).只要证明 G 中无回路.若 G 中有回路,从回路中删去任意一条边后,所得图仍然连通，若所得图中再有回路，再从回路中删去一条边，直到所得图中无回路为止．设共删去 $r(r\geqslant1)$ 条边所得图为 G'．G' 无回路，但仍是连通的，即 G' 为树．由(1)⇒(2)⇒(3)，可知 G' 中 $m'=n'-1$．而 $n'=n, m'=m-r$．于是得 $m-r=n-1$，即 $m=n-1+r(r\geqslant1)$，这与已知条件矛盾．

(4)⇒(5)．由条件(4)易证 G 是连通的．否则设 G 有 $k(k\geqslant2)$ 个连通分支 $G_1,G_2,\cdots,G_k$．设 G_i 有 n_i 个顶点，m_i 条边，$i=1,2,\cdots,k$．由(4)知，每个连通分支都是树，由(1)⇒(2)⇒(3)，因而 $m_i=n_i-1, i=1,2,\cdots,k$．于是 $n=n_1+n_2+\cdots+n_k=m_1+1+m_2+1+\cdots+m_k+1=m+k\ (k\geqslant2)$ 这与已知 $m=n-1$ 矛盾．因而 G 是连通的，又是无回路的，即 G 是树．由(1)⇒(2)，G 中任意两个不相邻的顶点 u,v 之间存在唯一的路径 P_{uv}，P_{uv} 再加新边 (u,v) 形成唯一的圈．

(5)⇒(6)．首先证明 G 是连通的．否则设 G_1,G_2 是 G 的两个连通分支．v_1 为 G_1 中的一个顶点，v_2 为 G_2 中的一个顶点．在 G 中加边 (v_1,v_2) 不形成回路，这与已知条件矛盾．若 G 中存在边 $e=(u,v)$，$G-e$ 仍连通，说明在 $G-e$ 中存在 u 到 v 的通路．此通路与 e 构成 G 中回路，这与 G 中无回路矛盾．

(6)⇒(1)．只需证 G 中无回路．若 G 中含回路 C，删除 C 上任何一条边后，所得的图仍连通，与(6)中条件矛盾．

除了由定理 8.1 给出的树的充分必要条件外，树还有下述重要的必要条件．

定理 8.2　设 $T=\langle V,E\rangle$ 是 n 阶非平凡的无向树，则 T 至少有两片树叶．

证　由树的定义易知，非平凡的树中，任何顶点的度数均大于等于 1．设 G 中有 k 个 1 度顶点，即 k 片树叶，则其余 $n-k$ 个分支点的度数均大于等于 2．由握手定理可知

$$2m=\sum d(v_i)\geqslant k+2(n-k),$$

由定理 8.1 知 $m=n-1$，代入上式，得 $k\geqslant2$．这说明 T 至少有两片树叶．

【例 8.1】　已知一棵无向树 T 中 4 度，3 度，2 度的分支点各 1 个，其余的顶点均为树叶，问 T 中有几片树叶？

解　设 T 中有 x 片树叶．则 T 的阶数 $n=3+x$，由定理 8.1 可知，$m=2+x$，由握手定理有

$$2m=4+2x=4+3+2+x=9+x$$

可解出 $x=5$，即 T 有 5 片树叶．

【例 8.2】　满足例 8.1 中度数列的无向树在同构的意义下是唯一的吗？

解　在同构意义下不是唯一的．图 8.2 所示的两棵树的度数列均满足例 8.1，但它们是非同构的．

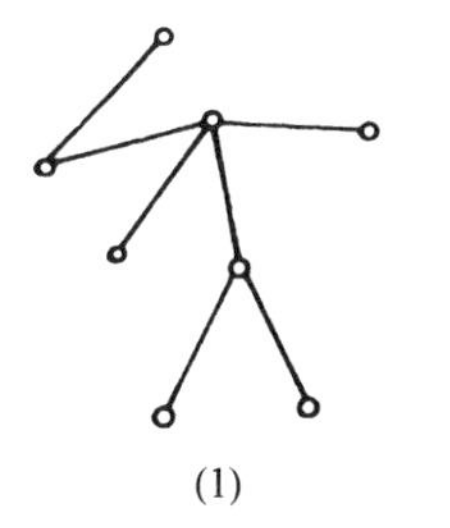

(1)

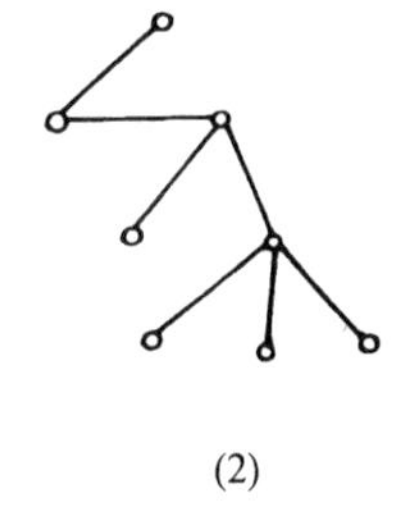

(2)

图　8.2

下面讨论连通图的特殊生成子图——生成树的概念．

定义 8.2　设 $G=\langle V,E\rangle$ 是无向连通图，T 是 G 的生成子图，并且 T 是树，则称 T 是 G 的**生成树**．G 在 T 中的边称为 T 的**树枝**．G 不在 T 中的边称为 T 的**弦**．T 的所有弦的集合的导出子图称为 T 的**余树**．

在图 8.3 所示图中，(2)为(1)的一棵生成树，(3)为(2)的余树．注意，余树不一定连通，也不一定不含回路，因而余树不一定是树．

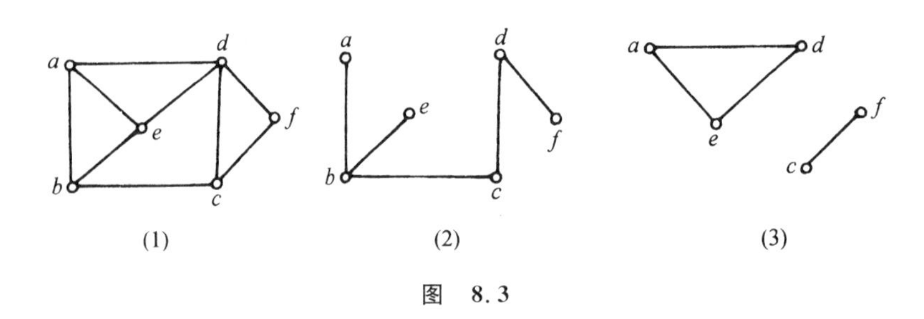

(1) (2) (3)

图 8.3

定理 8.3 任何无向连通图 G 都存在生成树.

证 若 G 中无回路,则 G 是树,于是 G 本身就是 G 的生成树.若 G 中含回路 C,在 C 中任意删去一条边,不影响图的连通性.若所得图中还有回路,就在回路中再删去一条边.继续这一过程,直到所得图中无回路为止.设最后的图为 T,则 T 是 G 的生成树.

推论 设 n 阶无向简单连通图 G 中有 m 条边,则 $m \geqslant n-1$.

证 由定理 8.3 可知,G 中存在生成树.设生成树中有 m' 条树枝,$m'=n-1$.因而,

$$m \geqslant m' = n-1.$$

无向连通图 G 的生成树不一定是唯一的,甚至可能有多棵非同构的生成树:

设 n 阶无向连通图 G 中有 m 条边,T 是 G 的一棵生成树,则 T 有 $n-1$ 条树枝,$m-n+1$ 条弦.

【例 8.3】 给出图 8.4(1)中所示图的两棵非同构的生成树 T_1 和 T_2,并指出它们的树枝和弦.

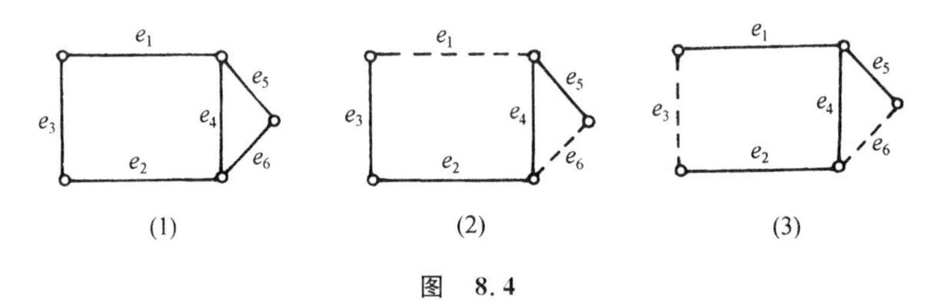

(1) (2) (3)

图 8.4

解 图 8.4(2),(3)中实边所示的图都是(1)的生成树,设它们分别为 T_1 和 T_2,它们显然是非同构的.e_2,e_3,e_4,e_5 为 T_1 的树枝,e_1,e_6 为 T_1 的弦.e_1,e_2,e_4,e_5 为 T_2 的树枝,e_3,e_6 为 T_2 的弦.

在 T_1 中加弦 e_1,e_6 分别产生初级回路 $e_1e_4e_2e_3$ 和 $e_6e_4e_5$.在 T_2 中加弦 e_3,e_6 分别产生初级回路 $e_3e_1e_4e_2$ 和 $e_6e_4e_5$.一般地,设 T 是 G 的生成树,e 是一条弦,根据定理 8.1(5),存在唯一的初级回路,它只含 1 条弦 e,其余的边都是树枝,称这样的回路为基本回路.严格定义如下.

定义 8.3 设 G 是 m 条边的 n 阶连通图,T 是 G 的一棵生成树,T 的 $m-n+1$ 条弦为 e_1,$e_2,\cdots,e_{m-n+1}$.G 中仅含 T 的一条弦 e_r 的回路 C_r 称作对应弦 e_r 的基本回路.$\{C_1,C_2,\cdots,C_{m-n+1}\}$称作对应生成树 T 的**基本回路系统**.

在例 8.3 中,T_1 对应的基本回路有两个:对应弦 e_1 的为 $e_1e_4e_2e_3$,对应 e_6 的为 $e_6e_4e_5$.基本回路系统为$\{e_1e_4e_2e_3,e_6e_4e_5\}$.对应 T_2 的基本回路系统为$\{e_3e_1e_4e_2,e_6e_4e_5\}$.连通图 G 对应不同

的生成树的基本回路可能不同，但基本回路的个数是相同的，都等于弦数 $m-n+1$.

设 T 是连通图 G 的一棵生成树，e 是一条弦. 根据定理 8.1(6)，$T-e$ 是不连通的，它有 2 个连通分支 T_1 和 T_2. 于是，由 T_1 和 T_2 之间所有的弦与 e 构成 G 的一个割集. 这样的割集称作基本割集. 每个基本割集只含一条树枝，其余的都是弦. 每一条树枝对应唯一的一个基本割集. 例如在图 8.4(2) 中，对应 e_5, e_4, e_2, e_3 的基本割集分别是 $\{e_5, e_6\}$, $\{e_4, e_1, e_6\}$, $\{e_2, e_1\}$, $\{e_3, e_1\}$. 下面给出一般定义.

定义 8.4　设 T 是 n 阶连通图 $G=\langle V,E\rangle$ 的一棵生成树，$e'_1, e'_2, \cdots, e'_{n-1}$ 为 T 的树枝. 设 S_r 是只含树枝 e'_r，其余边均为弦的割集. 称 S_r 为对应树枝 e'_r 的**基本割集**，$\{S_1, S_2, \cdots, S_{n-1}\}$ 为对应 T 的**基本割集系统**.

同基本回路系统的情况类似，G 的不同生成树的基本割集可以不相同，但基本割集的个数是相同的，其个数为树枝数 $n-1$. 图 8.4(3) 对应生成树 T_2 也有 4 个基本割集：$\{e_5, e_6\}$, $\{e_4, e_3, e_6\}$, $\{e_2, e_3\}$, $\{e_1, e_3\}$. 将它们组成集合，就是基本割集系统.

【例 8.4】　图 8.5 所示的图 G 中，实线边所示的图为 G 的一棵生成树 T. 求对应 T 的基本回路系统和基本割集系统.

解　G 的顶点数 $n=6$，边数 $m=9$，基本回路个数为 $m-n+1=4$，基本割集个数为 $n-1=5$. 要注意基本回路与基本割集写法上的不同.

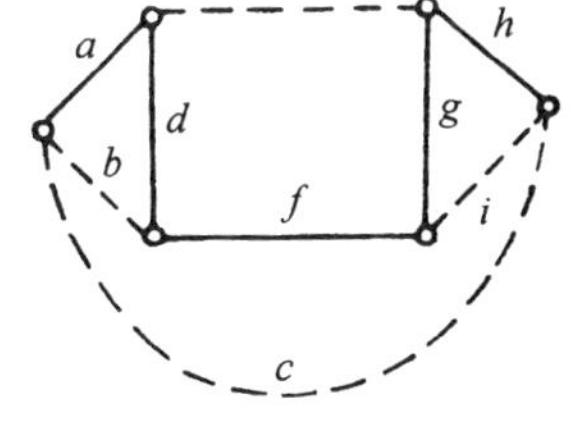

图　8.5

T 的 4 条弦为 e, b, c, i. 它们对应的基本回路分别为 $C_e=edfg$, $C_b=bda$, $C_c=cadfgh$, $C_i=igh$. 基本回路系统为

$$\{C_e, C_b, C_c, C_i\}.$$

T 的 5 条树枝为 a, d, f, g, h. 它们对应的基本割集分别为 $S_a=\{a,b,c\}$, $S_d=\{d,e,b,c\}$, $S_f=\{f,e,c\}$, $S_g=\{g,e,i,c\}$, $S_h=\{h,i,c\}$. 基本割集系统为 $\{S_a, S_d, S_f, S_g, S_h\}$.

求树枝 e' 对应的基本割集的方法如下：将 e' 从 T 中删除. $T-e'$ 有两个连通分支，记为 T_1, T_2. 设 V_1, V_2 为 T_1 和 T_2 的顶点集. 则 e' 对应的基本割集为

$$S_{e'}=\{e \mid e\in E(G) \wedge e \text{ 的一个端点在 } V_1 \text{ 中，另一个端点在 } V_2 \text{ 中}\}.$$

基本回路系统和基本割集系统在电网络计算中起到关键的作用.

在实践中，有时不仅需要表示事物之间是否有某种关系，而且需要用数量来进一步表示这种关系. 例如，一张公路图，不仅要表示出两个城市之间是否有公路，而且要标出公路的长度. 为此，可以用顶点表示城市，用边表示两个城市之间有一条公路，并把这条公路的长度标在这条边的旁边. 这就是带权图.

定义 8.5　对图 G 的每条边 e 附加上一个实数 $w(e)$，称 $w(e)$ 为边 e 的**权**. G 连同附加在各边上的权称为**带权图**，常记作 $G=\langle V,E,W\rangle$. 设 $G_1\subseteq G$，称 $\sum\limits_{e\in E(G_1)} w(e)$ 为 G_1 的权，记作 $W(G_1)$.

定义 8.6　设无向连通带权图 $G=\langle V,E,W\rangle$，T 是 G 的一棵生成树. T 各边的权之和称为 T 的权，记作 $W(T)$. G 的所有生成树中权最小的生成树称为 G 的**最小生成树**.

下面介绍求最小生成树的**避圈法**(Kruskal 算法).

设 n 阶无向连通带权图 $G=\langle V,E,W\rangle$ 有 m 条边. 不妨设 G 中没有环(若有环，将所有的环

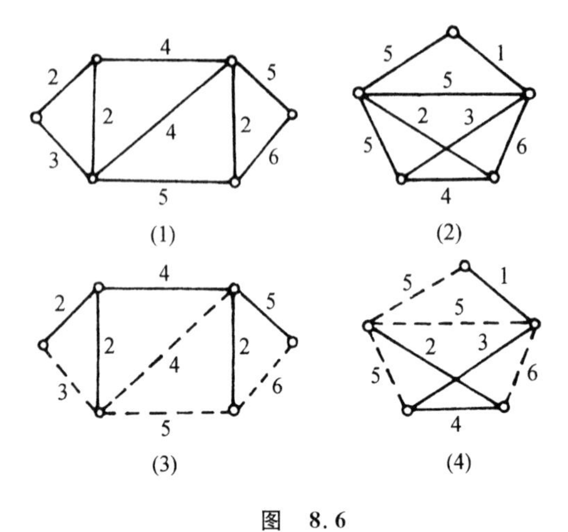

图 8.6

删去),将 m 条边按权从小到大顺序排列,设为 e_1,e_2,…,e_m.

取 e_1 在所求生成树 T 中,然后依次检查 e_2,e_3,…,e_m.若 $e_j(2\leqslant j\leqslant m)$与取在 T 中的边不能构成回路,则取 e_j 在 T 中,否则弃去 e_j.

还有其他求最小生成树的方法,这里不再介绍.

【例 8.5】 求图 8.6 中(1),(2)两个带权图的最小生成树.

解 用 Kruskal 算法,求出的(1)的最小生成树,为图 8.6 中(3)中实线边所示的生成树,它的权为 15.(2) 的最小生成树为(4)中实线边所示的生成树,它的权为 10.

8.2 根树及其应用

一个有向图 D,如果略去各边的方向后所得无向图为无向树,则称 D 为**有向树**.在有向树中,最重要的是根树,它在计算机专业的数据结构,数据库等专业课程中占据极其重要的位置.本节主要讨论根树及它的应用.

定义 8.7 一棵非平凡的有向树,如果有一个顶点的入度为 0,其余顶点的入度均为 1,则称此有向树为**根树**.在根树中,入度为 0 的顶点称为**树根**;入度为 1,出度为 0 的顶点称为**树叶**;入度为 1,出度大于 0 的顶点称为**内点**.内点和树根统称为**分支点**.

图 8.7(1)为一棵根树.v_0 为树根,v_1,v_3,v_5,v_6,v_7 均为树叶,v_2,v_4 为内点,v_0,v_2,v_4 为分支点.在画根树时,将树根放在最上方,边的方向一律向下或斜下方,并略去边上的箭头.如将图 8.7(1)画成(2)的样子.

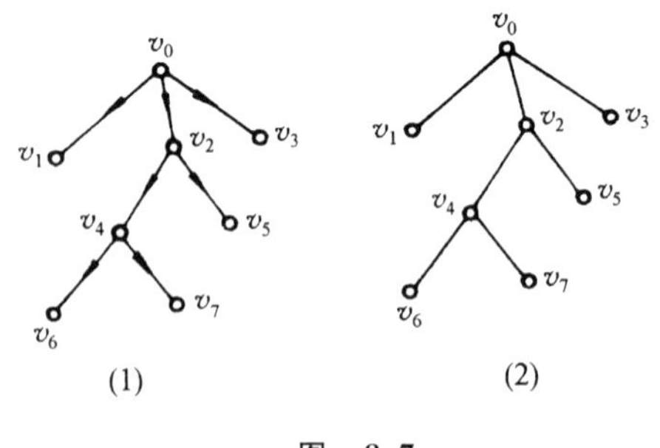

图 8.7

在根树中,从树根到任一顶点 v 的通路长度称为 v 的**层数**,记作 $l(v)$,称层数相同的顶点在同一层上,层数最大顶点的层数称为**树高**,记作 $h(T)$.图 8.7 所示根树 T 中,树根 v_0 处在第 0 层上,$l(v_0)=0$;v_1,v_2,v_3 处在第 1 层上,$l(v_i)=1,i=1,2,3$;v_4,v_5 处在第 2 层上,$l(v_j)=2,j=4,5$;v_6,v_7 处在第 3 层上,$l(v_k)=3,k=6,7$.$h(T)=3$.有的书上规定,树根的层数为 1,它的下一层顶点的层数为 2,…….希望读者注意区分.

一棵根树可以看成一棵家族树:

若顶点 a 邻接到顶点 b,则称 b 为 a 的**儿子**,a 为 b 的**父亲**;若 b,c 的父亲相同,则称 b,c 为**兄弟**;若 $a\neq d$,而 a 可达 d,则称 a 为 d 的**祖先**,d 为 a 的**后代**.

在图 8.7 中,v_1,v_2,v_3 是兄弟,它们的父亲是 v_0.v_4,v_5 是兄弟,它们的父亲是 v_2.v_6,v_7 是兄弟,它们的父亲是 v_4.v_0 以外的所有顶点都是 v_0 的后代,v_0 是它们的祖先.

在根树 T 中,设 a 是一个非根顶点,称 a 及其后代导出的子图 T'为 T 的以 a 为根的**根子树**.

在应用中，往往将根树同层上的顶点或它们所关联的边排序，这就是下面定义的有序树.

定义 8.8　如果将根树每一层上的顶点都规定次序，这样的根树称为**有序树**.

次序可全标在顶点处，也可以全标在边上. 标出的次序不一定是连续的数.

根据根树各分支点有儿子的多少以及顶点是否排序，可将根树分成若干类.

定义 8.9　设 T 为一棵非平凡的根树. 若 T 的每个分支点至多有 r 个儿子，则称 T 为 **r 元树**；若 T 的每个分支点都恰有 r 个儿子，则称 T 为 **r 元正则树**；若 r 元树 T 是有序的，则称 T 为 **r 元有序树**；若 r 元正则树是有序的，则称 T 是 **r 元有序正则树**；若 T 是 r 元正则树，且所有树叶的层数均为树高 $h(T)$，则称 T 为 **r 元完全正则树**；若 T 是 r 元完全正则树，且 T 是有序的，则称 T 为 **r 元有序完全正则树**.

在所有的 r 元树中，2 元树最重要，2 元树又称为 **2 叉树**.

对一棵根树的每个顶点都访问一次且仅访问一次称为**行遍**或**周游**一棵树.

对 2 元有序正则树主要有以下 3 种周游或行遍方法：

1. **中序行遍法**　其访问次序为：左子树，树根，右子树.
2. **前序行遍法**　其访问次序为：树根，左子树，右子树.
3. **后序行遍法**　其访问次序为：左子树，右子树，树根.

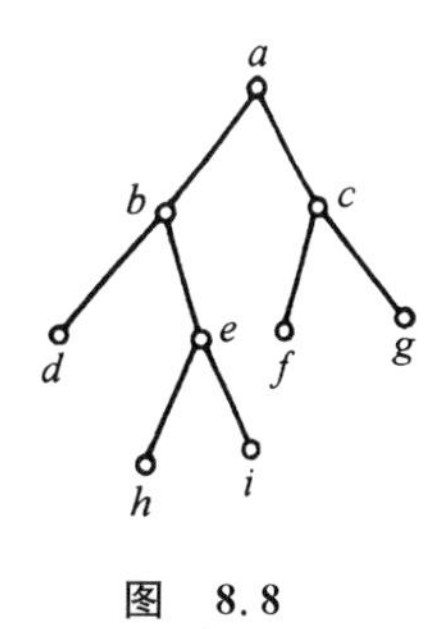

图　8.8

对图 8.8 所示根树按中序、前序、后序行遍的周游结果分别为：

$$(d\underline{b}(h\underline{e}i))\ \underline{a}(f\underline{c}g),$$
$$\underline{a}(\underline{b}d(\underline{e}hi))(\underline{c}fg),$$
$$(d(hi\underline{e})\ \underline{b})(fg\underline{c})\ \underline{a}.$$

式中$\underline{v}$表示 v 为根子树的根.

利用 2 元有序树可以表达算式，然后根据不同的访问方法得到不同的表示方式和算法.

利用 2 元有序树存放算式时，在每一步上，都应该将算式(或其子式)的最高层次的运算符放在树根(或子树的树根)上，将运算的对象放在子树或树叶上，并规定被除数、被减数放在左边、所有的数都放在树叶上.

【**例 8.6**】 (1) 利用 2 元有序树表示下面算式：

$$((a-b*c)*d+e)\div(f*g+h).$$

(2) 用 3 种行遍法访问(1)中 2 元有序树，写出访问结果.

解　(1) 表示算式的 2 元有序树如图 8.9 所示.

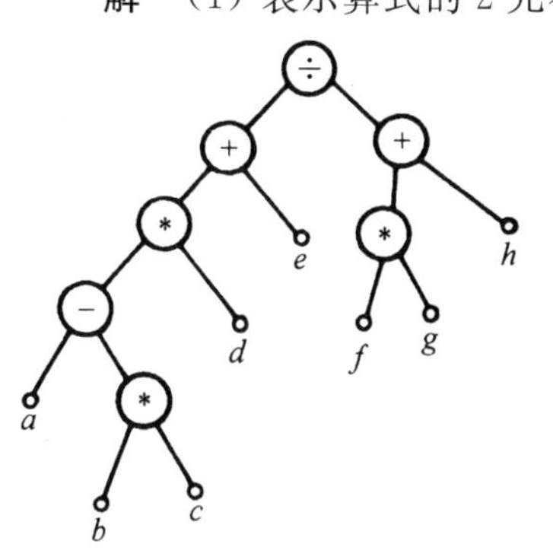

图　8.9

(2) 中序行遍法访问结果为：

$$(((a-(b*c))*d)+e)\div((f*g)+h);$$

前序行遍法访问结果为：

$$\div(+(*(-a(*bc))d)e)(+(*fg)h);$$

后序行遍法访问结果为：

$$(((a(bc*)-)d*)e+)((fg*)h+)\div.$$

下面对 3 种结果做分析.

对于中序行遍法的访问结果，利用四则运算的规则，可去掉一些括号，得到的结果

$$((a-b*c)*d+e)\div(f*g+h)$$

这正好是原式,所以中序行遍法访问的结果是还原算式.

对于前序行遍法访问结果,可将全部括号去掉,得如下结果:

$$\div + * - a * bcde + * fgh.$$

对这个表达式规定,从右到左,每个运算符与它后面紧邻的2个数进行运算,其计算结果是正确的.在这种表达式中,因为运算符在参加运算的数的前面,因而称为**前缀符号法**,又称作**波兰符号法**.

对于后序行遍法的访问结果,也省去全部括号,得结果为

$$abc * - d * e + fg * h + \div.$$

对这个表达式规定,从左到右,每个运算符与它前面紧邻的2个数进行运算,其计算结果是正确的.因为运算符在参加运算的数的后面,所以称此种表达式为**后缀符号法**,也称作**逆波兰符号法**.

编译程序的中间语言要使用前缀符号法和后缀符号法表示算式.

8.3 例题分析

【例8.7】 画出6阶所有非同构的无向树.

解 设所求树的顶点数为n,边数为m.由题设已知,$n=6$.

(1) 由无向树的性质可知,$m=n-1=5$;

(2) 由树的定义可知,$1 \leqslant d(v_i) \leqslant 5, i=1,2,\cdots,6$;

(3) 由握手定理可知

$$\sum_{i=1}^{6} d(v_i) = 2m = 10.$$

将10度分配给6个顶点,由以上的分析可知,只有下面5种分配方案:

① 1,1,1,1,1,5;　② 1,1,1,1,2,4;　③ 1,1,1,1,3,3;

④ 1,1,1,2,2,3;　⑤ 1,1,2,2,2,2.

显然,不同的度数方案对应的无向树是非同构的,但同一种方案可能对应不止1棵非同构的树.在以上5种方案中,④对应2棵非同构的无向树,由3度顶点是否夹在两个2度顶点之间而定.其余4种方案各对应1棵非同构的树.所得6棵非同构的树如图8.10所示.其中(4)与(5)都对应方案④;(1),(2),(3)分别对应方案①,②,③;(6)对应方案⑤.

【例8.8】 图8.11所示无向图共有几棵非同构的生成树?

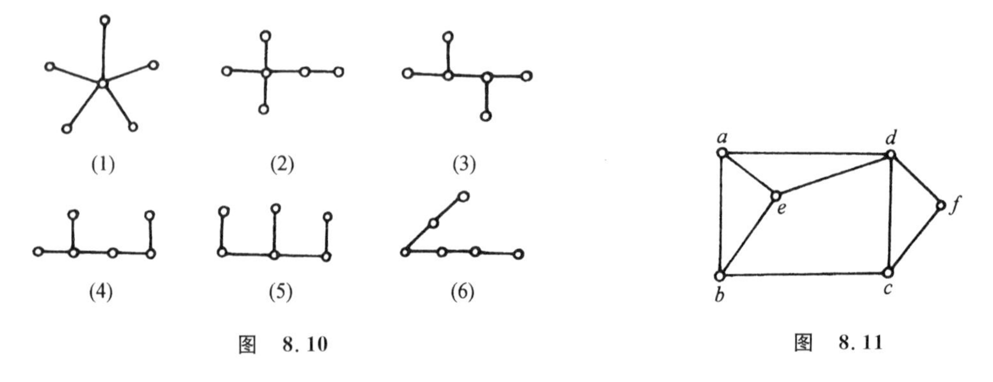

图 8.10

图 8.11

解 设图 8.11 所示无向图为 G,则 G 是 6 阶无向简单图. 由例 8.7 可知,G 最多有 6 棵非同构的生成树. 但因 $\Delta(G)=4$,所以 G 无对应度数列 1,1,1,1,1,5 的生成树. 仔细分析,G 中对应另外 4 种度数列的生成树都存在,共有 5 种非同构的生成树. 图 8.12 给出了 G 的 5 棵非同构的生成树.

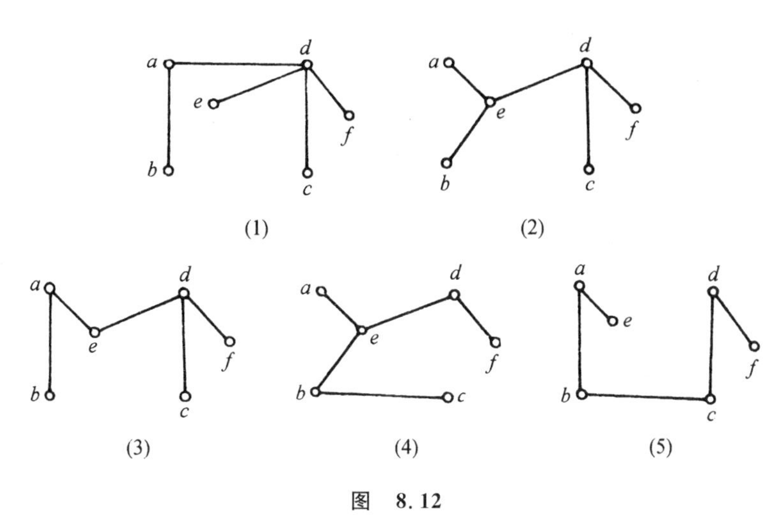

图 8.12

请读者找出它们在图 8.10 中对应的树.

【例 8.9】 画出 4 阶所有非同构的根树.

解 首先用例 8.7 题的方法画出全体 4 阶非同构的无向树,有两棵,见图 8.13 中(1),(2)所示. 由(1)派生的非同构的 4 阶根树有两棵,见(3)和(4). 由(2)派生的根树也是两棵,见(5)和(6).

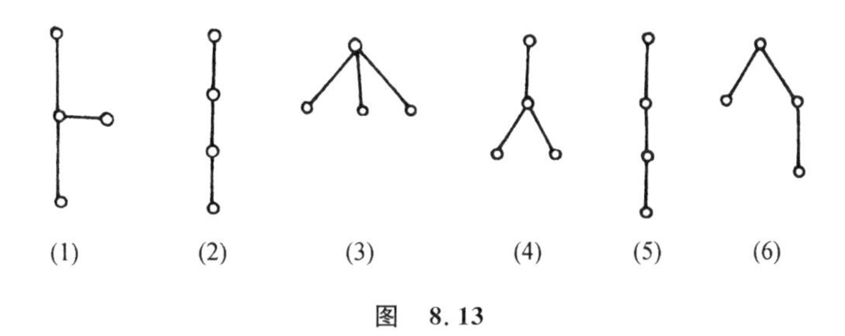

图 8.13

【例 8.10】 回答下列各题:

(1) $n(n\geqslant 3)$阶无向树 T 的点连通度$\kappa(T)$,边连通度$\lambda(T)$,最小度$\delta(T)$各为多少? 最大度$\Delta(T)$能准确确定吗?

(2) 基本回路可以是非初级回路的简单回路吗? 为什么?

(3) 设 G 为 n 阶无向连通图,G 中什么样的边不可能在 G 的任何生成树中?

(4) 设 G 为 n 阶无向连通图,G 中什么样的边构成的割集为 G 的任何生成树中的基本割集?

解 (1) 因为 T 中既有割点又有桥,所以$\kappa(T)=\lambda(T)=1$. 因 T 中必有树叶,所以$\delta(T)=1$. n 阶无向树 T 的最大度不确定,但可知它的范围:$2\leqslant\Delta(T)\leqslant n-1, n\geqslant 3$.

(2) 基本回路不可以是非初级回路的简单回路. 假设不然,若存在 T 的某个基本回路 C

对应弦 e_r,它是非初级回路的简单回路,则 C 上有两个顶点重合,它们把 C 划分成 2 条回路,在不含 e_r 的那条回路中,所有边都是树枝,这与树的定义矛盾.

(3) G 中的环不在 G 的任何生成树中.

(4) 只有桥构成的割集是 G 的任何生成树的基本割集.

习 题 八

1. 2,3,4,5 阶非同构的无向树各有多少棵? 画出图形来.

2. (1) 无向树 T 中有 7 片树叶,3 个 3 度顶点,其余都是 4 度顶点,问 T 中有几个 4 度顶点?

(2) 无向树 T 中有 2 个 4 度顶点,3 个 3 度顶点,其余都是树叶,问 T 中有几片树叶?

(3) 一棵无向树 T 中有 n_i 个顶点的度数为 i,$i=2,3,\cdots,k$,而其余顶点都是树叶,问 T 中有几片树叶?

3. 图 8.14 所示无向图有几棵非同构的生成树? 请画出图来.

4. 在图 8.15 所示图中,实边所示的生成子图是该图的一棵生成树 T.

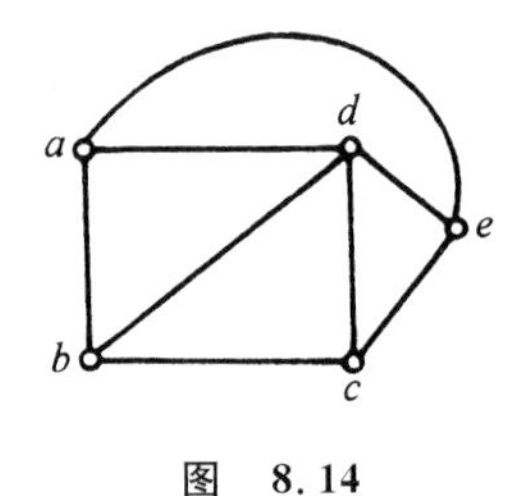

图 8.14

图 8.15

(1) 指出 T 的所有弦和每条弦对应的基本回路以及对应 T 的基本回路系统.

(2) 指出 T 的所有树枝和每条树枝对应的基本割集以及 T 对应的基本割集系统.

5. 求图 8.16 所示 2 个带权图中的最小生成树,并计算它们的权.

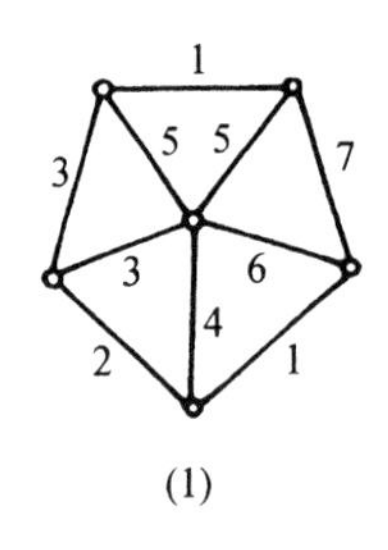

(1)

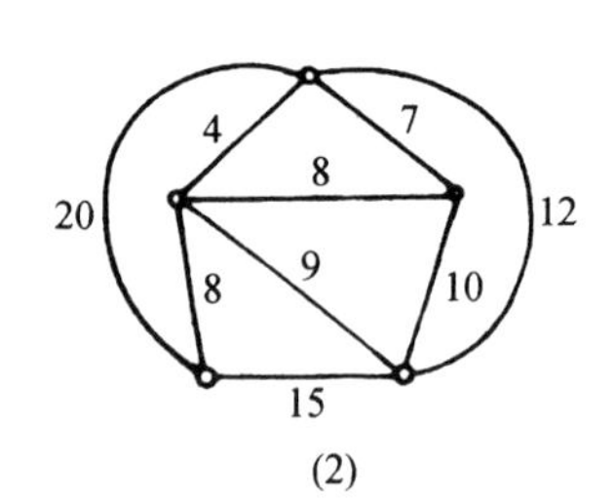

(2)

图 8.16

6. 图 8.17 所示的 2 元树表达一个算式.

(1) 给出这个算式的表达式.

(2) 给出算式的波兰符号法表达式.

(3) 给出算式的逆波兰符号法表达式.

7. 对于有 k 个连通分支的森林 G,应加多少条新边才能使它成为无向树? 其中 $k\geqslant 2$.

8. 已知 n 阶无向简单图 G 的边数 $m=n-1$,G 一定是树吗? 为什么?

9. 设 e 为无向连通图 G 中一条边,试证明:e 为桥当且仅当 e 在 G 的任何生成树中.

10. 设 T 是 $r(r\geqslant 2)$ 元正则树,i 和 t 分别为 T 的分支点数和树叶数,证明:$t=(r-1)i+1$.

11. 设 m 和 t 分别为 2 元正则树 T 的边数和树叶数,试证明:

（1）$m=2(t-1)$；

（2）T 的阶数 n 为奇数.

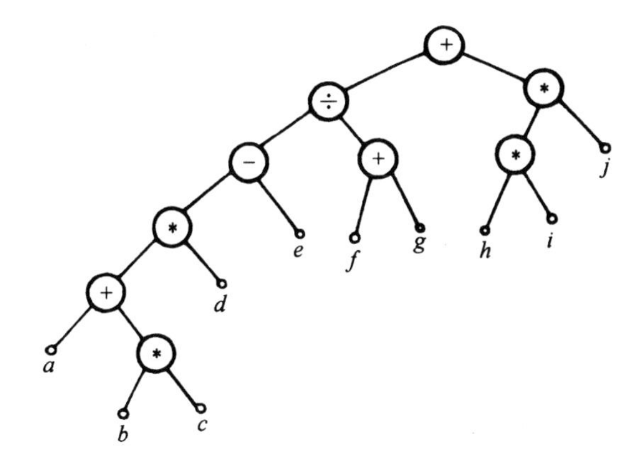

图　8.17

第九章　二部图、欧拉图、哈密顿图

9.1　二　部　图

今有 4 个工人 a_1, a_2, a_3, a_4，4 项任务 b_1, b_2, b_3, b_4. 已知工人 a_1 熟悉任务 b_1, b_2, b_3，a_2 熟悉 b_2, b_3，a_3 只熟悉 b_4，a_4 熟悉 b_3 和 b_4. 问如何分配工人，才能使每人都有任务，且每项任务都有人来完成？以 $V=\{a_1, a_2, a_3, a_4, b_1, b_2, b_3, b_4\}$ 为顶点集，若 a_i 熟悉 b_j，就在 a_i 与 b_j 之间连边，得边集 E，构成无向图 $G=\langle V, E\rangle$，如图 9.1 所示.

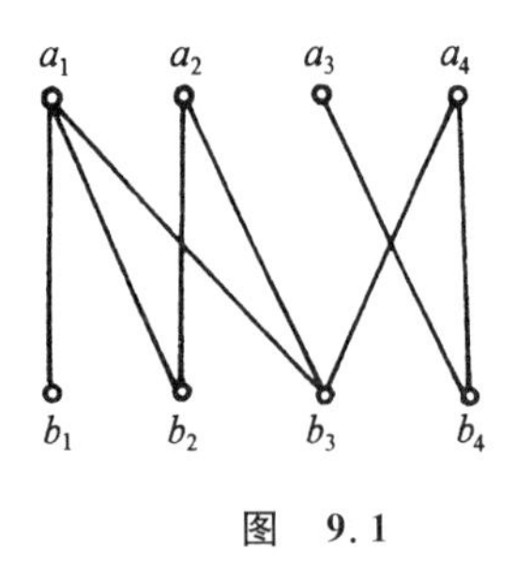

图　9.1

由图显而易见，分配 a_1 去完成 b_1，a_2 去完成 b_2，a_3 去完成 b_4，a_4 去完成 b_3 就能满足要求.

现在来分析一下图 9.1. 在此图中，a_1, a_2, a_3, a_4 彼此不相邻，b_1, b_2, b_3, b_4 也彼此不相邻. 像这样的图，称它为二部图. 下面给出它的严格定义. 在本节我们只讨论无向图.

定义 9.1　若能将无向图 $G=\langle V, E\rangle$ 的顶点集 V 划分成两个不相交的子集 V_1 和 V_2 ($V_1 \cap V_2=\varnothing$)，使得 G 中任何一条边的两个端点都一个属于 V_1，另一个属于 V_2，则称 G 为**二部图**(有的书上称其为**偶图**、**双图**，或**二分图**等)，V_1, V_2 称为互补顶点子集，常记为 $G=\langle V_1, V_2, E\rangle$.

又若 V_1 中任一顶点与 V_2 中任一顶点均有且仅有一条边相关联，则称二部图 G 为**完全二部图**. 若 $|V_1|=r$，$|V_2|=s$，则记完全二部图为 $K_{r,s}$.

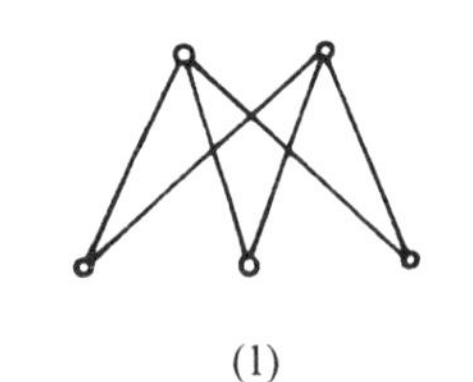

(1)

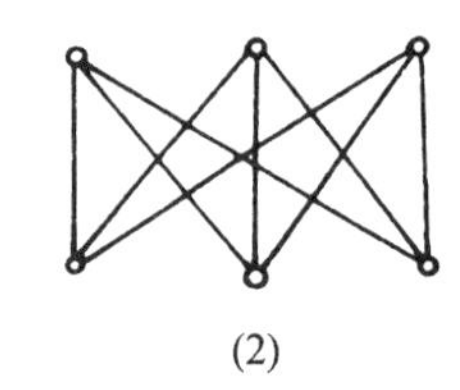

(2)

图　9.2

图 9.2 所示 2 个图，(1) 为 $K_{2,3}$，(2) 为 $K_{3,3}$.

在完全二部图 $K_{r,s}$ 中，它的顶点数 $n=r+s$，边数 $m=r \cdot s$.

定理 9.1　一个无向图 $G=\langle V, E\rangle$ 是二部图，当且仅当 G 中无奇数长度的回路.

证　必要性. 已知 G 为二部图，要证明 G 中无奇数长度的回路. 若 G 中无回路(初级的或简单的)，结论显然成立. 若 G 中有回路，设 C 为其中的一条初级回路，$C=v_{i_1} v_{i_2} \cdots v_{i_l} v_{i_1}$，则 $l \geqslant 2$. 不妨设 $v_{i_1} \in V_1$，则 $v_{i_l} \in V_2=V-V_1$. 显然 l 为偶数，于是 C 是长度为偶数的圈.

充分性. 已知 G 中无奇数长度的回路，要证明 G 是二部图. 若 G 是零图，结论显然成立. 下面不妨设 G 是连通图. 设 v_0 为 G 中任一顶点，令

$$V_1=\{v \mid v \in V(G) \wedge d(v_0, v) \text{为偶数}\},$$

$$V_2=\{v \mid v \in V(G) \wedge d(v_0, v) \text{为奇数}\},$$

则 $V_1 \neq \varnothing$，$V_2 \neq \varnothing$，且 $V_1 \cap V_2=\varnothing$，$V_1 \cup V_2=V$. 只要证明 V_1 中任二顶点不相邻，V_2 中的任二顶点也不相邻. 否则，必存在 $v_i, v_j \in V_1$(或它们属于 V_2)，使得边 $e=(v_i, v_j) \in E$. 设 v_0 到 v_i 和 v_j 的短程线分别为 Γ_1 和 Γ_2，则 Γ_1 和 Γ_2 的长度均为偶数. 于是 $\Gamma_1 \cup e \cup \Gamma_2$ 是 G 中奇数长的

回路,这与已知矛盾.若在 V_2 中存在相邻顶点,同样会引出矛盾,所以 G 是二部图.

由定理 9.1 可知,图 9.3 中,(1),(6)不是二部图,因为它们中均含奇数长的回路.而(2),(3),(4),(5)均为二部图,其中的(2)与图 9.2 中的(1)同构,即它们都是 $K_{2,3}$.而(3)与图 9.2 中的(2)同构,它们都是 $K_{3,3}$.

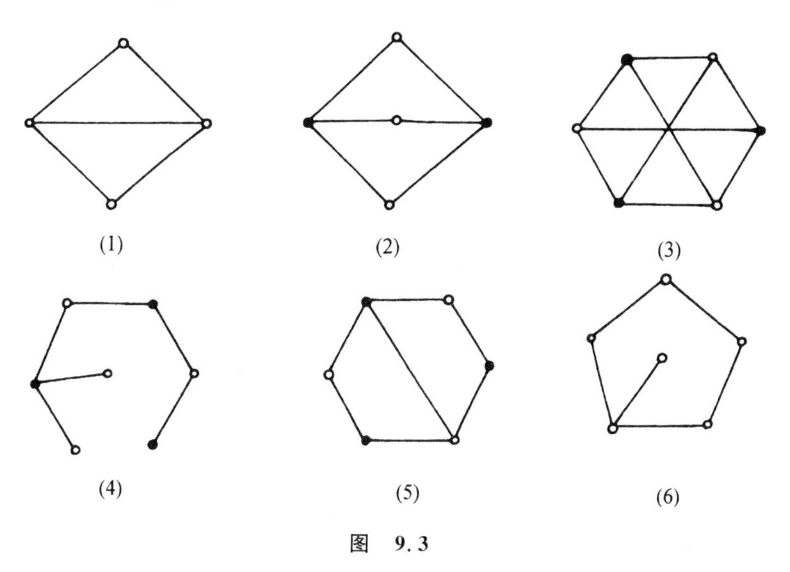

图 9.3

图 9.3 所示的 4 个二部图,每个图中实心点集 V_1 和空心点集 V_2 都是互补顶点子集.在画图时,通常将 V_1 放在图的上方,V_2 放在图的下方,分别画成图 9.4 所示的样子.

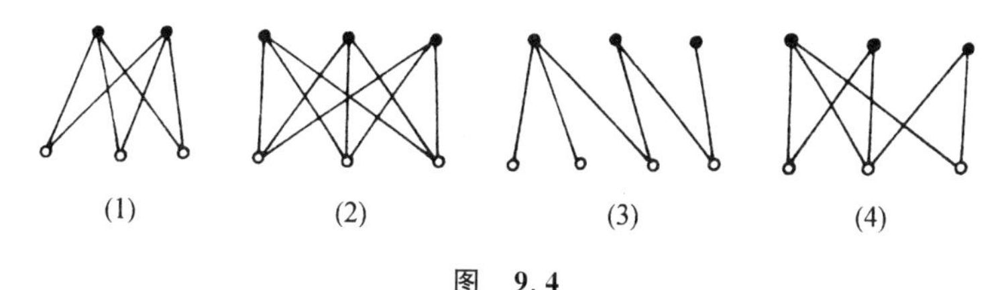

图 9.4

下面介绍关于匹配的概念及二部图中的匹配问题.

定义 9.2　设无向图 $G=\langle V,E\rangle$,$M\subseteq E$,若 M 中的任意两条边均不相邻,则称 M 为 G 中的一个**匹配**.若在 M 中再加进任意一条边后不再是匹配,则称 M 为 G 中**极大匹配**.称 G 中边数最多的匹配为**最大匹配**.

设 M 为 G 中一个匹配,与 M 中的边关联的顶点称为 M **饱和点**,否则称为 M **非饱和点**.若 G 中所有顶点都是 M 饱和点,则称 M 为 G 中**完美匹配**.

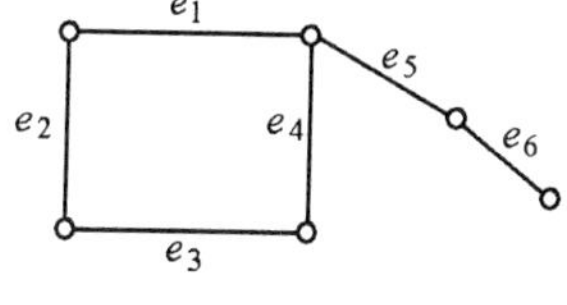

图 9.5

设无向图 $G=\langle V,E\rangle$ 为图 9.5 所示.$E_1=\{e_3,e_5\}$,$E_2=\{e_1,e_3,e_6\}$,$E_3=\{e_2,e_4\}$均为 G 中匹配.其中 E_1,E_2 都是极大匹配,E_2 又是最大匹配,同时也是完美匹配,其匹配数 $\beta_1=3$.而 E_3 不是极大匹配,更不是最大匹配.

已经有求二部图和任意无向图的最大匹配的多项式时间算法,感兴趣的读者请查阅有关的算法书籍.

定义 9.3　设 $G=\langle V_1,V_2,E\rangle$为二部图,且$|V_1|\leqslant|V_2|$,$M$ 为 G 中一个匹配,若$|M|=|V_1|$,

则称 M 为 G 中的**完备匹配**.

当 $|V_2|=|V_1|$ 时,G 中完备匹配是完美匹配.

二部图 G_1,G_2,G_3 分别为图 9.6 中(1),(2),(3)所示. 不难看出,G_1 中无完备匹配,G_2 与 G_3 中都存在完备匹配,而且 G_3 中的完备匹配也是完美匹配.

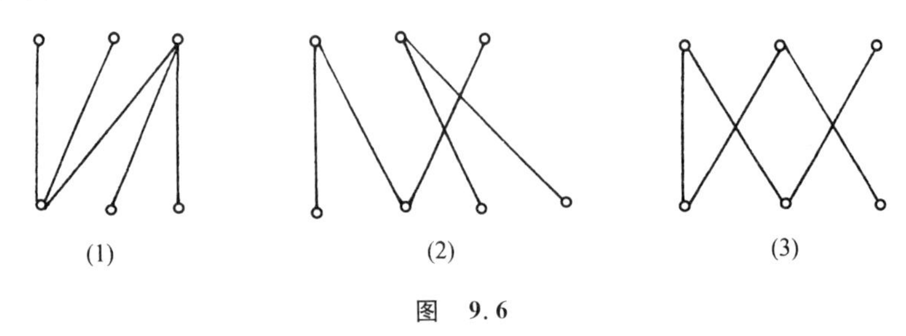

图 9.6

下述定理给出二部图存在完备匹配的充分必要条件.

定理 9.2 (Hall 定理)设二部图 $G=\langle V_1,V_2,E\rangle$ 中 $|V_1|\leqslant|V_2|$,G 中存在完备匹配当且仅当 V_1 中任意 k 个顶点至少与 V_2 中 k 个顶点相邻,$k=1,2,\cdots,|V_1|$.

本定理的证明略.

常称 Hall 定理的条件为"**相异性条件**". 不难看出,图 9.6 中(1)不满足相异性条件,V_1 中存在两个顶点只与 V_2 中 1 个顶点相邻,因而不存在完备匹配. 而(2),(3)所示的 G_2,G_3 都满足相异性条件,因而都存在完备匹配.

【例 9.1】 某中学有3个课外活动小组:数学组,计算机组和生物组. 今有赵、钱、孙、李、周 5 名学生. 已知:

(1) 赵、钱为数学组成员,赵、孙、李为计算机组成员,孙、李、周为生物组成员;

(2) 赵为数学组成员,钱、孙、李为计算机组成员,钱、孙、李、周为生物组成员;

(3) 赵为数学组和计算机组成员,钱、孙、李、周为生物组成员.

问在以上每一种情况下,能否选出 3 名不兼任的组长?

解 用 v_1,v_2,v_3 分别表示数学组、计算机组和生物组. u_1,u_2,u_3,u_4,u_5 分别表示赵、钱、孙、李、周. 若 u_i 是 v_j 的成员,就在 u_i 与 v_j 之间连边. 每种情况都对应一个二部图,见图9.7所示.

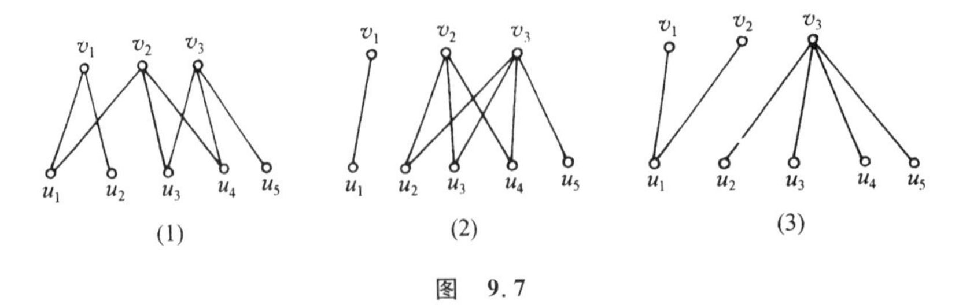

图 9.7

每种情况下是否能选出不兼任的组长,就是看它们所对应的二部图中是否存在完备匹配. 不难看出,情况(1)对应的二部图(图 9.7 中(1)所示)满足相异性条件,因而能选出 3 位不兼任的组长,而且有多种方案,比如赵当数学组组长,孙当计算机组组长,李当生物组组长. 情况(2)对应的二部图(图 9.7 中(2)所示)也满足相异性条件,因而也能选出 3 位不兼任的组长,且也有不同的方案,不过,数学组组长必由赵担任. 情况(3)就不同了,它所对应的二部图(图 9.7 中

(3)所示)不满足相异性条件,v_1,v_2 只与 u_1 相邻,于是不存在完备匹配,因而选不出3位不兼任的组长来.

9.2 欧　拉　图

1736年瑞士数学家欧拉发表了图论史上的第一篇论文“哥尼斯堡七桥问题”.哥尼斯堡城有一条横贯全市的普雷格尔河,河中有两个岛屿,两岸及岛屿由七座桥连接,见图9.8(1).当时,当地的人们热衷于一个难题:一个散步者怎样能不重复地走完七座桥,最后回到出发点.试验者很多,可都没能成功.

为了寻找答案,欧拉将4块陆地(两个岛屿和两岸)抽象成4个顶点 A,B,C,D.若两块陆地之间有一座桥,就在代表两块陆地的顶点之间连条边,如图9.8(2)所示.哥尼斯堡七桥问题是否有解,就相当于图9.8(2)中是否存在经过每条边一次且仅一次的简单回路.欧拉在1736年的论文中指出,这样的回路是不存在的.由此引出现在称为欧拉回路的概念.

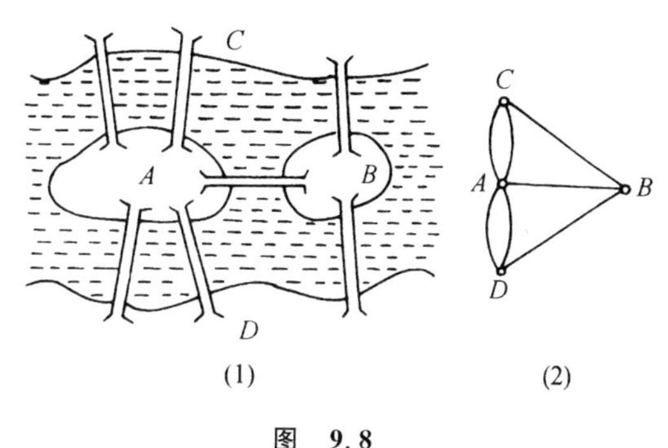

图　9.8

定义9.4　设 $G=\langle V,E\rangle$ 是连通图(无向的或有向的).G 中经过每条边一次并且仅一次的通路称作**欧拉通路**,G 中经过每一条边一次并且仅一次的回路称作**欧拉回路**.具有欧拉回路的图称为**欧拉图**.规定平凡图为欧拉图.

注意,只有欧拉通路无欧拉回路的图不是欧拉图.

在图9.9中,(1),(4)都既无欧拉回路,也无欧拉通路.(2),(5)均只有欧拉通路,但无欧拉回路.所以(1),(2),(4)和(5)4个图都不是欧拉图.而(3),(6)中均存在欧拉回路,所以它们都是欧拉图.

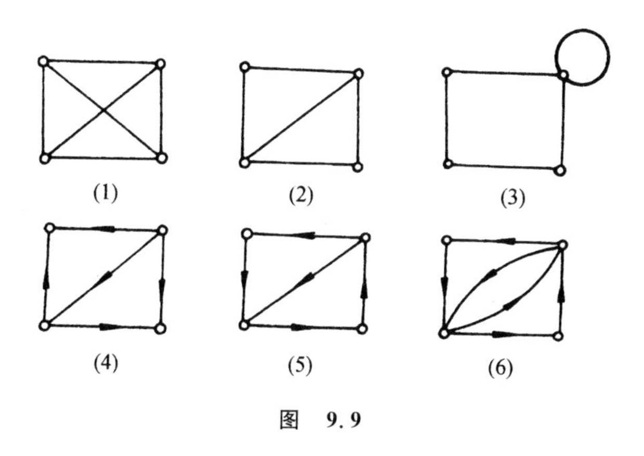

图　9.9

下面给出一个图有欧拉回路和欧拉通路的充分必要条件.

定理9.3　无向图 G 有欧拉回路,当且仅当 G 是连通的且无奇度顶点.G 有欧拉通路、但无欧拉回路,当且仅当 G 是连通的且恰好有两个奇度顶点.

定理的必要性是显然的.回路每次经过一个顶点时都是一进一出,顶点获得2度.当 G 有欧拉回路时,所有的顶点和边都在回路上,因此顶点的度数都是偶数.又设 L 是 G 的一条欧拉通路(但不是欧拉回路),同理 L 上除两个端点外都是偶度顶点,而两个端点的度数是奇数.定理充分性的证明略去.

现在回到哥尼斯堡七桥问题,图 9.8(2)中的 4 个顶点都是奇度顶点,不存在欧拉通路,更没有欧拉回路,因此不可能有问题中所要求的走法.

【例 9.2】 判断图 9.10 给出的各图中,哪些图中有欧拉通路,但无欧拉回路?哪些图是欧拉图?

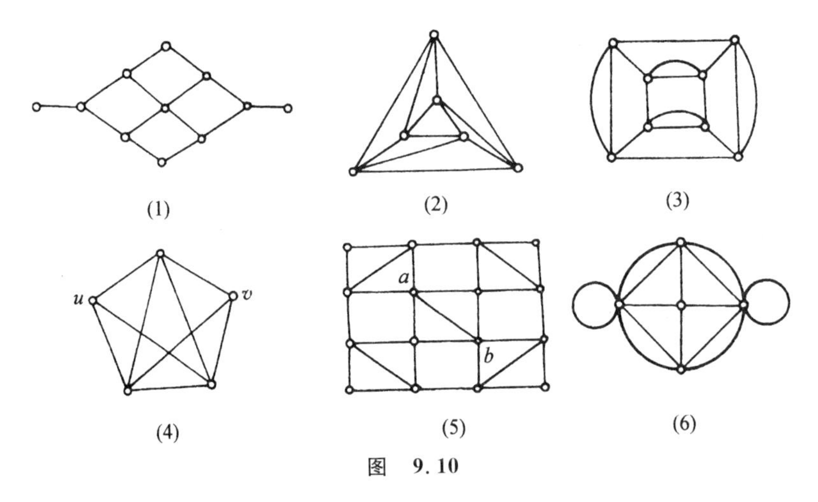

图 9.10

解 图 9.10 中(4),(5)两个图均各有两个奇度顶点,因而它们都存在欧拉通路,但无欧拉回路.(1),(6)两图中的奇度顶点个数分别为 8 和 4,因而不可能存在欧拉通路、更无欧拉回路.(2),(3)两图中均无奇度顶点,因而都存在欧拉回路,即它们都是欧拉图.

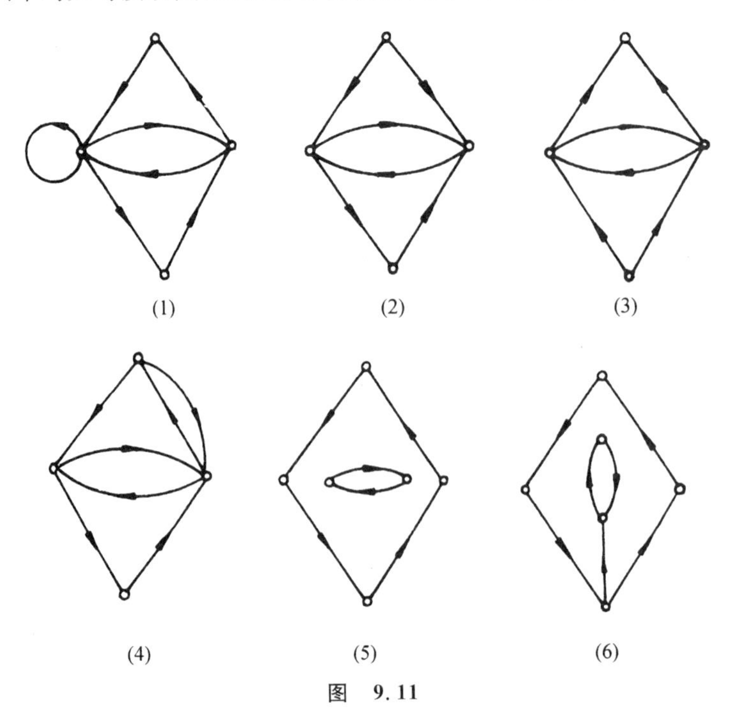

图 9.11

定理 9.4　有向图 D 有欧拉回路，当且仅当 D 是连通的且所有顶点的入度等于出度. D 有欧拉通路、但无欧拉回路，当且仅当 D 是连通的，且有一个顶点的入度比出度大 1，另一个顶点的入度比出度小 1，其余顶点的入度均等于出度.

【例 9.3】　在图9.11所示的各图中，哪些有欧拉通路？哪些是欧拉图？

解　(1)是欧拉图.(4),(6)中均存在欧拉通路、但无欧拉回路.(5)为非连通图，因而不可能有欧拉通路，更无欧拉回路. 在(2),(3)中，均存在入度比出度大 2，和出度比入度大 2 的顶点，因而它们都不可能存在欧拉通路，更无欧拉回路.

【例 9.4】　某街区的街道如图 9.12 所示，图中的数字是该段街道的长度(百米). 清扫车每次要把所有街道清扫一遍，最后回到原处. 试设计一条清扫车的最佳行车路线.

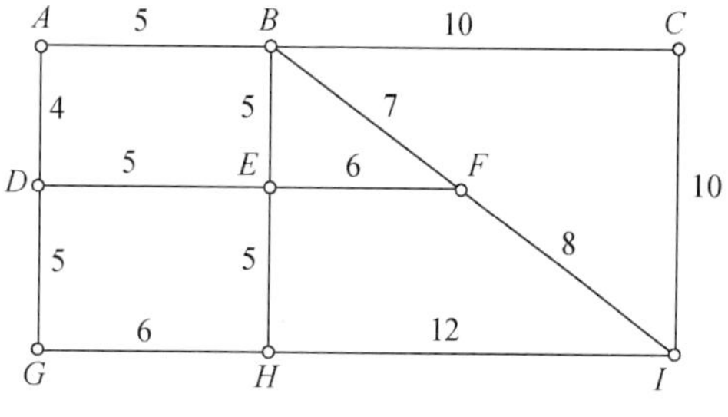

图　9.12

解　清扫车最好是每条街道恰好走一遍，即走一条欧拉回路. 但是图 9.12 有 4 个奇度顶点 D,H,F,I，不是欧拉图. 为了使它成为欧拉图，只需将这 4 个奇度顶点分成两对，分别添加一条连接它们的边或路径. 这里添加的边当然都是原有的街道，因此实际上是重走一遍. 显然，为了节约时间，添加的边的总长越短越好. 容易看出，应添加 3 条边(D,E)，(E,H)和(F,I). 清扫车沿这个添加边后的图的一条欧拉回路走即可. 譬如，清扫车从 A 出发，沿 $ADGHEDEHIFBEFICBA$ 走就是一条最佳的行车路线，其中 DEH 和 FI 都要走 2 遍(一遍清扫，一遍空驶).

9.3　哈密顿图

1859 年爱尔兰数学家威廉·哈密顿(William Hamilton)设计了一个在正十二面体(如图 9.13 所示)上的游戏——周游世界问题. 他将 20 个顶点看作 20 个城市，每一条棱看作一条公路，要求从一个城市出发，沿着公路经过每一个城市一次且仅一次，最后回到出发的城市. 可以把正十二面体的一个面撕开，平摊到平面上，如图 9.14 所示. 问题变成要在图 9.14 中找一条经过每一个顶点恰好一次的回路. 这样的回路现在称作哈密顿回路.

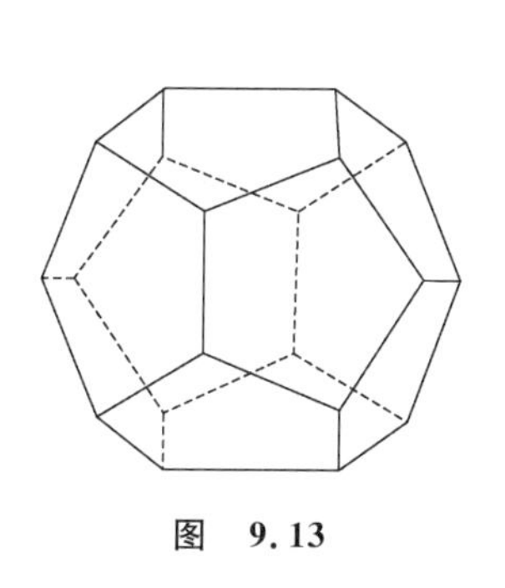

图　9.13

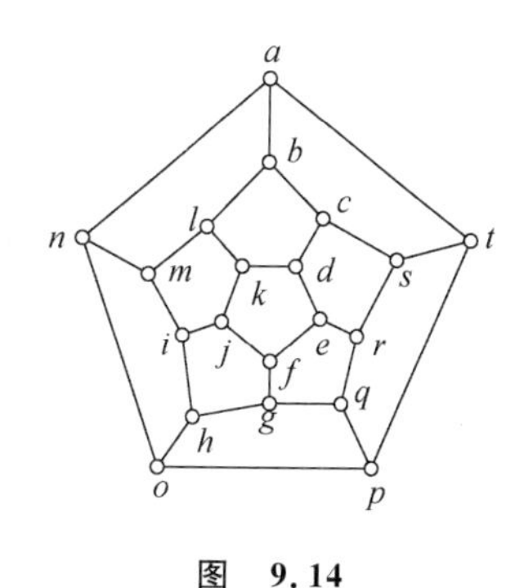

图　9.14

定义 9.5　图(无向的或有向的)G 中经过每个顶点一次且仅一次的通路称作**哈密顿通路**，G 中经过每个顶点一次且仅一次的回路称作**哈密顿回路**. 若 G 中存在哈密尔顿回路，则称 G 为**哈密顿图**.

在图9.10所示的6个无向图中,(1)只有哈密顿通路,无哈密顿回路.其余各图中均有哈密顿回路(当然也有哈密顿通路),因而它们都是哈密顿图.

在图9.11所示的6个有向图中,除了(5)外,都有哈密顿通路.其中(2),(3),(6)只有哈密顿通路,无哈密顿回路.而(1),(4)有哈密顿回路,它们都是哈密顿图.

在图9.14中,从a出发,按字母顺序$b,c,\cdots,t$,最后回到a.是一条哈密顿回路.这是周游世界问题的一个解.

与欧拉图的情况不同,直到目前还没有找到哈密顿图的简单的充要条件,寻找这个条件是图论中的一个难题.目前只找到一些判断存在性的充分条件和必要条件,下面先介绍必要条件.

定理9.5 设无向图$G=\langle V,E\rangle$为哈密顿图,V_1是V的任意非空真子集,则

$$p(G-V_1)\leqslant |V_1|.$$

其中$p(G-V_1)$为从G中删除V_1后的连通分支数.

证 因为G是哈密顿图,所以G中存在哈密顿回路.设C为一条哈密顿回路,V_1中的顶点至多将C截成$|V_1|$段,因此

$$p(C-V_1)\leqslant |V_1|.$$

可是$C-V_1$是$G-V_1$的子图且两者的顶点集相同,因而$G-V_1$的连通分支数不会超过$C-V_1$的连通分支数,故

$$p(G-V_1)\leqslant p(C-V_1)\leqslant |V_1|.$$

定理中给出的条件是必要的.因而对一个图来说,如果不满足这个必要条件,它一定不是哈密顿图.但是,满足这个条件的图不一定是哈密顿图.

推论 设无向图$G=\langle V,E\rangle$有哈密顿通路,V_1是V的任意非空真子集,则

$$p(G-V_1)\leqslant |V_1|+1.$$

证 设P是G的一条哈密顿通路,两个端点为u和v.在u,v之间加一条边$e=(u,v)$,所得到的图记作G'.显然G'是哈密顿图.由定理9.5,$p(G'-V_1)\leqslant |V_1|$.而$p(G-V_1)=p(G'-V_1-e)\leqslant p(G'-V_1)+1\leqslant |V_1|+1$.

【例9.5】 判断图9.15中所示的3个图是否是哈密顿图,是否有哈密顿通路.

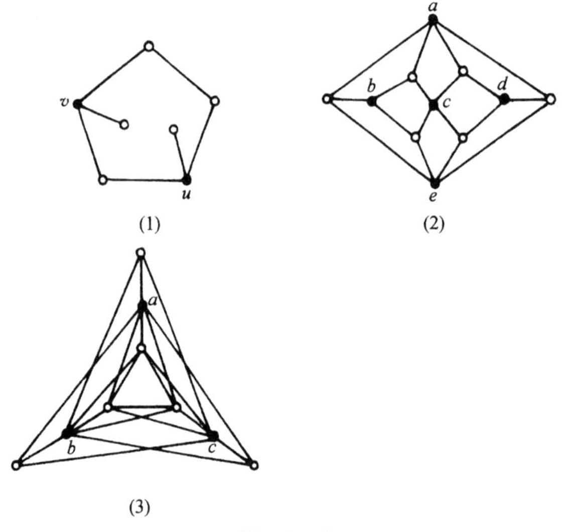

图 9.15

解　(1)中存在割点 u 和 v，删去$\{u,v\}$后有 4 个连通分支，根据定理 9.5 的推论，图中没有哈密顿通路，更不是哈密顿图. 在(2)中，令 $V_1=\{a,b,c,d,e\}$，从图中删除 V_1 得到 6 个连通分支. 而$|V_1|=5$，由定理 9.5 可知(2)不是哈密顿图. 在(3)中，令 $V'=\{a,b,c\}$，该图删除 V'得到 4 个连通分支，所以(3)也不是哈密顿图. (2)和(3)都有哈密顿通路，不难给出.

再给出几个充分条件.

定理 9.6　设 G 是 $n(n\geqslant3)$阶无向简单图，若对于 G 中每一对不相邻的顶点 u,v，均有

$$d(u)+d(v)\geqslant n-1,$$

则 G 中存在哈密顿通路.

证明从略.

推论 1　设 G 为 $n(n\geqslant3)$阶无向简单图，若对于 G 中任意两个不相邻的顶点 u,v，均有

$$d(u)+d(v)\geqslant n,$$

则 G 为哈密尔顿图.

证明从略.

推论 2　设 G 是 $n(n\geqslant3)$阶无向简单图，$\delta(D)\geqslant\frac{n}{2}$，则 G 为哈密顿图.

由推论 1 易证推论 2.

由推论可知，对于完全图 K_n，当 $n\geqslant3$ 时为哈密顿图，完全二部图 $K_{r,s}$ 当 $r=s\geqslant2$ 时为哈密顿图.

定理 9.6 及其推论给出的条件是有哈密顿通路和哈密顿回路的充分条件，但不是必要条件. 例如，6 边形图显然是哈密顿图，但该图不满足推论 1，甚至定理 9.6 中的条件.

【例 9.6】　(1) 证明：当 $r\neq s$ 时，完全二部图 $K_{r,s}$ 不是哈密顿图.

(2) 证明图 9.16 所示图不是哈密顿图，但该图中存在哈密顿通路.

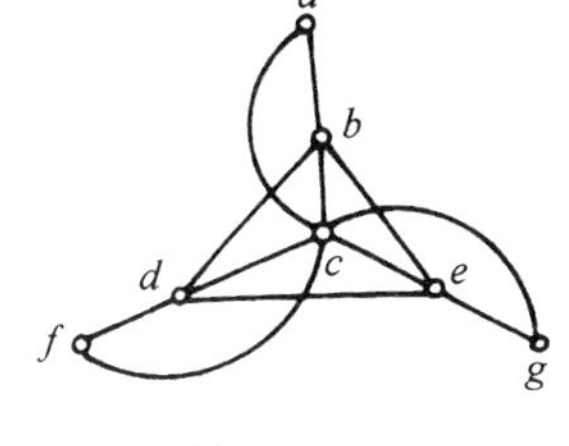

图　9.16

解　(1) 不妨设完全二部图 $G=\langle V_1,V_2,E\rangle$，$|V_1|=r$，$|V_2|=s$，且 $r<s$，则 $p(G-V_1)=s>|V_1|=r$，由定理 9.5 可知，G 不是哈密顿图.

(2) 可以验证，图 9.16 满足定理 9.5 中的条件，但它不是哈密顿图. 在图中，a,f,g 均为 2 度顶点，因而边(a,b)，(a,c)，(d,f)，(f,c)，(e,g)，(g,c)都应在 G 中任何哈密顿回路上. 但这是不可能的. 因为假若如此，c 在回路上要出现 3 次，这与哈密顿回路是初级回路相矛盾. 但图中存在哈密顿通路，如 $abcgedf$ 就是图中的一条哈密顿通路.

9.4　例题分析

【例 9.7】　图 9.17 所示图中，哪些是二部图？哪些是欧拉图？哪些是哈密顿图？

解　(2)，(3)，(4)，(6)都是二部图，如(2)中取 $V_1=\{a,c,e,g,i\}$，$V_2=\{b,d,f,h,j\}$. (3)，(4)，(6)的互补顶点子集也都不难给出. 而在(1)，(5)中都存在奇圈，所以它们都不是二部图.

(1)，(5)连通且无奇度顶点，所以它们都是欧拉图，(2)不连通，(3)，(4)，(6)均有奇度顶点且多于 2 个，所以它们都没有欧拉通路，更不是欧拉图.

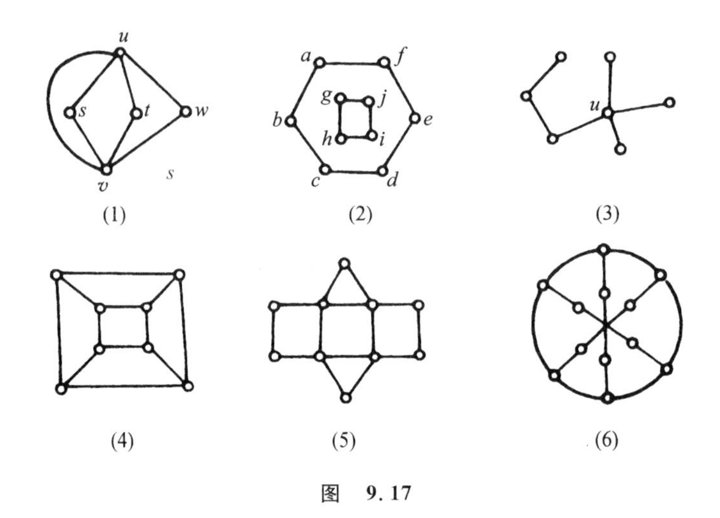

图 9.17

(4),(5),(6)中都可以找到哈密顿回路,它们都是哈密顿图. 在(1)中 $p(G-\{u,v\})=3>|\{u,v\}|=2$,由定理 9.5 可知它不是哈密顿图,但它有哈密顿通路,如 $tvwus$. (2)不连通,当然不是哈密顿图,也没有哈密顿通路. 对于(3),$p(G-\{u\})=4>|\{u\}|+1$,由定理 9.5 的推论,不存在哈密顿通路,更不是哈密顿图. 其实,这个结论是一目了然的.

【例 9.8】 彼得森图如图 9.18(1)所示,至少增加多少条边才能使它成为欧拉图?

解 彼得森图的 10 个顶点的度数都为奇数,要想使它们都变成偶数度数顶点,至少要增加 5 条边,将 10 个顶点分成 5 对,每一对之间加一条新边,如图 9.18(2)所示.

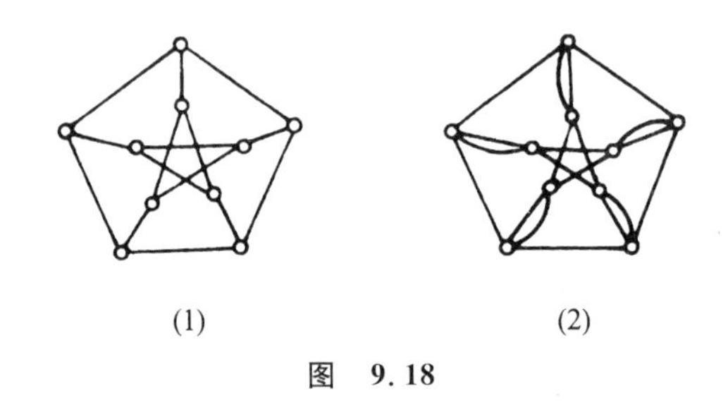

图 9.18

【例 9.9】 证明:一个有向图 D 如果是欧拉图,则它一定是强连通的. 但反之不真.

证 若 D 是欧拉图,则 D 中存在欧拉回路. D 中所有顶点都在这个回路上,因而 D 是强连通的.

强连通的有向图不一定是欧拉图. 例如,由一个长度为 $n(n\geqslant 4)$ 的有向初级回路和回路中两个不相邻的顶点之间加了一条有向边构成的图是强连通图,但不是欧拉图.

【例 9.10】 某次会议有 $2n(n\geqslant 2)$ 个与会者. 已知每个与会者在其中至少有 n 个朋友. 证明能将这 $2n$ 个人安排在同一圆桌周围就座,使得每个人与左右两边紧邻的人都是朋友.

证 做无向图 $G=\langle V,E\rangle$,其中,

$$V=\{v\,|\,v \text{ 是与会者}\},\ |V|=2n,$$

$$E=\{(u,v)\,|\,u,v\in V\wedge u \text{ 与 } v \text{ 是朋友}\wedge u\neq v\},$$

易知,G 为 $2n$ 阶无向简单图,$\forall v\in V$,$d(v)$ 为 v 的朋友数,由给定条件可知 $d(v)\geqslant n$. 因而,$\forall u, v\in V$,均有

$$d(u)+d(v)\geqslant 2n.$$

由定理 9.6 的推论 1 可知，G 为哈密顿图，于是，G 中存在哈密顿回路 C，按在 C 中的顺序安排与会者就座即可.

习　题　九

1. 判断下列命题是否正确：

(1) 完全图 $K_n(n\geqslant 1)$ 都是欧拉图.　　(2) $n(n\geqslant 1)$ 阶有向完全图都是有向欧拉图.

(3) 完全图 $K_n(n\geqslant 1)$ 都是哈密顿图.　　(4) $n(n\geqslant 1)$ 阶有向完全图都是哈密顿图.

2. 判断下列命题是否正确：

(1) 完全二部图 $K_{r,s}(r\geqslant 1,s\geqslant 1)$ 都不是欧拉图.

(2) 完全二部图 $K_{r,s}(r\geqslant 1,s\geqslant 1)$ 都是哈密顿图.

3. 证明 $n(n\geqslant 2)$ 阶无向树都是二部图，而不是欧拉图，也不是哈密顿图.

4. 画一个无向欧拉图，使它具有：

(1) 偶数个顶点，偶数条边.　　(2) 奇数个顶点，奇数条边.

(3) 偶数个顶点，奇数条边.　　(4) 奇数个顶点，偶数条边.

5. 画一个有向欧拉图，要求同 4.

6. 画一个无向图，使它：

(1) 既是欧拉图，又是哈密顿图.　　(2) 是欧拉图，而不是哈密顿图.

(3) 是哈密顿图，而不是欧拉图.　　(4) 既不是欧拉图，也不是哈密顿图.

7. 画一个有向图，要求同 6.

8. 今有工人甲、乙、丙去完成任务 a,b,c. 已知甲能胜任 a,b,c 三项任务；乙能胜任 a,b；丙能胜任 b,c. 要给每人安排一项不同的任务，你能给出 3 种不同的安排方案，使每个工人去完成他们能胜任的任务吗？

9. 今有 a,b,c,d,e,f,g 7 个人，已知下列事实：

a 会讲英语；

b 会讲英语和汉语；

c 会讲英语、意大利语和俄语；

d 会讲日语和汉语；

e 会讲德语和意大利语；

f 会讲法语、日语和俄语；

g 会讲法语和德语.

试问这 7 人应如何安排在一张圆桌边就座，才能使每个人都能和他身边的人交谈？

10. 某工厂生产由 6 种不同颜色的纱织成的双色布. 已知在品种中，每种颜色至少与另外 3 种颜色相搭配. 证明可以挑出 3 种双色布，它们恰有 6 种不同的颜色.

11. 一名青年生活在城市 A，准备假期骑自行车到景点 B,C,D 去旅游，然后回到城市 A. 图 9.19 给出了 A,B,C,D 的位置及它们之间的距离(公里)，试确定这名青年的旅游的最短路线.

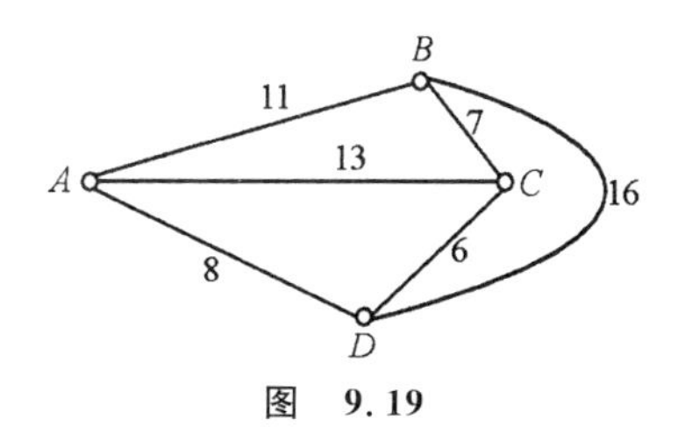

图　9.19

第十章　平面图及图的着色

10.1　平　面　图

定义 10.1　一个图 G 如果能以这样的方式画在平面上——除顶点处外没有边交叉出现，则称 G 为**平面图**. 画出的没有边交叉出现的图称为 G 的一个**平面嵌入**或**平面表示**. 无平面嵌入的图称为**非平面图**.

在图 10.1 所示的图中,(1)为 K_4,(2)是它的平面嵌入,所以 K_4 是平面图. 单看(2),它当然也是平面图.(3)是 K_5,无论怎样改变画法,边的交叉是不能全去掉的,(4)是 K_5 的边交叉最少的画法.(5)是 $K_{3,3}$. 同 K_5 类似,无论如何画,边的交叉是不能全去掉的,(6)是 $K_{3,3}$ 的边的交叉最少的画法. 可以证明,K_5,$K_{3,3}$ 都是非平面图.

下面谈到平面图时可能是指平面图,也可能是指平面图的平面嵌入. 当所讨论的概念或性质与图的画法有关时都是指平面嵌入. 当然,有时会特别加以说明.

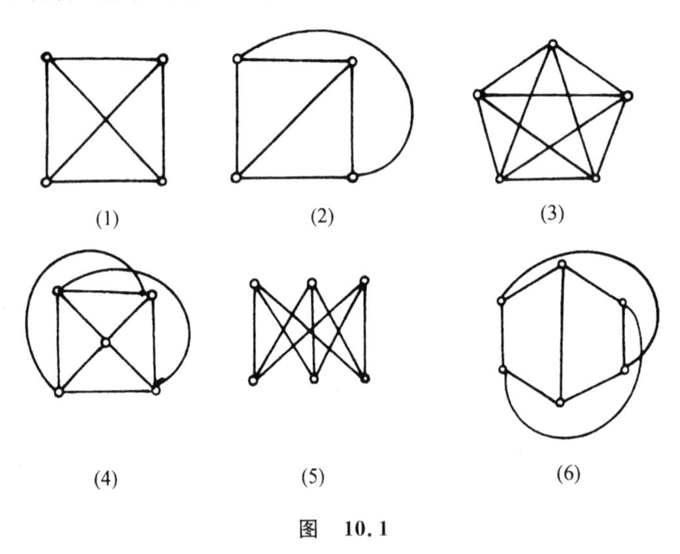

图　10.1

定义 10.2　设 G 是一个平面图的平面嵌入,G 的边将所在平面划分成若干个区域,每个区域称为 G 的一个**面**. 其中有一个面积无限的区域称为**无限面**或**外部面**,面积有限的区域称为**内部面**或**有限面**. 包围每个面的所有边构成的回路称为该面的**边界**. 边界的长度称为该面的**次数**. 面 R 的次数记为 $\deg(R)$,外部面常记成 R_0.

在定义 10.2 中,包围每个面的所有边构成的回路,可能是初级的或简单的,也可能是复杂的(即有边重复出现的),还可能是若干个回路之并.

在图 10.2 中,(1)是连通平面图,它有 4 个面,其中 R_1,R_2,R_3 是内部面,R_0 是外部面. R_1 的边界为 $abda$,$\deg(R_1)=3$. R_2 的边界为 $bcdb$,$\deg(R_2)=3$. R_3 的边界为 $efge$,$\deg(R_3)=3$. R_0 的边界为 $dabcdegfed$,它是一个复杂回路,$\deg(R_0)=9$.(2)是非连通的平面图. 它有 3 个

面，$\deg(R_1)=4$，$\deg(R_2)=3$，R_0 的边界由 $v_1v_2v_3v_4v_1$ 和 $v_5v_6v_7v_8v_7v_5$ 两个回路围成，$\deg(R_0)=9$. 可以验证，在(1)和(2)中，各面次数之和均为边数的 2 倍.

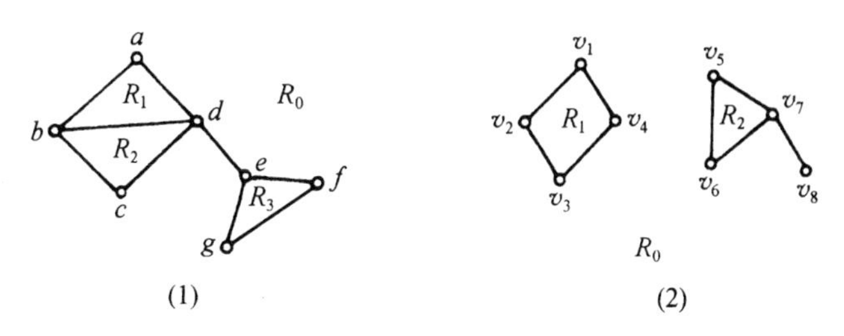

图　10.2

定理10.1　在一个平面图 G 中，所有面的次数之和等于边数的 2 倍.

证　对于 G 中的任意一条边 e，它或者是某两个面的公共边界，或者出现在一个面的边界中. 但无论是哪种情况，在计算各面次数之和时，都要将 e 计算两次，所以定理的结论成立.

关于平面图的平面嵌入，还应指出两点：

1. 同一个平面图 G，可以有不同形状的平面嵌入，但它们都是与 G 同构的；

2. 平面图 G 的外部面，可以通过变换(测地投影法)由 G 的任何面充当.

图10.3中，(2)，(3)都是(1)的平面嵌入，它们的形状不同，但都与(1)同构. (2)中的有限面 R_2'，在(3)中变成了无限面 R_0；R_0' 变成了(3)中的 R_3.

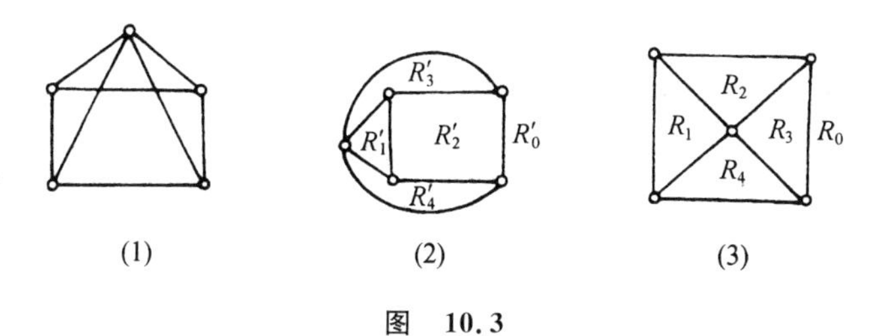

图　10.3

下面讨论平面图中顶点数，边数，面数之间的关系. 1750 年，数学家欧拉指出，任何一个凸多面体的顶点数 n，棱数 e 和面数 f 之间满足关系式：

$$n-e+f=2.$$

这个关系对连通的平面图也成立，这就是关于平面图的著名的**欧拉公式**，见下面定理.

定理 10.2　设 G 为任意的连通平面图，则

$$n-m+r=2,$$

其中 n 为 G 的顶点数，m 为边数，r 为面数.

证　对边数 m 作归纳法. 当 $m=0$ 时，由 G 的连通性可知，G 必为孤立点，因而 $n=1$，$r=1$(即只有一个外部面)，结论成立.

设 $m=k-1(k\geqslant 1)$ 时结论成立，要证明 $m=k$ 时结论也成立.

若 G 为树，任取一片树叶 v 并将它删除，得 $G'=G-v$，则 G' 是连通的，当然还是平面图. G' 中顶点数 $n'=n-1$，边数 $m'=m-1$，面数没变，即 $r'=r$. 由归纳假设应有

$$n'-m'+r'=2,$$

将 $n'=n-1$，$m'=m-1$，$r'=r$ 代入上式，得

$$(n-1)-(m-1)+r=2,$$

经过整理,得

$$n-m+r=2.$$

若 G 不是树,则 G 中必存在圈. 设 C 为一个圈,边 e 在 C 上. 令 $G'=G-e$,所得图 G' 仍连通,$n'=n$,$m'=m-1$,$r'=r-1$. 由归纳假设得

$$n'-m'+r'=2,$$

即

$$n-(m-1)+(r-1)=2,$$

经过整理,得

$$n-m+r=2.$$

推论 对于有 $k(k\geqslant 2)$ 个连通分支的平面图 G,有

$$n-m+r=k+1.$$

证 设 G 的连通分支分别为 $G_1,G_2,\cdots,G_k$,并设 G_i 的顶点数、边数、面数分别为 n_i,m_i,r_i,$i=1,2,\cdots,k$. 由欧拉公式

$$n_i-m_i+r_i=2$$

由于每个 G_i 有一个外部面,而 G 只有一个外部面,所以 G 的面数 $r=\sum_{i=1}^{k}r_i-k+1$. 而 $m=\sum_{i=1}^{k}m_i$,$n=\sum_{i=1}^{k}n_i$. 于是,

$$\begin{aligned}2k&=\sum_{i=1}^{k}(n_i-m_i+r_i)\\&=\sum_{i=1}^{k}n_i-\sum_{i=1}^{k}m_i+\sum_{i=1}^{k}r_i\\&=n-m+r+k-1.\end{aligned}$$

经过整理得

$$n-m+r=k+1.$$

利用欧拉公式可以证明下面定理.

定理 10.3 设 G 是连通的平面图,且每个面的次数至少为 $l(l\geqslant 3)$,则

$$m\leqslant\frac{l}{l-2}(n-2),$$

其中 m 为 G 的边数,n 为顶点数.

证 由定理 10.1 及本定理中的条件可知:

$$2m=\sum_{i=1}^{r}\deg(R_i)\geqslant l\cdot r, \tag{1}$$

其中 r 为 G 的面数. 由于 G 是连通的平面图,因而满足欧拉公式,从中解出 r 得:

$$r=2-n+m. \tag{2}$$

将(2)代入(1),经过整理,得

$$m\leqslant\frac{l}{l-2}(n-2).$$

【例 10.1】 证明 K_5 和 $K_{3,3}$ 都是非平面图.

证　K_5 的顶点数 $n=5$，边数 $m=10$。若 K_5 是平面图，则它的每个面的次数至少为 3。由定理 10.3 得

$$10 \leqslant \frac{3}{3-2}(5-2) = 9.$$

这是个矛盾，因而 K_5 不是平面图.

$K_{3,3}$ 有 6 个顶点，9 条边。若 $K_{3,3}$ 是平面图，它的每个面的次数至少为 4，由定理 10.3 得

$$9 \leqslant \frac{4}{4-2}(6-2) = 8.$$

这又是个矛盾，所以 $K_{3,3}$ 也不是平面图.

K_5，$K_{3,3}$ 是两个特殊的非平面图，它们在平面图的判断上起很重要的作用.

在讨论平面图的判断之前，先介绍消去 2 度顶点，插入 2 度顶点，同胚，初等收缩等概念.

在图 10.4(1)中，从左到右的变换称为消去 2 度顶点 w。(2)中从左到右的变换称为插入 2 度顶点 w.

定义 10.3　如果两个图 G_1，G_2 同构，或经过反复插入或消去 2 度顶点后同构，则称 G_1 与 G_2 **同胚**.

图 10.3 中，(4)是(3)经过消去 2 度顶点 a，e，插入 2 度顶点 h，i 而得到的，(3)与(4)是同胚的。(5)与(6)也是同胚的.

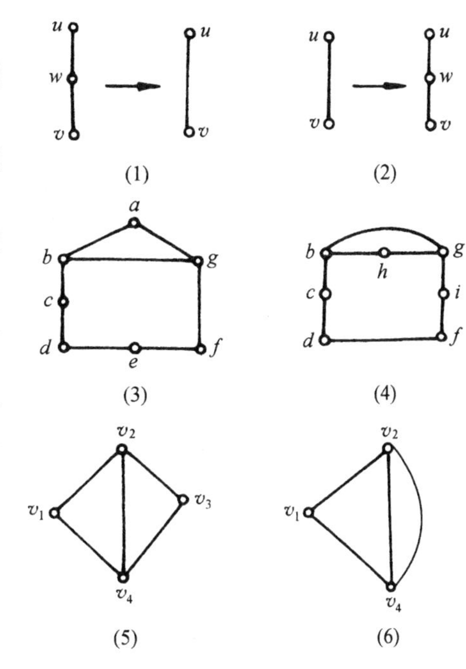

图　10.4

定义 10.4　设 $e=(u,v)$ 是图 G 的一条边，删去 e，用一个新的顶点 w(可以用 u 或 v)取代 u 和 v，并与除 e 外 u 和 v 关联的所有的边关联，称这样的操作为**收缩**边 e。如果 G 能通过收缩若干条边得到 G'，则称 G 可以**收缩**到 G'.

图 10.4 中，(5)经过收缩(v_2，v_3)得到(6)，这里用 v_2 取代 v_2 和 v_3.

1930 年，库拉图斯基(Kuratowski)给出了一个图是平面图的充分必要条件，这就是下面两个定理，因为证明复杂，故省去证明.

定理 10.4　一个图是平面图当且仅当它不含与 K_5 同胚的子图，也不含与 $K_{3,3}$ 同胚的子图.

定理 10.5　一个图是平面图当且仅当它没有可以收缩到 K_5 的子图，也没有可以收缩到 $K_{3,3}$ 的子图.

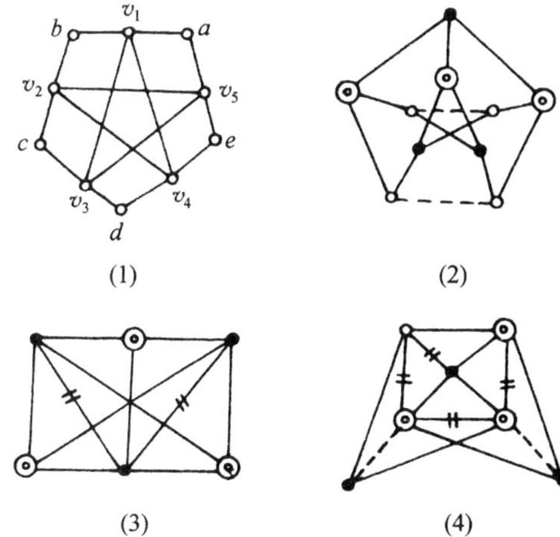

图　10.5

在图 10.5 所示的图中，(1)与 K_5 同胚，也可以收缩到 K_5.

在(2)中，去掉两条虚线边的子图与 $K_{3,3}$ 同胚。或者收缩外层顶点与内层对应顶点之间的 5 条边，得到 K_5.

在(3)中，去掉两条带双杠线后，得到 $K_{3,3}$.

在(4)中,去掉两条虚线边的子图与 K_5 同胚,或者保留虚线边不动,去掉 4 条带双杠的边,所得图与 $K_{3,3}$ 同胚.

由上可知,图 10.5 中的 4 个图都是非平面图.

定义 10.5 设平面图的平面嵌入 G 有 m 条边 $e_1,e_2,\cdots,e_m$,r 个面 $R_1,R_2,\cdots,R_r$. 用下述方法构造图 G^*:在 G 的每一个面 R_i 中任取一点 v_i^* 作为 G^* 的顶点. 记 $V^*=\{v_1^*,v_2^*,\cdots,v_r^*\}$. 对每一条边 e_k,若 e_k 是 R_i 和 R_j 的公共边界($i\neq j$),则连接对应顶点 v_i^* 和 v_j^*,记 $e_k^*=(v_i^*,v_j^*)$. e_k^* 与 e_k 相交. 若 e_k 只在 G 的一个面 R_i 的边界中出现,则以 R_i 中的顶点 v_i^* 为顶点做环 e_k^*. 记 $E^*=\{e_1^*,e_2^*,\cdots,e_m^*\}$. 称 $G^*=\langle V^*,E^*\rangle$ 为 G 的**对偶图**.

图 10.6 中,由实心点和虚线边构成的图为由空心点和实线边构成的图的**对偶图**.

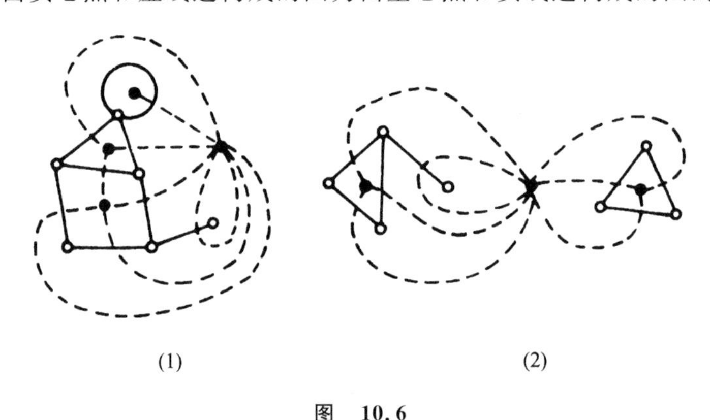

图 10.6

从对偶图的定义不难看出,G 的对偶图 G^* 是连通的平面图. G 与 G^* 的顶点数,边数与面数之间的关系由下面定理给出.

定理 10.6 设 G^* 是连通平面图 G 的对偶图,n^*,m^*,r^*;n,m,r 分别为 G^* 和 G 的顶点数,边数和面数,则

(1) $n^*=r$;

(2) $m^*=m$;

(3) $r^*=n$;

(4) 设 G^* 的顶点 v_i^* 在 R_i 中,则

$$d(v_i^*)=\deg(R_i),\ i=1,2,\cdots,r.$$

证 由对偶图的定义可知,(1),(2),(4)的成立是显然的. 下面证(3)成立.

由于 G 与 G^* 都是连通的平面图,因而顶点数、边数、面数之间都满足欧拉公式:

$$n-m+r=2.$$

$$n^*-m^*+r^*=2.$$

将 $n^*=r,m^*=m$ 代入,两式相减,得证

$$r^*=n.$$

【例 10.2】 举例说明,同构的平面图的对偶图不一定是同构的;平面图与它的对偶图的对偶图不一定同构.

解 图 10.7 中,(1)和(2)中由空心点和实线边构成的图是同构的,但它们的对偶图(由实心点和虚线边构成的图)是不同构的,(1)中的最大度数是 6,而(2)中的最大度数是 5. 可见同

构的图的对偶图不一定同构.

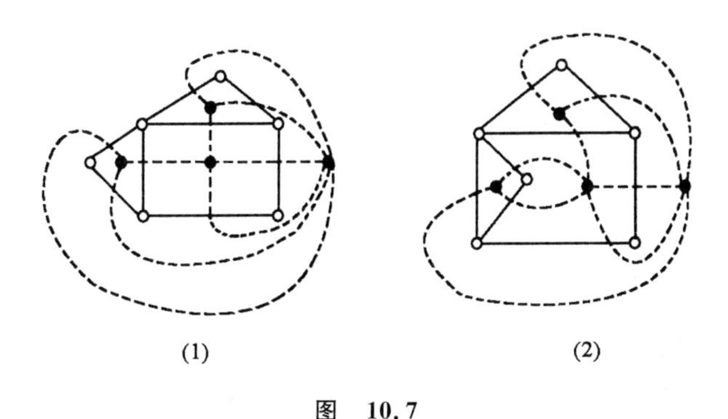

图　10.7

设 G 为非连通的平面图,G^* 为 G 的对偶图,G^{**} 为 G^* 的对偶图.由于对偶图都是连通图,所以 G^{**} 不会与非连通的 G 同构.

10.2　图的着色

定义 10.6　无环无向图 G 的每个顶点涂上一种颜色,使相邻的顶点涂不同颜色,称为 G 的**点着色**,简称**着色**.若能用 k 种颜色给 G 的顶点着色,则称 G 是 ***k* 可着色的**.若 G 是 k 可着色的,但不是$(k-1)$可着色的,则称 k 为 G 的**色数**,记作 $\chi(G)=k$,简记为 $\chi=k$.

不难证明色数有下述性质.

【例 10.3】　(1) $\chi(G)=1$ 当且仅当 G 为零图;

(2) $\chi(K_n)=n$;

(3) n 为奇数时,$\chi(C_n)=3$,n 为偶数时,$\chi(C_n)=2$,其中 C_n 为 n 阶圈;

(4) G 为非零图,$\chi(G)=2$ 当且仅当 G 为二部图.

【例 10.4】　求图 10.8 所示 3 个图的点色数.

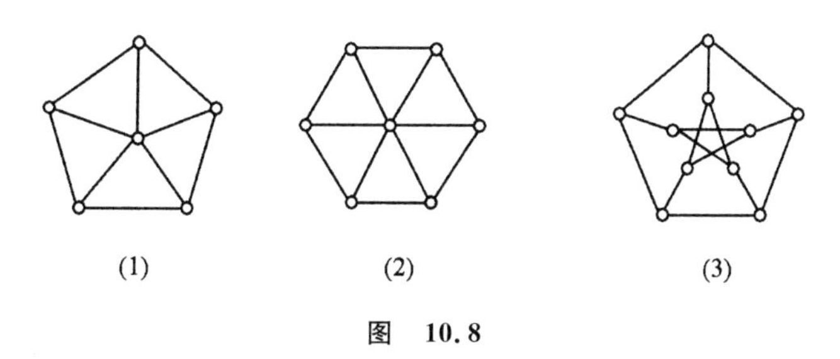

图　10.8

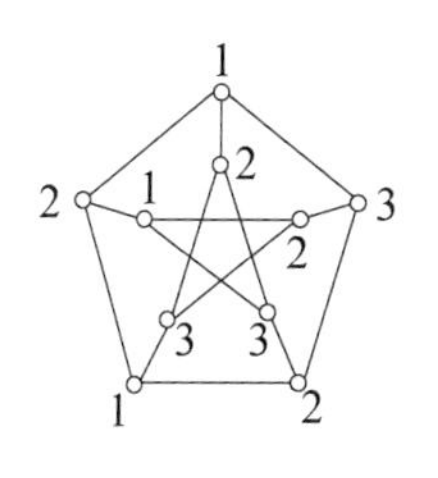

图　10.9

解　(1) 的外围是 5 个顶点的圈,要用 3 种颜色,中心与圈上的顶点都相邻,必须用另一种颜色,故色数为 4.

(2) 的外围是偶圈,要用 2 种颜色,再加上中心的另一种颜色,色数为 3.

一般地,由 $n-1(n\geqslant 4)$阶圈和一个与圈上所有顶点都相邻的顶点构成的 n 阶简单图称作 n 阶**轮图**,记作 W_n.(1)是 W_6,(2)是 W_7.奇阶轮图的色数为 3,偶阶轮图的色数为 4.

(3) 的外围是 5 阶圈，要用 3 种颜色. 不难仍用这 3 种颜色给里面的 5 个顶点着色，如图 10.9 所示. (3)的色数为 3.

图着色有着广泛的应用. 当我们试图在有冲突的情况下分配资源时，就会自然地产生这个问题. 例如，有 n 项工作，每项工作需要一天的时间完成. 有些工作由于需要相同的人员或设备不能同时进行，问至少需要几天才能完成所有的工作？用图描述如下：用顶点表示工作，如果两项工作需要相同的人员或设备就用一条边连接对应的顶点. 工作的时间安排对应于这个图的点着色：着同一种颜色的顶点对应的工作可以安排在同一天，所需的最少天数正好是这个图的色数.

又如，计算机有 k 个寄存器，现正在编译一个程序，要给每一个变量分配一个寄存器. 如果两个变量要在同一时刻使用，则不能把它们分配给同一个寄存器. 构造一个图，每一个变量是一个顶点，如果两个变量要在同一时刻使用，则用一条边连接这两个变量. 于是，这个图的 k 种颜色的着色对应给变量分配寄存器的一种安全方式：给着不同颜色的变量分配不同的寄存器.

还有无线交换设备的波长分配. 有 n 台设备和 k 个发射波长，要给每一台设备分配一个波长. 如果两台设备靠得太近，则不能给它们分配相同的波长，以防止干扰. 以设备为顶点构造一个图，如果两台设备靠得太近，则用一条边连接它们. 用一种颜色表示一个波长，于是这个图的 k 种颜色的着色给出一个波长分配方案.

【例 10.5】 一个程序有 6 个变量 $x_i, i=1,2,\cdots,6$，其中 x_1 与 x_4,x_5；x_2 与 x_5,x_6；x_3 与 x_4,x_6；x_4 与 x_1,x_3,x_5,x_6；x_5 与 x_1,x_2,x_4,x_6；x_6 与 x_2,x_3,x_4,x_5 要同时使用. 计算机编译程序要给每一个变量分配一个寄存器. 为安全起见，要同时使用的两个变量不能分配同一个寄存器. 问编译这个程序至少要使用几个寄存器？如何分配？

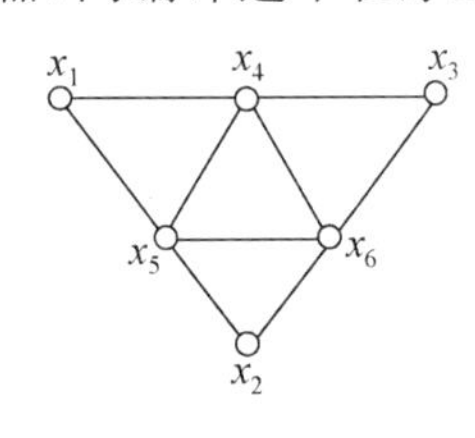

图 10.10

解 做无向图 $G=\langle V,E\rangle$，其中 $V=\{x_1,x_2,x_3,x_4,x_5,x_6\}$，$E=\{(x_i,x_j) \mid x_i$ 与 x_j 要同时使用，$i\neq j, i,j=1,2,\cdots,6\}$，如图 10.10 所示.

不难看出给这个图着色至少需要 3 种颜色：x_4,x_5,x_6 分别着颜色 1,2,3，x_1 着颜色 3，x_2 着颜色 1，x_3 着颜色 2. 一种颜色代表一个寄存器，分配方案如下：x_4,x_2 分配寄存器 1，x_5,x_3 分配寄存器 2，x_6，x_1 分配寄存器 3. 按照这种方式分配寄存器可以保证不会产生冲突

着色问题与哈密顿回路问题一样，至今没有找到有效的算法.

在历史上，着色问题起源于地图着色. 19 世纪 50 年代一个青年学生注意到可以用 4 种颜色给英格兰的郡地图着色，使得相邻的郡着不同的颜色. 他猜想任何地图都可以用 4 种颜色着色. 他的弟弟是著名数学家德摩根的学生，他把哥哥的这个想法告诉了德摩根. 德摩根对这个问题非常感兴趣并把它公布于众. 这就是著名的**四色猜想**.

地图是连通无桥平面图的平面嵌入，每一个面是一个国家(或省，市，区等). 若两个国家有公共的边界，则称这两个国家是相邻的. 对地图的每个国家涂一种颜色，使相邻的国家涂不同的颜色，称为**地图的面着色**，简称**地图着色**. 地图着色所需最少颜色数称作地图的**面色数**. 地图着色问题就是要用尽可能少的颜色给地图着色.

地图的面着色可以转化成平面图的点着色. 地图是无桥的平面图，它的对偶图是无圈的平面图. 由于地图上的国家与它的对偶图的顶点一一对应，且两个国家相邻当且仅当对应的顶点相邻，因此可以把地图的面着色转化成它的对偶图的点着色. 因此，四色猜想也可以叙述成：

任何平面图都是 4 可着色的. 1890 年希伍德证明任何平面图都是 5 可着色的,称作**五色定理**. 此后一直没有大的进展,直到 1976 年两位美国数学家阿佩尔和黑肯终于证明了四色猜想,从而使得四色猜想成为**四色定理**. 阿佩尔和黑肯的证明是根据前人的证明思路,用计算机完成的. 他们证明,如果四色猜想不成立,则存在一个反例,这个反例大约有 2 000 种(后来有人简化到 600 多种)可能,然后他们用计算机分析了所有这些可能,都没有导致反例,从而证明四色猜想成立. 阿佩尔和黑肯的证明开创了用计算机辅助证明数学定理的先河. 但是,对四色定理的研究并没有到此结束. 寻找相对短的、能被人阅读和检查的证明仍是数学家们追求的目标.

定义 10.7　(四色定理) 任何平面图都是 4 可着色的.

10.3　例题分析

【例 10.6】　写出图 10.11 所示平面图各面的次数.

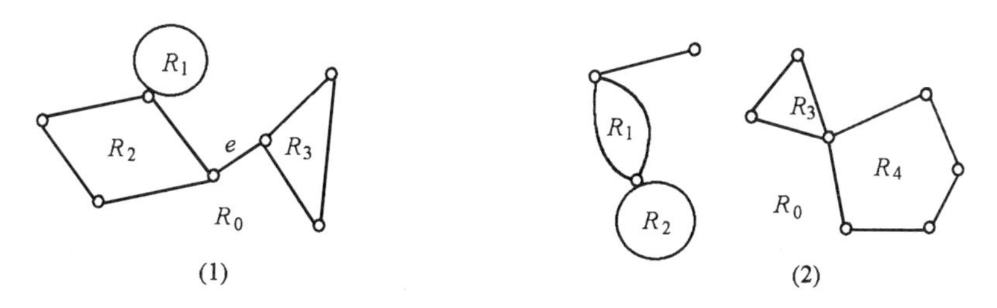

图　10.11

解　准确地写出各面的次数的关键是准确地找出各面的边界,它们都是回路或回路之并. 在(1)中,$\deg(R_1)=1$,$\deg(R_2)=4$,$\deg(R_3)=3$,而 $\deg(R_0)=10$. 注意,图中桥 e 在 R_0 的边界中出现两次. 在(2)中,$\deg(R_1)=2$,$\deg(R_2)=1$,$\deg(R_3)=3$,$\deg(R_4)=5$,$\deg(R_0)=13$. 注意,R_0 的边界由一个简单回路和一个复杂回路构成.

最后可用定理 10.1 验证所得答案是否正确,如果算出各面次数之和不等于边数的两倍,那么肯定有错.

【例 10.7】　设 n 阶简单平面图 G 的边数 $m<30$,证明 G 中存在顶点 v,$d(v)\leqslant 4$.

证　由于 G 为简单平面图,所以 $\Delta\leqslant n-1$,于是当 $n\leqslant 5$ 时,结论显然成立. 下面就 $n\geqslant 6$ 时进行证明. 若 G 为非连通的,它的每个连通分支的边数均小于 30,因而可对它的某个连通分支讨论,故可设 G 是连通的,于是满足欧拉公式

$$n-m+r=2. \tag{1}$$

若 G 为树,树叶的度数为 1,满足要求. 于是设 G 中含圈,又因为 G 为简单图,$n\geqslant 6$,所以每个面的次数均大于等于 3,由定理 10.1 可知

$$2m\geqslant 3r. \tag{2}$$

若 G 中不存在度数$\leqslant 4$ 的顶点,由握手定理可知

$$2m\geqslant 5n. \tag{3}$$

将(2),(3)代入(1),整理后得

$$2=n-m+r\leqslant\frac{2}{5}m-m+\frac{2}{3}m=\frac{1}{15}m<2.$$

这是个矛盾,所以存在 v,$d(v)\leqslant 4$.

【例 10.8】 图 10.12 中哪些图是平面图?哪些不是?为什么?

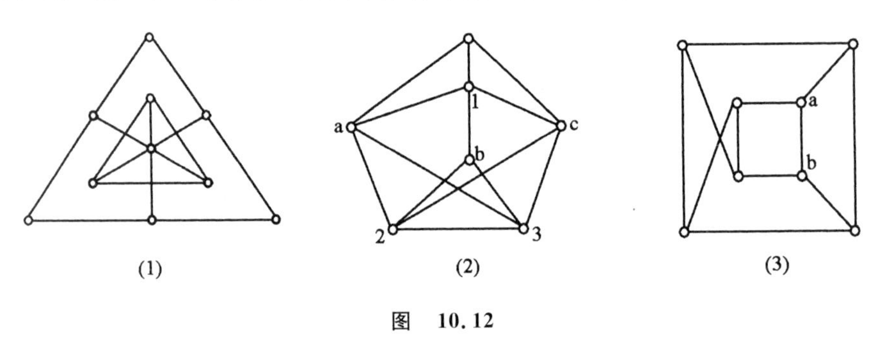

图　10.12

解　(1) 为平面图,(2)与(3)均为非平面图.

下面先证明(1)中图 G_1 是平面图.将里面的小三角形移出,并把中心的 6 度顶点放在大小三角形之间,如图 10.13(1)所示,则该图为 G_1 的一个平面嵌入,所以 G_1 为平面图.

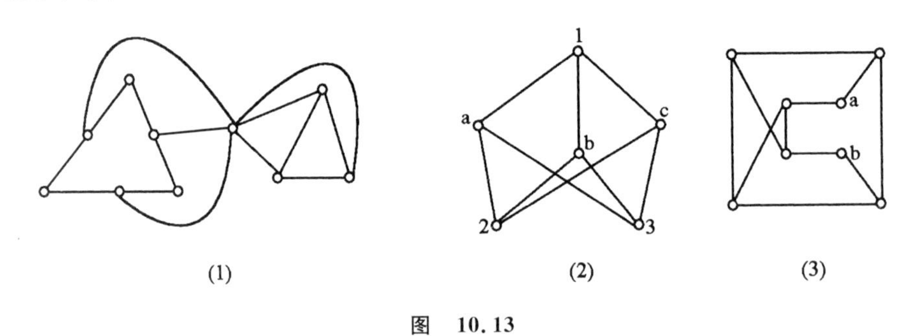

图　10.13

记图 10.12 中(2)与(3)分别为 G_2 和 G_3,用库拉图斯基定理证明它们不是平面图.图 10.13(2)所示图为 G_2 的子图,此图为 $K_{3,3}$,所以 G_2 不是平面图.在 G_3 中去掉边(a,b)所得子图如图 10.13(3)所示,此图与 $K_{3,3}$同胚(消去 2 度顶点 a,b),所以 G_3 不是平面图.

【例 10.9】 设 G 为 6 阶 12 条边连通的简单平面图,证明 G 的每个面的次数均为 3.

证　由于 G 为简单平面图,所以满足欧拉公式

$$n-m+r=2.$$

已知 $n=6,m=12$,解得 $r=8$.即 G 有 8 个面,设它们分别为 $R_1,R_2,\cdots,R_8$.因为 $n=6$,G 为简单图,所以 $\deg(R_i)\geqslant 3,i=1,2,\cdots,8$.又由定理 10.1 可知,

$$2m=\sum_{i=1}^{8}\deg(R_i).$$

于是,8 个大于等于 3 的数之和为 24,迫使每个加数均为 3,即 $\deg(R_i)=3,i=1,2,\cdots,8$.

习　题　十

1. 求图 10.14 所示平面图各面的次数.
2. 证明图 10.15 所示各图均为平面图.
3. 设 G 是 n 阶 m 条边每个面的次数至少为 4 的连通的平面图,证明:$m\leqslant 2n-4$.
4. 证明图 10.16 中的两个图为非平面图.

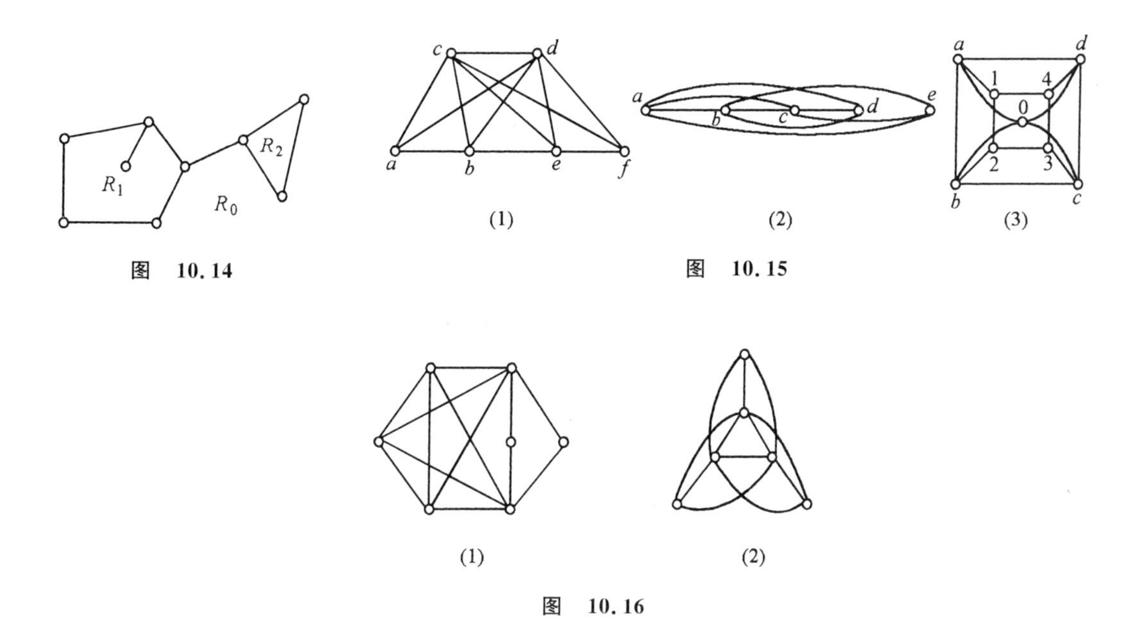

图　10.14

图　10.15

图　10.16

5. 平面图 G 如图 10.17 所示，求 G 的对偶图 G^*.

6. 求图 10.18 所示平面图的点色数 χ 和面色数 χ^*

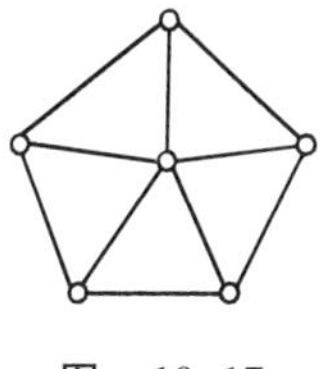

图　10.17

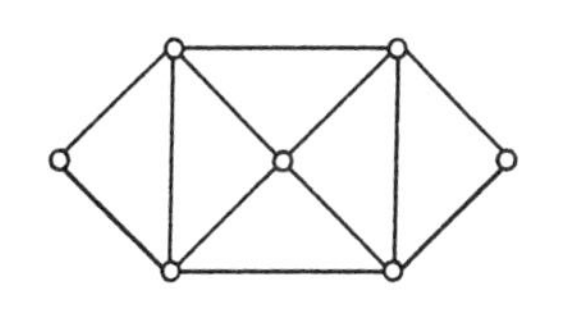

图　10.18

7. 某大学计算机专业三年级有 5 门选修课，其中课程 1 与 2，1 与 3，1 与 4，2 与 4，2 与 5，3 与 4，3 与 5 均有人同时选修. 问安排这 5 门课的考试至少需要几个时间段？

8. 假设当两台无线发射设备的距离小于 200 公里时不能使用相同的频率. 现有 6 台设备，表 10.1 给出它们之间的距离，问它们至少需要几个不同的频率？

表 10.1

	1	2	3	4	5	6
1	0	120	250	345	160	180
2		0	125	240	150	210
3			0	160	320	380
4				0	288	321
5					0	100
6						0

第五部分　组合数学

第十一章　组合计数

11.1　排列与组合

组合数学的一个重要的研究领域是组合计数，它在算法的设计与分析中有着重要的应用. 先介绍两个基本的计数规则：加法法则与乘法法则.

加法法则：事件 A 有 m 种产生的方式，事件 B 有 n 种产生的方式，则事件"A 或 B"有 $m+n$ 种产生的方式.

加法法则的使用条件是：事件 A 与 B 产生的方式是不重叠的. 如果有某种产生方式既是事件 A 的产生方式，也是事件 B 的产生方式，那么事件"A 或 B"的产生方式数不等于 $m+n$.

加法法则可以推广到 k 种事件的情况. 即：事件 A_1 有 n_1 种产生方式，事件 A_2 有 n_2 种产生方式，……，事件 A_k 有 n_k 种产生的方式，则"事件 A_1 或 A_2 或…A_k"有 $n_1+n_2+\cdots+n_k$ 种产生的方式.

乘法法则：事件 A 有 m 种产生方式，事件 B 有 n 种产生方式，则事件"A 与 B"有 mn 种产生的方式.

乘法法则的使用条件是：事件 A 与 B 产生的方式是相互独立的. 如果事件 A 选择了某种产生方式会影响到事件 B 对产生方式的选择，或者事件 B 选择了某种产生方式会影响到事件 A 对产生方式的选择，那么事件"A 与 B"的产生方式数不等于 mn.

乘法法则也可以推广到 k 个事件的情况. 即：事件 A_1 有 n_1 种产生方式，事件 A_2 有 n_2 种产生方式，……，事件 A_k 有 n_k 种产生的方式，则"事件 A_1 与 A_2 与…A_k"有 $n_1n_2\cdots n_k$ 种产生的方式.

【例 11.1】　设 A,B,C 是 3 个城市，从 A 到 B 有 3 条道路，从 B 到 C 有 2 条道路，从 A 直接到 C 有 4 条道路，问从 A 到 C 有多少种不同的方式？

解　将从 A 到 C 的道路分成两类：经过 B 的与不经过 B 的. 把经过 B 的道路分成两步选择：先选从 A 到 B 的，有 3 种；再选从 B 到 C 的，有 2 种，根据乘法法则，经过 B 的道路有 3×2 条. 而从 A 直接到 C 的有 4 条，再使用加法法则，不同的方式数是：

$$N=3\times 2+4=10$$

在选取问题中通常使用的方法是分类选取和分步选取. 所谓分类选取是将所有的选法分成若干类，各类选法互不重叠，分别计数每类的选法个数，然后使用加法法则. 分步选取是将选择过程分成若干步，每步选择彼此独立，分别计数每步的选择数目，然后使用乘法法则. 在例

11.1 的求解过程中是把 A 到 C 的道路根据是否经过 B 分成两类，对于经过 B 的道路再分 A 到 B 和 B 到 C 两段进行分步选取. 整个求解过程是先使用乘法法则，再使用加法法则.

集合的排列与组合是不允许重复选取的基本计数模型，下面给出有关定义和计数公式.

定义 11.1　设 S 是 n 元集.

(1) 从 S 中有序选取的 r 个元素称为 S 的一个 ***r* 排列**，S 的不同 r 排列总数记作 $P(n,r)$. $r=n$ 的排列称作 S 的**全排列**，或简称为 S 的排列.

(2) 从 S 中无序选取的 r 个元素称为 S 的一个 ***r* 组合**，S 的所有 r 组合的总数记作 $C(n,r)$.

定理 11.1　设 n,r 为自然数，规定 $0!=1$，则

(1) $P(n,r)=\begin{cases}\dfrac{n!}{(n-r)!} & n\geqslant r\\ 0 & n<r\end{cases}$

(2) $C(n,r)=\begin{cases}\dfrac{P(n,r)}{r!} & n\geqslant r\\ 0 & n<r\end{cases}$

证明　若 $n<r$，显然不存在 S 的 r 排列和 r 组合. 下面考虑 $n\geqslant r$ 的情况.

(1) 从 S 中选择排列的第一个元素有 n 种选法，接着从剩下的 $n-1$ 个元素中选择排列的第二个元素有 $(n-1)$ 种选法. 类似地，排列中第 2 到第 r 个元素的选法数分别为 $(n-2)$，…，$(n-r+1)$. 根据乘法法则，总选法数为

$$n(n-1)(n-2)\cdots(n-r+1)=\frac{n!}{(n-r)!}$$

(2) 分两步构成 r 排列，先从 S 中选出 r 个元素，然后对这 r 个元素做全排列. 选择 r 个元素的方法数是 $C(n,r)$，构成全排列的方法数是 $r(r-1)\cdots 1=r!$. 由乘法法则有

$$P(n,r)=C(n,r)\cdot r!$$

于是有

$$C(n,r)=\frac{P(n,r)}{r!}$$

推论　元素依次排成一个圆环的排列称为**环排列**，n 元集 S 的 r 环排列数是 $P(n,r)/r$. 当 $r=n$ 时，S 的环排列数为 $(n-1)!$.

证明　对于每个 r 环排列 $a_1,a_2,\cdots,a_r$，如果从两个相邻元素之间断开，就得到普通的 r 排列. 因为断开的位置有 r 种，r 个不同的线排列对应一个环排列，于是 r 环排列数为 $P(n,r)/r$. 当 $r=n$ 时，S 的环排列数为 $P(n,n)/n=n!/n=(n-1)!$.

【例 11.2】　(1) 10 个男孩与 5 个女孩站成一排，如果没有女孩相邻有多少种排法？如果排成一个圆圈且没有女孩相邻，问有多少种方法？

(2) 从 1，2，…，300 中任取 3 个数使得其和能被 3 整除，问有多少种方法？

解　(1) 分步选取. 先把男孩看作格子的分界，排列男孩的方法数是 $P(10,10)$. 被男孩隔开的位置是 11 个，其中选出 5 个的方法数是 $P(11,5)$. 根据乘法法则所求的排列数是

$$N_1=P(10,10)\ P(11,5)=10!\times\frac{11!}{6!}$$

与上面的分析类似，女孩不相邻的环排列方法数为

$$N_2=\frac{P(10,10)}{10}P(10,5)=9!\times\frac{10!}{5!}$$

(2) 将$\{1,2,\cdots,300\}$按照除以 3 的余数分为 A,B,C 三个子集,其中

$$A=\{3,6,9,\cdots,300\},\ B=\{1,4,7,\cdots,298\}, C=\{2,5,8,\cdots,299\}$$

若使得选出的 3 个数 i,j,k 之和能被 3 整除,可能的选法分以下两类:

i,j,k 取自同一个子集.根据加法法则,方法数为 $3C(100,3)$.

i,j,k 分别取自不同的子集.根据乘法法则,方法数为 $C(100,1)C(100,1)C(100,1)$

最后再使用加法法则得到 $N=3C(100,3)+C(100,1)^3=1485100$.

【例 11.3】 (1) 设 S 为 3 元集,S 上可以定义多少个不同的二元运算和一元运算?其中有多少个二元运算是可交换的?有多少个二元运算是幂等的?有多少个二元运算是可交换并且幂等的?

(2) 若 S 是 n 元集,上述问题的结果是什么?

解 (1) 3 元集上二元运算的运算表有 9 个位置,每个位置可以选择 3 种值,根据乘法法则有 $3^9=19683$ 个二元运算.一元运算表只有 3 个位置,每个位置可以选 3 种值,于是有 $3^3=27$ 个一元运算.可交换二元运算的运算表除了主对角线元素之外,其他元素关于主对角线成对称分布,能独立取值的位置有 6 个,每个位置可以选 3 种值,于是有 $3^6=729$ 个可交换的二元运算.幂等的二元运算的运算表中主对角线元素的排列与表头元素相同,其他 6 个位置的可以独立取值,于是幂等的二元运算有 $3^6=729$ 个.可交换且幂等的二元运算的运算表中可独立选择值的位置只有 3 个,于是这种运算有 $3^3=27$ 个.

(2) 对于 n 元集可以使用(1)中的分析方法,所得结果如下:二元运算有 n^{n^2} 个,一元运算有 n^n 个.可交换的二元运算有 $n^{\frac{n^2+n}{2}}$个,幂等的二元运算有 n^{n^2-n}个,可交换且幂等的二元运算有 $n^{\frac{n^2-n}{2}}$个.

上面讨论的选取问题中的元素是不允许重复的.为了处理允许重复的有序或无序选取问题,需要定义多重集.

元素可以多次出现的集合称为**多重集**,元素 a_i 出现的次数叫作它的**重复度**,记作 n_i,$n_i=0,1,\cdots,\infty$. 含有 k 种元素的多重集可记作 $S=\{n_1\cdot a_1,n_2\cdot a_2,\cdots,n_k\cdot a_k\}$.

定义 11.2 (1) 从多重集 $S=\{n_1\cdot a_1,n_2\cdot a_2,\cdots,n_k\cdot a_k\}$中有序选取的 r 个元素称为 S 的一个 r **排列**,当 $r=n_1+n_2+\cdots+n_k$ 时称作 S 的**全排列**或简称为 S 的排列.

(2) 从多重集 $S=\{n_1\cdot a_1,n_2\cdot a_2,\cdots,n_k\cdot a_k\}$中无序选取的 r 个元素称为 S 的一个 r **组合**.

例如多重集 $S_1=\{2\cdot a,1\cdot b,3\cdot c\}$,则 $acab$,$abcc$ 是 S_1 的 4 排列,$abccca$ 是 S_1 的排列. $S_2=\{\infty\cdot a,\infty\cdot b,\infty\cdot c\}$,则 $aa,ab,ac,bb,ba,bc,cc,cb,ca$ 等都是 S_2 的 2 排列.

定理 11.2 设 $S=\{n_1\cdot a_1,n_2\cdot a_2,\cdots,n_k\cdot a_k\}$为多重集.

(1) 若对一切 $i=1,2,\cdots,k$ 有 $n_i\geqslant r$,则 S 的 r—排列数为 k^r.

(2) 若 $n_1+n_2+\cdots+n_k=n$,则 S 的全排列数为$\dfrac{n!}{n_1!\ n_2!\ \cdots n_k!}$,简记为$\dbinom{n}{n_1n_2\cdots n_k}$.

证明 (1) 构造 S 的 r 排列.由于每个元素的重复度至少是 r,从第一位到第 r 位,每一位都可以有 k 种选法.根据乘法法则,不同的 r 排列有 k^r 个.

(2) 分步处理.先选放 a_1 的位置,有 $C(n,n_1)$种方法.接着选放 a_2 的位置,有 $C(n-n_1,n_2)$种方法.$\cdots$,最后得到放 a_k 的方法数为 $C(n-n_1-n_2-\cdots-n_{k-1},n_k)$.根据乘法法则有

$$N = C(n,n_1)C(n-n_1,n_2)\cdots C(n-n_1-n_2\cdots-n_{k-1},n_k)$$
$$= \frac{n!}{n_1!\ (n-n_1)!}\frac{(n-n_1)!}{(n-n_1-n_2)!\ n_2!}\cdots\frac{(n-n_1-n_2-\cdots n_{k-1})!}{0!\ n_k!}$$
$$= \frac{n!}{n_1!\ n_2!\ \cdots n_k!}$$

【例 11.4】 设集合 $S=\{1,2,\cdots,n\}$，问 S 上有多少个不同的单调递增函数？

解 任给 S 上的一个单调递增函数，可以得到 n 个点：$(1,f(1)),(2,f(2)),\cdots,(n,f(n))$. 从 $(1,1)$ 点做一条到达 $(n+1,n)$ 点的路径. 连线规则是：先向右，再向上. 从 $(1,1)$ 点到 $(1,f(1))$ 点，接着从 $(1,f(1))$ 点到 $(2,f(2))$ 点，继续经过 $(3,f(3)),(4,f(4)),\cdots,(n,f(n))$ 各点，最终到达 $(n+1,n)$ 点，整条路径如图 11.1 所示.

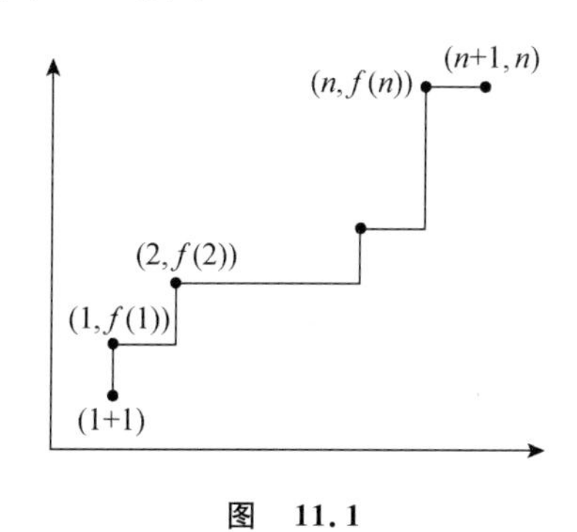

图 11.1

不难看到，S 上的单调函数与这样的非降路径存在一一对应. 下面对这种路径进行计数.

如果向上一步记作 x，向右一步记作 y，那么这条路径恰好对应了 $n-1$ 个 x、n 个 y 的排列. 多重集 $\{(n-1)\cdot x, n\cdot y\}$ 的全排列数是 $\dfrac{(n+n-1)!}{(n-1)!\ n!}=C(2n-1,n)$. 因此 S 有 $C(2n-1,n)$ 个单调函数.

定理 11.3 设多重集 $S=\{\infty\cdot a_1,\infty\cdot a_2,\cdots,\infty\cdot a_k\}$，则 S 的 r 组合数为 $C(k+r-1,r)$.

证明 S 的任何 r 组合都是 S 的子多重集，具下述形式：

$$\{x_1\cdot a_1, x_2\cdot a_2,\cdots,x_k\cdot a_k\}$$

不难看到，方程 $x_1+x_2+\cdots+x_k=r$ 的非负整数解 $x_1,x_2,\cdots,x_k$ 的个数恰好等于 S 的 r 组合数.

针对方程 $x_1+x_2+\cdots+x_k=r$ 的非负整数解 $x_1,x_2,\cdots,x_k$，可如下构造 0～1 序列：

$1\ldots1$	0	$1\ldots1$	0	$\cdots$	0	$1\ldots1$
x_1个1	第一个0	x_2个1	第二个0		第k-1个0	x_k个1

在上述序列中 $k-1$ 个 0 把 r 个 1 划分成 k 组，使得第一组含 x_1 个 1，第二组含 x_2 个 1，……，第 k 组含 x_k 个 1. 易见上述 0～1 排列个数恰好等于方程 $x_1+x_2+\cdots+x_k=r$ 的非负整数解个数. 而 $k-1$ 个 0 和 r 个 1 构成的 0～1 序列个数是 $\{(k-1)\cdot 0, r\cdot 1\}$ 的全排列数，根据定理 11.2 有

$$N=\frac{(k-1+r)!}{(k-1)!\ r!}=C(k+r-1,r).$$

推论 设 $S=\{n_1\cdot a_1, n_2\cdot a_2, \cdots, n_k\cdot a_k\}$ 为多重集，且对一切 $i=1,2,\cdots,k$ 有 $n_i\geqslant r$，则 S 的 r－组合数为 $C(k+r-1,r)$.

【例 11.5】 用数字 1,1,2,3,3,4 构成 4 位数，问能构成多少个不同的 4 位数？

解 所求的 4 位数是多重集 $S=\{2\cdot 1,1\cdot 2,2\cdot 3,1\cdot 4\}$ 的 4 排列. 分两步计数 S 的 4 排列数. 先给出 S 的所有 4 组合，再对每个 4 组合求它的全排列.

S 的 4 组合列出如下：

$$A=\{1,1,2,3\}, B=\{1,1,2,4\}, C=\{1,1,3,3\}, D=\{1,1,3,4\},$$
$$E=\{1,2,3,3\}, F=\{1,2,3,4\}, G=\{1,3,3,4\}, H=\{2,3,3,4\}.$$

由定理 11.2，A,B,D,E,G,H 的全排列数都是 $4!/1!1!2!=12$，C 的全排列数为 $4!/2!2!=6$，F 的全排列数为 $4!/1!1!1!1!=24$. 根据加法法则 $N=12\times 6+6+24=102$.

需要说明的是，定理 11.2 和定理 11.3 只是针对某些满足特殊条件的多重集给出了 r 排列和 r 组合的计数公式，而关于一般多重集的 r 排列和 r 组合没有简单的计数公式. 后面我们会介绍其他的求解方法.

11.2 二项式定理与多项式定理

组合数 $C(n,k)$ 也叫作**二项式系数**，可记作 $\binom{n}{k}$. 关于二项式系数不难证明以下结果：

$$\binom{n}{k}=\binom{n}{n-k}, n,k\in\mathbf{N}, n\geqslant k \tag{11.1}$$

$$\binom{n}{k}=\frac{n}{k}\binom{n-1}{k-1}, n,k\in\mathbf{Z}^+, n\geqslant k \tag{11.2}$$

$$\binom{n}{k}=\binom{n-1}{k}+\binom{n-1}{k-1}, n,k\in\mathbf{Z}^+, n>k \tag{11.3}$$

定理 11.4(二项式定理) 设 n 是正整数，对一切 x 和 y 有

$$(x+y)^n=\sum_{k=0}^{n}\binom{n}{k}x^k y^{n-k}.$$

定理 11.4 可以通过数学归纳法加以证明，限于篇幅，这里不再赘述. 根据这个定理可以得到关于二项式系数的恒等式. 下面列出一些重要的恒等式.

$$\sum_{k=0}^{n}\binom{n}{k}=2^n,\quad n\in\mathbf{Z}^+. \tag{11.4}$$

$$\sum_{k=0}^{n}(-1)^k\binom{n}{k}=0,\quad n\in\mathbf{Z}^+. \tag{11.5}$$

$$\sum_{k=1}^{n}k\binom{n}{k}=n2^{n-1},\quad n\in\mathbf{Z}^+. \tag{11.6}$$

$$\sum_{k=1}^{n}k^2\binom{n}{k}=n(n+1)2^{n-2},\quad n\in\mathbf{Z}^+. \tag{11.7}$$

$$\binom{n}{r}\binom{r}{k}=\binom{n}{k}\binom{n-k}{r-k}\quad n,r,k\in\mathbf{Z}^+, n\geqslant r\geqslant k. \tag{11.8}$$

$$\sum_{k=0}^{r}\binom{m}{k}\binom{n}{r-k}=\binom{m+n}{r},\quad m,n,r\in\mathbf{N},r\leqslant\min(m,n).\tag{11.9}$$

$$\sum_{k=0}^{m}\binom{m}{k}\binom{n}{k}=\binom{m+n}{m},\quad m,n\in\mathbf{N}.\tag{11.10}$$

$$\sum_{l=0}^{n}\binom{l}{k}=\binom{n+1}{k+1},\quad n,k\in\mathbf{N}.\tag{11.11}$$

$$\sum_{l=0}^{k}\binom{n+l}{l}=\binom{n+k+1}{k},\quad n,k\in\mathbf{N}.\tag{11.12}$$

下面选证其中的一部分.

证等式 11.6. 由等式 11.2 得

$$k\binom{n}{k}=k\,\frac{n}{k}\binom{n-1}{k-1}=n\binom{n-1}{k-1}$$

代入公式 11.6 左边并利用等式 11.4 得到

$$\sum_{k=1}^{n}k\binom{n}{k}=\sum_{k=1}^{n}n\binom{n-1}{k-1}=n\sum_{k=1}^{n}\binom{n-1}{k-1}=n\sum_{k=0}^{n-1}\binom{n-1}{k}=n2^{n-1}$$

证等式 11.9. 由二项式定理得

$$(1+x)^m=\sum_{k=0}^{m}\binom{m}{k}x^k\quad(1+x)^n=\sum_{l=0}^{n}\binom{n}{l}x^l,$$

因此有

$$(1+x)^{m+n}=\left(\sum_{k=0}^{m}\binom{m}{k}x^k\right)\left(\sum_{l=0}^{n}\binom{n}{l}x^l\right),$$

比较两边 x^r 的系数,左边是 $\binom{m+n}{r}$,右边是 $\sum_{k=0}^{r}\binom{m}{k}\binom{n}{r-k}$. 从而得到等式 11.9.

证明等式 11.11. 令 $S=\{a_1,a_2,\cdots,a_{n+1}\}$. S 的 $k+1$ 元子集分类如下:

含 a_1 的子集有 $\binom{n}{k}$ 个;

不含 a_1 但含 a_2 的子集有 $\binom{n-1}{k}$ 个;

不含 a_1 和 a_2 但含 a_3 的子集有 $\binom{n-2}{k}$ 个;

……

不含 $a_1,a_2,\cdots,a_n$,但含 a_{n+1} 的子集有 $\binom{0}{k}$ 个.

由加法法则,等式 11.11 成立.

等式 11.6 的证明方法是代数方法. 通过直接代入组合数的值或者利用已知的组合恒等式进行化简,使得等式两边相等. 等式 11.9 的证明方法是利用二项式定理,对 x 或 y 指定特定的值,并比较展开式两边的系数. 等式 11.11 的证明方法是组合分析的方法,说明等式两边都是对同一个组合问题的计数.

多项式定理是二项式定理的推广.

定理 11.5(多项式定理) 设 n 是正整数,则对一切实数 $x_1,x_2,\cdots,x_k$ 有

$$(x_1+x_2+\cdots+x_k)^n=\sum\binom{n}{n_1 n_2\cdots n_k}{x_1}^{n_1}{x_2}^{n_2}\cdots{x_k}^{n_k}$$

其中求和是对满足方程 $n_1+n_2+\cdots+n_k=n$ 的一切非负整数 $n_1,n_2,\cdots,n_k$ 来求.

证明 令 $T=x_1+x_2+\cdots+x_k$,上式左边是 n 个 T 相乘,每个 T 在相乘时对右边的项贡献一个 x_i, $i\in\{1,2,\cdots,k\}$. 因此右边的展开式含有 k^n 个项(包括同类项),每项都是 $x_1^{n_1}x_2^{n_2}\cdots x_k^{n_k}$ 的形式,其中 $n_1,n_2,\cdots,n_k$ 是非负整数,且 $n_1+n_2+\cdots+n_k=n$. 为构成项 $x_1^{n_1}x_2^{n_2}\cdots x_k^{n_k}$,需要在 n 个 T 中选择 n_1 个贡献 x_1,在剩下的 $n-n_1$ 个 T 中选择 n_2 个贡献 x_2,…,最后,在 $n-n_1-n_2-\cdots-n_{k-1}$ 个 T 中选择 n_k 个贡献 x_k,因此项 $x_1^{n_1}x_2^{n_2}\cdots x_k^{n_k}$ 的系数是

$$\begin{aligned}&\binom{n}{n_1}\binom{n-n_1}{n_2}\cdots\binom{n-n_1-\cdots-n_{k-1}}{n_k}\\&=\frac{n!}{n_1!(n-n_1)!}\cdot\frac{(n-n_1)!}{n_2!(n-n_1-n_2)!}\cdot\cdots\cdot\frac{(n-n_1-\cdots-n_{k-1})!}{n_k!(n-n_1-\cdots-n_k)!}\\&=\frac{n!}{n_1!n_2!\cdots n_k!}=\binom{n}{n_1 n_2\cdots n_k}\end{aligned}$$

推论 1 $(x_1+x_2+\cdots+x_k)^n$ 的展开式在合并同类项后的不同的项数是 $\binom{n+k-1}{n}$.

证明 $(x_1+x_2+\cdots+x_k)^n$ 的展开式中的项是 $x_1^{n_1}x_2^{n_2}\cdots x_k^{n_k}$ 的形式,其中 $n_1,n_2,\cdots,n_k$ 是非负整数,且 $n_1+n_2+\cdots+n_k=n$. 根据定理 11.3 的证明可知,方程 $n_1+n_2+\cdots+n_k=n$ 的非负整数解的个数是 $\binom{n+k-1}{n}$.

推论 2 $\sum\binom{n}{n_1 n_2\cdots n_k}=k^n$,其中求和是对方程 $n_1+n_2+\cdots+n_k=n$ 的一切非负整数解来求和.

证明 在多项式定理中令 $x_1=x_2=\cdots=x_k=1$ 即可.

不难看出,二项式定理是多项式定理 $k=2$ 时的特殊情况. 类似于二项式系数,可以把多项式定理中的系数 $\binom{n}{n_1 n_2\cdots n_k}$ 叫作**多项式系数**. 二项式系数恰好是组合数 $C(n,k)$. 下面讨论多项式系数的组合含义.

$\binom{n}{n_1 n_2\cdots n_k}$ 是多重集 $S=\{n_1\cdot a_1,n_2\cdot a_2,\cdots,n_k\cdot a_k\}$ 的全排列数(定理 11.2).

考虑放球问题. 把 n 个不同的球放到 k 个不同的盒子里,如果要求第一个盒子有 n_1 个球,第二个盒子有 n_2 个球,…,第 k 个盒子有 n_k 个球,那么放球的方案数是 $\binom{n}{n_1 n_2\cdots n_k}$.

【例 11.6】 求 $(2x_1-3x_2+5x_3)^6$ 中 $x_1^3x_2x_3^2$ 项的系数.

解 $\binom{6}{312}2^3(-3)\cdot5^2=\frac{6!\ \cdot8\cdot(-3)\cdot25}{3!\ 1!\ 2!}=-36000$

11.3　例题分析

本章的习题主要涉及计算题、应用题和证明题.

一、计算题

【例 11.7】（1）设 $S=\{a_1,a_2,a_3,\infty\cdot a_4,\infty\cdot a_5\}$，求 S 的 4 组合数.

（2）从 $\{\infty\cdot 0,\infty\cdot 1,\infty\cdot 2\}$ 中取 n 个数做排列，若不允许相邻位置的数相同，问有多少种排法?

解　（1）令 $A=\{a_1,a_2,a_3\}$，$B=\{\infty\cdot a_4,\infty\cdot a_5\}$，则 $A\cap B=\varnothing$，$A\cup B=S$. 把 S 的 4 组合按照含 A 的元素数 i 进行分类，$i=0,1,\cdots,3$. 考虑含 i 个 A 中元素的类. 从 A 选 i 个元素的方法数是 $C(3,i)$. B 是多重集，由定理 11.3，从 B 选 $4-i$ 个元素的方法数是 $C(2+4-i-1,4-i)$. 根据乘法法则和加法法则所求的组合数是

$$N=\binom{3}{0}\binom{5}{4}+\binom{3}{1}\binom{4}{3}+\binom{3}{2}\binom{3}{2}+\binom{3}{3}\binom{2}{1}=5+12+9+2=28.$$

（2）第一个数 x_1 有 n 种选法，第二个数 x_2 有 $n-1$ 种选法（$x_2\neq x_1$）. 类似地，从第 3 到第 n 个数，每个数的选法数都是 $n-1$. 根据乘法法则，不同的排列数是 $N=3\times 2^{n-1}$.

选取问题常用的方法是分类选取与分步选取.（1）中是先分类再分步，（2）中只用到分步选取. 注意：分类时所划分的子集不重叠，计数使用加法法则；分步处理时各步选取要相互独立，计数使用乘法法则.

【例 11.8】 求和：

（1）$\displaystyle\sum_{k=0}^{n}(-1)^k\frac{1}{k+1}\binom{n}{k}$

（2）$\displaystyle\sum_{k=0}^{n}\binom{2n-k}{n-k}$

（3）$\displaystyle\sum_{k=0}^{n}\binom{2n}{2k}$

解　（1）

$$\sum_{k=0}^{n}(-1)^k\frac{1}{k+1}\binom{n}{k}=\sum_{k=0}^{n}(-1)^k\frac{1}{n+1}\binom{n+1}{k+1}\qquad（公式 11.2）$$

$$=\frac{-1}{n+1}\left[\sum_{k=0}^{n}(-1)^{k+1}\binom{n+1}{k+1}+\binom{n+1}{0}-1\right]$$

$$=\frac{-1}{n+1}\sum_{k=0}^{n+1}(-1)^k\binom{n+1}{k}+\frac{1}{n+1}=\frac{1}{n+1}\qquad（公式 11.5）$$

（2）

$$\sum_{k=0}^{n}\binom{2n-k}{n-k}=\sum_{k=0}^{n}\binom{2n-k}{n}\qquad（公式 11.1）$$

$$=\sum_{k=n}^{2n}\binom{k}{n}=\sum_{k=0}^{2n}\binom{k}{n}=\binom{2n+1}{n+1}=\binom{2n+1}{n}.\qquad（公式 11.11，公式 11.1）$$

（3）

$$\sum_{k=0}^{n}\binom{2n}{2k}=\frac{1}{2}\left[\sum_{k=0}^{2n}\binom{2n}{k}+\sum_{k=0}^{2n}(-1)^k\binom{2n}{k}\right]$$

$$=\frac{1}{2}(2^{2n}+0)=2^{2n-1}$$ (公式 11.4,公式 11.5)

【例 11.9】 求$(2x-y)^7$的展开式.

解 $(2x-y)^7$

$$=(2x)^7-\binom{7}{1}(2x)^6y+\binom{7}{2}(2x)^5y^2-\binom{7}{3}(2x)^4y^3+\binom{7}{4}(2x)^3y^4$$

$$-\binom{7}{5}(2x)^2y^5+\binom{7}{6}(2x)y^6-\binom{7}{7}y^7$$

$$=128x^7-448x^6y+672x^5y^2-560x^4y^3+280x^3y^4-84x^2y^5+14xy^6-y^7$$

二、证明题

【例 11.10】 证明

(1) $\binom{n}{k}=\binom{n-1}{k}+\binom{n-1}{k-1}, n,k\in\mathbf{Z}^+$

(2) $\sum_{k=1}^{n+1}\frac{1}{k}\binom{n}{k-1}=\frac{2^{n+1}-1}{n+1}$

(3) $\sum_{k=0}^{n-1}\binom{n}{k}\binom{n}{k+1}=\frac{(2n)!}{(n-1)!(n+1)!}$

证明 (1) 设$S=\{a_1,a_2,\cdots,a_n\}$,等式左边是从S中选取k子集的方法数.将所有选法分成两类:含a_1的和不含a_1的.含a_1的选法相当于从$S-\{a_1\}$中选$k-1$子集,有$\binom{n-1}{k-1}$种方法;不含a_1的选法相当于从$S-\{a_1\}$中选k子集,有$\binom{n-1}{k}$种方法.由加法法则等式得证.

(2) 由二项式定理有 $(1+x)^n=\sum_{k=0}^{n}\binom{n}{k}x^k$

对x积分得
$$\int_0^x(1+x)^n\mathrm{d}x=\sum_{k=0}^{n}\int_0^x\binom{n}{k}x^k\mathrm{d}x$$

$$\frac{(x+1)^{n+1}-1}{n+1}=\sum_{k=0}^{n}\binom{n}{k}\frac{x^{k+1}}{k+1},$$

令$x=1$得到
$$\frac{2^{n+1}-1}{n+1}=\sum_{k=0}^{n}\binom{n}{k}\frac{1}{k+1}=\sum_{k=1}^{n+1}\frac{1}{k}\binom{n}{k-1}.$$

(3)
$$\sum_{k=0}^{n-1}\binom{n}{k}\binom{n}{k+1}=\sum_{k=0}^{n-1}\binom{n}{k}\binom{n}{n-1-k}$$ (公式 11.1)

$$=\binom{n+n}{n-1}=\binom{2n}{n-1}=\frac{(2n)!}{(n-1)!(n+1)!}$$ (公式 11.9)

组合恒等式的证明可以使用以下方法:

① 将已知组合恒等式代入并化简使得等式两边相等.

② 在二项式定理(或运算后的等式)中,令x或y等于 1 或其他特定的值.

③ 使用数学归纳法.

④ 使用组合分析的方法，说明等式两边是同一组合计数问题的结果.
除了数学归纳法之外，在上述例题中分别使用了其他几种证明方法.

三、应用题

【例 11.11】 书架上有 24 卷百科全书，从其中选出 5 卷使得任何两卷的编号都不相邻，问这样选法有多少种？

解 使用一一对应的方法. 设书卷号的集合 $S=\{1,2,\cdots,24\}$，从中选出的 5 个不相邻卷号为 $i_1,i_2,\cdots,i_5$，其中 $i_1<i_2<\cdots<i_5$，且 $i_j+1\neq i_{j+1}$，$j=1,2,3,4$. 令 $k_j=i_j-j+1$，$j=1,2,3,4,5$. 例如 $i_1,i_2,\cdots,i_5$ 是 2,5,7,13,15；那么 k_1,k_2,k_3,k_4,k_5 是 2,4,5,10,11. 显然 $i_2,\cdots,i_5$ 与 k_1,k_2,k_3,k_4,k_5 是一一对应的. 而 $\{k_1,k_2,k_3,k_4,k_5\}$ 恰好是 $\{1,2,\cdots,20\}$ 的 5 组合，因此所求的选法数是 $C(20,5)$.

【例 11.12】 由 m 个 A 和 n 个 B 构成序列，其中 m,n 为正整数，$m\leqslant n$. 如果要求每个 A 后面至少跟着 1 个 B，问有多少个不同的序列？

解 方法一. 先放 m 个 AB，只有一种方法. 然后在这 m 个 AB 构成的 $m+1$ 个空格加入 $n-m$ 个 B. 放置的方法数相当于方程

$$x_1+x_2+\cdots+x_{m+1}=n-m$$

的非负整数解的个数，因此所求序列个数

$$N=C(n-m+m+1-1,n-m)=C(n,n-m)=C(n,m)$$

方法二. 先放 n 个 B，只有一种方法. 然后在任两个 B 之间以及第一个 B 之前的 n 个空格中选择 m 个位置放 A，于是所求序列数是 $C(n,m)$.

【例 11.13】 在计算机算法的设计中，栈是一种很重要的数据结构. 下面考虑一个涉及栈输出的计数问题. 设有正整数 $1,2,\cdots,n$，从小到大排成一个队列. 将这些整数按照排列的次序依次压入一个栈(即后进先出栈). 当后面的整数进栈的时候，已经在栈中的整数可以在任何时刻输出. 例如整数 1,2,3 可以输出序列 1,2,3；对应的操作是：1 进栈，1 出栈，2 进栈，2 出栈，3 进栈，3 出栈. 也可以输出 1,3,2；对应的操作是：1 进栈，1 出栈，2 进栈，3 进栈，3 出栈，2 出栈. 问如果将序列 $1,2,\cdots,n$ 压入栈，可能有多少种不同的输出序列？

解 将进栈、出栈操作分别记作 x,y，一个输出序列对应了 n 个 x，n 个 y 的排列，且排列的任何前缀中的 x 个数不少于 y 的个数. 考虑非降路径的模型，从(0,0)点出发，将排列中的 x 看作向右走一步，y 看作向上走一步，就可以得到一条从(0,0)点到 (n,n) 点的不穿过对角线的非降路径.

如图 11.2 所示，任何一条从(0,0)点到 (n,n) 点的穿过对角线的非降路径对应于一条从(−1,1)点到 (n,n) 点的非降路径. 从(0,0)点到 (n,n) 点的非降路径总数为 $\binom{2n}{n}$ 条，从(−1,1)点到 (n,n) 点的非降路径数为 $\binom{2n}{n-1}$ 条，因此不同的输出序列个数是

$$N=\binom{2n}{n}-\binom{2n}{n-1}=\frac{(2n)!}{n!\ n!}-\frac{(2n)!}{(n-1)!\ (n+1)!}=\frac{1}{n+1}\binom{2n}{n}$$

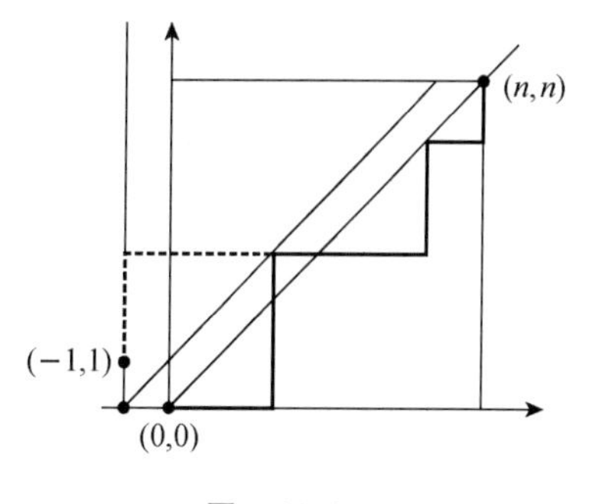

图 11.2

在求解实践中遇到的计数问题时,可以尝试在计数模型与待求解问题之间建立一一对应,从而利用相关的计数公式或求解方法.上面的例题用到的计数模型有:

① 选取问题(有序或无序,是否可重复).

② 不定方程的非负整数解.

③ 非降路径.

习 题 十 一

1. 在 5 天内安排 3 门课程的考试.

(1) 若每天只允许考 1 门,有多少种方法?

(2) 若不限制每天考试的门数,有多少种方法?

2. 从整数 1,2,…,50 中选出 2 个数.

(1) 若其和为奇数,则有多少种方法?

(2) 若其差小于等于 7,则有多少种方法?

3. 在 6 位二进制序列中,使得数字 0 不相邻的序列有多少种?

4. 有相同的红球 4 个,黄球 3 个,白球 3 个.

(1) 如果把它们排成一条直线,则有多少种方法?

(2) 如果要求所有的红球必须相邻,则有多少种方法?

5. 由集合$\{5 \cdot a, 1 \cdot b, 1 \cdot c, 1 \cdot d, 1 \cdot e\}$中的全体元素构成字母序列,求

(1) 没有 a 相邻的序列个数.

(2) b,c,d,e 中的任何两个字母都不相邻的序列个数.

6. 某一考试共出了 20 道题.

(1) 如果前 10 道题是必答题,后 10 道题要求从中选答 5 道,此时选题的方法有多少种?

(2) 如果前 10 道题中至少要选 8 道题,总共要选 15 道题,此时选题的方法有多少种?

7. 把 4 个不同的球放到 3 个不同的盒子里,允许空盒,且第一个盒子的球数至多是 2,则有多少种方法?

8. 设 $A=\{1,2,\cdots,3n\}$.

(1) 从 A 中任选 3 个数,有多少种方法?

(2) 若使得其和是 3 的倍数,有多少种方法?

9. 一个学生要在相继的 5 天内安排 15 个小时的学习时间,每天的学习时间按照小时为单位计算,问有多少种方法?如果要求每天至少学习 1 小时,又有多少种方法?

10. 设 $S=\{1,2,3,4\}$,S 上有多少个函数?其中多少个是双射的?多少个单调上升的?多少个严格单调上升的?

11. 从集合$\{1,2,\cdots,9\}$中选取不同数字构成七位数,如果 5 和 6 不相邻,则有多少种方法?

12. 证明以下恒等式:

(1) $\displaystyle\sum_{k=0}^{n}\binom{n}{k}4^k = 5^n$.

(2) $\displaystyle\sum_{k=0}^{n}\binom{2n-k}{n-k}=\binom{2n+1}{n}$

(3) $\displaystyle\sum_{l=0}^{k}\binom{n+l}{l}=\binom{n+k+1}{k}$.

(4) $\displaystyle\sum_{k=0}^{r}\binom{m}{k}\binom{n}{r-k}=\binom{m+n}{r}$

(5) $\displaystyle\sum_{k=0}^{m}\binom{n-k}{n-m}=\binom{n+1}{m}$

13. 确定在$(x_1-x_2+2x_3-2x_4)^8$ 的展开式中 $x_1{}^2x_2{}^3x_3x_4{}^2$ 项的系数.

14. 给定正整数 n,证明

$$\sum (-1)^{a+b}\binom{n}{a\ b\ c\ d}=0.$$

其中求和是对满足方程 $a+b+c+d=n$ 的一切非负整数 a,b,c,d 求和.

15. 设某三角形 ABC 的边长是正整数,且周长是 $2n+1,n>0$. 对于两个周长相等的三角形 ABC 和 $A'B'C'$,如果 $AB\neq A'B'$、$BC\neq B'C'$、$AC\neq A'C'$ 这三个条件中有一条成立,那么 ABC 和 $A'B'C'$ 就是不等的三角形. 问周长为 $2n+1$ 的不等的三角形有多少个?

16. (1) 设 S 为 3 元集. S 上可以定义多少个不同的二元关系? 其中有多少个自反的关系? 多少个对称的关系? 多少个自反且对称的关系? 多少个反对称的关系?

(2) 对于 n 元集,上述问题的结果是什么?

17. 根据 IPv4 网络协议,每个计算机的地址是 32 位二进制数字构成的串. 其中 A 类地址第一位是 0,接着 7 位是网络标识,再接着 24 位是主机标识. B 类地址前两位是 10,接着 14 位网络标识,再接着 16 位主机标识. C 类地址前两位是 110,接着 21 位网络标识,再接着 8 位主机标识. 此外,A 类地址中全 1 不能做网络标识,在三类地址中全 0 和全 1 都不能作为主机标识. 问按照 IPv4 协议在 Internet 上有多少个有效的计算机地址?

18. 求以凸 n 边形的顶点为顶点,以内部对角线为边的三角形有多少个.

19. 把 n 个苹果(n 为奇数)恰好分给 3 个孩子,如果第一个孩子和第二个孩子分的苹果数不相同,问有多少种分法?

第十二章　递推方程与生成函数

12.1　递 推 方 程

定义 12.1　给定一个数的序列 $H(0),H(1),\cdots,H(n),\cdots$,简记为$\{H(n)\}$.一个把 $H(n)$ 与某些个 $a_i(0\leqslant i<n)$联系起来的等式叫作关于序列$\{H(n)\}$的**递推方程**.

【例 12.1】　考虑数列 1,1,2,3,5,8,13,⋯.从第 3 个数开始,每一个数都等于前面相邻两个数之和.若 f_n 代表该数列的第 n 项,$n=0,1,\cdots$,那么有

$$f_n=f_{n-1}+f_{n-2}$$
$$f_0=1,f_1=1$$

上述等式是关于 **Fibonacci 数** f_n 的递推方程和初值.

以 Fibonacci 数为半径做 1/4 个圆,并将它们首尾相连就得到图 12.1 的螺旋线.自然界中某些海螺和植物的叶片就是这种螺线型的结构.

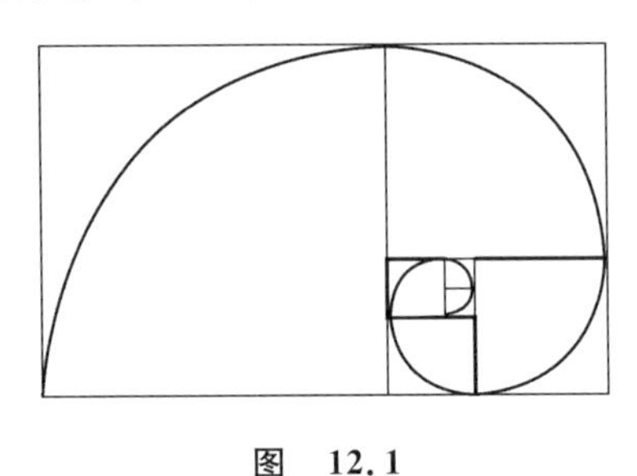

图　12.1

递推方程在组合计数中有着重要的应用.下面讨论求解方法.首先考虑常系数线性齐次递推方程的求解.

定义 12.2　方程

$$H(n)-a_1H(n-1)-a_2H(n-2)-\cdots-a_kH(n-k)=0$$
$$n\geqslant k,a_1,a_2,\cdots,a_k \text{ 是常数},a_k\neq 0 \tag{12.1}$$

称为**常系数线性齐次递推方程**.

定义 12.3　方程

$$x^k-a_1x^{k-1}-a_2x^{k-2}-\cdots-a_k=0 \tag{12.2}$$

称为递推方程 12.1 的**特征方程**,它的 k 个根 $q_1,q_2,\cdots,q_k$ 称为递推方程的**特征根**,其中 $q_i(i=1,2,\cdots,k)$是复数.

不难看出,因为 $a_k\neq0$,0 不是方程 12.2 的特征根.关于递推方程的解有以下定理.

定理 12.1　设 q 是非零复数,则 $H(n)=q^n$ 是递推方程 12.1 的一个解当且仅当 q 是它的特征根.

证明　　$H(n)=q^n$ 是递推方程 12.1 的解

$\Leftrightarrow q^n - a_1 q^{n-1} - a_2 q^{n-2} - \cdots - a_k q^{n-k} = 0$

$\Leftrightarrow q^{n-k}(q^k - a_1 q^{k-1} - a_2 q^{k-2} - \cdots - a_k) = 0$

$\Leftrightarrow q^k - a_1 q^{k-1} - a_2 q^{k-2} - \cdots - a_k = 0 (q \neq 0)$

$\Leftrightarrow q$ 是递推方程 12.1 的特征根.

定理 12.2　设 $h_1(n)$ 和 $h_2(n)$ 是递推方程 12.1 的两个解，c_1 和 c_2 是任意常数，则 $c_1 h_1(n) + c_2 h_2(n)$ 也是递推方程 12.1 的解.

只需将 $c_1 h_1(n) + c_2 h_2(n)$ 代入方程验证即可证明这个定理，这里不再赘述.

由定理 12.1 和 12.2 不难得到：如果 $q_1, q_2, \cdots, q_k$ 是递推方程不等的特征根，且 $c_1, c_2, \cdots, c_k$ 为任意常数，那么

$$H(n) = c_1 q_1^n + c_2 q_2^n + \cdots + c_k q_k^n$$

也是递推方程 12.1 的解.

对于递推方程 12.1，可以证明它的每个解都是 $H(n) = c_1 q_1^n + c_2 q_2^n + \cdots + c_k q_k^n$ 的形式，这样的解称为递推方程的通解. 给定递推方程的初值 $H(0), H(1), \cdots, H(k-1)$，由通解就可唯一确定 $c_1, c_2, \cdots, c_k$，这样得到的解就是该递推方程在给定初值下的解.

【例 12.2】　求解关于 Fibonacci 数列的递推方程：

$$f(n) = f(n-1) + f(n-2) \quad n \geqslant 2$$

$$f(0) = 1, f(1) = 1$$

解　该递推方程的特征方程是 $x^2 - x - 1 = 0$，特征根是

$$x_1 = \frac{1+\sqrt{5}}{2}, \quad x_2 = \frac{1-\sqrt{5}}{2},$$

所以通解是

$$f(n) = c_1 \left(\frac{1+\sqrt{5}}{2}\right)^n + c_2 \left(\frac{1-\sqrt{5}}{2}\right)^n,$$

代入初值 $f(0) = 1$，$f(1) = 1$，得到方程组

$$\begin{cases} c_1 + c_2 = 1 \\ \dfrac{1+\sqrt{5}}{2} c_1 + \dfrac{1-\sqrt{5}}{2} c_2 = 1 \end{cases},$$

解得

$$c_1 = \frac{1}{\sqrt{5}} \frac{1+\sqrt{5}}{2}, \quad c_2 = -\frac{1}{\sqrt{5}} \frac{1-\sqrt{5}}{2},$$

所以原递推方程的解是

$$f(n) = \frac{1}{\sqrt{5}} \left(\frac{1+\sqrt{5}}{2}\right)^{n+1} - \frac{1}{\sqrt{5}} \left(\frac{1-\sqrt{5}}{2}\right)^{n+1}.$$

当递推方程的特征根有重根的时候，$H(n) = c_1 q_1^n + c_2 q_2^n + \cdots + c_k q_k^n$ 不是递推方程的通解，这种情况下的通解是什么形式呢？限于篇幅，略去定理的证明，仅给出以下结果.

定理 12.3　设 $q_1, q_2, \cdots, q_t$ 是递推方程

$$H(n) - a_1 H(n-1) - a_2 H(n-2) - \cdots - a_k H(n-k) = 0, \quad n \geqslant k, a_k \neq 0$$

的不等的特征根，且 q_i 的重数是 e_i，$i = 1, 2, \cdots, t$. 令 $c_{i1}, c_{i2}, \cdots, c_{ie_i}$ 是任意常数，且

$$H_i(n) = (c_{i1} + c_{i2} n + \cdots + c_{ie_i} n^{(e_i - 1)}) q_i^n$$

那么 $H(n)=\sum_{i=1}^{t}H_i(n)$ 是递推方程的通解.

【例 12.3】 求解递推方程

$$\begin{cases}H(n)+H(n-1)-3H(n-2)-5H(n-3)-2H(n-4)=0, n\geqslant 4\\ H(0)=1, H(1)=0, H(2)=1, H(3)=2.\end{cases}$$

该递推方程的特征方程是

$$x^4+x^3-3x^2-5x-2=0,$$

它的特征根是 $-1,-1,-1,2$. 根据定理12.3,该递推方程的通解是

$$H(n)=c_1(-1)^n+c_2n(-1)^n+c_3n^2(-1)^n+c_4 2^n,$$

代入初值得到以下方程组

$$\begin{cases}c_1+c_4=1\\ -c_1-c_2-c_3+2c_4=0\\ c_1+2c_2+4c_3+4c_4=1\\ -c_1-3c_2-9c_3+8c_4=2\end{cases}$$

解得

$$c_1=\frac{7}{9}, c_2=-\frac{1}{3}, c_3=0, c_4=\frac{2}{9},$$

所以原递推方程的解是

$$H(n)=\frac{7}{9}(-1)^n-\frac{1}{3}n(-1)^n+\frac{2}{9}\cdot 2^n.$$

下面考虑常系数线性非齐次递推方程,它的一般形式是

$$H(n)-a_1H(n-1)-a_2H(n-2)-\cdots-a_kH(n-k)=f(n) \qquad (12.3)$$

$$n\geqslant k, a_k\neq 0, f(n)\neq 0$$

先讨论这种递推方程的通解.

定理 12.4 设 $\overline{H}(n)$ 是常系数线性齐次递推方程

$$H(n)-a_1H(n-1)-a_2H(n-2)-\cdots-a_kH(n-k)=0, n\geqslant k, a_k\neq 0$$

的通解,$H^*(n)$ 是递推方程12.3的一个特解,则

$$H(n)=\overline{H}(n)+H^*(n)$$

是递推方程12.3的通解.

证明 将 $H(n)=\overline{H}(n)+H^*(n)$ 代入递推方程左边得

$$\begin{aligned}&[\overline{H}(n)+H^*(n)]-a_1[\overline{H}(n-1)+H^*(n-1)]-\cdots-a_k[\overline{H}(n-k)+H^*(n-k)]\\ =&[\overline{H}(n)-a_1\overline{H}(n-1)-a_2\overline{H}(n-2)-\cdots-a_k\overline{H}(n-k)]\\ &+[H^*(n)-a_1H^*(n-1)-a_2H^*(n-2)-\cdots-a_kH^*(n-k)]\\ =&0+f(n)=f(n).\end{aligned}$$

再证明 $H(n)$ 是通解. 设 $h(n)$ 是递推方程12.3的一个解,则有

$$h(n)-a_1h(n-1)-\cdots-a_kh(n-k)=f(n)$$

而

$$H^*(n)-a_1H^*(n-1)-\cdots-a_kH^*(n-k)=f(n)$$

两式相减得

$$[h(n)-H^*(n)]-a_1[h(n-1)-H^*(n-1)]-\cdots-a_k[h(n-k)-H^*(n-k)]=0$$

这说明 $h(n)-H^*(n)$ 是对应齐次递推方程的解，因此 $h(n)$ 是一个齐次解与 $H^*(n)$ 之和，从而证明了 $\overline{H}(n)+H^*(n)$ 是递推方程 12.3 的通解.

下面要解决的问题是如何确定递推方程的特解. 一般特解的函数形式与 $f(n)$ 有关. 当 $f(n)$ 是 n 的 t 次多项式时，一般情况下可以设特解 $H^*(n)$ 也是 n 的 t 次多项式. 请看下面的例子.

【例 12.4】 求以下递推方程的一个特解.

$$H(n)+5H(n-1)+6H(n-2)=3n^2$$

解　设特解 $H^*(n)=P_1n^2+P_2n+P_3$，其中 P_1,P_2,P_3 为待定系数. 代入原递推方程得

$$P_1n^2+P_2n+P_3+5[P_1(n-1)^2+P_2(n-1)+P_3]+6[P_1(n-2)^2+P_2(n-2)+P_3]=3n^2$$

化简得

$$12P_1n^2+(-34P_1+12P_2)n+(29P_1-17P_2+12P_3)=3n^2,$$

从而有

$$\begin{cases}12P_1=3\\-34P_1+12P_2=0\\29P_1-17P_2+12P_3=0\end{cases}$$

解得 $P_1=\frac{1}{4},P_2=\frac{17}{24},P_3=\frac{115}{288}$，所求特解为

$$H^*(n)=\frac{1}{4}n^2+\frac{17}{24}n+\frac{115}{288}.$$

【例 12.5】 求解递推方程

$$H(n)-H(n-1)=7n.$$

按照上面的方法，如果设 $H^*(n)=P_1n+P_2$，代入原递推方程得

$$(P_1n+P_2)-[P_1(n-1)+P_2]=7n.$$

化简得 $P_1=7n$，从这里解不出 P_1 与 P_2. 这是因为当齐次递推方程的特征根是 1 时，左边含 n 的项被消去，而右边仍旧保留含 n 的项. 为此需要把特解中 n 的最高次幂提高. 比如设

$$H^*(n)=P_1n^2+P_2n,$$

代入原递推方程得

$$(P_1n^2+P_2n)-[P_1(n-1)^2+P_2(n-1)]=7n,$$

化简后得到

$$2P_1n+P_2-P_1=7n,$$

解得 $P_1=P_2=\frac{7}{2}$，因此所求特解是 $H^*(n)=\frac{7}{2}n(n+1)$.

递推方程在递归算法的分析中有着重要的应用，请看下面的例子.

【例 12.6】 Hanoi 塔问题

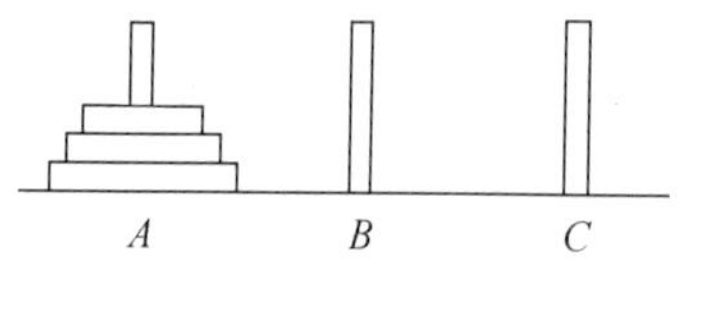

图　12.2

有 A,B,C 三根柱子. n 个圆盘按照从大到小的顺序依次套在 A 柱上，图 12.2 中的 $n=3$. 现在要把它们移到 C 柱上. 如果每次允许移动一个盘子，并且不允许大盘压在小盘的上面，请设计一个移动的算法，并计算算法的移动次数.

设计算法如下.令 Hanoi(n,X,Y,Z)表示一个移动过程.在这个过程中需要移动的是 n 个盘子,盘子原来放置的位置是 X 柱,最终到达的位置是 Y 柱,中间可利用的位置是 Z 柱. move(X,Y)表示把一个盘子从 X 柱移到 Y 柱的操作.

算法 Hanoi(n,A,C,B)

```
1. if n=1 then move(A,C)
2. else
3.      Hanoi (n-1,A,B,C)
4.      move (A,C)
5.      Hanoi (n-1,B,C,A)
```

上述算法的设计思想是:如果 $n=1$,则直接将这个盘子从 A 柱移到 C 柱;否则算法分三步(行 3~5)执行.第一步先利用同样的算法将 $n-1$ 个盘子从 A 柱移到 B 柱,第二步把最下面的 1 个盘子从 A 柱移到 C 柱.第三步再利用同样的算法将 B 柱上的 $n-1$ 个盘子移到 C 柱.

例如 Hanoi($3,A,C,B$)总共执行 7 步移动,具体执行过程如下:行 3 的 Hanoi($2,A,B,C$)继续调用 Hanoi($1,A,C,B$)和 Hanoi($1,C,B,A$)程序,总共执行 3 步移动 $A\to C$, $A\to B$, $C\to B$;行 4 执行 $A\to C$ 的移动;类似的,行 5 的 Hanoi($2,B,C,A$)也执行 3 步移动 $B\to A$, $B\to C$, $A\to C$.

一个算法在运行过程中直接或间接调用自己,这种算法称为递归算法.递归算法在调用中处理的是同种性质但输入规模更小的子问题,Hanoi 算法就是一个递归算法.递归算法的时间分析经常用到递推方程.为统计 Hanoi 算法的移动次数,只需将每行的移动次数加起来.假设对 n 个盘子,算法执行 $T(n)$次移动.根据运行步骤可知,若 $n=1$,算法只执行 1 次移动;若 $n>1$,算法在行 3 和行 5 各执行 $T(n-1)$次移动,在行 4 执行 1 次移动.于是得到关于移动次数的递推方程如下:

$$T(n)=2T(n-1)+1,n>1$$
$$T(1)=1$$

这是一个常系数线性非齐次递推方程,它的通解是 $T(n)=c2^n+P$,其中特解 $P=-1$,代入初值 $T(1)=1$ 可确定常数 $c=1$,从而得到 n 个盘子的移动次数 $T(n)=2^n-1$.

运行时间是评价算法的重要指标,估计算法时间复杂度的方法是对给定的输入规模 n 统计算法所做的基本操作次数.Hanoi 算法的时间复杂度是指数函数,对于比较大的 n 算法是没办法运行的.若 $n=64$,每秒钟移动 1 次,完成时间是 $2^{64}-1$ 秒,大约等于 5 000 亿年.

上面介绍的求解方法只适用于常系数线性递推方程,对于其他的递推方程可以尝试直接迭代的方法.请看下面的例子.

【例 12.7】 给定 n 个实数 $a_1,a_2,\cdots,a_n$,可以有多少种不同的运算顺序来构成它们的乘积?比如$(a_1\times a_2)\times a_3$ 与 $a_1\times(a_2\times a_3)$代表不同的运算顺序.

解 设 $h(n)$代表这 n 个数之积的运算顺序数,假设前 $n-1$ 个数的乘积已经构成,有 $h(n-1)$种.任取其中的一个乘积,它通过 $n-2$ 次乘法得到.对于其中某一次相乘的两个因式,加入 a_n 的方法有 4 种.由加法法则,在这个乘积内部加入 a_n 的方法有 $4(n-2)$种.此外,还可以把 a_n 分别乘在整个乘积的左边或右边,因此加入 a_n 的方法数是 $4(n-2)+2=4n-6$.根据上述分析得到下面的递推方程

$$\begin{cases} h(n)=(4n-6)h(n-1), n\geqslant 2 \\ h(1)=1 \end{cases}$$

这不是常系数线性递推方程，我们尝试用直接迭代的方法求解.

$$\begin{aligned} h(n) &= (4n-6)h(n-1) \\ &= (4n-6)(4n-10)h(n-2) \\ &= (4n-6)(4n-10)(4n-14)h(n-3) \\ &= \cdots \\ &= (4n-6)(4n-10)\cdots 6\cdot 2\cdot h(1) \\ &= 2^{n-1}[(2n-3)(2n-5)\cdots 3\cdot 1] \\ &= 2^{n-1}\frac{(2n-2)!}{(2n-2)(2n-4)\cdots 4\cdot 2} \\ &= \frac{(2n-2)!}{(n-1)!} = (n-1)!\binom{2n-2}{n-1} \end{aligned}$$

上述结果可通过数学归纳法验证其正确性.

【例 12.8】 **错位排列**问题 $1,2,\cdots,n$ 进行排列，如果在排列中 i 不出现在第 i 位，$i=1,2,\cdots,n$，这样的排列称为错位排列. 问 n 个数可以有多少个不同的错位排列？

解　设 n 个数的错位排列个数是 D_n. 根据错位排列的第一个数是 $2,3,\cdots,n$ 将错位排列划分成 $n-1$ 类. 考虑第一个数是 2 的类，这里的排列都是 $2i_2i_3\cdots i_n$ 的形式，将这些排列根据 i_2 是否等于 1 再划分成两个子类. 若 $i_2=1$，2 后面的 $n-2$ 个数恰好是 $3,\cdots,n$ 的错位排列，有 D_{n-2} 种；若 $i_2\neq 1$，2 后面的 $n-1$ 个数恰好是 $1,3,\cdots,n$ 的错位排列，有 D_{n-1} 种. 对于其他各类也有同样的结果，于是得到递推方程

$$\begin{cases} D_n=(n-1)(D_{n-1}+D_{n-2}), n\geqslant 3 \\ D_1=0, D_2=1. \end{cases}$$

如果直接迭代求解，每次迭代后的项数加倍，求解比较复杂. 可以先化简递推方程. 由

$$\begin{aligned} D_n - nD_{n-1} &= -[D_{n-1}-(n-1)D_{n-2}] \\ D_{n-1}-(n-1)D_{n-2} &= -[D_{n-2}-(n-2)D_{n-3}] \\ D_{n-2}-(n-2)D_{n-3} &= -[D_{n-3}-(n-3)D_{n-4}] \\ &\cdots \\ D_3-3D_2 &= -[D_2-2D_1] \end{aligned}$$

将后面的式子依次代入前一个等式，最后代入初值整理后得到

$$\begin{aligned} & D_n-nD_{n-1}=(-1)^{n-2}(D_2-2D_1)=(-1)^n \\ & D_1=0, \end{aligned}$$

对这个化简后的方程进行迭代得

$$\begin{aligned} D_n &= nD_{n-1}+(-1)^n \\ &= n(n-1)D_{n-2}+n(-1)^{n-1}+(-1)^n \\ &= \cdots \\ &= n(n-1)\cdots\cdot 2\cdot D_1+n(n-1)\cdots\cdot 3\cdot(-1)^2 \\ &\quad +n(n-1)\cdots\cdot 4\cdot(-1)^3+\cdots+n(-1)^{n-1}+(-1)^n \end{aligned}$$

$$= n!\left[(-1)^2\frac{1}{2!}+(-1)^3\frac{1}{3!}+\cdots+(-1)^n\frac{1}{n!}\right]$$

$$= n!\left[1-\frac{1}{1!}+\frac{1}{2!}-\cdots+(-1)^n\frac{1}{n!}\right]$$

可以通过归纳法验证上述结果是正确的.

12.2 生成函数与指数生成函数

生成函数与数列有着密切的联系.通过生成函数可以求解递推方程和组合计数问题.

定义 12.4 设 $a_0,a_1,\cdots,a_n,\cdots$是一个数列,简记作$\{a_n\}$,做形式幂级数

$$G(x)=a_0+a_1x+a_2x^2+\cdots+a_nx^n+\cdots,$$

称 $G(x)$是数列$\{a_n\}$的**生成函数**.

设 m 为给定正整数,组合数序列$\binom{m}{0},\binom{m}{1},\cdots,\binom{m}{n},\cdots$的生成函数是

$$G(x)=\sum_{n=0}^{\infty}\binom{m}{n}x^n=\sum_{n=0}^{m}\binom{m}{n}x^n=(1+x)^m,$$

这正好是二项式定理的结果,因为组合数恰好是二项式系数.

下面把二项式系数的符号推广为**牛顿二项式系数**$\binom{r}{n}$,这里的 r 是实数,n 是整数,$\binom{r}{n}$不再具有组合意义.

定义 12.5 对任何实数 r 和整数 n 有

$$\binom{r}{n}=\begin{cases}0, & n<0\\ 1, & n=0\\ \dfrac{r(r-1)\cdots(r-n+1)}{n!}, & n>0\end{cases}$$

例如

$$\binom{\frac{7}{2}}{5}=\frac{\frac{7}{2}\times\frac{5}{2}\times\frac{3}{2}\times\frac{1}{2}\times\frac{-1}{2}}{5\times4\times3\times2\times1}=-\frac{7}{256},\binom{-\frac{1}{2}}{0}=1,\binom{\frac{6}{7}}{-1}=0.$$

定理 12.5(牛顿二项式定理) 设 α 是一个实数,则对一切满足条件$\left|\frac{x}{y}\right|<1$ 的 x 和 y 有

$$(x+y)^\alpha=\sum_{n=0}^{\infty}\binom{\alpha}{n}x^ny^{\alpha-n},\text{其中}\binom{\alpha}{n}=\frac{\alpha(\alpha-1)\cdots(\alpha-n+1)}{n!}$$

关于牛顿二项式定理的证明在一般数学分析教材中都能找到,这里不再赘述.

不难看出,当 $\alpha=m$(m 为正整数)时,若 $n>m$,则$\binom{m}{n}=0$,这时牛顿二项式定理就成为普通的二项式定理了.当 $\alpha=-m$(m 为正整数)时,有

$$\binom{\alpha}{n}=\binom{-m}{n}=\frac{(-m)(-m-1)\cdots(-m-n+1)}{n!}$$

$$=\frac{(-1)^n m(m+1)\cdots(m+n-1)}{n!}=(-1)^n\binom{m+n-1}{n}.$$

因此有

$$\frac{1}{(1+x)^m}=(1+x)^{-m}=\sum_{n=0}^{\infty}(-1)^n\binom{m+n-1}{n}x^n \quad |x|<1. \tag{12.4}$$

$$\frac{1}{(1-x)^m}=(1-x)^{-m}=\sum_{n=0}^{\infty}(-1)^n\binom{m+n-1}{n}(-x)^n$$

$$=\sum_{n=0}^{\infty}\binom{m+n-1}{n}x^n \quad |x|<1. \tag{12.5}$$

【例 12.9】 求以下数列$\{a_n\}$的生成函数$G(x)$

(1) $a_n=7\cdot 3^n$;

(2) $a_n=\begin{cases}0, & n=0,1,2\\(-1)^n, & n\geqslant 3\end{cases}$;

(3) $a_n=n(n+1)$.

解 (1) $G(x)=\sum_{n=0}^{\infty}7\cdot 3^n x^n=7\sum_{n=0}^{\infty}(3x)^n=\frac{7}{1-3x}$.

(2) $G(x)=\sum_{n=0}^{\infty}a_n x^n=\sum_{n=3}^{\infty}(-1)^n x^n=-x^3\sum_{n=0}^{\infty}(-1)^n x^n=\frac{-x^3}{1+x}$.

(3) $G(x)=\sum_{n=0}^{\infty}n(n+1)x^n$

两边对x积分得

$$\int_0^x G(x)dx=\sum_{n=0}^{\infty}\int_0^x n(n+1)x^n dx=\sum_{n=0}^{\infty}nx^{n+1}=x^2\sum_{n=1}^{\infty}nx^{n-1}.$$

令$A(x)=\sum_{n=1}^{\infty}nx^{n-1}$,则

$$\int_0^x A(x)\mathrm{d}x=\sum_{n=1}^{\infty}\int_0^x nx^{n-1}\mathrm{d}x=\sum_{n=1}^{\infty}x^n=\frac{1}{1-x}-1$$

$$A(x)=\left(\frac{1}{1-x}-1\right)'=\frac{1}{(1-x)^2}$$

$$\int_0^x G(x)\mathrm{d}x=\frac{x^2}{(1-x)^2}.$$

于是有

$$G(x)=\left(\frac{x^2}{(1-x)^2}\right)'=\frac{2x}{(1-x)^2}+x^2\,\frac{(-2)(-1)}{(1-x)^3}=\frac{2x}{(1-x)^3}.$$

在计算数列的生成函数时可以使用幂级数的运算规则,在(3)式的运算中就用到了关于幂级数微商和积分规则.

【例 12.10】 已知序列$\{a_n\}$的生成函数是$G(x)=\frac{1}{(1-x)(1-x^2)}$,求$a_n$.

解
$$G(x)=\frac{1}{(1-x)(1-x^2)}=\frac{Ax+B}{(1-x)^2}+\frac{C}{1+x}$$

其中A,B,C为待定系数,且满足如下方程组:

$$\begin{cases} B+C=1 \\ A+C=0 \\ A+B-2C=0 \end{cases}$$

解得 $A=-1/4, B=3/4, C=1/4$，从而得到

$$G(x)=-\frac{1}{4}x\frac{1}{(1-x)^2}+\frac{3}{4}\frac{1}{(1-x)^2}+\frac{1}{4}\frac{1}{1+x},$$

将上面的各项的基本生成函数展开并化简得到

$$a_n=\frac{1}{4}[1+(-1)^n]+\frac{1}{2}(n+1)=\begin{cases} \dfrac{n+1}{2}, & n\text{ 为奇数} \\ \dfrac{n+2}{2}, & n\text{ 为偶数} \end{cases}$$

由生成函数求数列通项公式的基本方法是：用待定系数法将生成函数分解成基本生成函数之和，然后分别把每个基本生成函数展开成幂级数即可.

生成函数在组合计数中有着重要的应用. 考虑多重集 $S=\{\infty\cdot a_1,\infty\cdot a_2,\cdots,\infty\cdot a_k\}$，$S$ 的 r 组合数是方程 $x_1+x_2+\cdots+x_k=r$ 的非负整数解个数 $\binom{k+r-1}{r}$. 对于多重集 $S=\{n_1\cdot a_1,n_2\cdot a_2,\cdots,n_k\cdot a_k\}$，如果 $r\leqslant n_1,n_2,\cdots,n_k$，$S$ 的 r 组合数也是 $\binom{k+r-1}{r}$. 若存在某个 $n_i<r$，S 的 r 组合数没有计数公式，但可以通过生成函数的方法求解.

考查以下函数

$$G(y)=(1+y+y^2+\cdots+y^{n_1})(1+y+y^2+\cdots+y^{n_2})\cdots(1+y+y^2+\cdots+y^{n_k}) \tag{12.6}$$

它的各项都是如下形式：

$$y^{x_1}y^{x_2}\cdots y^{x_k}=y^{x_1+x_2+\cdots+x_k},$$

其中 y^{x_1} 来自第一个因式 $(1+y+y^2+\cdots+y^{n_1})$，y^{x_2} 来自第二个因式 $(1+y+y^2+\cdots+y^{n_2})$，…，y^{x_k} 来自第 k 个因式 $(1+y+y^2+\cdots+y^{n_k})$，且 $x_1,x_2,\cdots,x_k$ 都是非负整数. 不难看出式(12.6)的展开式中 y^r 的系数对应了方程

$$x_1+x_2+\cdots+x_k=r,\quad x_i\leqslant n_i, i=1,2,\cdots,k$$

的非负整数解的个数，也是多重集 $S=\{n_1\cdot a_1,n_2\cdot a_2,\cdots,n_k\cdot a_k\}$ 的 r 组合数，由此可知 $G(y)$ 就是数列 $\{a_r\}$ 的生成函数. 通过展开 $G(y)$ 就可以得到 a_r.

【例 12.11】 求 $S=\{3\cdot a,4\cdot b,5\cdot c\}$ 的 10 组合数.

解 设 S 的 r 组合数为 a_r，$\{a_r\}$ 的生成函数是

$$\begin{aligned} G(y)&=(1+y+y^2+y^3)(1+y+y^2+y^3+y^4)(1+y+y^2+y^3+y^4+y^5) \\ &=(1+2y+3y^2+4y^3+4y^4+3y^5+2y^6+y^7)(1+y+y^2+y^3+y^4+y^5), \end{aligned}$$

上式中 y^{10} 的系数为 $3+2+1=6$，所以 $a_{10}=6$.

【例 12.12】 求不定方程 $x_1+2x_2=15$ 的非负整数解个数.

解 设方程非负整数解的个数为 a_{15}，$\{a_r\}$ 的生成函数为

$$\begin{aligned} G(y)&=(1+y+y^2+\cdots)(1+y^2+y^4+\cdots) \\ &=\frac{1}{1-y}\frac{1}{1-y^2}=\frac{1}{2(1-y)^2}+\frac{1}{4(1-y)}+\frac{1}{4(1+y)} \end{aligned}$$

$$= \frac{1}{2}\sum_{r=0}^{\infty}(r+1)y^r + \frac{1}{4}\sum_{r=0}^{\infty}y^r + \frac{1}{4}\sum_{r=0}^{\infty}(-1)^r y^r,$$

因此有

$$a_r = \frac{1}{2}(r+1) + \frac{1}{4}[1+(-1)^r]$$

$$a_{15} = \frac{1}{2}(15+1) + \frac{1}{4}[1+(-1)^{15}] = 8.$$

例 12.12 的求解方法可以加以推广. 考虑如下形式的不定方程

$$p_1x_1 + p_2x_2 + \cdots + p_kx_k = r, p_1, p_2, \cdots, p_k \text{ 为正整数},$$

如何计数它的非负整数解呢? 这里也可以使用生成函数的方法.

令该方程的非负整数解的个数是 a_r,不难看到它的生成函数是

$$\begin{aligned} G(y) &= [1+y^{p_1}+(y^{p_1})^2+\cdots]\cdot[1+y^{p_2}+(y^{p_2})^2+\cdots] \\ &\quad \cdot\cdots\cdot[1+y^{p_k}+(y^{p_k})^2+\cdots] \\ &= \frac{1}{(1-y^{p_1})(1-y^{p_2})\cdots(1-y^{p_k})} \end{aligned}$$

当 $p_1=p_2=\cdots=p_k=1$ 时,$G(y)=\frac{1}{(1-y)^k}$的展开式中 y^r 的系数正好是方程 $x_1+x_2+\cdots+x_k=r$ 的非负整数解个数 $a_r=\binom{k+r-1}{r}$.

对于多重集 $S=\{n_1\cdot a_1, n_2\cdot a_2, \cdots, n_k\cdot a_k\}$的 r 组合数,我们已经用生成函数给出了求解方法. 但对于 S 的 r 排列数,只有当 $r=n_1+n_2+\cdots+n_k$ 时的全排列计数公式,即 $\binom{r}{n_1 n_2 \cdots n_k}$. 对于一般 r 排列的计数需要用到指数生成函数. 下面给出指数生成函数的定义.

定义 12.6　设 $a_0, a_1, \cdots, a_n, \cdots$ 是一个数列,简记作$\{a_n\}$,它的**指数生成函数**记作 $G_e(x)$,且

$$G_e(x) = \sum_{n=0}^{\infty} a_n \frac{x^n}{n!}$$

【例 12.13】　求以下数列$\{a_n\}$,$\{b_n\}$,$\{c_n\}$的指数生成函数.

(1) $a_n=P(m,n)$,m 为给定正整数.

(2) $b_n=1$.

(3) $c_n=t^n$,t 为给定常数.

解　令$\{a_n\}$,$\{b_n\}$,$\{c_n\}$的指数生成函数分别为 $A_e(x)$,$B_e(x)$和 $C_e(x)$.

(1) $A_e(x) = \sum_{n=0}^{\infty} P(m,n)\frac{x^n}{n!} = \sum_{n=0}^{\infty} C(m,n)x^n = (1+x)^m$

(2) $B_e(x) = \sum_{n=0}^{\infty} 1\cdot\frac{x^n}{n!} = e^x$

(3) $C_e(x) = \sum_{n=0}^{\infty} t^n\frac{x^n}{n!} = \sum_{n=0}^{\infty}\frac{(tx)^n}{n!} = e^{tx}$

定理 12.6　设多重集 $S=\{n_1\cdot a_1, n_2\cdot a_2, \cdots, n_k\cdot a_k\}$,对任意的非负整数 r,令 a_r 为 S 的 r 排列数,数列$\{a_r\}$的指数生成函数为 $G_e(x)$,则

$$G_e(x)=f_{n_1}(x)\cdot f_{n_2}(x)\cdot\cdots\cdot f_{n_k}(x),$$

其中

$$f_{n_i}(x)=1+x+\frac{x^2}{2!}+\cdots+\frac{x^{n_i}}{n_i!},\quad i=1,2,\cdots,k.$$

证明 $G_e(x)$展开式中$\frac{x^r}{r!}$的项是若干下述形式的项之和

$$\frac{x^{m_1}}{m_1!}\cdot\frac{x^{m_2}}{m_2!}\cdot\cdots\cdot\frac{x^{m_k}}{m_k!}=\frac{x^{m_1+m_2+\cdots+m_k}}{m_1!\ m_2!\ \cdots m_k!}=\frac{r!}{m_1!\ m_2!\ \cdots m_k!}\frac{x^r}{r!},$$

其中

$$m_1+m_2+\cdots+m_k=r,0\leqslant m_i\leqslant n_i,i=1,2,\cdots,k.$$

因此在$G_e(x)$的展开式中$\frac{x^r}{r!}$的系数是

$$a_r=\sum\frac{r!}{m_1!m_2!\cdots m_k!},$$

其中求和是对方程

$$m_1+m_2+\cdots+m_k=r,$$
$$m_i\leqslant n_i,i=1,2,\cdots,k.$$

的一切非负整数解来求.

另一方面可以如下构成 S 的 r 排列:先选择 S 的 r 子集,然后对选定的 r 子集进行全排列.从 S 中选择 r 子集$\{m_1\cdot a_1,m_2\cdot a_2,\cdots,m_k\cdot a_k\}$的方法数恰好是方程 $m_1+m_2+\cdots+m_k=r(m_i\leqslant n_i,i=1,2,\cdots,k)$的非负整数解个数.针对选定的一组数 $m_1,m_2,\cdots,m_k$,子集$\{m_1\cdot a_1,m_2\cdot a_2,\cdots,m_k\cdot a_k\}$的全排列数是$\frac{r!}{m_1!\ m_2!\ \cdots m_k!}$.通过对所有的子集求和,$\sum\frac{r!}{m_1!m_2!\cdots m_k!}$恰好是 S 的 r 排列数.

考虑多重集 $S=\{\infty\cdot a_1,\infty\cdot a_2,\cdots,\infty\cdot a_k\}$,根据定理 12.6,当 n_i 是$\infty,i=1,2,\cdots,k$ 时,S 的 r 排列数的指数生成函数是

$$f_{n_i}(x)=1+x+\frac{x^2}{2!}+\cdots=e^x$$

$$G_e(x)=(e^x)^k=e^{kx}=1+kx+k^2\frac{x^2}{2!}+\cdots+k^r\frac{x^r}{r!}+\cdots$$

于是得到 S 的 r 排列数是 k^r,与定理 11.2 的结果一样.

【例 12.4】 求 $S=\{2\cdot a,3\cdot b\}$的 4 排列数.

解 设 S 的 r 排列数为 a_r,$\{a_r\}$的指数生成函数是

$$G_e(x)=\left(1+x+\frac{x^2}{2!}\right)\left(1+x+\frac{x^2}{2!}+\frac{x^3}{3!}\right)$$
$$=1+2x+4\cdot\frac{x^2}{2!}+7\cdot\frac{x^3}{3!}+10\cdot\frac{x^4}{4!}+10\cdot\frac{x^5}{5!},$$

因此有 $a_4=10$.

【例 12.15】 用红、白、蓝三色涂色 $1\times n$ 的方格,每个方格只能涂一种颜色,如果要求偶数个方格涂成白色,问有多少种涂色方案?

解 设 a_n 表示涂色方案数,定义 $a_0=1$,又设多重集 $S=\{\infty\cdot R,\infty\cdot W,\infty\cdot B\}$,其中 R,

W,B 分别代表红色、白色和蓝色,那么 a_n 就是 S 含有偶数个 W 的 n 排列数.$\{a_n\}$的指数生成函数是

$$\begin{aligned}G_e(x) &= \left(1+\frac{x^2}{2!}+\frac{x^4}{4!}+\cdots\right)\left(1+x+\frac{x^2}{2!}+\frac{x^3}{3!}+\cdots\right)^2 \\ &= \frac{1}{2}(e^x+e^{-x})e^{2x} = \frac{1}{2}e^{3x}+\frac{1}{2}e^x \\ &= \frac{1}{2}\sum_{n=0}^{\infty}3^n\frac{x^n}{n!}+\frac{1}{2}\sum_{n=0}^{\infty}\frac{x^n}{n!} = \sum_{n=0}^{\infty}\frac{3^n+1}{2}\frac{x^n}{n!},\end{aligned}$$

因此

$$a_n=\frac{3^n+1}{2}.$$

12.3　例题分析

本章的习题主要包含:计算题、证明题和应用题.下面通过一些例题说明这三类题的解题思路、方法和应该注意的问题.

一、计算题

【例 12.16】　求解递推方程

(1) $\begin{cases}a_n-7a_{n-1}+12a_{n-2}=0\\ a_0=4,a_1=6\end{cases}$;

(2) $\begin{cases}a_n+6a_{n-1}+9a_{n-2}=3\\ a_0=0,a_1=1\end{cases}$;

(3) $\begin{cases}a_n^2-2a_{n-1}=0,a_n>0\\ a_0=4\end{cases}$;

(4) $\begin{cases}a_n-na_{n-1}=n!\\ a_0=2\end{cases}$.

解　(1) 特征方程是 $x^2-7x+12=0$,通解为 $a_n=c_1 3^n+c_2 4^n$.代入初值得

$$\begin{cases}c_1+c_2=4\\ 3c_1+4c_2=6\end{cases},$$

解得 $c_1=10$,$c_2=-6$,从而得到原递推方程的解为

$$a_n=10\cdot 3^n-6\cdot 4^n.$$

(2) 特征方程为 $x^2+6x+9=0$,齐次通解为$\overline{a_n}=c_1(-3)^n+c_2 n(-3)^n$.设特解为 P,代入递推方程得 $P+6P+9P=3$,解得 $P=3/16$.因此原递推方程的通解为

$$a_n=c_1(-3)^n+c_2 n(-3)^n+\frac{3}{16},$$

代入初值解得 $c_1=-3/16$,$c_2=-1/12$,从而得到原递推方程的解是

$$a_n=\left(-\frac{n}{12}-\frac{3}{16}\right)(-3)^n+\frac{3}{16}.$$

(3) 原方程变形为

$$a_n^2=2a_{n-1}$$

因为 $a_n>0$,两边取对数得

$$\begin{cases}2\log_2 a_n=1+\log_2 a_{n-1}\\ \log_2 a_0=2\end{cases}$$

令 $b_n=\log_2 a_n$,代入方程得

$$\begin{cases}b_n=\frac{1}{2}b_{n-1}+\frac{1}{2}\\ b_0=2\end{cases}$$

解得 $b_n=\left(\frac{1}{2}\right)^n+1$,从而得到原递推方程的解为

$$a_n=2^{b_n}=2^{\left(\frac{1}{2}\right)^n+1}.$$

(4) 不断迭代得到

$$\begin{aligned}a_n&=na_{n-1}+n!=n[(n-1)a_{n-2}+(n-1)!]+n!\\&=n(n-1)a_{n-2}+n!+n!=\cdots\\&=n(n-1)\cdots 1\cdot a_0+n\cdot n!=(n+2)n!.\end{aligned}$$

【例 12.17】 求解递推方程

$$\begin{cases}T(n)=\frac{2}{n}\sum_{i=1}^{n-1}T(i)+n+1,\quad n>1\\ T(1)=0.\end{cases}$$

解 由原递推方程得

$$nT(n)=2\sum_{i=1}^{n-1}T(i)+n^2+n$$

$$(n-1)T(n-1)=2\sum_{i=1}^{n-2}T(i)+(n-1)^2+n-1,$$

两式相减得

$$nT(n)-(n-1)T(n-1)=2T(n-1)+2n,$$

化简得

$$nT(n)=(n+1)T(n-1)+2n.$$

两边同时除以 $n(n+1)$得

$$\frac{T(n)}{n+1}=\frac{T(n-1)}{n}+\frac{2}{n+1}$$

迭代得到

$$\begin{aligned}\frac{T(n)}{n+1}&=\frac{2}{n+1}+\frac{2}{n}+\frac{T(n-2)}{n-1}=\cdots=\frac{2}{n+1}+\frac{2}{n}+\cdots+\frac{2}{3}+\frac{T(1)}{2}\\&=2\left(\frac{1}{n+1}+\frac{1}{n}+\cdots+\frac{1}{3}\right),\end{aligned}$$

于是

$$T(n)=2(n+1)\left(\frac{1}{n+1}+\frac{1}{n}+\cdots+\frac{1}{3}\right).$$

估计一下 $T(n)$的阶.参照图 12.3,由于

$$\sum_{i=3}^{n+1}\frac{1}{i}<\int_2^{n+1}\frac{1}{x}\mathrm{d}x=\ln(n+1)-\ln 2$$

因此 $\sum_{i=3}^{n+1}\frac{1}{i}$ 的渐近上界是 $\log n$，记作 $O(\log n)$. 原递推方程没有精确解，根据这个结果可知 $T(n)$ 渐近上界是 $O(n\log n)$. $T(n)$是快速排序算法的平均时间，这说明该算法是 $O(n\log n)$时间的算法.

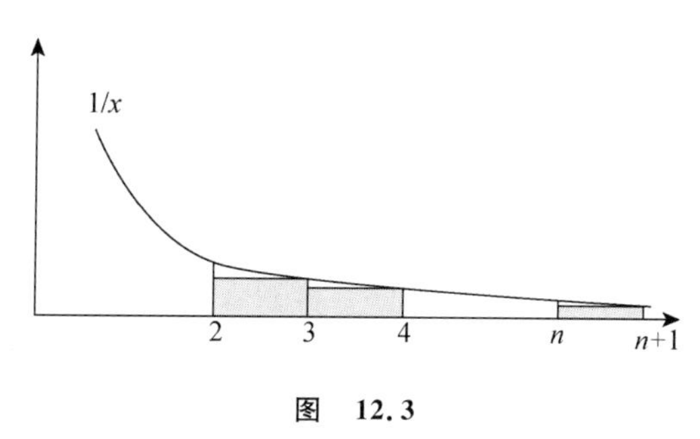

图　12.3

求解常系数线性递推方程可以使用公式法. 如果存在重复特征根，要注意通解的表达形式. 有些方程不是常系数线性递推方程，但是可以通过变换把它们转换成常系数线性递推方程，也可以使用公式法求解. 对于一般的递推方程，可以尝试用迭代方法求解，通过不断迭代得到含有一系列项的表达式，对这个表达式进行化简就可以得到原方程的解. 在使用迭代法时应首先对递推方程进行化简，以减少迭代后的计算工作量. 在例 12.17 中，$T(n)$依赖于它前面所有的项 $T(n-1)$，$T(n-2)\cdots$，$T(1)$，这种方程称作全部历史递推方程. 如果直接迭代，得到的项过多，求和会非常困难. 上面的解法是先用差消法尽量消去方程右边和式中的项，得到一个只含有 $T(n)$与 $T(n-1)$项的递推方程，然后再用迭代法对化简后的方程进行求解.

【例 12.18】 (1) 设 $a_n=(-1)^n 2^n$，确定数列$\{a_n\}$的生成函数.

(2) 设 $a_n=n+5$，确定数列$\{a_n\}$的生成函数.

(3) 设 $a_n=2^n\cdot n!$，确定数列$\{a_n\}$的指数生成函数.

(4) 设 $a_n=(-1)^n$，确定数列$\{a_n\}$的指数生成函数.

解　(1)

$$G(x)=\sum_{n=0}^{\infty}(-1)^n 2^n x^n=\sum_{n=0}^{\infty}(-2x)^n=\frac{1}{1+2x}.$$

(2)

$$G(x)=\sum_{n=0}^{\infty}(n+5)x^n=\sum_{n=0}^{\infty}(n+1)x^n+4\sum_{n=0}^{\infty}x^n$$

令 $A(x)=\sum_{n=0}^{\infty}(n+1)x^n$，则

$$\int_0^x A(x)\mathrm{d}x=\sum_{n=0}^{\infty}\int_0^x(n+1)x^n\mathrm{d}x=\sum_{n=0}^{\infty}x^{n+1}=\frac{x}{1-x}$$

$$A(x)=\left(\frac{1}{1-x}\right)'=\frac{1}{(1-x)^2},$$

于是有

$$G(x)=\frac{1}{(1-x)^2}+\frac{4}{1-x}=\frac{5-4x}{(1-x)^2}.$$

(3)

$$G_e(x)=\sum_{n=0}^{\infty}2^n\cdot n!\frac{x^n}{n!}=\sum_{n=0}^{\infty}(2x)^n=\frac{1}{1-2x}.$$

(4) $$G_e(x) = \sum_{n=0}^{\infty}(-1)^n \cdot \frac{x^n}{n!} = \sum_{n=0}^{\infty} = e^{-x}.$$

二、证明题

【例 12.19】 证明方程 $x_1+x_2+\cdots+x_7=13$ 和方程 $x_1+x_2+\cdots+x_{14}=6$ 有相同数目的非负整数解.

证明 $x_1+x_2+\cdots+x_7=13$ 的非负整数解个数是 $C(13+7-1,13)=C(19,13)$,方程 $x_1+x_2+\cdots+x_{14}=6$ 的非负整数解个数是 $C(14+6-1,6)=C(19,6)$,而 $C(19,13)=C(19,6)$.

【例 12.20】 设 $m\leqslant n$. 把 n 个不同的球恰好放到 m 个相同盒子里的方案数记作 $\left\{\begin{matrix} n \\ m \end{matrix}\right\}$,称为第二类 Stirling 数. 易见 $\left\{\begin{matrix} n \\ 0 \end{matrix}\right\}=0$, $\left\{\begin{matrix} n \\ 1 \end{matrix}\right\}=1$,证明

(1) 如果允许空盒,n 个不同的球放到 m 个相同盒子的方案数是 $\left\{\begin{matrix} n \\ 1 \end{matrix}\right\}+\left\{\begin{matrix} n \\ 2 \end{matrix}\right\}+\cdots+\left\{\begin{matrix} n \\ m \end{matrix}\right\}$.

(2) n 个不同的球恰好放到 m 个不同盒子的方案数是 $m!\left\{\begin{matrix} n \\ m \end{matrix}\right\}$.

(3) $m!\left\{\begin{matrix} n \\ m \end{matrix}\right\}=\sum\binom{n}{n_1 n_2\cdots n_m}$,其中求和是对所有满足方程 $n_1+n_2+\cdots+n_m=n$ 的正整数解 $n_1,n_2,\cdots,n_m$ 求和.

证明 (1) 将放球方法按照有球的盒子个数 $k=1,2,\cdots,m$ 进行分类,恰好 k 个盒子有球的方法数是 $\left\{\begin{matrix} n \\ k \end{matrix}\right\}$,对所有的 k 求和就是所求的方法数.

(2) 每一种放到 m 个相同盒子的方法对应于 $m!$ 种(对 m 个盒子进行编号的方法数)放到 m 个不同盒子的方法. 放到 m 个相同盒子的方法数是 $\left\{\begin{matrix} n \\ m \end{matrix}\right\}$,因此 $m!\left\{\begin{matrix} n \\ m \end{matrix}\right\}$是放到 m 个不同盒子的方法数.

(3) $m!\left\{\begin{matrix} n \\ m \end{matrix}\right\}$计数了把 n 个不同的球恰好放到 m 个不同盒子的方法. 考虑另一种按照盒子的球数进行分类的方法. 将 n 个不同的球放入 m 个不同的盒子,使得第一个盒子有 n_1 个球,第二个盒子有 n_2 个球,…,第 m 个盒子有 n_m 个球,这样的方法数是

$$\binom{n}{n_1}\binom{n-n_1}{n_2}\cdots\binom{n-n_1-\cdots-n_{m-1}}{n_m}=\binom{n}{n_1 n_2\cdots n_m}$$

根据加法法则,对所有满足方程 $n_1+n_2+\cdots+n_m=n$ 的正整数解求和就得到 n 个不同的球恰好放到 m 个不同盒子的方法数.

可以利用上面的结果计数满射函数的个数. 设 $A=\{x_1,x_2,\cdots,x_n\}$, $B=\{y_1,y_2,\cdots,y_m\}$,如果把 A 看作 n 个不同的球的集合,B 看作 m 个不同的盒子的集合,那么一个满射函数 $f: A\to B$ 就对应了把 n 个不同的球恰好放入 m 个不同盒子的一种方案. 因此从 A 到 B 的满射函数有 $m!\left\{\begin{matrix} n \\ m \end{matrix}\right\}$个.

【例 12.21】 用恰好 k 种可能的颜色做彩旗，使得每面旗子由 n 条彩带构成($n\geqslant k$)，且相邻的彩带颜色都不相同，证明不同的彩旗数是 $k!\left\{\begin{matrix}n-1\\k-1\end{matrix}\right\}$.

证明 先计数把 n 条彩带的颜色分成 k 组且相邻编号的彩带不分在同一组的方法，这相当于把 n 个不同的球恰好放入 k 个相同盒子且不允许两个相邻编号的球放入同一盒子的方法数. 先选定一个球，比如 a_1，对于以上的放球方案进行变换：如果 a_1 自己在一个盒子，则将这个盒子拿走，得到 $n-1$ 不同个球恰好放入 $k-1$ 个相同盒子且相邻编号的球不在同一个盒子的放法. 如果与 a_1 在同一个盒子里的球有 l 个($l>0$)，即 $a_{i_1}, a_{i_2}, \cdots, a_{i_l}$，则将 a_{i_1} 放入 a_{i_1-1} 的盒子，a_{i_2} 放入 a_{i_2-1} 的盒子，…，a_{i_l} 放入 a_{i_l-1} 的盒子. 然后拿走含有 a_1 的盒子.（比如在 a_1 的盒子中有 a_1，a_4 和 a_6，那么将 a_4 放入 a_3 所在的盒子，a_6 放入 a_5 所在的盒子，然后拿走只含 a_1 的盒子）. 剩下的是 $n-1$ 个不同的球恰好放入 $k-1$ 个相同的盒子且有标号相邻的球落入同一个盒子的放法. 这种一一对应说明：n 个不同的球恰好放入 k 个相同盒子且不允许两个相邻编号的球放在同一个盒子的方法数就是 $n-1$ 个不同的球恰好放入 $k-1$ 个相同盒子的方法数 $\left\{\begin{matrix}n-1\\k-1\end{matrix}\right\}$. 由于 k 组颜色编号的方法数是 $k!$，从而证明了不同的彩旗数是 $k!\left\{\begin{matrix}n-1\\k-1\end{matrix}\right\}$.

三、应用题

【例 12.22】 平面上有 n 条直线，它们两两相交且没有三条直线交于一点，问这 n 条直线把平面分成多少个区域?

解 设 a_n 表示 n 条直线将平面划分的区域数. 假设平面上已经有 $n-1$ 条直线. 当加入第 n 条直线时，它与平面上已经存在的直线产生 $n-1$ 个交点. 这些交点将第 n 条直线分成 n 段，每段都增加一个区域，共增加 n 个区域，因此得到递推方程

$$\begin{cases}a_n=a_{n-1}+n\\a_1=2\end{cases}$$

解这个递推方程得到 $a_n=\frac{1}{2}(n^2+n+2)$.

【例 12.23】 设 S 是 n 个数的序列，其中 $n=2^k$，k 为正整数. 使用二分归并的递归算法对 S 中的数按照从小到大的顺序排序 . 该算法先将 S 从中间划分成两个相等的子序列 A 和 B，接着分别对 A 和 B 使用同样的算法进行排序；最后将两个排好序的 A 和 B 归并成一个序列 L. 归并的方法是：在 A 和 B 分别设置指针 i 和 j，初始 i 和 j 分别指向 A 和 B 的首元素. 比较 i 和 j 指向的元素并把其中较小的元素放入数组 L，然后把该元素的指针后移一个位置. 继续上述操作，把每次比较后的较小元素放到 L 中已有元素的后边，直到 A 为空或 B 为空. 最后把非空序列中剩下的元素顺序放到 L 中.

(1) 令 $W(n)$ 表示该算法对长度为 n 的序列排序时最多需要做的比较次数，列出 $W(n)$ 满足的递推方程和初值.

(2) 求 $W(n)$.

解 (1) 假设两个 $n/2$ 长度的子序列已经排好顺序. 将这两个子序列归并，比较次数最多的情况是：每次比较拿走一个元素. 经过 $n-1$ 比较后，一个序列为空，另一个只剩下一个元素. 于是得到递推方程和初值如下：

$$\begin{cases} W(n)=2W\left(\frac{n}{2}\right)+n-1 \\ W(1)=0. \end{cases}$$

(2) 将 $n=2^k$ 代入,该递推方程转换成关于 k 的常系数线性递推方程

$$\begin{cases} H(k)=2H(k-1)+2^k-1 \\ H(0)=0 \end{cases},$$

因为 2 是特征根,令该方程的特解 $H^*(k)=P_1k2^k+P_2$,解得 $P_1=P_2=1$,从而该方程的通解为

$$H(k)=c2^k+k2^k+1,$$

代入初值 $H(0)=0$,解得 $c=-1$,从而得到

$$H(k)=k2^k-2^k+1,\quad W(n)=n\log n-n+1.$$

【例 12.24】 设Σ是字母表且$|\Sigma|=n>1$,a 和 b 是Σ中的两个不同的字母.用Σ上的字母构成字符串.令这些字符串中含有 a 和 b 且长度为 k 的字符串的个数是 a_k,求 $a_k(k>1)$.

解 $\{a_k\}$的指数生成函数为

$$\begin{aligned} G_e(x) &= (e^x-1)^2e^{(n-2)x} = (e^{2x}-2e^x+1)e^{(n-2)x} \\ &= e^{nx}-2e^{(n-1)x}+e^{(n-2)x} \\ &= \sum_{k=0}^{\infty}\frac{n^k}{k!}x^k-2\sum_{k=0}^{\infty}\frac{(n-1)^k}{k!}x^k+\sum_{k=0}^{\infty}\frac{(n-2)^k}{k!}x^k \end{aligned}$$

$x^k/k!$ 项的系数为

$$a_k=n^k-2(n-1)^k+(n-2)^k.$$

求解组合计数问题可以利用已知的计数结果直接求解,常用的基本计数模型包括有序与无序选取、非降路径、方程的非负整数解、放球问题等.可以通过在上述模型与实际计数问题之间建立对应关系,从而利用相关的计数公式或方法求解实际计数问题.有时候需要将比较复杂的实际问题进行分步或分类处理,分别求出每步或每类的计数结果,然后使用乘法法法则或加法法则.对于某些组合计数问题也可以利用递推方程或生成函数的方法求解.一般生成函数求解的是无序选取问题,而指数生成函数求解的是有序选取问题.

习 题 十 二

1. 求解下列递推方程.

(1) $\begin{cases} a_n=2(a_{n-1}+a_{n-2}) \\ a_0=1,a_1=3 \end{cases}$;

(2) $\begin{cases} a_n=a_{n-1}+n^2 \\ a_1=1 \end{cases}$;

(3) $\begin{cases} a_n-3a_{n-1}+2a_{n-2}=1 \\ a_0=4,a_1=6 \end{cases}$;

(4) $\begin{cases} na_n+(n-1)a_{n-1}=2^n,n\geqslant 1 \\ a_0=273 \end{cases}$.

2. 有 n 枚外形完全一样的硬币,其中 1 枚重量偏重,这里 $n=2^k$,k 为正整数.现在要用一台天平(可以一次放入所有的硬币)把这枚硬币找出来,采用下述步骤:

I. 如果 $n=2$,那么一次称重就可以找出这枚硬币.

II. 如果 $n>2$,将硬币分成个数相等的两份,放到天平两边.如果哪边重,哪部分就包含了这枚硬币.然后将包含该硬币的部分分成相等的两份放到天平两边.继续这个过程.当剩下的硬币数等于 2 时执行步骤 I.

问:若对 n 枚硬币的称重次数是 $T(n)$,计算 $T(n)$.

3. 一个编码系统用八进制数字 0,1,2,3,4,5,6,7 对信息编码,如果一个编码恰好含偶数个 7,则说这个编码是有效的。问 n 位长的编码中有多少个有效的编码?

4. 设 a 为实数,n 为正整数且恰好是 2 的幂.用下述算法计算 a^n.算法的思路是:如果已经计算出了 $a^{n/2}$,那么将这个数与自己相乘,就可以得到 a^n.

(1) 设算法对给定 n 所做的乘法次数是 $T(n)$,列出 $T(n)$满足的递推方程和初值.

(2) 估计 $T(n)$的阶.

5. 求下列 n 阶行列式的值 d_n.

$$d_n=\begin{vmatrix} 2 & 1 & 0 & \cdots & 0 & 0 \\ 1 & 2 & 1 & \cdots & 0 & 0 \\ 0 & 1 & 2 & \cdots & 0 & 0 \\ & & & \cdots & & \\ 0 & 0 & 0 & \cdots & 1 & 2 \end{vmatrix}$$

6. 某公司有 n 千万元可以用于对 a,b,c 三个项目的投资.假设每年投资一个项目.投资的规则是:或者对 a 投资 1 千万元,或者对 b 投资 2 千万元,或者对 c 投资 2 千万元.问用完 n 千万元有多少种不同的投资方案?

7. 设 a_n 是不含两个连续 0 的 n 位 0—1 字符串的个数,求 a_n.

8. 双 Hanoi 塔问题是 Hanoi 塔问题的一种推广,与 Hanoi 塔的不同点在于: $2n$ 个圆盘,分成大小不同的 n 对,每对圆盘完全相同.例如,当 $n=3$ 时,直径 3,3,2,2,1,1 的 6 个圆盘就是一种合理的输入.初始,这些圆盘按照从大到小的次序从下到上放在 A 柱上,最终要把它们全部移到 C 柱,移动的规则与 Hanoi 塔相同(不允许大圆盘放在小圆盘上面).

(1) 设计一个移动的算法.

(2) 计算你的算法所需要的移动次数.

9. 确定序列$\{a_n\}$的生成函数.

(1) $a_n=(-1)^n(n+1)$

(2) $a_n=\binom{n}{3}$

10. 给定数列$\{a_n\}$的生成函数 $G(x)$,试确定 a_n.

$G(x)=\dfrac{x(1+x)}{(1-x)^3}$

11. 设多重集 $S=\{\infty\cdot a_1,\infty\cdot a_2,\infty\cdot a_3,\infty\cdot a_4\}$,$c_n$ 是 S 的满足以下条件的 n 组合数,且数列$\{c_n\}$的生成函数为 $G(x)$,求 $G(x)$.

(1) 每个 a_i 出现奇数次,$i=1,2,3,4$;

(2) 每个 a_i 出现 3 的倍数次,$i=1,2,3,4$;

(3) a_1 不出现,a_2 至多出现 1 次;

(4) a_1 出现 1,3 或 11 次,a_2 出现 2、4 或 5 次;

(5) 每个 a_i 至少出现 10 次,$i=1,2,3,4$.

12. 把 9 个相同的动物玩具分给 4 个孩子使得每个孩子至少得到 1 个但不超过 3 个,确定不同的分法数.

13. 求方程 $x_1+x_2+x_3+x_4=10$ 的正整数解,使得其中每个 $x_i(i=1,2,3,4)$都不超过 4,问这样的解有多少个?

14. 设 n 为自然数,求平面上由直线 $x+2y=n$ 与两个坐标轴所围成的直角三角形内(包括边上)的整点个数,其中整点表示横、纵坐标都是整数的点.

15. 一个 $1\times n$ 的方格图形用红、蓝、绿或橙色四种颜色涂色,如果有偶数个方格被涂成红色,还有奇数个方格被涂成绿色,问有多少种方案?

16. 把 5 项任务分给 4 个人,如果每个人至少得到一项任务,问有多少种分配方式?

17. 用 3 个 1、2 个 2 和 5 个 3 可以组成多少个不同的四位数?如果这个四位数是偶数,那么有多少个?

习题的提示或解答

习　题　一

1. 除(3),(4),(5),(11)外全是命题.其中(1),(2),(8),(9),(10),(16),(17)为简单命题,(6),(7),(12),(13),(14),(15),(18)为复合命题.

2. 简单命题均用一个字母符号化.

(6) $p \leftrightarrow q$,其中 p:3 是素数.q:四边形内角和为 2π.

(12) $p \vee q$,其中 p:4 是 2 的倍数,q:4 是 3 的倍数.

(14) $p \wedge q$,其中 p:4 是偶数,q:4 是素数.

(18) $\neg p$,其中 p:4 是素数.

(1),(6),(12),(15),(16),(18)是真命题,即真值为 1.(2),(7),(13),(14)是假命题,即真值为 0.(8),(9)的真值现在不知道.(10)和(17)的真值由具体情况而定(也是客观存在的).

3. (1),(3),(4),(5),(8)为真命题,其余都是假命题.

4. 设 p:今天是 1 号,q:明天是 2 号,r:明天是 3 号.

(1) 符号化为 $p \to q$,(2) 符号化为 $p \to r$.

当 p 为真时,q 必为真,所以 $p \to q$ 为真;当 p 为假时,不管 q 是否为真,$p \to q$ 为真,所以 $p \to q$ 总为真命题,即真值为 1.

$p \to r$ 的真值与今天是不是 1 号有关.当 p 为真时,r 一定为假,所以 $p \to r$ 为假,即真值为 0.当 p 为假时,$p \to r$ 为真.

5. (1)~(4)都符号化为合取式.(5)~(8)都符号化为蕴涵式.令 p:天下大雨,q:他乘公共汽车上班.(5)为 $p \to q$,(6)为 $q \to p$ 或 $\neg p \to \neg q$.(7)同(6).

6. (1) 0,(2) 0,(3) 1,(4) 1,(5) 1.

7. (1) p:电影院拥挤,q:戏院是人们常去的,r:商店顾客稀少,s:戏院是令人讨厌的.
复合命题为

$$\neg (p \vee q) \wedge \neg (s \vee r) \Leftrightarrow \neg p \wedge \neg q \wedge \neg s \wedge \neg r.$$

可见 p,q,r,s 均为假时,复合命题为真.

(2) p:那套房子有三室,q:那套房子有一厅,r:那套房子居住面积在 100 米^2 以上,s:老王要.

复合命题为

$$(p \wedge q \wedge r) \to s.$$

不难看出,当 p,q,r,s 均为真时,或 p,q,r 中至少有一个为假时,复合命题为真.

8. (1),(2),(4),(9)均为重言式,(3),(7)为矛盾式,其余的均为可满足式.

9. 这里只给出等值演算法,真值表法留给读者.

(1) $\neg ((p \wedge q) \to p)$

$\Leftrightarrow \neg (\neg (p \wedge q) \vee p)$　　(蕴涵等值式)

$\Leftrightarrow (p \wedge q) \wedge \neg p$　　(德·摩根律)

$\Leftrightarrow (p \wedge \neg p) \wedge q$　　(交换律、结合律)

$\Leftrightarrow 0 \wedge q$　　(矛盾律)

$\Leftrightarrow 0.$ (零律)

所以,(1)为矛盾式.

(2) $((p\to q)\land(q\to p))\leftrightarrow(p\leftrightarrow q)$

$\Leftrightarrow(p\leftrightarrow q)\leftrightarrow(p\leftrightarrow q)$ (等价等值式)

$\Leftrightarrow 1.$

为重言式.

(3) $(\neg p\to q)\to(q\to\neg p)$

$\Leftrightarrow(p\lor q)\to(\neg q\lor\neg p)$ (蕴涵等值式)

$\Leftrightarrow\neg(p\lor q)\lor\neg p\lor\neg p$ (蕴涵等值式)

$\Leftrightarrow(\neg p\land\neg q)\lor\neg q\lor\neg p$ (德·摩根律)

$\Leftrightarrow\neg p\lor\neg q.$ (吸收律)

由演算结果可知,00,01,10 均为成真赋值,而 11 是成假赋值,因而该公式为可满足式.

10.

(1) $(p\land q)\lor(p\land\neg q)$

$\Leftrightarrow p\land(q\lor\neg q)$ (分配律)

$\Leftrightarrow p\land 1$ (排中律)

$\Leftrightarrow p.$ (同一律)

(2) $(p\to q)\land(p\to r)$

$\Leftrightarrow(\neg p\lor q)\land(\neg p\lor r)$ (蕴涵等值式)

$\Leftrightarrow\neg p\lor(q\land r)$ (分配律)

$\Leftrightarrow p\to(q\land r).$ (蕴涵等值式)

(3) $\neg(p\leftrightarrow q)$

$\Leftrightarrow\neg((p\to q)\land(q\to p))$ (等价等值式)

$\Leftrightarrow\neg((\neg p\lor q)\land(\neg q\lor p))$ (蕴涵等值式)

$\Leftrightarrow(p\land\neg q)\lor(q\land\neg p)$ (德·摩根律)

$\Leftrightarrow(p\lor q)\land(p\lor\neg p)\land(\neg q\lor q)\land(\neg q\lor\neg p)$ (分配律)

$\Leftrightarrow(p\lor q)\land 1\land 1\land(\neg q\lor\neg p)$ (排中律)

$\Leftrightarrow(p\lor q)\land(\neg p\lor\neg q)$ (同一律)

$\Leftrightarrow(p\lor q)\land\neg(p\land q).$ (德·摩根律)

请读者从左端开始演算证明之.

11. (1) 不一定成立. 例如,取 $A=p,B=p\lor q,C=q$,则 $A\lor C\Leftrightarrow B\lor C\Leftrightarrow p\lor q$,但$A\not\Leftrightarrow B$.

(2) 不一定成立. 例如,取 $A=p,B=p\land q,C=q$,则 $A\land C\Leftrightarrow B\land C\Leftrightarrow p\land q$,但$A\not\Leftrightarrow B$.

(3) 一定成立. 证明如下:

$A\Leftrightarrow\neg(\neg A)$ (双重否定律)

$\Leftrightarrow\neg(\neg B)$ ($\neg A\Leftrightarrow\neg B$)

$\Leftrightarrow B.$ (双重否定律)

12. 答案形式不唯一,但各种答案应该是等值的,这里只对(1)给出一些答案,其他留给读者.

(1) $\neg(p\leftrightarrow(q\to(p\lor r)))$

$\Leftrightarrow\neg(p\leftrightarrow(\neg q\lor p\lor r))$

$\Leftrightarrow\neg((p\to(\neg q\lor p\lor r))\land((\neg q\lor p\lor r)\to p))$

$\Leftrightarrow\neg((\neg p\lor\neg q\lor p\lor r)\land((q\land\neg p\land\neg r)\lor p))$

$\Leftrightarrow \neg((q \wedge \neg p \wedge \neg r) \vee p)$

$\Leftrightarrow \neg((p \vee q) \wedge (p \vee \neg r))$

$\Leftrightarrow (\neg p \wedge \neg q) \vee (\neg p \wedge r)$.

不难看出,后 4 个等值式都满足要求,还可以有其他形式的等值式也满足要求.

请注意,(3)本身已满足要求.

13. 这里只做(2).

(2) $(p \to (q \wedge \neg p)) \wedge \neg r \wedge q$

$\Leftrightarrow (\neg p \vee (q \wedge \neg p)) \wedge \neg r \wedge q$

$\Leftrightarrow \neg(p \wedge \neg(q \wedge \neg p)) \wedge \neg r \wedge q$.

14. 这里只做(2).

(2) $(p \leftrightarrow q) \wedge r$

$\Leftrightarrow (p \to q) \wedge (q \to p) \wedge r$

$\Leftrightarrow (\neg p \vee q) \wedge (\neg q \vee p) \wedge r$

$\Leftrightarrow \neg(\neg(\neg p \vee q) \vee \neg(\neg q \vee p) \vee \neg r)$.

15. 这里只做(1).

(1) $p \wedge q \wedge r$

$\Leftrightarrow \neg(\neg p \vee \neg q \vee \neg r)$

$\Leftrightarrow \neg(\neg p \vee (q \to \neg r))$

$\Leftrightarrow \neg(p \to (q \to \neg r))$.

16. 这里只做(1)

(1) $(p \wedge q) \vee r$

$\Leftrightarrow \neg(\neg(p \wedge q) \wedge \neg r)$

$\Leftrightarrow (\neg(p \wedge q) \uparrow (\neg r))$

$\Leftrightarrow (p \uparrow q) \uparrow (r \uparrow r)$

$(p \wedge q) \vee r$

$\Leftrightarrow (p \vee r) \wedge (q \vee r)$

$\Leftrightarrow \neg(\neg(p \vee r) \vee \neg(q \vee r))$

$\Leftrightarrow (p \downarrow r) \downarrow (q \downarrow r)$

17. (1) $m_0 \vee m_2 \vee m_3$,00,10,11 为成真赋值.

(2) $m_1 \vee m_3 \vee m_5 \vee m_7$,001,011,101,111 为成真赋值.

(3) $m_0 \vee m_1 \vee m_2 \vee m_3 \vee m_4 \vee m_5 \vee m_6 \vee m_7$,重言式.

(4) 主析取范式为 0,为矛盾式.

18. (1) (a) $m_1 \vee m_3 \vee m_6 \vee m_7$. (b) $m_1 \vee m_2$. (c) $m_1 \vee m_3 \vee m_4 \vee m_5 \vee m_7$.

(2) (a) $M_0 \wedge M_2 \wedge M_4 \wedge M_5$.

(b) $M_0 \wedge M_3$.

(c) $M_0 \wedge M_2 \wedge M_6$.

19. (1) 中两公式等值,(2) 中两公式不等值.

20. 易知 F 的主析取范式为

$$F \Leftrightarrow m_1 \vee m_3 \vee m_4 \vee m_6,$$

主合取范式为

$$F \Leftrightarrow M_0 \wedge M_2 \wedge M_5 \wedge M_7.$$

$F \Leftrightarrow M_0 \wedge M_2 \wedge M_5 \wedge M_7$

$\Leftrightarrow (p\vee q\vee r)\wedge(p\vee \neg q\vee r)\wedge(\neg p\vee q\vee \neg r)\wedge(\neg p\vee \neg q\vee \neg r)$

$\Leftrightarrow (p\vee r)\wedge(\neg p\vee \neg r)$

$\Leftrightarrow (\neg p\rightarrow r)\wedge(r\rightarrow \neg p)$

$\Leftrightarrow \neg p\leftrightarrow r$

$\Leftrightarrow p\leftrightarrow \neg r$

$\Leftrightarrow \neg(p\leftrightarrow r)$.

其实最后三步得到的结果都含 2 个联结词,不能再减少联结词了,所以它们都满足要求.请读者证明后三步为什么是等值的.

21. 由真值表容易写出 F_A,F_B,F_C 的主析取范式,然后化成等值的$\{\neg,\vee\}$中的公式即可.

$$F_A\Leftrightarrow m_4\vee m_5\vee m_6\vee m_7\Leftrightarrow p.$$

$$F_B\Leftrightarrow m_2\vee m_3\Leftrightarrow \neg p\wedge q\Leftrightarrow \neg(p\vee \neg q).$$

$$F_C\Leftrightarrow m_1\Leftrightarrow \neg p\wedge \neg q\wedge r\Leftrightarrow \neg(p\vee q\vee \neg r).$$

22. 令 p:这矿样是铁,q:这矿样是铜,r:这矿样是锡.由实验发现甲,乙,丙的判断情况共有六种可能:

① 甲正确,乙对一半,丙全错; ② 甲正确,乙全错,丙对一半;

③ 甲对一半,乙正确,丙全错; ④ 甲对一半,乙全错,丙正确;

⑤ 甲全错,乙正确,丙对一半; ⑥ 甲全错,乙对一半,丙正确.

以上情况对应的公式分别为:

① $(\neg p\wedge \neg q)\wedge((\neg p\wedge \neg r)\vee(p\wedge r))\wedge(\neg p\wedge r)\Leftrightarrow 0$;

② $(\neg p\wedge \neg q)\wedge(p\wedge \neg r)\wedge((p\wedge r)\vee(\neg p\wedge \neg r))\Leftrightarrow 0$;

③ $((\neg p\wedge q)\vee(p\wedge \neg q))\wedge(\neg p\wedge r)\wedge(\neg p\wedge r)\Leftrightarrow \neg p\wedge q\wedge r$;

④ $((\neg p\wedge q)\vee(p\wedge \neg q))\wedge(p\wedge \neg r)\wedge(p\wedge \neg r)\Leftrightarrow p\wedge \neg q\wedge \neg r$;

⑤ $(p\wedge q)\wedge(\neg p\wedge r)\wedge((p\wedge r)\vee(\neg p\wedge \neg r))\Leftrightarrow 0$;

⑥ $(p\wedge q)\wedge((\neg p\wedge \neg r)\vee(p\wedge r))\wedge(p\wedge \neg r)\Leftrightarrow p\wedge q\wedge \neg r$.

设判断结果为 F,则

$$F\Leftrightarrow ①\vee②\vee③\vee④\vee⑤\vee⑥\Leftrightarrow(\neg p\wedge q\wedge r)\vee(p\wedge \neg q\wedge \neg r)\vee(p\wedge q\wedge \neg r),$$

但因这矿样不能同时为铜又为锡,也不能为铁又为铜,因而只能是 $p\wedge \neg q\wedge \neg r$ 为真,即这矿样不是铜,也不是锡,而是铁.

23. 设 p:赵去,q:钱去,r:孙去,s:李去,t:周去.F 为选派方案.由已知条件易知

$$F\Leftrightarrow(p\rightarrow q)\wedge(s\vee t)\wedge((q\wedge \neg r)\vee(\neg q\wedge r))\wedge((r\wedge s)\vee(\neg r\wedge \neg s))\wedge(t\rightarrow(p\wedge q))$$

由等值演算可知

$$F\Leftrightarrow(\neg p\vee q)\wedge(s\vee t)\wedge((q\wedge \neg r)\vee(\neg q\wedge r))\wedge((r\wedge s)\vee(\neg r\wedge \neg s))\wedge(\neg t\vee(p\wedge q))$$

$$\Leftrightarrow((\neg p\wedge s)\vee(\neg p\wedge t)\vee(q\wedge s)\vee(q\wedge t))\wedge((q\wedge \neg r)\vee(\neg q\wedge r))\wedge((r\wedge s)\vee$$
$$(\neg r\wedge \neg s))\wedge(\neg t\vee(p\wedge q))$$

$$\Leftrightarrow(\neg p\wedge \neg q\wedge r\wedge s\wedge \neg t)\vee(p\wedge q\wedge \neg r\wedge \neg s\wedge t)\Leftrightarrow m_6\vee m_{25}.$$

这是 F 的主析取范式,对应极小项 m_6 的选派方案为孙、李同去,而赵、钱、周不去.对应 m_{25} 的方案是赵、钱、周三人去,而孙、李不去.

24. (1),(3)正确.(2),(4)不正确.

25. (1) 证明:

① $\neg q\vee r$ 前提引入

② $\neg r$ 前提引入

③ $\neg q$ ①②析取三段论

④ $\neg(p\wedge\neg q)$ 前提引入

⑤ $\neg p\vee q$ ④置换

⑥ $\neg p$ ③⑤析取三段论

(2) 证明:

① $p\to(q\to s)$ 前提引入

② $q\to(p\to s)$ ①置换

③ q 前提引入

④ $p\to s$ ③②假言推理

⑤ $p\vee\neg r$ 前提引入

⑥ $r\to p$ ⑤置换

⑦ $r\to s$ ⑥④假言三段论

(3) 证明:

① $p\to q$ 前提引入

② $\neg p\vee q$ ①置换

③ $(\neg p\vee p)\wedge(\neg p\vee q)$ ②置换

④ $\neg p\vee(p\wedge q)$ ③置换

⑤ $p\to(p\wedge q)$ ④置换

(4) 证明:

① $t\wedge r$ 前提引入

② t ①化简

③ r ①化简

④ $s\leftrightarrow t$ 前提引入

⑤ $(s\to t)\wedge(t\to s)$ ④置换

⑥ $t\to s$ ⑤化简

⑦ s ②⑥假言推理

⑧ $q\leftrightarrow s$ 前提引入

⑨ $(q\to s)\wedge(s\to q)$ ⑧置换

⑩ $s\to q$ ⑨化简

⑪ q ⑦⑩

⑫ $q\to p$ 前提引入

⑬ p ⑪⑫假言推理

⑭ $p\wedge q\wedge r\wedge s$ ⑬⑪③⑦合取

26. (1) 证明:

① p 否定结论引入

② $\neg q\vee r$ 前提引入

③ $\neg r$ 前提引入

④ $\neg q$ ②③析取三段论

⑤ $\neg(p\wedge\neg q)$ 前提引入

⑥ $\neg p\vee q$ ⑤置换

⑦ $\neg p$ ④⑥析取三段论

⑧ $p\wedge\neg p$ ①⑦合取

(2) 证明:

① r 附加前提引入

② $p \vee \neg r$ 前提引入

③ p ①②析取三段论

④ $p \to (q \to s)$ 前提引入

⑤ $q \to s$ ③④假言推理

⑥ q 前提引入

⑦ s ⑤⑥假言推理

(3) 证明:

① p 附加前提引入

② $p \to q$ 前提引入

③ q ①②假言推理

④ $p \wedge q$ ①③合取

27. 设 p:他是理科学生,q:他是文科学生,r:他必学好数学.

前提:$p \to r$, $\neg q \to p$, $\neg r$.

结论:q.

证明:

① $p \to r$ 前提引入

② $\neg r$ 前提引入

③ $\neg p$ ①②拒取式

④ $\neg q \to p$ 前提引入

⑤ q ③④拒取式

28. 答案很多,如 $\neg p$, $\neg p \vee \neg q$, $p \to s$ 可分别作为(1),(2),(3)的有效结论.

29. 用真值表容易看出,F 的主析取范式为

$$F \Leftrightarrow m_1 \vee m_2 \vee m_4 \vee m_7.$$

所以 F 与(6)中公式等值. 再用真值表法或等值演算法发现(3),(4),(5)中公式均与(6)中公式等值. 所以 F 与(3),(4),(5),(6)中公式均等值.

30. 设 p:公司拒绝增加工资,q:罢工停止,r:罢工超过 3 个月,s:经理辞职.

$$\text{前提}: p \to (\neg (r \wedge s) \to \neg q), p, \neg r.$$

尝试推理如下:

① $p \to (\neg (r \wedge s) \to \neg q)$ 前提引入

② p 前提引入

③ $\neg (r \wedge s) \to \neg q$ ①②假言推理

④ $\neg r$ 前提引入

⑤ $\neg r \vee \neg s$ ④附加

⑥ $\neg (r \wedge s)$ ⑤置换

⑦ $\neg q$ ③⑥假言推理

至此得到罢工不会停止的结论.

习 题 二

1. (1) $\exists x(F(x) \wedge G(x))$,其中 $F(x)$:x 是整数,$G(x)$:x 是自然数.

(2) $\neg \exists x(F(x) \wedge L(x))$,其中 $F(x)$:x 是自然数,$L(x)$:$x<0$. 也可符号化为

$$\forall x(F(x)\to\neg L(x)).$$

(3) $\neg\forall x(F(x)\to G(x))$，其中 $F(x)$：x 是实数，$G(x)$：x 是有理数. 也可符号化为

$$\exists x(F(x)\wedge\neg G(x)).$$

(4) $\forall x(F(x)\to\exists y(G(y)\wedge L(x,y)))$，其中 $F(x)$：x 是火车，$G(y)$：y 是汽车，$L(x,y)$：x 比 y 快.

(5) $\exists x(F(x)\wedge\forall y(G(y)\to L(x,y)))$，其中 $F(x)$：x 是汽车，$G(y)$：y 是火车，$L(x,y)$：x 比 y 慢.

(6) $\forall x\forall y(F(x)\wedge G(y)\wedge L(x,y)\to H(x,y))$，其中 $F(x)$：x 是人，$G(y)$：y 是孩子，$L(x,y)$：x 是 y 的父亲，$H(x,y)$：x 喜爱 y.

(7) $\forall x(F(x)\wedge L(x,0)\to\exists y(F(y)\wedge L(y,x)))$. 其中 $F(x)$：x 为实数，$L(x,y)$：$x>y$.

2. (1)，(3)，(4)，(5)为真命题，(2)，(6)，(8)为假命题. (7)不是命题.

4. (1)，(4)，(5)真值为 1，(2)，(3)真值为 0.

5. (1) 在 $D_1=\{a\}$中消去 A 的量词，得

$$F(a)\to F(a)\Leftrightarrow\neg F(a)\vee F(a)\Leftrightarrow 1.$$

故无论 $F(a)$的真值如何，A 的真值为 1.

(2) 在 $D_2=\{a,b\}$中消去 A 中的量词，得

$$(F(a)\vee F(b))\to(F(a)\wedge F(b)).$$

当 $F(a)$与 $F(b)$的真值相同时，A 在 I_2 下真值为 1，而当 $F(a)$与 $F(b)$的真值不同时，A 在 I_2 下，前件为真，后件为假，故 A 的真值为 0.

6. (1)，(3)的真值为 0，(2)的真值为 1.

先消去量词，然后根据已知条件判断.

(1) $F(2,f(2))\wedge F(3,f(3))$

$\Leftrightarrow F(2,3)\wedge F(3,2)$

$\Leftrightarrow 0\wedge 1\Leftrightarrow 0.$

(2) $(F(2,2)\vee F(3,2))\wedge(F(2,3)\vee F(3,3))$

$\Leftrightarrow(0\vee 1)\wedge(0\vee 1)\Leftrightarrow 1\wedge 1\Leftrightarrow 1.$

(3) $(F(2,2)\to F(f(2),f(2)))\wedge(F(2,3)\to F(f(2),f(3)))\wedge(F(3,2)\to F(f(3),$
$f(2)))\wedge(F(3,3)\to F(f(3),f(3)))$

$\Leftrightarrow(F(2,2)\to F(3,3))\wedge(F(2,3)\to F(3,2))\wedge(F(3,2)\to F(2,3))\wedge(F(3,3)\to F(2,2))$

$\Leftrightarrow(0\to 1)\wedge(0\to 1)\wedge(1\to 0)\wedge(1\to 0)\Leftrightarrow 0.$

7. (1)的真值为 0，其余的真值均为 1.

8. (1)，(2)的真值为 0，(3)，(4)的真值为 1.

9. (1) $(F(a)\wedge F(b)\wedge F(c))\to(F(a)\wedge F(b)\wedge F(c))$.

(2) $\forall x(F(x)\wedge\exists yG(y))$

$\Leftrightarrow\forall xF(x)\wedge\exists yG(y)$

得 $(F(a)\wedge F(b)\wedge F(c))\wedge(G(a)\vee G(b)\vee G(c))$.

(3) $\forall x\exists y(F(x)\wedge G(y))$

$\Leftrightarrow\forall xF(x)\wedge\exists yG(y)$

得 $(F(a)\wedge F(b)\wedge F(c))\wedge(G(a)\vee G(b)\vee G(c))$.

(4) $\exists x\exists y(F(x)\to G(y))$

$\Leftrightarrow\forall xF(x)\to\exists yG(y)$

得 $(F(a)\wedge F(b)\wedge F(c))\to(G(a)\vee G(b)\vee G(c))$.

10. (1)，(4)，(5)是永真式，(3)是矛盾式，(2)是非永真式的可满足式.

11. (1)在任意的解释和赋值下，若 $\forall xA(x)\vee\forall xB(x)$为真，不妨设 $\forall xA(x)$为真，则对个体域内所有的 x，$A(x)$为真，自然有 $A(x)\vee B(x)$为真，从而 $\forall x(A(x)\vee B(x))$为真，$\forall xA(x)\vee\forall xB(x)\to\forall x(A(x)\vee B(x))$

也为真.得证$\forall xA(x)\vee\forall xB(x)\rightarrow\forall x(A(x)\vee B(x))$是永真式.

(2) 在任意的解释和赋值下,若$\exists x(A(x)\wedge B(x))$为真,则个体域内存在$x$,不妨设为$x_0$,使得$A(x_0)\wedge B(x_0)$为真,自然$A(x_0)$和$B(x_0)$都为真,从而$\exists xA(x)$和$\exists xB(x)$都为真.于是$\exists xA(x)\wedge\exists xB(x)$为真,$\exists x(A(x)\wedge B(x))\rightarrow\exists xA(x)\wedge\exists xB(x)$也为真.得证$\exists x(A(x)\wedge B(x))\rightarrow\exists xA(x)\wedge\exists xB(x)$是永真式.

(3) 在任意的解释和赋值下,若$\exists x\forall yA(x,y)$为真,则个体域内存在x,不妨设为x_0,使得对所有的y,有$A(x_0,y)$为真.也就是说,对所有的y,$A(x_0,y)$为真.从而对所有的y,存在x,使得$A(x,y)$为真,亦即$\forall y\exists x A(x,y)$为真.得证$\exists x\forall yA(x,y)\rightarrow\forall y\exists x A(x,y)$是永真式.

(4) 注意后件中的x是自由出现.任给解释I和赋值σ,在I和σ下,若$\forall xA(x)$为真,则$A(\sigma(x))$为真,即后件为真,从而$\forall xA(x)\rightarrow A(x)$为真.得证蕴涵式是永真式.

(5) 任给解释I和赋值σ,在I和σ下,前件被解释为$A(\sigma(x))$.若它为真,则个体域内存在元素$a=\sigma(x)$使得$A(a)$为真,从而$\exists xA(x)$为真.因此$A(x)\rightarrow\exists xA(x)$为真.得证蕴涵式是永真式.

12. (1) 取解释I如下:个体域为自然数集,$F(x,y)$:$x=y$,公式被解释为

$$\forall x\exists y(x=y)\rightarrow\exists y\forall x(x=y)$$

前件真,后件假,蕴涵式为假.

(2) 取解释I如下:个体域为实数集,$F(x)$:x是有理数,$G(x)$:x是无理数.前件被解释为“所有的实数要么是有理数、要么是无理数.”这是真命题.后件被解释为“所有的实数都是有理数,或者所有的实数都是无理数.”这是假命题.蕴涵式为假.

(3) 取解释I和赋值σ如下:个体域为整数集,$F(x)$:$x\geqslant 0$,$\sigma(x)=0$.在I和σ下,前件“$0\geqslant 0$”为真,后件“所有的整数大于等于0”为假,蕴涵式为假.

(4) 取解释I和赋值σ如下:个体域为整数集,$F(x)$:x是偶数,$\sigma(x)=1$.在I和σ下,前件“存在整数是偶数.”为真,后件“1是偶数.”为假,蕴涵式为假.

13. (1) $(\neg\exists xF(x)\vee\forall yG(y))\wedge\forall zH(z)$

$\Leftrightarrow(\forall x\neg F(x)\vee\forall yG(y))\wedge\forall zH(z)$

$\Leftrightarrow\forall x\forall y\forall z((F(x)\rightarrow G(y))\wedge H(z))$.

(2) $\exists xF(x)\vee\forall xG(x)\rightarrow\forall x\exists yH(x,y)$

$\Leftrightarrow\exists xF(x)\vee\forall wG(w)\rightarrow\forall t\exists yH(t,y)$

$\Leftrightarrow\exists x\forall w(F(x)\vee G(w))\rightarrow\forall t\exists yH(t,y)$

$\Leftrightarrow\forall x\exists w\forall t\exists y((F(x)\vee G(w))\rightarrow H(t,y))$

(3) $\forall x(F(x,y)\rightarrow\forall yG(x,y))$

$\Leftrightarrow\forall x(F(x,y)\rightarrow\forall zG(x,z))$

$\Leftrightarrow\forall x\forall z(F(x,y)\rightarrow G(x,z))$.

习 题 三

1. (1) $\{x\mid x\in\mathbf{N}\wedge x<5\}$; (2) $\{x\mid x=2k+1\wedge k\in\mathbf{Z}\}$; (3) $\{x\mid x=10y\wedge y\in\mathbf{Z}\}$.

2. (1) $S_1=\{0,1,2,3,4,5,6,7,8,9\}$; (2) $S_2=\{2,5\}$;

(3) $S_3=\{4,5,6,7,8,9,10,11\}$; (4) $S_4=\varnothing$;

(5) $S_5=\{\langle 0,-1\rangle,\langle 0,0\rangle,\langle 1,-1\rangle,\langle 1,0\rangle,\langle 2,-1\rangle,\langle 2,0\rangle\}$.

3. (1) 真; (2) 假; (3) 真; (4) 真; (5) 真; (6) 真; (7) 真; (8) 假.

4. (1) $\{\varnothing,\{1\},\{2\},\{3\},\{1,2\},\{1,3\},\{2,3\},\{1,2,3\}\}$; (2) $\{\varnothing,\{1\},\{\{2,3\}\},\{1,\{2,3\}\}\}$;

(3) $\{\varnothing,\{\varnothing\}\}$; (4) $\{\varnothing,\{\varnothing\},\{\{\varnothing\}\},\{\varnothing,\{\varnothing\}\}\}$;

(5) $\{\varnothing,\{\{1,2\}\}\}$; (6) $\{\varnothing,\{\{2\}\},\{\{\varnothing,2\}\},\{\{\varnothing,2\},\{2\}\}\}$.

5. (1) $\{4\}$; (2) $\{1,3,5,6\}$; (3) $\{2,3,4,5,6\}$; (4) $\{\varnothing,\{1\}\}$; (5) $\{\{4\},\{1,4\}\}$.

6. (1) $\{0,\pm1,\pm2,\pm3,\pm4,\pm5,\pm6,\pm7,8,9,12,15,16,18,21,24,27,30,32,64\}$；

(2) $\varnothing$；

(3) $\{-1,-2,-3,\pm4,\pm5,-6,-7\}$；

(4) $\{0,\pm1,\pm2,\pm3,\pm4,\pm5,\pm6,-7,8,16,32,64\}$.

7. (1) $\varnothing$；(2) A；(3) B；(4) $A\cap B$.

8. 如图1所示.

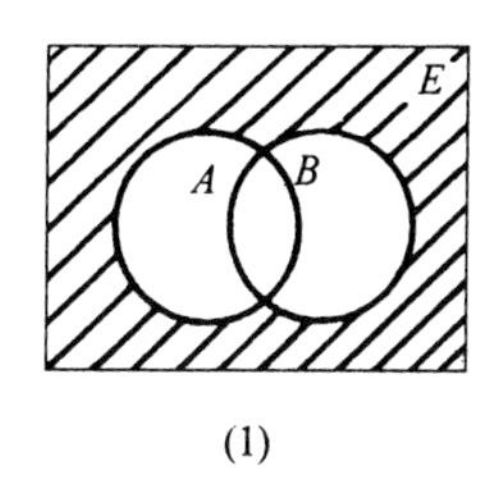

(1)

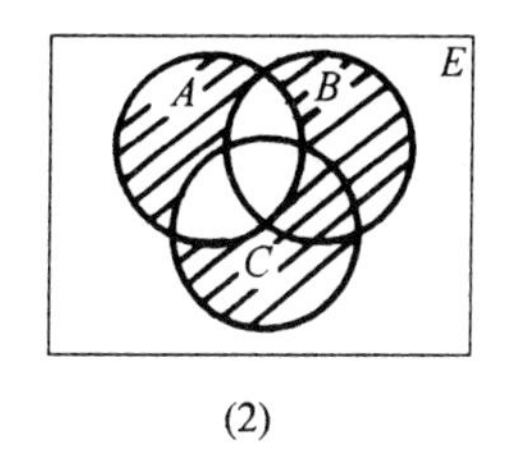

(2)

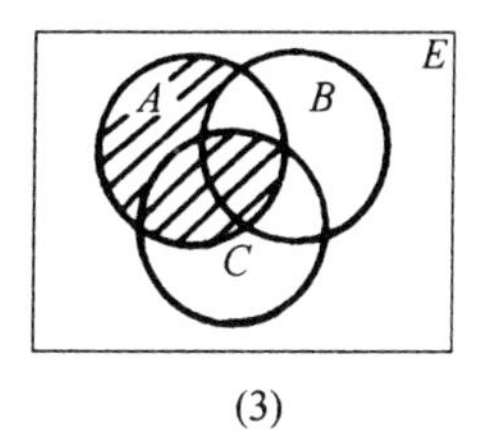

(3)

图 1

9. (1) $(B\cap C)-A$；(2) $(A\cap B\cap C)\cup\sim(A\cup B\cup C)$.

10. (1) 3；(2) 只阅读《每周新闻》《时代》和《幸运》杂志的分别有8,10,12人.

11. (1) 2；(2) 138；(3) 68；(4) 120；(5) 124.

12. 提示：利用等式3.27.

13. 证明："⇒"任取 x,有

$$x\in C\Rightarrow x\in C\wedge x\in C\Rightarrow x\in A\wedge x\in B\Rightarrow x\in A\cap B.$$

所以

$$C\subseteq A\cap B.$$

"⇐"任取 x,有

$$x\in C\Rightarrow x\in A\cap B\Rightarrow x\in A\wedge x\in B\Rightarrow x\in A,$$

所以 $C\subseteq A$,同理可证 $C\subseteq B$.

14. 证明："⇒" $P\subseteq Q\Rightarrow P-Q=\varnothing\Rightarrow P-Q\subseteq\sim P$.

"⇐"由 $P-Q\subseteq\sim P$ 有

$$P\cap(P-Q)\subseteq P\cap\sim P.$$

所以

$$P-Q\subseteq\varnothing\Rightarrow P-Q=\varnothing\Rightarrow P\subseteq Q.$$

15. 提示：取 $X=\varnothing$.

16. (1) 成立,证明略.

(2) 不成立.例如 $A=\{1\},C=\{2\},B=D=\{1,2\}$,则有 $A\cup C=B\cup D$.

(3) 成立,证明略.

(4) 不成立.例如 $A=1,B=\{1,2\},C=\{1,3\}$,则有 $A\in C$.

(5) 不成立.例如 $A=C=\{1,2\},B=\{2\}$,则 $(A-B)\cup(B-C)=\{1\}$,而 $A-C=\varnothing$.

(6) 不成立.例如 $A=\{1,2\},B=\{2,3\}$,则 $(A-B)\cup B=\{1,2,3\}\neq A$.

(7) 不成立.反例同(6).(8) 成立,证明略.

17. 前提条件：(1) $A\subseteq C$;(2) $B\subseteq D$;(3) $C\cap D=\varnothing$.

结论：(1) $B\subseteq C$.结论不正确,反例如下：$A=\{1\},B=\{2\},C=\{1,3\},D=\{2,4\}$.

(2) $A\cap B=\varnothing$.结论正确,证明如下：假若 $\exists x\in A\cap B$,则有

$$x\in A\cap B\Rightarrow x\in A\wedge x\in B\Rightarrow x\in C\wedge x\in D\text{(前提条件(1)和(2))}$$
$$\Rightarrow x\in C\cap D.$$

与前提条件(3) $C\cap D=\varnothing$ 矛盾.

18. (1) 任取 x,$x\in P(A)\cap P(B)\Leftrightarrow x\in P(A)\wedge x\in P(B)\Leftrightarrow x\subseteq A\wedge x\subseteq B\Leftrightarrow x\subseteq A\cap B\Leftrightarrow x\in P(A\cap B)$.

(2) 任取 x,$x\in P(A)\cup P(B)\Leftrightarrow x\in P(A)\vee x\in P(B)\Leftrightarrow x\subseteq A\vee x\subseteq B\Rightarrow x\subseteq A\cup B\Leftrightarrow x\in P(A\cup B)$.

(3) 例如 $A=\{1\},B=\{2\}$,则

$$P(A)\cup P(B)=\{\varnothing,\{1\}\}\cup\{\varnothing,\{2\}\}=\{\varnothing,\{1\},\{2\}\},$$
$$P(A\cup B)=P(\{1,2\})=\{\varnothing,\{1\},\{2\},\{1,2\}\}.$$

习 题 四

1. $\{\langle\varnothing,\varnothing\rangle,\langle\varnothing,\{\varnothing\}\rangle,\langle\varnothing,\{\{\varnothing\}\}\rangle,\langle\varnothing,\{\varnothing,\{\varnothing\}\}\rangle,\langle\{\varnothing\},\varnothing\rangle,\langle\{\varnothing\},\{\varnothing\}\rangle,\langle\{\varnothing\},\{\{\varnothing\}\}\rangle,\langle\{\varnothing\},\{\varnothing,\{\varnothing\}\}\rangle\}$.

2. 不一定. 反例:$A=\varnothing,B=\{1\},C=\{2\}$.

3. $R_1=\{\langle 1,1\rangle,\langle 2,1\rangle\},R_2=\{\langle 1,1\rangle\},R_3=\{\langle 2,1\rangle\},R_4=\varnothing$.

4. $I_A=\{\langle 1,1\rangle,\langle 2,2\rangle,\langle 3,3\rangle\}$.
   $E_A=\{\langle 1,1\rangle,\langle 1,2\rangle,\langle 1,3\rangle,\langle 2,1\rangle,\langle 2,2\rangle,\langle 2,3\rangle,\langle 3,1\rangle,\langle 3,2\rangle,\langle 3,3\rangle\}$.
   $L_A=\{\langle 1,1\rangle,\langle 1,2\rangle,\langle 1,3\rangle,\langle 2,2\rangle,\langle 2,3\rangle,\langle 3,3\rangle\}$.
   $D_A=\{\langle 1,1\rangle,\langle 1,2\rangle,\langle 1,3\rangle,\langle 2,2\rangle,\langle 3,3\rangle\}$.

5. $R_{\subseteq}=\{\langle\varnothing,\varnothing\rangle,\langle\varnothing,\{\varnothing\}\rangle,\langle\varnothing,\{\varnothing,\{\varnothing\}\}\rangle,\langle\{\varnothing\},\{\varnothing\}\rangle,\langle\{\varnothing\},\{\varnothing,\{\varnothing\}\}\rangle,\langle\{\varnothing,\{\varnothing\}\},\{\varnothing,\{\varnothing\}\}\rangle\}$.

6. (1) $R=\{\langle 1,2\rangle,\langle 1,4\rangle,\langle 1,6\rangle,\langle 2,2\rangle,\langle 2,4\rangle,\langle 2,6\rangle,\langle 4,4\rangle,\langle 4,6\rangle,\langle 6,6\rangle,\langle 2,1\rangle,\langle 4,1\rangle,\langle 6,1\rangle,\langle 4,2\rangle,\langle 6,2\rangle,\langle 6,4\rangle\}$;
   (2) $R=\{\langle 1,2\rangle,\langle 2,1\rangle\}$;
   (3) $R=\{\langle 1,1\rangle,\langle 2,2\rangle,\langle 2,1\rangle,\langle 4,4\rangle,\langle 4,2\rangle,\langle 4,1\rangle,\langle 6,6\rangle,\langle 6,1\rangle\}$;
   (4) $R=\{\langle 1,2\rangle,\langle 2,2\rangle,\langle 4,2\rangle,\langle 6,2\rangle\}$.

7. $R_1(0)=\{1,2,3,4\},R_2(0)=\{-1,0\},R_3(3)=\varnothing,R_1(1)=\{2,3,4\},R_2(-1)=\{-2,-1\}$.

8. $A\cup B=\{\langle 1,2\rangle,\langle 2,4\rangle,\langle 3,3\rangle,\langle 1,3\rangle,\langle 4,2\rangle\}$, $A\cap B=\{\langle 2,4\rangle\}$, $\mathrm{dom}\,A=\{1,2,3\}$, $\mathrm{dom}\,B=\{1,2,4\}$, $\mathrm{dom}\,(A\cup B)=\{1,2,3,4\}$, $\mathrm{ran}\,A=\mathrm{ran}\,B=\{2,3,4\}$, $\mathrm{ran}\,(A\cap B)=\{4\}$.

9. $R\circ R=\{\langle 0,2\rangle,\langle 0,3\rangle,\langle 1,3\rangle\},R^{-1}=\{\langle 1,0\rangle,\langle 2,0\rangle,\langle 3,0\rangle,\langle 2,1\rangle,\langle 3,1\rangle,\langle 3,2\rangle\}$.

10. $A^{-1}=\{\langle\{\varnothing,\{\varnothing\}\},\varnothing\rangle,\langle\varnothing,\{\varnothing\}\rangle\},A^2=\{\langle\{\varnothing\},\{\varnothing,\{\varnothing\}\}\rangle\}$, $A^3=\varnothing$.

11. R 是对称的.

12. R 的关系矩阵和关系图如图 2 所示.

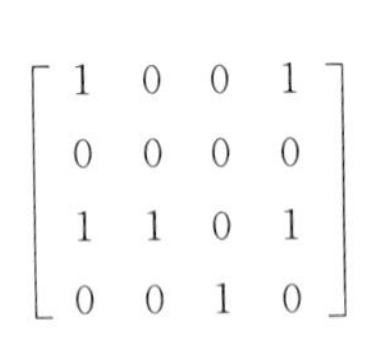

$$\begin{bmatrix}1&0&0&1\\0&0&0&0\\1&1&0&1\\0&0&1&0\end{bmatrix}$$

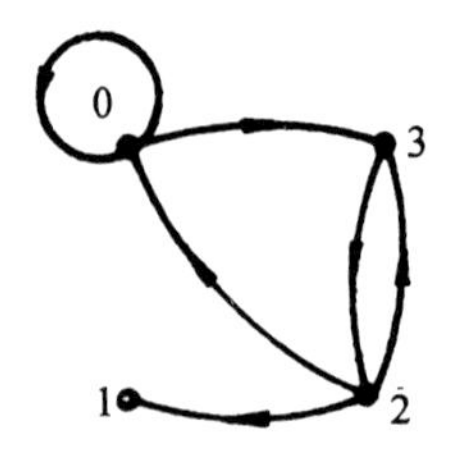

图 2

13.

(1) $\begin{bmatrix}1&1&0\\1&1&1\\1&0&1\end{bmatrix}$, 自反

(2) $\begin{bmatrix}1&1&0\\0&0&0\\1&1&0\end{bmatrix}$, 反对称,传递

(3) $\begin{bmatrix}1&1&1\\1&1&1\\1&1&1\end{bmatrix}$, 自反,对称,传递

(4) $\begin{bmatrix}1&1&1\\0&1&1\\0&1&1\end{bmatrix}$, 自反,传递

(5) $\begin{bmatrix}0&1&1\\1&1&0\\1&1&0\end{bmatrix}$,

(6) $\begin{bmatrix}1&1&1\\1&0&0\\1&0&0\end{bmatrix}$, 对称

(7) $\begin{bmatrix}1&0&1\\1&1&0\\0&1&1\end{bmatrix}$, 自反,反对称

(8) $\begin{bmatrix}1&1&0\\1&1&1\\0&1&1\end{bmatrix}$, 自反,对称

(9) $\begin{bmatrix} 0 & 1 & 1 \\ 1 & 0 & 1 \\ 1 & 1 & 1 \end{bmatrix}$，(10) $\begin{bmatrix} 1 & 0 & 1 \\ 1 & 0 & 0 \\ 0 & 1 & 0 \end{bmatrix}$，(11) $\begin{bmatrix} 1 & 0 & 0 \\ 1 & 1 & 0 \\ 1 & 0 & 1 \end{bmatrix}$，(12) $\begin{bmatrix} 0 & 0 & 1 \\ 1 & 1 & 0 \\ 0 & 1 & 1 \end{bmatrix}$.

(9)	(10)	(11)	(12)
对称	反对称	自反，反对称，传递	反对称

14. $R_1 \circ R_2 = \{\langle a,d\rangle, \langle a,c\rangle\}$. $R_2 \circ R_1 = \{\langle c,d\rangle\}$.
    $R_1^2 = \{\langle a,a\rangle, \langle a,b\rangle, \langle a,d\rangle\}$. $R_2^3 = \{\langle b,c\rangle, \langle c,b\rangle, \langle b,d\rangle\}$.
15. $R_1 = I_A, R_2 = E_A$.
16. 关系图如图 3 所示.

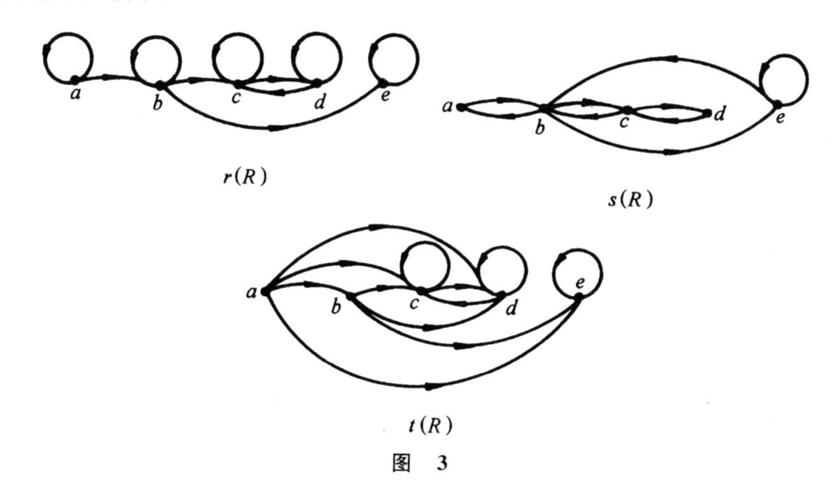

图 3

17. 关系图如图 4 所示，且$[a]=[b]=\{a,b\}$，$[c]=[d]=\{c,d\}$.
18. 都构成 $\mathbf{Z}^+$ 的划分.
19. 若 A 不是单元集，则 $P(A)-\{\varnothing\}$不是 A 的划分.
20. 哈斯图如图 5 所示.

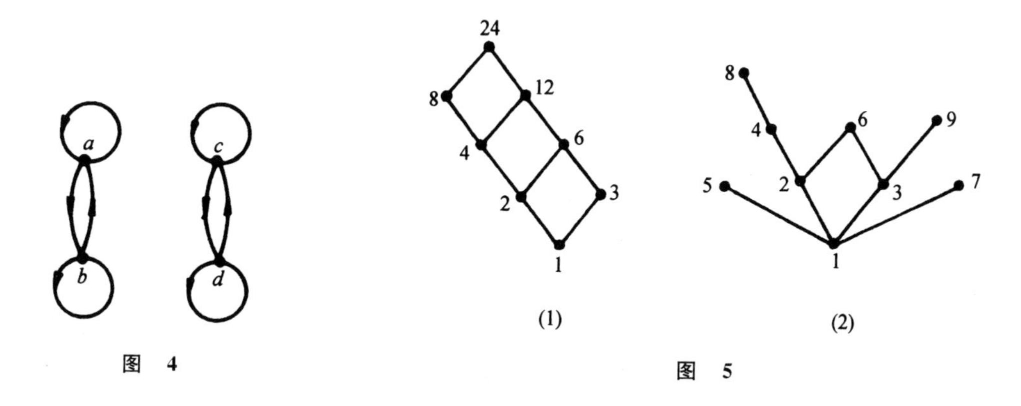

图 4

图 5

21. (1) $A=\{a,b,c,d,e,f,g\}$,
    $R_{\preccurlyeq}=\{\langle a,b\rangle, \langle a,d\rangle, \langle a,e\rangle, \langle a,c\rangle, \langle a,f\rangle, \langle a,g\rangle, \langle b,d\rangle, \langle b,e\rangle, \langle c,f\rangle, \langle c,g\rangle\} \cup I_A$.

(2) $A=\{a,b,c,d,e,f,g\}$,
    $R_{\preccurlyeq}=\{\langle a,b\rangle, \langle a,c\rangle, \langle a,d\rangle, \langle a,f\rangle, \langle a,e\rangle, \langle d,f\rangle, \langle e,f\rangle\} \cup I_A$.

22. 哈斯图如图 6 所示.

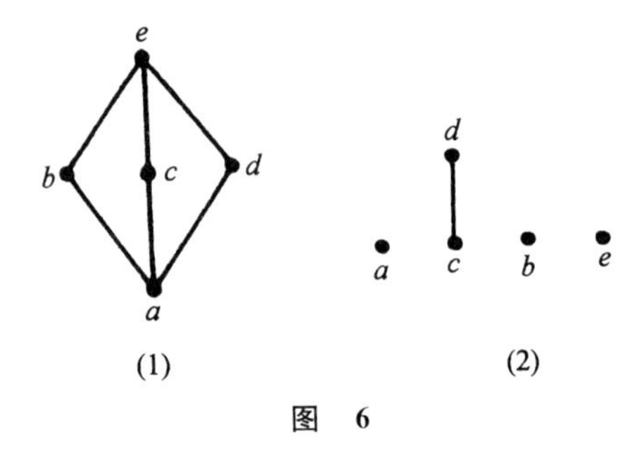

图 6

(1) 极大元:e,极小元:a,最大元:e,最小元:a.

(2) 极大元:a,b,d,e,极小元:a,c,b,e,无最大元,无最小元.

23. 上界:12,最小上界:12,下界:1,最大下界:1.

24. (1) 不能;(2) 能;(3) 不能.

25. (1) 能,$\text{dom}\, F=\{1,2,3,4\}$,$\text{ran}\, F=\{\langle 2,3\rangle,\langle 3,4\rangle,\langle 1,4\rangle\}$;

(2) 能,$\text{dom}\, F=\{1,2,3\}$,$\text{ran}\, F=\{\langle 2,3\rangle,\langle 3,4\rangle,\langle 3,2\rangle\}$;

(3) 不能;

(4) 能,$\text{dom}\, F=\{1,2,3\}$,$\text{ran}\, F=\{\langle 2,3\rangle\}$.

26. $f(0)=0$, $f(\{0\})=\{0\}$, $f(1)=1$, $f(\{1\})=\{1\}$, $f(\{0,2,4,\cdots\})=\mathbf{N}$, $f(\{4,6,8\})=\{2,3,4\}$, $f(\{1,3,5,\cdots\})=\{1\}$.

27. $B^A=\{f_0,f_1,\cdots,f_8\}$.其中

$$f_0=\{\langle 1,a\rangle,\langle 2,a\rangle\},f_1=\{\langle 1,a\rangle,\langle 2,b\rangle\},f_2=\{\langle 1,a\rangle,\langle 2,c\rangle\},$$
$$f_3=\{\langle 1,b\rangle,\langle 2,a\rangle\},f_4=\{\langle 1,b\rangle,\langle 2,b\rangle\},f_5=\{\langle 1,b\rangle,\langle 2,c\rangle\},$$
$$f_6=\{\langle 1,c\rangle,\langle 2,a\rangle\},f_7=\{\langle 1,c\rangle,\langle 2,b\rangle\},f_8=\{\langle 1,c\rangle,\langle 2,c\rangle\}.$$

28. (1) 双射,$f^{-1}=f$,$f(\{8\})=\{8\}$; (2) 双射,$f^{-1}:\mathbf{R}^+\to\mathbf{R}$,$f^{-1}(x)=\log_2 x$,$f(\{1\})=\{2\}$;

(3) 单射,$f(\{5\})=\{\langle 5,6\rangle\}$; (4) 单射,$f(\{2,3\})=\{5,7\}$;

(5) 满射,$f(\{-1,2\})=\{1,2\}$; (6) 单射,$f((0,1))=\left(\frac{1}{4},\frac{3}{4}\right)$;

(7) 单射,$f\left(\left\{0,\frac{1}{2}\right\}\right)=\left\{1,\frac{2}{3}\right\}$; (8) 单射,$f(S)=(1,+\infty)$.

29. (1) 单射; (2) 不是单射,不是满射; (3) 同(2); (4) 满射; (5) 单射; (6) 同(2).

30. $\chi_{A_1}=\{\langle 1,1\rangle,\langle 2,1\rangle,\langle 3,0\rangle,\langle 4,0\rangle\}$, $\chi_{A_2}=\{\langle 1,1\rangle,\langle 2,0\rangle,\langle 3,0\rangle,\langle 4,0\rangle\}$,

$\chi_{A_3}=\{\langle 1,0\rangle,\langle 2,0\rangle,\langle 3,0\rangle,\langle 4,0\rangle\}$, $\chi_A=\{\langle 1,1\rangle,\langle 2,1\rangle,\langle 3,1\rangle,\langle 4,1\rangle\}$.

31. $g:A\to A/R$,$g(a)=g(b)=\{a,b\}$,$g(c)=\{c\}$.

32. $f\circ g(x)=2x+7$, $g\circ f(x)=2x+4$, $f\circ f(x)=x+6$, $g\circ g(x)=4x+3$, $h\circ f(x)=\frac{x}{2}+3$, $g\circ h(x)=x+\frac{1}{2}$, $f\circ h(x)=\frac{x}{2}+\frac{3}{2}$, $g\circ h\circ f(x)=x+\frac{7}{2}$.

33. $f\circ f(n)=n+2$,$g\circ f(n)=2n+1$,$f\circ g(n)=2n+2$,

$$g\circ h(n)=0,h\circ g(n)=\begin{cases}0, n\text{ 为偶数},\\2, n\text{ 为奇数},\end{cases}$$

$$h\circ g\circ f(n)=\begin{cases}1, n\text{ 为偶数},\\3, n\text{ 为奇数}.\end{cases}$$

34. (1) $g\circ f$: $\mathbf{R}\to\mathbf{R}$, $g\circ f(x)=(x+4)^2-2$, $f\circ g$: $\mathbf{R}\to\mathbf{R}$,$f\circ g(x)=x^2+2$;

(2) 都不是单射,满射,双射;

(3) g 和 h 有反函数,$g^{-1}:\mathbf{R}\to\mathbf{R}$, $g^{-1}(x)=x-4$, $h^{-1}:\mathbf{R}\to\mathbf{R}$,$h^{-1}(x)=\sqrt[3]{x+1}$.

35. (1) $f(\mathbf{Z})=\{0,1,\cdots,n-1\}$; (2) $\mathbf{Z}/R=\{\{nz+i\mid z\in\mathbf{Z}\}\mid i=0,1,\cdots,n-1\}$.

36. (1) $f=\{\langle 1,a\rangle,\langle 2,b\rangle,\langle 3,c\rangle\}$; (2) $f:(0,1)\to(0,2)$, $f(x)=2x$;

(3) $f:A\to\mathbf{N}$, $f(x)=|x|-1$; (4) $f:\mathbf{R}\to\mathbf{R}^{+}$, $f(x)=2^{x}$.

习　题　五

1. 运算表如表 1 所示

表　1

	$\circ(x)$
1	1
2	$\frac{1}{2}$
$\frac{1}{2}$	2

$\circ$	1	2	3	4
1	1	2	3	4
2	2	2	3	4
3	3	3	3	4
4	4	4	4	4

2. (1)和(7)封闭; (2)和(5)不封闭; (3)和(6)中的加法和乘法都封闭; (4),(8),(9)和(10)中的加法不封闭,乘法封闭.

3. (1) 不可交换,不可结合; (3) 矩阵加法可交换,可结合,矩阵乘法可结合,矩阵乘法对加法可分配; (4) 矩阵乘法可结合; (6) 加法和乘法都可交换,可结合,乘法对加法可分配; (7) 可结合; (8),(9),(10)的乘法可交换,可结合.

4. (1) 无单位元、零元和可逆元; (3) 矩阵加法单位元为 n 阶全零矩阵,无零元,任何 n 阶实矩阵 M 的加法逆元为 $-M$;矩阵乘法单位元为 n 阶单位矩阵,零元是 n 阶全零矩阵,对于实可逆矩阵 $M(|M|\neq 0)$ 有乘法逆元 M^{-1}; (4) 矩阵乘法的单位元,逆元同(3),无零元; (6) 加法单位元是 0,$\forall x\in n\mathbf{Z}$,x 的加法逆元为 $-x$,无零元;乘法的零元是 0,当 $n=1$ 时乘法单位元是 $1,1^{-1}=1,(-1)^{-1}=-1$,当 $n\neq 1$ 时乘法无单位元和可逆元; (7) 无单位元、零元和可逆元; (8) 乘法的单位元是 $1,1^{-1}=1$,乘法无零元; (9) 乘法的单位元是 1,零元是 $0,1^{-1}=1$; (10) 乘法无单位元、零元和可逆元.

5. (1) $4*6=4,7*3=3$; (2) 有交换律、结合律和幂等律; (3) 无单位元和可逆元,零元是 1.

6. (1) 只有结合律; (2) $\langle 1,0\rangle$是单位元,无零元,$\forall\langle a,b\rangle\in S,a\neq 0$,$\langle a,b\rangle$的逆元是$\left\langle\frac{1}{a},-\frac{b}{a}\right\rangle$.

7. (1) 都是 $\mathbf{R}$ 上的二元运算; (2) 除了 f_2 外都是可交换的,除 f_2,f_6 外都是可结合的,f_4 和 f_5 是幂等的; (3) f_1 的单位元是 0,无零元,$\forall x\in\mathbf{R}$,x 的逆元是 $-x$;f_3 的单位元是 1,零元是 0,$\forall x\in\mathbf{R},x\neq 0$,则 x 的逆元为$\frac{1}{x}$;f_2,f_4,f_5 和 f_6 没有单位元、零元和可逆元.

8. (1) $*,\circ,\cdot$ 可交换;$*,\circ,\square$ 可结合;$\square$ 是幂等的; (2) $*$ 无单位元,a 是零元,无可逆元;$\circ$的单位元是 a,无零元,$a^{-1}=a,b^{-1}=b$;$\cdot$ 和 $\square$ 都无单位元、零元及可逆元.

9. (1) 构成代数系统,满足交换律、结合律,无单位元,1 是零元; (2) 不构成代数系统; (3) 构成代数系统、满足交换律、结合律,单位元是 1,零元是 10; (4) 不构成代数系统.

10. (2)和(3)都不构成子代数,(1)和(4)可构成子代数.

11. 只有(1)可构成子代数.

12. (1) V_1 的子代数有$\langle\{1\},\circ,1\rangle$,$\langle\{1,2\},\circ,1\rangle$,$\langle\{1,3\},\circ,1\rangle$,$\langle\{1,2,3\},\circ,1\rangle$,其中$\langle\{1\},\circ,1\rangle$和$\langle\{1,2,3\},\circ,1\rangle$是平凡的子代数,除了 V_1 自己以外,其他都是真子代数; (2) $V_1\times V_2=\langle\{\langle 1,5\rangle,\langle 1,6\rangle,\langle 2,5\rangle,\langle 2,6\rangle,\langle 3,5\rangle,\langle 3,6\rangle\},\cdot,\langle 1,6\rangle\rangle$,其中运算 $\cdot$ 由表 2 给定,$\langle 1,6\rangle$是代数常数,它是 $\cdot$ 运算的单位元.

表 2

·	⟨1,5⟩	⟨1,6⟩	⟨2,5⟩	⟨2,6⟩	⟨3,5⟩	⟨3,6⟩
⟨1,5⟩	⟨1,5⟩	⟨1,5⟩	⟨2,5⟩	⟨2,5⟩	⟨3,5⟩	⟨3,5⟩
⟨1,6⟩	⟨1,5⟩	⟨1,6⟩	⟨2,5⟩	⟨2,6⟩	⟨3,5⟩	⟨3,6⟩
⟨2,5⟩	⟨2,5⟩	⟨2,5⟩	⟨2,5⟩	⟨2,5⟩	⟨3,5⟩	⟨3,5⟩
⟨2,6⟩	⟨2,5⟩	⟨2,6⟩	⟨2,5⟩	⟨2,6⟩	⟨3,5⟩	⟨3,6⟩
⟨3,5⟩	⟨3,5⟩	⟨3,5⟩	⟨3,5⟩	⟨3,5⟩	⟨3,5⟩	⟨3,5⟩
⟨3,6⟩	⟨3,5⟩	⟨3,6⟩	⟨3,5⟩	⟨3,6⟩	⟨3,5⟩	⟨3,6⟩

13. (1)

表 3

	⟨0,0⟩	⟨0,1⟩	⟨0,2⟩	⟨1,0⟩	⟨1,1⟩	⟨1,2⟩
⟨0,0⟩	⟨0,0⟩	⟨0,1⟩	⟨0,2⟩	⟨1,0⟩	⟨1,1⟩	⟨1,2⟩
⟨0,1⟩	⟨0,1⟩	⟨0,2⟩	⟨0,0⟩	⟨1,1⟩	⟨1,2⟩	⟨1,0⟩
⟨0,2⟩	⟨0,2⟩	⟨0,0⟩	⟨0,1⟩	⟨1,2⟩	⟨1,0⟩	⟨1,1⟩
⟨1,0⟩	⟨1,0⟩	⟨1,1⟩	⟨1,2⟩	⟨0,0⟩	⟨0,1⟩	⟨0,2⟩
⟨1,1⟩	⟨1,1⟩	⟨1,2⟩	⟨1,0⟩	⟨0,1⟩	⟨0,2⟩	⟨0,0⟩
⟨1,2⟩	⟨1,2⟩	⟨1,0⟩	⟨1,1⟩	⟨0,2⟩	⟨0,0⟩	⟨0,1⟩

(2) 有交换律、结合律，单位元为$\langle 0,0\rangle$，无零元. $\langle 0,0\rangle^{-1}=\langle 0,0\rangle$，$\langle 1,1\rangle$和$\langle 1,2\rangle$互为逆元，$\langle 0,1\rangle$和$\langle 0,2\rangle$互为逆元，$\langle 1,0\rangle^{-1}=\langle 1,0\rangle$.

14. φ为单同态、满同态和同构.

15. φ不是单同态，也不是满同态和同构. $\varphi(V_1)=\langle\{0,1\},0\rangle$.

16. φ是V_1到V_2的同态，因为$\forall x,y\in P(\{a,b\})$，有

$$\varphi(x\cup y)=\begin{cases}1,\ a\in x\vee a\in y;\\0,\ a\notin x\wedge a\notin y.\end{cases}\quad \varphi(x)+\varphi(y)=\begin{cases}1,\ a\in x\vee a\in y;\\0,\ a\notin x\wedge a\notin y.\end{cases}$$

习 题 六

1. (1) 不是代数系统； (2) 半群； (3) 独异点； (4) 布尔代数； (5) 群.

2. 证明 易见复数加法在G上封闭，且满足结合律. $0=0+0i$是单位元，$-a-bi$是$a+bi$的逆元，根据群的定义，G关于复数加法构成群.

3. 证明 任取码字x和y，其中

$$x=\langle x_1,x_2,\cdots,x_7\rangle,\ y=\langle y_1,y_2,\cdots,y_7\rangle,$$

$$x\circ y=\langle x_1\oplus y_1,x_2\oplus y_2,x_3\oplus y_3,x_4\oplus y_4,x_5\oplus y_5,x_6\oplus y_6,x_7\oplus y_7\rangle,$$

则$x_1\oplus y_1$，$x_2\oplus y_2$，$x_3\oplus y_3$，$x_4\oplus y_4$为数据位，而

$$x_5\oplus y_5=(x_1\oplus x_2\oplus x_3)\oplus(y_1\oplus y_2\oplus y_3)=(x_1\oplus y_1)\oplus(x_2\oplus y_2)\oplus(x_3\oplus y_3),$$

$$x_6\oplus y_6=(x_1\oplus x_2\oplus x_4)\oplus(y_1\oplus y_2\oplus y_4)=(x_1\oplus y_1)\oplus(x_2\oplus y_2)\oplus(x_4\oplus y_4),$$

$$x_7\oplus y_7=(x_1\oplus x_3\oplus x_4)\oplus(y_1\oplus y_3\oplus y_4)=(x_1\oplus y_1)\oplus(x_3\oplus y_3)\oplus(x_4\oplus y_4),$$

因而$x\circ y$也是码字，即S关于$\circ$运算封闭. 根据$\oplus$运算的结合律不难验证$\circ$运算的结合律. $\langle 0,0,0,0,0,0,0\rangle$为单位元. $\forall x\in S$，x是自己的逆元.

4. 半群和独异点，但不是群. 因为模 4 乘法在 G 上封闭，满足结合律，单位元是 1，但是 0 没有逆元.

5. 能构成群. 易见∘在 $\mathbf{Z}$ 上封闭. $\forall x,y,z\in\mathbf{Z}$,

$$(x\circ y)\circ z=(x+y-2)+z-2=x+y+z-4=x+(y+z-2)-2=x\circ(y\circ z),$$

∘运算满足结合律.

$$x\circ 2=x+2-2=x,\quad 2\circ x=2+x-2=x,$$

2 是单位元.

$$(4-x)\circ x=4-x+x-2=2,\quad x\circ(4-x)=x+4-x-2=2,$$

$4-x$ 是 x 的逆元.

6. (1)

表 4

$\cdot$	f_1	f_2	f_3	f_4	f_5	f_6
f_1	f_1	f_2	f_3	f_4	f_5	f_6
f_2	f_2	f_1	f_5	f_6	f_3	f_4
f_3	f_3	f_4	f_1	f_2	f_6	f_5
f_4	f_4	f_3	f_6	f_5	f_1	f_2
f_5	f_5	f_6	f_2	f_1	f_4	f_3
f_6	f_6	f_5	f_4	f_3	f_2	f_1

(2) 由运算表证明了运算的封闭性. 函数合成满足结合律. f_1 为单位元，$f_2^{-1}=f_2$，$f_3^{-1}=f_3$，$f_4^{-1}=f_5$，$f_5^{-1}=f_4$，$f_6^{-1}=f_6$. 因而$\langle F,\circ\rangle$构成群.

7. (1) 封闭性显然. 下面验证结合律. 由于 a 是单位元，只需对于 b 和 c 验证. 如

$$(b\circ b)\circ b=c\circ b=b\circ c=b\circ(b\circ b).$$

其他情况类似可以得到验证. $a^{-1}=a$，$b^{-1}=c$，$c^{-1}=b$.

(2) 是循环群，因为 $G=\langle b\rangle=\langle c\rangle$，$b$ 和 c 是生成元.

8. 证明　设 $G=\langle a\rangle$，$\forall a^i, a^j\in G$,

$$a^ia^j=a^{i+j}=a^{j+i}=a^ja^i.$$

9. 证明　$a^2=e$ 的充分必要条件是 $a=a^{-1}$. 任取 $x,y\in G$,

$$xy=(xy)^{-1}=y^{-1}x^{-1}=yx.$$

10. (1)令

$$A=\begin{pmatrix}1&0\\0&1\end{pmatrix},\quad B=\begin{pmatrix}i&0\\0&-i\end{pmatrix},\quad C=\begin{pmatrix}0&1\\-1&0\end{pmatrix},\quad D=\begin{pmatrix}0&i\\i&0\end{pmatrix}.$$

运算表如表 5 所示.

表 5

	A	$-A$	B	$-B$	C	$-C$	D	$-D$
A	A	$-A$	B	$-B$	C	$-C$	D	$-D$
$-A$	$-A$	A	$-B$	B	$-C$	C	$-D$	D
B	B	$-B$	$-A$	A	D	$-D$	$-C$	C
$-B$	$-B$	B	A	$-A$	$-D$	D	C	$-C$
C	C	$-C$	$-D$	D	$-A$	A	B	$-B$
$-C$	$-C$	C	D	$-D$	A	$-A$	$-B$	B
D	D	$-D$	C	$-C$	$-B$	B	$-A$	A
$-D$	$-D$	D	$-C$	C	B	$-B$	A	$-A$

(2) 由运算表可知 G 关于矩阵乘法封闭，结合律满足. A 是单位元，$A^{-1}=A$，$(-A)^{-1}=-A$；B 与 $-B$ 互

为逆元;C 与 $-C$ 互为逆元;D 与 $-D$ 互为逆元.

(3) 子群

1 阶子群:$\{A\}$;

2 阶子群:$\{A,-A\}$;

4 阶子群:$\{A, -A, B, -B\}$, $\{A, -A, C, -C\}$, $\{A, -A, D, -D\}$;

8 阶子群:G.

11.(1) 生成元为 1, 3, 7, 9, 11, 13, 17, 19.

(2) 子群为:

$\langle 1\rangle=\mathbf{Z}_{20}$,

$\langle 2\rangle=\{0, 2, 4, 6, 8, 10, 12, 14, 16, 18\}$,

$\langle 4\rangle=\{0, 4, 8, 12, 16\}$,

$\langle 5\rangle=\{0, 5, 10, 15\}$,

$\langle 10\rangle=\{0, 10\}$,

$\langle 0\rangle=\{0\}$.

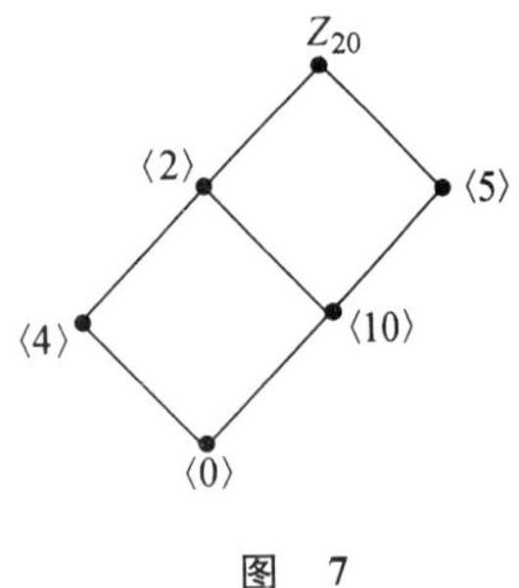

图 7

(3) G 的子群格如图 7 所示.

12. (1) $\sigma=(1\ 4\ 6\ 2\ 5\ 3)$;

$\tau=(1\ 3\ 2)\ (4\ 5\ 6)$.

(2) $\sigma\tau^{-1}\sigma=(1\ 4\ 6\ 2\ 5\ 3)\ (2\ 3\ 1)\ (6\ 5\ 4)\ (1\ 4\ 6\ 2\ 5\ 3)$

$=(1\ 6\ 3\ 2\ 4\ 5)\ (1\ 4\ 6\ 2\ 5\ 3)=(1\ 2\ 6)\ (3\ 5\ 4)$;

$\sigma^2=(1\ 4\ 6\ 2\ 5\ 3)\ (1\ 4\ 6\ 2\ 5\ 3)=(1\ 6\ 5)\ (2\ 3\ 4)$.

(3) σ 的阶为 6,τ 的阶是 3.

13. 设 $f:G_1\to G_2$, f 为双射. 双射函数存在反函数 f^{-1}. 根据集合论的定理知道 f^{-1} 为双射函数. 任取 $x,y\in G_2$, 存在 $a,b\in G_1$ 使得 $f(a)=x$, $f(b)=y$, 即 $a=f^{-1}(x)$, $b=f^{-1}(y)$. 因而有

$$f^{-1}(xy)=f^{-1}(f(a)f(b))=f^{-1}(f(ab))=ab=f^{-1}(x)f^{-1}(y).$$

14. 证明 易见 A 关于复数加法和乘法封闭. 复数加法和乘法满足结合律. 加法满足交换律. 乘法对加法满足分配律. 加法单位元为 0,$0=0+0i$, $a+bi$ 的负元为 $-a-bi$. 根据环的定义 A 关于复数加法和乘法构成环.

15. (1) $b\wedge(a\vee c)$; (2) $(a\vee b)\wedge(a\vee b\vee c)\wedge(b\vee c)$.

16. (1) 不是格; (2),(3),(4)都是格.

17. Abel 群.

18. $a\vee(b\wedge c)=(a\vee b)\wedge(a\vee c)=(a\vee b)\wedge c$.

19. $(x\wedge y)\vee(x'\vee y')=(x\vee(x'\vee y'))\wedge(y\vee(x'\vee y'))$

$=((x\vee x')\vee y')\wedge((y\vee y')\vee x')=(1\vee y')\wedge(1\vee x')=1\wedge 1=1$.

$(x\wedge y)\wedge(x'\vee y')=(x\wedge y\wedge x')\vee(x\wedge y\wedge y'))$

$=((x\wedge x')\wedge y)\vee(x\wedge(y\wedge y'))=(0\wedge y)\vee(x\wedge 0)=0\vee 0=0$.

于是有 $(x\wedge y)'=x'\vee y'$. 同理可证 $(x\vee y)'=x'\wedge y'$.

习 题 七

1. (1) G 的图形如图 8 所示.

(2) $d(v_1)=2$, $d(v_2)=4$, $d(v_3)=2$, $d(v_4)=3$, $d(v_5)=1$, $d(v_6)=0$. G 中边数 $m=6$.

$$\sum_{i=1}^{6} d(v_i) = 2+4+2+3+1+0 = 12 = 2m.$$

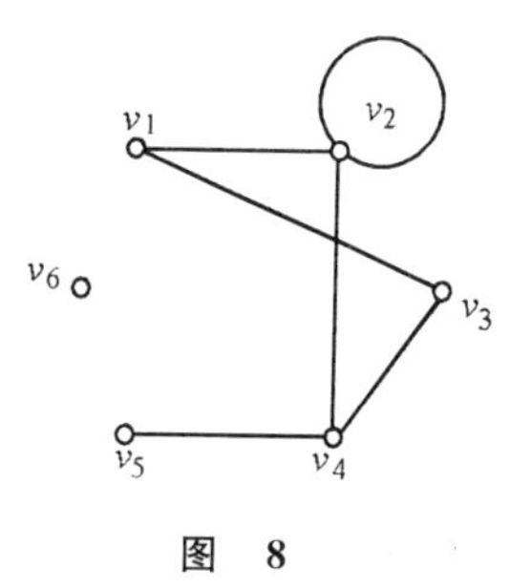

图 8

(3) G 中有两个奇度顶点，分别为 v_4 和 v_5，满足奇度顶点的个数为偶数.

(4) G 中无平行边，v_2 处有一个环，v_6 为孤立顶点，v_5 为悬挂顶点，它所关联的边(v_5, v_4)为悬挂边.

(5) 因为 G 中无平行边，所以 G 不是多重图. G 中有环，所以它也不是简单图.

2. 设 G 中有 n 个顶点，由握手定理，

$$2m = 24 = \sum_{i=1}^{n} d(v_i) = 3\times 6 + \sum_{i=7}^{n} d(v_i) \leqslant 18 + 2(n-6) = 6+2n,$$

由此解出 $n\geqslant 9$.

3. 用反证法. 假设存在 7 阶无向简单图 G 以 1,3,3,4,5,6,6 为度数列，设顶点为 $v_1, v_2, \cdots, v_6$，v_7. 不妨设 $d(v_1)=1$ 且 v_7 与 v_1 相邻，在 $v_2, v_3, \cdots, v_6$ 中至少还有一个 6 度顶点，不妨设 $d(v_6)=6$. v_6 不能与 v_1 及本身相邻，于是 v_6 至多与 v_2, v_3, v_4, v_5, v_7 均相邻，这样它的度数至多为 5，与它的度为 6 相矛盾.

4. 设 G 中有 x 个 k 度顶点，则必有$(n-x)$个 $k+1$ 度顶点，由握手定理可知

$$2m = \sum_{i=1}^{n} d(v_i) = kx + (k+1)(n-x) = (k+1)n - x,$$

所以，$x=(k+1)n-2m$.

5. 由握手定理可知，$\frac{2m}{n}$ 为各顶点的平均度数，平均度数当然不能大于最大度数 $\Delta(G)$，不能小于最小度数 $\delta(G)$. 即

$$\delta(G) \leqslant \frac{2m}{n} \leqslant \Delta(G).$$

6. 16 个非同构的生成子图如图 9 所示.

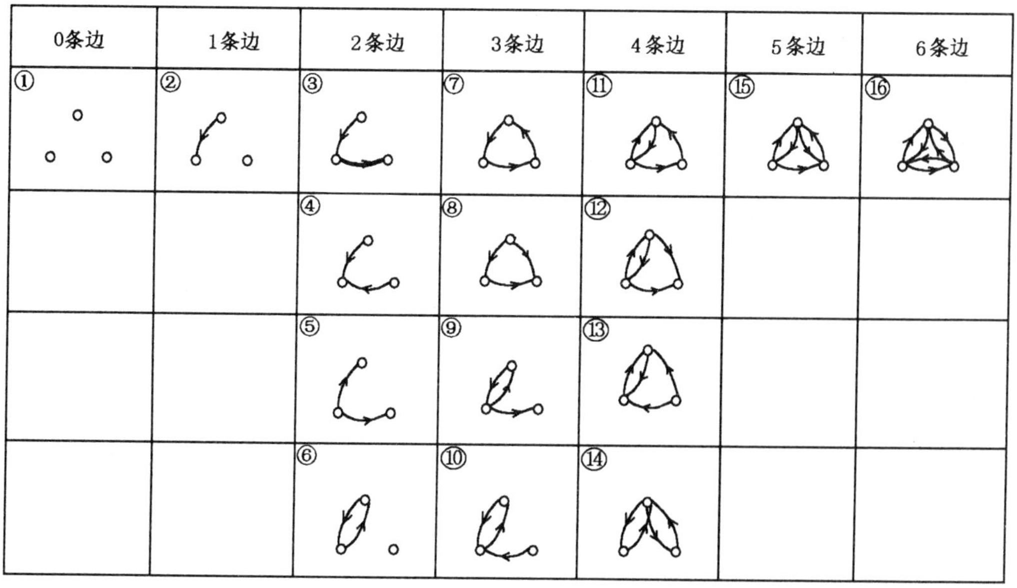

0条边	1条边	2条边	3条边	4条边	5条边	6条边
①	②	③	⑦	⑪	⑮	⑯
		④	⑧	⑫		
		⑤	⑨	⑬		
		⑥	⑩	⑭		

图 9

7. (1) K_4 有 6 条边,故 4 阶自补图有 3 条边. 检查 K_4 的所有 3 条边的生成子图,只有一个是自补图. 如图 10 中(1)所示. 类似地可知,5 阶自补图有两个,如图 10 中(2)与(3)所示.

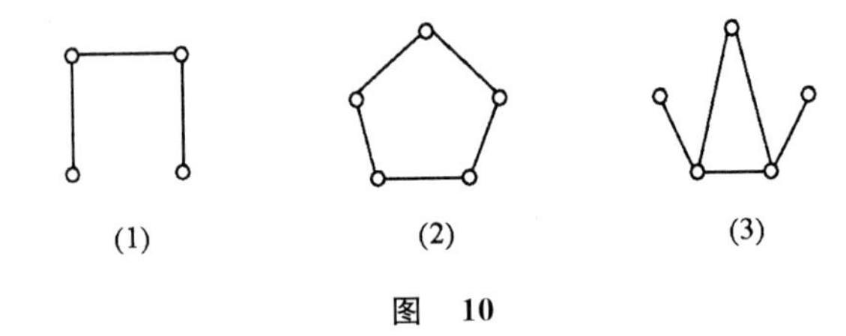

图 10

(2) 先证明如下的命题:

若 G 为 n 阶自补图,则 $n=4k(k\geqslant 1)$ 或 $n=4k+1(k\geqslant 0)$.

其实,若 $G\cong\overline{G}$,则 G 的边数 m_1 与 $\overline{G}$ 的边数 m_2 相等,即 $m_1=m_2$,记它们为 m. 而 $m_1+m_2=2m$ 应为 n 阶完全图 K_n 的边数$\frac{n(n-1)}{2}$,即 $2m=\frac{n(n-1)}{2}$,也即 $4m=n(n-1)$. 由于 n 与 $n-1$ 是互素的,所以,必有 $n=4k$ $(k\geqslant 1)$或 $n=4k+1(k\geqslant 0)$.

3 与 6 均不能表示成 $4k$ 或 $4k+1$ 的形式,故不会有 3 阶或 6 阶自补图.

8. 由握手定理不难解出,(1)有 7 个顶点,(2)有 13 个顶点,其中 2 度顶点有 4 个.

9. G 的每一个顶点 v 在 G 中和 $\overline{G}$ 中的度数之和等于 $n-1$,是偶数,从而 v 在 G 中和 $\overline{G}$ 中的度数同为偶数或同为奇数,故 G 与 $\overline{G}$ 中奇度顶点个数相等.

10. 在同构意义下,G_1,G_2,G_3 都是 K_4 的子图,而且是生成子图. 而 K_4 的两条边的非同构的生成子图只有两个,于是由鸽巢原理可知,G_1,G_2,G_3 中至少有两个是同构的.

这里所说"鸽巢原理"可简单叙述如下:m 只鸽子飞入 $n(n\leqslant m)$个鸽巢,则至少存在一个巢至少飞入了$\left\lceil\frac{m}{n}\right\rceil$只鸽子,其中$\lceil x\rceil$表示大于等于 x 的最小整数,如$\lceil 3\rceil=3$,$\left\lceil\frac{3}{2}\right\rceil=2$ 等.

11. (1) 有 4 条不同的初级回路,它们分别是:ce_3c(环),ee_2de_1e,$aeba$,bde_1eb. 不同的简单回路除以上 4 条外,还有一条:aee_2de_1eba.

(2) a 到 d 的短程线为 aee_2d,$d\langle a,d\rangle=2$.

(3) d 到 a 的短程线为 de_1eba,$d\langle d,a\rangle=3$.

(4) D 是单向连通图.

12. (1) v_1 到 v_4 长度为 4 的通路有 1 条;

(2) v_1 到自身长为 3 的回路有 2 条;

(3) D 中长度为 4 的通路数为 29,其中有 6 条为回路;

(4) D 中长度小于等于 4 的通路数为 65,其中有 14 条为回路.

13. 采用反证法. 否则,若 u 与 v 不连通,即 u 到 v 没有通路,于是 u,v 必处于 G 的不同连通分支中. 不妨设 u,v 分别在连通分支 G_1 与 G_2 中,则因 G 中只有 u,v 的度数为奇数,所以 G_1,G_2 作为小的无向图,均各有 1 个奇度顶点,这与握手定理的推论是矛盾的.

14. 不妨设 G 是连通的,否则可对它的任何一个连通分支讨论(因为每个连通分支都满足 $\delta\geqslant 2$). 设 u,v 为 G 中任意两个顶点,由于 G 连通,则 u,v 之间有通路,有通路必有路径,设 $\Gamma_0=u\cdots v$ 为 u 到 v 的一条路径,若 u,v 还与 Γ_0 外的顶点相邻,就将它们扩到 Γ_0 中来,得 $\Gamma_1=u_1\cdots v_1$,对 Γ_1,若 u_1,v_1 还与 Γ_1 外顶点相邻,照样将它们扩到 Γ_1 中来,继续这一过程,直到最后得到的路径的两个端点都不与所在路径外的顶点相邻为止,设满足这种性质的路径为

$$\Gamma=v_0v_1\cdots v_l.$$

由于 $\delta\geqslant 2$,易知 Γ 的长度$\geqslant\delta$. 现在对 v_0 进行讨论. 因为 $\delta(G)\geqslant 2$,所以 $d(v_0)\geqslant\delta\geqslant 2$,由于 v_0 不与 Γ 外的任何顶点相邻,且 G 为简单图,v_0 必与 Γ 上的至少 δ 个顶点相邻,设它们分别为$v_{i_1}=v_1,v_{i_2},\cdots,v_{i_\delta}$,如图 11 所示,

则 $v_0v_{i_1}\cdots v_{i_2}\cdots v_{i_\delta}v_0$ 为 G 中的圈,且长度$\geqslant\delta+1$.

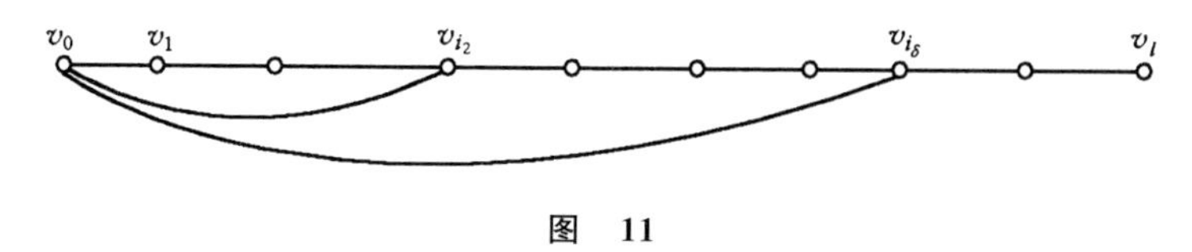

图 11

称以上的证明方法为"扩大路径法",这是一种很有用的证明方法.

15. 2-正则图必由若干个长度大于等于 3 的圈组成,因而 G 只能是一个 6 阶圈,或由两个 3 阶圈构成,如图 12 所示.

16. 由于 G 为 3-正则图,根据握手定理,应有 $2m=3n$, 即 $m=\frac{3}{2}n$, 将 $m=\frac{3}{2}n$ 代入 $m=2n-3$, 得 $n=6,m=9$,所以 G 为 6 阶 3-正则图,由此可知 $\overline{G}$ 为 6 阶 2-正则图. 不难证明,设 G_1 与 G_2 均为 n 阶无向简单图,则 $G_1\cong G_2$ 当且仅当$\overline{G}_1\cong\overline{G}_2$. 由 15 题可知 G 的补图有两种非同构情况(图 12 所示),因而 G 也有两种非同构情况,见图 13 所示. 图 12 中(1)与(2)分别与图 13 中(1)与(2)互为补图.

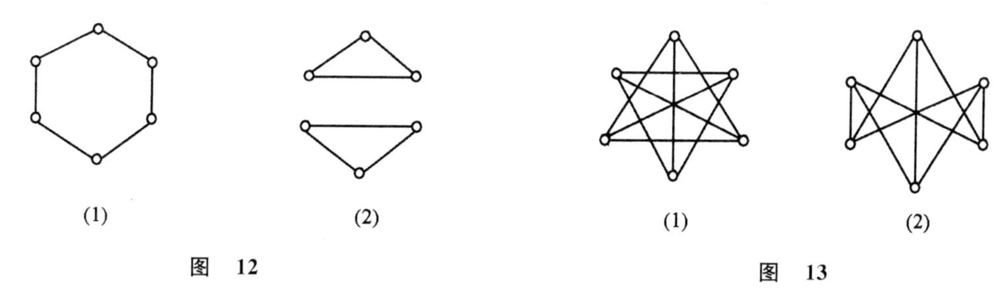

图 12　　图 13

习　题　八

1. 分别为 1 棵,1 棵,2 棵,3 棵.

2. (1) 1 个 4 度顶点. (2) 有 9 片树叶.

(3) 设 T 中有 x 片树叶. 则 T 中的顶点数 $n=\sum_{i=2}^{k}n_i+x$,边数 $m=n-1=\sum_{i=2}^{k}n_i+x-1$. 由握手定理知

$$\sum_{i=1}^{n}d(v_i)=2m=2\sum_{i=2}^{k}n_i+2x-2. \quad ①$$

而

$$\sum_{i=1}^{n}d(v_i)=\sum_{i=2}^{k}in_i+x. \quad ②$$

将②代入①,经过整理得

$$x=\sum_{i=3}^{k}(i-2)n_i+2.$$

3. 有 3 棵非同构的生成树.

该图为 5 阶无向连通图,它的所有生成树都应该是 5 阶无向树. 而 5 阶非同构的无向树共有 3 棵. 度数列分别为① 1,1,1,1,4;② 1,1,1,2,3;③ 1,1,2,2,2. 于是该图最多有 3 棵非同构的生成树. 而度数列为①,②,③的无向树均可在图中找到,因而该图有 3 棵非同构的生成树. 图 14 所示的 3 棵就满足要求,它们的度数列分别为①,②,③.

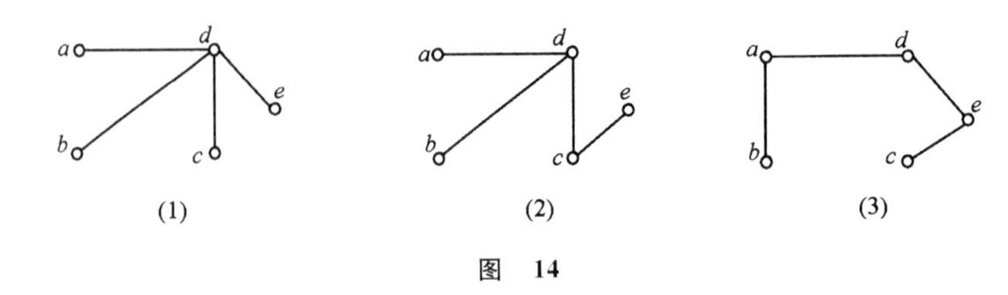

图 14

4. (1) c,e,f,h 为 T 的弦. 它们对应的基本回路分别为:$C_c=cba$, $C_e=ebad$, $C_f=fgd$, $C_h=hbadg$.

(2) a,b,d,g 为 T 的树枝,它们对应的基本割集分别为 $S_a=\{a,c,e,h\}$, $S_b=\{b,c,e,h\}$, $S_d=\{d,f,e,h\}$, $S_g=\{g,f,h\}$.

对应 T 的基本回路系统为$\{C_c,C_e,C_f,C_h\}$,基本割集系统为$\{S_a,S_b,S_d,S_g\}$.

5. (1) 中最小生成树 T 的权 $W(T)=10$. (2) 中最小生成树 T 的权 $W(T)=28$.

6. (1) $((a+b*c)*d-e)\div(f+g)+(h*i)*j$;

(2) $+\div-*+a*bcde+fg**hij$;

(3) $abc*+d*e-fg+\div hi*j*+$.

7. 加 $k-1$ 条新边.

8. 不一定是树. 这里并没有指出 G 连通. 若 G 是连通的,并且 $m=n-1$,则 G 一定是树. 而当 G 不连通时就不可能为树. 例如,$n-1(n\geqslant4)$阶圈与一个孤立点组成的2个连通分支的无向简单图 G 满足边数$m=n-1$,但它不是树.

9. 先证必要性. 即已知 e 为桥,证明 e 在 G 的任何生成树中. 设 $e=(u,v)$. 用反证法证明之. 假设存在 G 的生成树 T 不含边 e,由于 T 是 G 的连通子图,因而 G-e 连通,这与 e 为桥相矛盾.

再证充分性,仍然用反证法. 假设 e 不是 G 中桥,则 G-e 为 G 的连通生成子图,因而 G-e 存在生成树,设 T'为 G-e 中的一棵生成树,T'当然是 G 的生成树,可是 e 不在 T'中,这与 e 在 G 的任何生成树中相矛盾.

10. 设 T 的阶数为 n,由树的性质及 r 元正则树的定义可知:

$$\begin{cases} m = n-1, \\ n = i+t, \\ m = ri. \end{cases}$$

其中 m 为 T 的边数. 容易算出 $t=(r-1)i+1$.

11. (1) 设 T 的阶数为 n,则 $n=m+1$. 由2元正则树的性质可知:

$$\begin{cases} m = 2i, \\ n = m+1 = i+t. \end{cases}$$

不难解出,$m=2(t-1)$.

(2) $n=m+1=2t-2+1=2t-1$,显然 n 为奇数.

习 题 九

1. (1) 不正确. n 为奇数时正确. 注意平凡图是欧拉图.

(2) 正确. 注意,平凡图作为有向图也是欧拉图.

(3) 不正确. 当 $n=2$ 时,K_2 不是哈密顿图,其他情况下都是哈密顿图. 当然平凡图也是哈密顿图.

(4) 正确.

2. (1) 不正确. r,s 均为偶数时,$K_{r,s}$是欧拉图.

(2) 不正确. $r=s=1$ 或 $r\neq s$ 时,$K_{r,s}$不是哈密尔顿图.

3. 无向树中均无回路,更无奇长回路,因而都是二部图. 无向树中无回路,更无欧拉回路和哈密顿回路,故除平凡树外,都不是欧拉图和哈密顿图.

4～7 答案略.

8. 用 v_1,v_2,v_3 分别表示甲,乙,丙,用 u_1,u_2,u_3 分别表示 a,b,c. $V_1=\{v_1,v_2,v_3\}$, $V_2=\{u_1,u_2,u_3\}$. 若 v_i 胜任 u_j,就在 v_i 与 u_j 之间连边,所有边组成边集 E,构成二部图 $G=\langle V_1,V_2,E\rangle$,如图 15 所示. $M_1=\{(v_1,u_1),(v_2,u_2),(v_3,u_3)\}$, $M_2=\{(v_1,u_2),(v_2,u_1),(v_3,u_3)\}$, $M_3=\{(v_1,u_3),(v_2,u_1),(v_3,u_2)\}$都是 G 中完美匹配,它们对应的分配方案都满足要求.

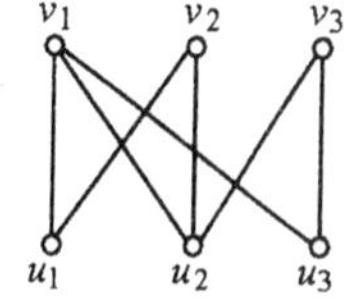

图 15

9. 做无向图 $G=\langle V,E\rangle$, $V=\{v\mid v$ 为此人群中的成员$\}$, $E=\{(u,v)\mid u,v\in V$ 且 u 与 v 会讲同一种语言且 $u\neq v\}$. 图 G 如图 16 所示,该图存在哈密顿回路,如图中实线边所示回路为哈密顿回路 $C=abdfgeca$. 按他们在 C 中顺序安排座位即可.

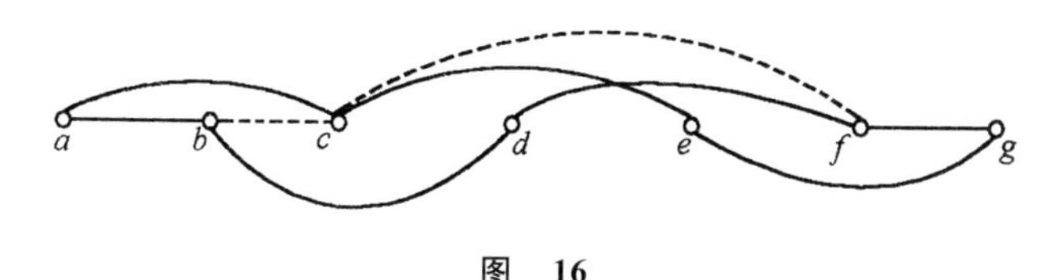

图 16

10. 将 6 种颜色作为顶点. 若两种颜色组成了一种双色布就在这两种颜色之间连一条边,得无向图 G. G 中每一个顶点的度数都至少为 3. 由定理 9.5 的推论 1 可知,G 中存在哈密顿回路,设

$$C=v_{i_1}v_{i_2}v_{i_3}v_{i_4}v_{i_5}v_{i_6}v_{i_1}$$

为一条哈密尔顿回路,则有 3 种双色布分别用 v_{i_1} 和 v_{i_2}, v_{i_3} 和 v_{i_4}, v_{i_5} 和 v_{i_6} 织成,它们用了 6 种颜色.

11. 从 A 出发经过 3 个景点回到 A 的走法(哈密顿回路)共有 3! 种. 由对称性,顺序相反的 2 种走法的长度相同,故只需要考虑 $\frac{3!}{2}=3$ 种不同的哈密顿回路: $C_1=ABCDA$, $W(C_1)=32$; $C_2=ABDCA$, $W(C_2)=46$; $C_3=ACBDA$, $W(C_3)=44$, C_1 最短.

习 题 十

1. R_1,R_2,R_0 的次数分别为 7,3,10.

2. 图 17 所示(1),(2),(3)分别为图 10.15 中(1),(2),(3)的平面嵌入,所以图 10.15 各图均为平面图.

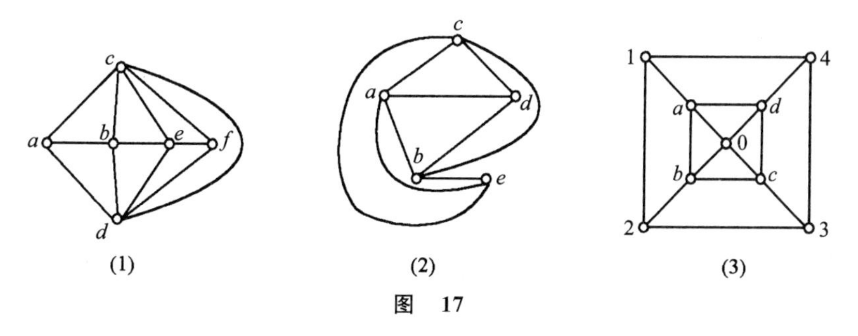

图 17

3. 因为 G 是连通的平面图,所以满足欧拉公式

$$n-m+r=2, \text{也即 } m=n+r-2.$$

又由于每个面的次数至少为 4,由定理 10.1 可知

$$2m\geqslant 4r, \text{即 } r\leqslant \frac{m}{2}.$$

代入上式可解出 $m\leqslant 2n-4$.

4. (1) 含与 K_5 同胚子图； (2) 含子图 $K_{3,3}$，所以它们都是非平面图.

5. G 的对偶图 G^* 与 G 同构.

6. $x=3, x^*=2$.

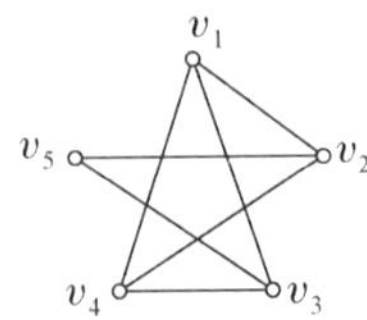

图 18

7. 做无向图 $G=\langle V,E\rangle$，$V=\{v_i \mid i=1,2,3,4,5\}$，$E=\{(v_i,v_j) \mid v_i$ 与 v_j 有人同时选，$1\leqslant i<j\leqslant 5\}$，如图 18 所示. 显然，课程 v_i 与 v_j 可以同时考$\Leftrightarrow$没有人同时选 v_i 与 $v_j\Leftrightarrow$在 G 的着色中，v_i 与 v_j 可涂同一种颜色. 不难看出 $\chi(G)=3$，给 v_2 和 v_3，v_1 和 v_5 以及 v_4 分别涂一种颜色. 因而至少需要 3 个时间段才考完这 5 门课程.

8. 作图 $G=\langle V,E\rangle$，$V=\{v_i \mid i=1,2,3,4,5,6\}$，每个 v_i 代表一台设备，$E=\{(v_i,v_j) \mid v_i$ 与 v_j 的距离小于 200 公里，$1\leqslant i<j\leqslant 6\}$，如图 19 所示. 给顶点着色，一种颜色代表一个频率. 一种着色代表一种频率分配方案，因而所需的最少频率数等于 G 的色数. 不难看出，$\chi(G)=3$. 图 19 中给出一种着色方案. 按照这个方案，设备 1 和 3 使用频率 1，设备 4 和 5 使用频率 2，设备 2 和 6 使用频率 3.

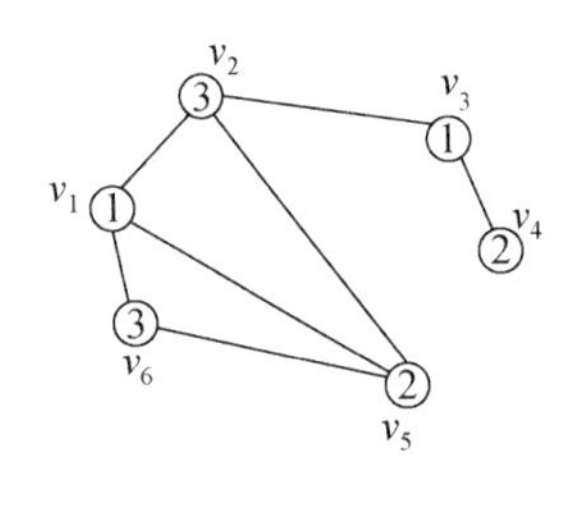

图 19

习 题 十 一

1. (1) 从 5 天中有序选取 3 天，不允许重复，其选法数是 $P(5,3)=5\times4\times3=60$.

(2) 每门考试都有 5 种独立的选法，由乘法法则总选法数为 $N=5\times5\times5=125$.

2. (1) 将 $\{1,2,\cdots,50\}$ 划分成两个子集，其中 A 是奇数构成的子集，B 是偶数构成的子集. 若两个数之和为奇数，它们只能一个取自 A，而另一个取自 B. 由乘法法则有 $C(25,1)C(25,1)=625$ 种方法.

(2) 若两个数之差小于等于 7，按照其差分别为 $1,2,\cdots,7$ 进行分类，对应各类的选法数是 $49,48,\cdots,43$. 由加法法则，总的方法有 $49+48+\cdots+43=322$ 种.

3. 分类计数. 不含 0 的序列数是 1，含 1 个 0 的序列数是 $C(6,1)=6$. 含 2 个 0 的所有序列有 $C(6,2)$ 个，其中 0 相邻的序列有 5 个，于是 0 不相邻的序列数是 $C(6,2)-5=10$. 为构成含 3 个 0 且 0 不相邻的序列，可以先做序列 01010，再插入 1. 插入 1 的方式有 4 种，因此有 4 个不同的序列. 根据加法法则，所求序列数是 $N=1+6+10+4=21$.

4. (1) 令 $S=\{4\cdot$红球$,3\cdot$黄球$,3\cdot$白球$\}$，则 S 的全排列数为 $10!/(4!\,3!\,3!)$，

(2) 把红球看成一个球，全排列数为 $7!/(1!\,3!\,3!)$.

5. (1) 如果没有 a 相邻，那么在 5 个 a 中间的 4 个空格插入字母 b,c,d,e. 插入的方法数是 4 个字母的排列数，即 $4!=24$.

(2) 方法一. 将 5 个 a 看成格子的边界，形成 6 个格子，从其中选出 4 个格子放 b,c,d,e 4 个字母有 $P(6,4)=6\times5\times4\times3=360$ 种方法.

方法二. 先放 b,c,d,e，有 $4!$ 种方法. 然后在其中每两个字母中间插入 1 个 a. 剩下的 2 个 a，可以放在以 b,c,d,e 作为格子边界的 5 个格子中. 设这 5 个格子中放 a 的个数分别为 $x_1,x_2,\cdots,x_5$，那么方法数等于方程 $x_1+x_2+\cdots+x_5=2$ 的非负整数解个数，即 $C(5+2-1,2)=C(6,2)=15$. 根据乘法法则，所求的方法数是 $15\times4!=360$.

以上两种方法都是分步处理,但步骤不同,计算量不同.注意在分步处理时应尽量选择简单的方法.

6.(1) $N=C(10,5)=10!/5!5!=252$.

(2) 根据前10题中选的题数进行分类.

$$N=C(10,8)C(10,7)+C(10,9)C(10,6)+C(10,10)C(10,5)=5400+2100+252=7752.$$

7. 从4个球中先选出放入第一个盒子的 k 个球,$k=0,1,2$,方法是 $C(4,k)$ 种.剩下的 $4-k$ 个球需要放入后2个盒子,每个球有2种选择,共 2^{4-k} 种方法.使用乘法法则并对 k 求和得

$$C(4,0)\times 2^4+C(4,1)\times 2^3+C(4,2)\times 2^2=16+32+24=72$$

8.(1) $$C(3n,3)=3n(3n-1)(3n-2)/6.$$

(2) 分类处理. $$N=3C(n,3)+n^3.$$

9. 设这5天的小时数分别为 x_1,x_2,x_3,x_4,x_5,得到方程 $x_1+x_2+x_3+x_4+x_5=15$,该方程的非负整数解个数是

$$N_1=C(15+5-1,15)=C(19,4),$$

而第二种安排相当于上述方程的正整数解,于是

$$N_2=C(15-1,5-1)=C(14,4).$$

10. 有 $4^4=256$ 个函数,双射函数有 $4!=24$ 个,单调递增的函数为 $C(7,3)=35$ 个.严格单调递增的函数只有1个,即恒等函数.

11. 具有不同数字的七位数有 $P(9,7)$ 个,其中包含5和6相邻的数有 $2\times 6!\times C(7,5)$ 个,于是所有的七位数有 $P(9,7)-2\times 6!\times C(7,5)=151200$ 个.

12.(1) $(1+4x)^n=\sum_{k=0}^{n}\binom{n}{k}(4x)^k$,令 $x=1$,得 $\sum_{k=0}^{n}\binom{n}{k}4^k=5^n$

(2) $$\sum_{k=0}^{n}\binom{2n-k}{n-k}=\sum_{k=0}^{n}\binom{2n-k}{n}=\sum_{k=0}^{2n}\binom{2n-k}{n}=\sum_{k=0}^{2n}\binom{k}{n}=\binom{2n+1}{n}$$

(3) $$\sum_{l=0}^{k}\binom{n+l}{l}=\binom{n}{0}+\binom{n+1}{1}+\cdots+\binom{n+k}{k}$$

$$=\binom{n+2}{1}+\binom{n+2}{2}+\cdots+\binom{n+k}{k}=\binom{n+k}{k-1}+\binom{n+k}{k}=\binom{n+k+1}{k}$$

(4) 设集合 A 与 B 不交,且 $|A|=m$,$|B|=n$.为从 A 和 B 中选出 r 个元素,先从 A 中选 k 个,然后从 B 中选其余的 $r-k$ 个,根据乘法法则与加法法则得

$$\sum_{k=0}^{r}\binom{m}{k}\binom{n}{r-k}=\binom{m+n}{r}$$

(5) 证明

$$\sum_{k=0}^{m}\binom{n-k}{n-m}=\binom{n}{m}+\binom{n-1}{m-1}+\binom{n-2}{m-2}+\cdots+\binom{n-m+1}{1}+\binom{n-m}{0}$$

$$=\left[\binom{n+1}{m}-\binom{n}{m-1}\right]+\left[\binom{n}{m-1}-\binom{n-1}{m-2}\right]+\cdots+\left[\binom{n-m+2}{1}-\binom{n-m+1}{0}\right]+1$$

$$=\binom{n+1}{m}-\binom{n-m+1}{0}+1=\binom{n+1}{m}$$

13. 所求系数为

$$\binom{8}{2\ 3\ 1\ 2}(-1)^3 2^1(-2)^2=-8\times\frac{8!}{2!\,3!\,1!\,2!}=-13440.$$

14. 由多项式定理有

$$(-x_1-x_1+x_3+x_4)^n=\sum(-1)^{a+b}\binom{n}{a\ b\ c\ d}x_1^a x_2^b x_3^c x_4^d,$$

其中求和是对满足方程 $a+b+c+d=n$ 的非负整数解求和. 在上式中令 $x_1=x_2=x_3=x_4=1$，命题得证.

15. 相当于以下方程的解

$$\begin{cases} x_1+x_2+x_3=2n+1 \\ x_i+x_j>x_k, i,j,k=1,2,3 \\ x_i,x_j,x_k\in \mathbf{N} \end{cases} \Rightarrow \begin{cases} x_1+x_2+x_3=2n+1 \\ 0<x_i\leqslant n, x_i\in \mathbf{N} \end{cases}$$

不考虑对 x_i 的限制，方法数为 $N_1=\binom{2n+1+3-1}{2n+1}=\binom{2n+3}{2}=(2n+3)(n+1)$

如果某个 x_i 大于等于 $n+1$，(包含了某个 x_j 等于 0 的情况在内) 这种方法数等于方程

$$\begin{cases} x_1+x_2+x_3=n \\ x_i\in \mathbf{N}, i=1,2,3 \end{cases}$$

的解的个数，即 $N_2=\binom{n+3-1}{n}=\binom{n+2}{2}=\frac{(n+2)(n+1)}{2}$

$$N=N_1-3N_2=\frac{1}{2}n(n+1)$$

16. (1) S 上的关系矩阵有 9 个元素，每个元素有 0 或 1 两种可能的值，不同的关系有 2^9 个. 关系的性质依赖于主对角线及其他位置元素的取值. 自反关系的主对角线元素为 1，其他元素有 2 种值，因此有 2^6 个自反关系. 类似可得对称关系有 2^6 个，自反且对称的关系有 2^3 个. 对于反对称关系可以分步计数. 主对角线元素有 3 个，每个有 2 种取值；剩下的 3 对元素 a_{ij} 与 $a_{ji}(i\neq j)$ 若不同时为 1，则有 3 种可能的取值. 根据乘法法则与加法法则可知反对称关系有 $2^3\times 3^3=216$ 个.

(2) 与(1)的分析类似，可得 n 元集的关系有 2^{n^2} 个，其中自反关系有 2^{n^2-n} 个，对称关系有 $2^n 2^{\frac{n^2-n}{2}}$ 个，自反且对称关系有 $2^{\frac{n^2-n}{2}}$ 个，反对称关系有 $2^n 3^{\frac{n^2-n}{2}}$ 个.

17. A 类地址的网络标识有 2^7-1 种，主机标识有 $2^{24}-2$ 种；B 类地址的网络标识有 2^{14} 种，主机标识有 $2^{16}-2$ 种；C 类地址的网络标识有 2^{21} 种，主机标识有 2^8-2 种. 于是有效地址数是

$$N=(2^7-1)\times(2^{24}-2)+2^{14}\times(2^{16}-2)+2^{21}\times(2^8-2)=3\ 737\ 091\ 842.$$

18. 以凸 n 边形顶点做顶点的全部三角形有 $C(n,3)$ 个，其中以 1 条多边形的边作为边的三角形有 $n(n-4)$ 个，以 2 条多边形的边作为边的三角形有 n 个，于是所求的三角形个数是

$$N=C(n,3)-n(n-4)-n=n(n-4)(n-5)/6.$$

19. 每个孩子至少得到一个苹果的分法数是方程 $x_1+x_2+x_3=n-3$ 的非负整数解个数，即 $\binom{n-3+3-1}{n-3}=\binom{n-1}{2}=\frac{(n-1)(n-2)}{2}$. 前两个孩子苹果数相等的分法数为方程 $2x_1+x_3=n-3$ 的非负整数解个数. 当 n 为奇数时，x_3 为偶数，有 $(n-1)/2$ 种可能的取值，于是所求的分法数是

$$N=\frac{(n-1)(n-2)}{2}-\frac{n-1}{2}=\frac{(n-1)(n-3)}{2}.$$

习 题 十 二

1. (1) 特征方程是 $x^2-2x-2=0$，特征根是 $1+\sqrt{3}$和 $1-\sqrt{3}$. 通解为

$$a_n=c_1(1+\sqrt{3})^n+c_2(1-\sqrt{3})^n$$

代入初值得

$$a_n=\frac{3+2\sqrt{3}}{6}(1+\sqrt{3})^n+\frac{3-2\sqrt{3}}{6}(1-\sqrt{3})^n$$

(2) 不断迭代得到 $a_n=1+2^2+\cdots+n^2=n(n+1)(2n+1)/6$

(3) 特征方程为 $x^2-3x+2=0$，齐次通解为

$$\overline{a_n}=c_1 1^n+c_2 2^n.$$

因为 1 是特征根，设特解为 Pn，代入方程得到 $P=-1$. 因此原递推方程的通解为

$$a_n=c_1 1^n+c_2 2^n-n$$

代入初值解得 $c_1=1, c_2=3$，从而得到原递推方程的解是

$$a_n=3\cdot 2^n-n+1$$

(4) 令 $b_n=na_n$，代入原递推方程得

$$\begin{cases} b_n+b_{n-1}=2^n \\ b_0=0 \end{cases}$$

解得 $b_n=-\dfrac{2}{3}(-1)^n+\dfrac{2^{n+1}}{3}$，从而得到

$$\begin{cases} a_n=-\dfrac{2}{3n}(-1)^n+\dfrac{2^{n+1}}{3n}, n\geqslant 1 \\ a_0=273 \end{cases}$$

2. 列出关于 $T(n)$ 的递推方程如下：

$$T(n)=T(n/2)+1, \quad T(2)=1$$

解得 $T(n)=\log_2 n$.

3. 解：设所求的 n 位长的有效码字为 a_n 个，可以由长为 $n-1$ 的 8 进制序列构成码字. 如果长为 $n-1$ 的 8 进制序列含有偶数个 7，有 $7a_{n-1}$ 个. 如果长为 $n-1$ 的 8 进制序列含有奇数个 7，有 $8^{n-1}-a_{n-1}$ 个. 根据加法法则得到递推方程

$$a_n=7a_{n-1}+8^{n-1}-a_{n-1}$$

经过整理得

$$a_n=6a_{n-1}+8^{n-1}, a_1=7$$

求解得到递推方程的解是 $a_n=(6^n+8^n)/2$.

4. (1) $T(n)$ 满足的递推方程和初值是

$$T(n)=T(n/2)+1, T(1)=0.$$

(2) 将 $n=2^k$ 代入方程得

$$T(2^k)=T(2^{k-1})+1$$

对 k 迭代并代入初值得

$$T(2^k)=k=\log n=O(\log n).$$

5. 根据题意列出关于 d_n 的递推方程如下

$$\begin{cases} d_n=2d_{n-1}-d_{n-2} \\ d_1=2, d_2=3 \end{cases}$$

特征根为 1，通解为 $d_n=c_1+c_2 n$. 代入初值求得 $c_1=c_2=1$，于是有 $d_n=n+1$.

6. 设 n 千万元的投资方案数为 $f(n)$，那么 $f(n)$ 满足以下递推方程：

$$\begin{cases} f(n)=f(n-1)+2f(n-2) \\ f(1)=1, f(2)=3 \end{cases}$$

特征方程是 $x^2-x-2=0$，特征根是 -1 和 2. 递推方程的通解是

$$f(n)=c_1(-1)^n+c_2\cdot 2^n$$

代入初值得到 $c_1=-1/3, c_2=2/3$，于是投资方案数 $f(n)=\dfrac{2^{n+1}+(-1)^n}{3}$.

7. 已知 a_n 是不含两个连续 0 的 n 位 0—1 字符串的个数. 令 b_n 是以 0 结尾且不含两个连续 0 的 n 位 0—1字符串的个数，c_n 是以 1 结尾且不含两个连续 0 的 n 位 0—1 字符串的个数，那么 $a_n=b_n+c_n$，且满足如下递推方程：

$$b_n = c_{n-1}$$

$$\begin{cases} c_n = b_{n-1} + c_{n-1} = c_{n-1} + c_{n-2} \\ c_1 = 1, c_2 = 2 \end{cases}$$

与 Fibonacci 数列的递推方程类似,该方程的通解是

$$c_n = \frac{1}{\sqrt{5}}\left(\frac{1+\sqrt{5}}{2}\right)^{n+1} - \frac{1}{\sqrt{5}}\left(\frac{1-\sqrt{5}}{2}\right)^{n+1}$$

$$b_n = \frac{1}{\sqrt{5}}\left(\frac{1+\sqrt{5}}{2}\right)^{n} - \frac{1}{\sqrt{5}}\left(\frac{1-\sqrt{5}}{2}\right)^{n}$$

$$a_n = b_n + c_n = \frac{5+3\sqrt{5}}{10}\left(\frac{1+\sqrt{5}}{2}\right)^{n} + \frac{5-3\sqrt{5}}{10}\left(\frac{1-\sqrt{5}}{2}\right)^{n}$$

8. (1) 第一步:递归地将上面的 $2(n-1)$ 个盘子从 A 柱移到 B 柱;

第二步:用 2 次移动将最大的 2 个盘子从 A 柱移到 C 柱;

第三步:递归地将 B 柱的 $2(n-1)$ 个盘子从 B 柱移到 C 柱.

(2) 设 $2n$ 个圆盘的移动次数是 $T(n)$,则

$$\begin{cases} T(n) = 2T(n-1) + 2 \\ T(1) = 2 \end{cases}$$

解得 $T(n) = 2^{n+1} - 2$.

9. (1)

$$G(x) = \sum_{n=0}^{\infty}(-1)^n(n+1)x^n$$

两边积分得

$$\int_0^x G(x)\mathrm{d}x = \sum_{n=0}^{\infty}(-1)^n\int_0^x(n+1)x^n\mathrm{d}x = \sum_{n=0}^{\infty}(-1)^n x^{n+1} = \frac{x}{1+x}$$

于是

$$G(x) = \left(\frac{x}{1+x}\right)' = \frac{1}{(1+x)^2}$$

(2)

$$G(x) = \sum_{n=0}^{\infty}\frac{n(n-1)(n-2)}{6}x^n = \frac{x^3}{6}\sum_{n=0}^{\infty}n(n-1)(n-2)x^{n-3}$$

令 $A(x) = \sum_{n=0}^{\infty}n(n-1)(n-2)x^{n-3}$,则

$$\int_0^x A(x)\mathrm{d}x = \sum_{n=0}^{\infty}n(n-1)x^{n-2} = B(x)$$

$$\int_0^x B(x)\mathrm{d}x = \sum_{n=0}^{\infty}nx^{n-1} = C(x)$$

$$\int_0^x C(x)\mathrm{d}x = \sum_{n=0}^{\infty}x^n = \frac{1}{1-x}$$

$$C(x) = \left(\frac{1}{1-x}\right)' = \frac{1}{(1-x)^2}$$

$$B(x) = C(x)' = \left(\frac{1}{(1-x)^2}\right)' = \frac{2}{(1-x)^3}$$

$$A(x) = B(x)' = \left(\frac{2}{(1-x)^3}\right)' = \frac{6}{(1-x)^4}$$

$$G(x) = \frac{x^3}{6}A(x) = \frac{x^3}{6}\frac{6}{(1-x)^4} = \frac{x^3}{(1-x)^4}$$

10.

$$G(x) = \frac{x(1+x)}{(1-x)^3} = (x+x^2)\frac{1}{(1-x)^3}$$

$$= (x+x^2)\sum_{n=0}^{\infty}\binom{n+2}{n}x^n = (x+x^2)\sum_{n=0}^{\infty}\frac{(n+2)(n+1)}{2}x^n$$

上式中 x^n 项的系数是

$$a_n=\frac{(n+1)n}{2}+\frac{n(n-1)}{2}=n^2$$

11. (1)
$$G(x)=(x+x^3+x^5+\cdots)^4=\frac{x^4}{(1-x^2)^4}$$

(2)
$$G(x)=(1+x^3+x^6+\cdots)^4=\frac{1}{(1-x^3)^4}$$

(3)
$$G(x)=(1+x)(1+x+x^2+\cdots)^2=\frac{1+x}{(1-x)^2}$$

(4)
$$\begin{aligned}G(x)&=(x+x^3+x^{11})(x^2+x^4+x^5)(1+x+x^2+\cdots)^2\\&=\frac{(x+x^3+x^{11})(x^2+x^4+x^5)}{(1-x)^2}\end{aligned}$$

(5)
$$G(x)=(x^{10}+x^{11}+\cdots)^4=\frac{x^{40}}{(1-x)^4}$$

12. 设 x_1,x_2,x_3,x_4 分别表示 4 个孩子得到的玩具数目,因此得到如下不定方程:

$$\begin{cases}x_1+x_2+x_3+x_4=9\\1\leqslant x_i\leqslant 3,x_i\in\mathbf{N},i=1,2,3,4\end{cases}$$

对应的生成函数是

$$G(y)=(y+y^2+y^3)^4=y^4(1+y+y^2)^4$$

上述多项式展开式中 y^9 的系数就是 $(1+y+y^2)^4$ 的展开式中 y^5 的系数.

$$(1+y+y^2)^4=1+4y+10y^2+16y^3+19y^4+16y^5+10y^6+4y^7+y^8$$

于是得到 $N=16$.

13. 原问题等价于方程 $x_1+x_2+x_3+x_4=6$ 且 x_i 不超过 3 的非负整数解个数,其中

$$\begin{aligned}G(y)&=(1+y+y^2+y^3)^4=(1+2y+3y^2+4y^3+3y^4+2y^5+y^6)^2\\&=1+\cdots+44y^6+\cdots\end{aligned}$$

$$N=44.$$

14. 整点个数为以下方程的非负整数解个数 a_r.

$$x+2y=r,r=0,1,\cdots,n$$

设 $\{a_r\}$ 的生成函数为

$$\begin{aligned}G(y)&=\frac{1}{(1-y)(1-y^2)}=\frac{1}{4}\frac{1}{1+y}+\left(-\frac{y}{4}+\frac{3}{4}\right)\frac{1}{(1-y)^2}\\&=\frac{1}{4}\sum_{r=0}^{\infty}(-1)^r y^r-\frac{y}{4}\sum_{r=0}^{\infty}(1+r)y^r+\frac{3}{4}\sum_{r=0}^{\infty}(1+r)y^r\end{aligned}$$

$$a_r=\frac{r}{2}+\frac{3}{4}+\frac{1}{4}(-1)^r$$

对 r 求和

$$\begin{aligned}N&=\sum_{r=0}^{n}a_r=\sum_{r=0}^{n}\left[\frac{r}{2}+\frac{3}{4}+\frac{1}{4}(-1)^r\right]\\&=\frac{1}{4}(n+1)(n+3)+\frac{1}{8}[1+(-1)^n]\\&=\begin{cases}\frac{1}{4}(n+2)^2, & n\text{ 为偶数}\\\frac{1}{4}(n+1)(n+3). & n\text{ 为奇数}\end{cases}\end{aligned}$$

15. 关于方案数的指数生成函数为

$$G_e(x)=\left(1+\frac{x^2}{2!}+\frac{x^4}{4!}+\cdots\right)\left(\frac{x}{1!}+\frac{x^3}{3!}+\frac{x^5}{5!}+\cdots\right)\left(1+\frac{x}{1!}+\frac{x^2}{2!}+\cdots\right)^2$$

$$=\left(\frac{e^x+e^{-x}}{2}\right)\left(\frac{e^x-e^{-x}}{2}\right)(e^x)^2=\frac{e^{4x}}{4}-\frac{1}{4}$$

$$=\frac{1}{4}\sum_{n=0}^{\infty}4^n\frac{x^n}{n!}-\frac{1}{4}=\sum_{n=0}^{\infty}4^{n-1}\frac{x^n}{n!}-\frac{1}{4}$$

解得 $a_n=4^{n-1},n>0;a_0=0$.

16. 把工作分配看作从 5 项工作集合到 4 个雇员集合的满射函数. 根据例 12.20 的结果,分配方案数是

$$N=4!\left\{\begin{matrix}5\\4\end{matrix}\right\}=\sum\binom{5}{n_1 n_2 n_3 n_4}$$

其中求和是对满足方程 $n_1+n_2+n_3+n_4=5$ 的正整数解来求. 于是得到

$$N=\binom{5}{2111}+\binom{5}{1211}+\binom{5}{1121}+\binom{5}{1112}=4\times\frac{5!}{2!}=240.$$

17. 指数生成函数为

$$G_e(x)=\left(1+x+\frac{x^2}{2!}+\frac{x^3}{3!}\right)\left(1+x+\frac{x^2}{2!}\right)\left(1+x+\frac{x^2}{2!}+\frac{x^3}{3!}+\frac{x^4}{4!}+\frac{x^5}{5!}\right)$$

其中 x^4 的系数为 $71\cdot\frac{x^4}{4!}$,因此 $a_4=71$. 如这个数为偶数,末位为 2,对应的指数生成函数为

$$G_e(x)=\left(1+x+\frac{x^2}{2!}+\frac{x^3}{3!}\right)(1+x)\left(1+x+\frac{x^2}{2!}+\frac{x^3}{3!}+\frac{x^4}{4!}+\frac{x^5}{5!}\right)$$

其中 x^3 的系数为 $20\cdot\frac{x^3}{3!}$,因此 $a_3=20$.

参 考 文 献

1. 耿素云,屈婉玲,王捍贫.离散数学教程[M].北京：北京大学出版社,2002.
2. 屈婉玲,耿素云,王捍贫,刘田.离散数学习题解析[M].北京：北京大学出版社,2008.
3. 屈婉玲,耿素云,张立昂.离散数学[M].2版.北京：高等教育出版社,2015.
4. 屈婉玲,耿素云,张立昂.离散数学学习指导与习题解析[M].2版.北京：高等教育出版社,2015.
5. 王元元,等.离散数学教程[M].北京：高等教育出版社,2010.
6. 徐洁磐.离散数学导论[M].4版.北京：高等教育出版社,2011.